全国高等院校应用型创新规划教材·计算机系列

计算机图形学

张　燕　李　楠　潘晓光　编　著

清華大學出版社
北　京

内 容 简 介

本书以培养应用型人才为目标进行内容规划，突出对应用能力的培养和训练。全书内容包括绪论、计算机图形系统、Visual C++ 6.0图形编程基础、基本图元生成、自由曲线曲面的设计、图形变换、图形裁剪、三维几何造型、分形曲线与函数迭代系统和计算机图形学专题设计等。本书按照知识点录制了全部课程视频，可以借助二维码通过“扫一扫”方式学习。

本书可作为高校本科生计算机及相关专业课程的教材或参考书，也可作为计算机图形学爱好者的入门书籍。

图书在版编目(CIP)数据

计算机图形学/张燕，李楠，潘晓光编著. —北京：清华大学出版社，2019(2025.1重印)
(全国高等院校应用型创新规划教材·计算机系列)

ISBN 978-7-302-53083-1

Ⅰ. ①计… Ⅱ. ①张… ②李… ③潘… Ⅲ. ①计算机—图形学—高等学校—教材 Ⅳ. ①TP391.41

中国版本图书馆CIP数据核字(2019)第102169号

责任编辑：陈冬梅
装帧设计：杨玉兰
责任校对：王明明
责任印制：杨 艳
出版发行：清华大学出版社
网 址：https://www.tup.com.cn, https://www.wqxuetang.com
地 址：北京清华大学学研大厦A座 邮 编：100084
社 总 机：010-83470000 邮 购：010-62786544
投稿与读者服务：010-62776969, c-service@tup.tsinghua.edu.cn
质量反馈：010-62772015, zhiliang@tup.tsinghua.edu.cn
课件下载：https://www.tup.com.cn, 010-62791865
印 装 者：涿州市般润文化传播有限公司
经 销：全国新华书店
开 本：185mm×260mm **印 张**：18.25 **字 数**：440千字
版 次：2019年8月第1版 **印 次**：2025年1月第6次印刷
定 价：49.00元

产品编号：076150-01

前　　言

计算机图形学是 20 世纪 40 年代开始起步，70 年代时随着计算机硬件性价比大幅提升而得到迅速发展，尤其在 1990 年以后以计算机图形学为支撑的科学计算机可视化、虚拟现实、计算机动画等技术成果进入寻常百姓的日常生活中，更加促进了计算机图形学软、硬件的高速发展。高等学校的计算机科学与技术、软件工程、数字媒体技术、数字媒体艺术、动画等专业一般把计算机图形学列为专业(基础)课。计算机图形学无论是理论还是应用，其内容都很庞大。在实际教学中受限于课时安排，对计算机图形学内容的取舍非常关键。本书将应用型人才培养的目标贯穿到教材设计中，删减大量繁杂的公式推导，但保留直接与算法相关的理论内容。本书编写中注重将计算机图形学的基本理论与读者日常接触的图形软件进行对比介绍，便于读者理解概念掌握图形算法本质，并进一步深化应用实现综合场景案例设计。

本书的作者在计算机图形学课程的精品课、双语教学示范课、资源共享课建设中做了多年的探索，在教学实践和科研成果的基础上设计内容结构。全书由 10 章组成。第一章绪论，介绍计算机图形学及其有关概念，计算机图形学的发展、应用及相关技术。第二章计算机图形系统，介绍计算机图形系统的功能、结构，图形输入输出设备，显示器、绘图仪、3D 打印机的工作原理，图形标准与软件等。第三章 Visual C++ 6.0 图形编程基础，重点介绍与图形相关的 Visual C++ 6.0 应用程序开发方法，包括图形设备接口和图形程序设计，交互图形设计的鼠标消息处理、捕捉鼠标、鼠标橡皮筋技术、菜单设计等。第四章基本图元生成，介绍基本图元点、直线、圆(圆弧)的生成算法，区域填充算法，点阵字符和矢量字符生成。第五章自由曲线曲面的设计，重点阐述 Hermite、Cardinal、Bézier 和 B 样条曲线的定义、性质，矩阵表达式，对曲线形状的控制能力；Coons、Bézier、B 样条曲面的参数表示，初始边界条件，曲面形状的控制，曲面片的拼接。第六章图形变换，介绍二维几何变换、三维几何变换和投影变换。第七章图形裁剪，内容包括二维观察流程、窗口-视区变换、二维裁剪和三维裁剪等。第八章三维几何造型，介绍几何造型中的基本元素，形体的存储模型和三维形体的表示方法。第九章分形曲线与函数迭代系统，描述分形几何特征，典型分形曲线递归算法，迭代函数系统与算法实现，以及 IFS 植物构形。第十章计算机图形学专题设计，提供了两个专题设计案例，分别是鱼群的卡通图形设计、自由曲面与 IFS 结合的景物设计。每一个案例的设计实现均需要结合多个章节的内容才能最终得以完成。同时给出了一个小型交互式绘图软件的案例，其目标是模拟 AutoCAD 软件在 Visual C++ 6.0 环境下设计一个小型交互绘图软件。

本书在内容设计上具有如下特点。

(1) 以培养创新型应用人才为目标，突出对学生应用能力的培养与训练。

一是突出应用能力的培养与训练。本教材精选课程内容，注重理论联系实际，将市场上主流图形软件的相应功能引入课程中进行对比分析与比较，便于学生加深理解，更重要的是强化了工程应用的概念。

二是教材的内容组织上，突出案例的选择和实例设计。从总体结构上专门设计了图形编程基础(第三章)和计算机图形学专题设计(第十章)内容，强化应用能力的训练。

三是每章首页各有引导案例和案例导学，精心选择了影视大片、动画游戏、自然界奇妙景观、数控加工、互联网技术等与计算机图形学相关的内容进行整理，增强了课程内容与实际生活的联系，有助于激发读者探求科学前沿技术的好奇心。

四是每章末给出了本章的知识结构图。知识结构图更切合计算机图形学的特点，用图形化的语言描述课程知识点内在的联系。

(2) 引进新技术参与教学实现真正的贯穿式+立体化教学。

一是本书作者按照知识点录制了全部课程视频，大部分课程视频短小以突出知识点的讲解，读者通过访问课程视频可以随时随地学习感兴趣的内容。

二是借助多媒体技术，将书中重点内容做成视频、动画等模式，尤其是 Visual C++ 6.0 图形编程设计和小型交互绘图软件，均在实际开发环境中进行实时演示操作。

三是借助二维码技术，将课程内容通过“扫一扫”方式进行学习，实现了教学中的“互联网+”碎片化概念。

四是本书“扫一扫”内容可以更新，体现了动态性，可以实时更新学生的优秀作品以及不断出现的新技术和新应用。

本书由辽宁石油化工大学张燕、李楠、潘晓光编著。大连铁道大学的任洪海编写了第四章和第十章的部分内容。辽宁石油化工大学王宇彤为课程视频录制和后期剪辑合成提供了完整的技术支持。卢紫微、韩云萍、刘培胜参与了课件设计、实例程序编写等工作。数字媒体技术专业学生王俊力、张满玉为本书提供了部分程序实例代码以及部分插图绘制。

《计算机图形学》课程在建设过程中始终得到纪玉波教授的大力支持，在此表示诚挚的谢意！辽宁北四达数字信息科技有限公司软件设计师王啸，大连天工建筑设计有限公司高级工程师李铎参与了本书的案例设计，并结合公司和企业实际开发了其他案例。因受篇幅限制，这些案例可以通过“扫一扫”获得。

本书在编写过程中借鉴了国内外许多专家、学者的观点，参考了相关教材、专著、网络资料，在此向有关作者表示衷心的感谢！

由于编者水平有限，书中难免存在不足和疏漏，敬请各位专家、读者批评指正。

编　者

目　录

第一章 绪 论

学习要点

(1) 通过观看与计算机图形学密切相关的计算机辅助设计、科学计算可视化、分形几何作品、虚拟现实的设备等动画片断，直观地认识计算机图形学的成就及应用。

(2) 了解计算机图形学的研究对象和发展历史。

(3) 了解计算机图形学应用领域。

(4) 了解计算机图形学的相关研究技术。

(5) 了解计算机图形学与模式识别、计算机视觉、计算几何、数字图像处理等学科的关系。

核心概念

计算机图形学、位图、矢量图、模式识别、计算机视觉、计算几何、数字图像处理、计算机辅助设计与制造、科学计算可视化、虚拟现实、计算机艺术、计算机动画、图形用户接口

引导案例

计算机图形学的世界

图形图像技术在现代社会中扮演着重要的角色。21 世纪是数字多媒体的时代，也是一个大量运用图形和图像传达信息的时代。计算机技术的进步推动了图形图像技术的飞速发展，以图形开发和图像处理为基础的可视化技术通过大众媒体、计算机及其网络得以快速传播。人类主要通过视觉、触觉、听觉和嗅觉等感觉器官感知外部世界，其中 80%的信息由视觉获取，“百闻不如一见”是非常形象的描述。因此旨在研究用计算机来显示、生成和处理图形信息的计算机图形学便成为非常活跃的研究领域。

在现实生活中，计算机图形学给人们最直观的感受是游戏和电影，例如《魔兽世界》《王者荣耀》等(如图 1-1 所示)，这类游戏让很多人尤其是年轻人和学生沉迷其中。在影视界中，以计算机图形技术为重要制作手段，例如 20 世纪 90 年代开始的《狮子王》《勇敢者的游戏》等(如图 1-2 所示)电影大片。中国第一部完全用计算机动画技术制作的科教片《相似》出自北方工业大学 CAD 研究中心(1992 年)。《相似》是用 C 语言编写并在 SGI 工作站上完成的。经过 30 年的持续发展，目前的国内外影视制作作品几乎离不开计算机图形技术的应用。当下，我们正享受计算机图形学快速发展带来的各种美好感观和美妙体验。

(a) “魔兽世界”

(b) “王者荣耀”

图 1-1 网络游戏

(a) 《狮子王》

(b) 《勇敢者的游戏》

图 1-2 利用计算机图形技术制作的早期影片

案例导学

在电脑游戏中，计算机图形学的首要任务是实现电脑游戏中的虚拟场景的设计与制作，然后通过计算机来重现真实世界场景。游戏编程的主要任务是模拟真实物体的物理属性，即物体的形状、光学性质、表面的纹理和粗糙程度，以及物体间的相对位置、遮挡关系等。在计算机中实现逼真物理模型力求能在最短时间内绘制出最真实的场景，提高游戏的流畅度，无不依赖于计算机图形学的算法支持。

计算机图形学的快速发展，不仅在娱乐方面给人们带来越来越逼真的体验，而且在iPhone、Android 等智能手机上也能给我们带来美好的体验。现在计算机图形学在我们生活中的应用领域越来越广泛。

计算机图形学应用在科学计算可视化方面：如数值仿真、气象卫星、石油勘探、遥感卫星、医学影像、蛋白质分子结构等都会产生大量的数据，即使是专业人员也很难从一大堆枯燥乏味的数据中迅速发现其内在规律和变化趋势。计算机图形学帮助科技人员更直观形象地理解大规模数据所蕴涵的科学现象和规律。

在电子设计方面国内外基本上全部转移到计算机上来。各种电路仿真软件、电路设计软件，极大地方便了硬件的设计。电子设计自动化技术的快速发展，也是由于计算机图形学的快速发展而产生的。

在计算机辅助设计方面：工程和产品设计中计算机可以帮助设计人员承担计算、信息存储和制图等工作。设计人员通常用草图开始设计，将草图变为工作图的繁重工作可以交给计算机完成；利用计算机可以进行与图形的编辑、放大、缩小、平移和旋转等有关的图形数据加工工作。

在计算机辅助制造领域，机械制造业利用计算机通过各种数控机床和设备，自动完成产品的加工、装配、检测和包装等制造过程，极大地减轻了人们的劳动强度，并且提升了产品的品质，提高了劳动效率。

随着计算机图形学的快速发展，虚拟现实技术越来越受到人们的重视。虚拟现实是一项综合集成技术，涉及计算机图形学、人机交互技术、传感技术、人工智能等领域，它用计算机生成逼真的三维视、听、嗅觉等感觉，使人作为参与者通过适当装置自然地对虚拟世界进行体验和交互作用。使用者进行位置移动时，电脑可以立即进行复杂的运算，将精确的 3D 世界影像传回产生临场感。该技术集成了计算机图形技术、计算机仿真技术、人工智能、传感技术、显示技术、网络并行处理等技术的最新发展成果，是一种由计算机技术辅助生成的高技术模拟系统，在城市规划、医学、娱乐、艺术与教育等各个方面应用非常广泛。

我们的生活越来越离不开图形学带来的各种体验和便利，计算机图形学使相关学科的学习更加便利，同时相关学科的发展也促进计算机图形学的发展。本书将带领读者走进计算机图形学的世界。

第一节 计算机图形学及相关概念

计算机图形学(Computer Graphics，CG)是一门研究怎样利用计算机来显示、生成和处理图形的学科。世界各国的专家学者对“图形学”有着不同的定义。国际标准化组织将其定义为“计算机图形学是研究通过计算机将数据转换成图形，并在专门显示设备上显示的相关原理、方法和技术。”电气与电子工程师协会(IEEE)将其定义为“计算机图形学是利用计算机产生图形化图像的艺术和科学。”德国的 Wolfgang K. Giloi 给出的定义是“计算机图形学由数据结构、图形算法和语言构成。”

课程介绍与先修课程.mp4

计算机图形学课程的内容.mp4

计算机图形学的研究对象是图形。在狭义的概念中，我们通常把位图(bitmap)看作图像(image)，把矢量图(vectorgraph)看作图形(graphic)。位图通常使用点阵法来表示，即用具有灰度或颜色信息的点阵来表示图形，它强调图形由哪些点(像素)组成，这些点(像素)具有什么灰度或色彩。矢量图通常使用参数法来表示，即以计算机中所记录图形的形状参数与属性参数来表示图形。形状参数一般是对形状的方程系数、线段的起点和终点等几何属性的描述。属性参数则描述灰度、色彩、线型等非几何属性。

图 1-3、图 1-4 表示了位图与矢量图的区别，位图在图像放大到一定比例后会出现“马赛克”效应，而矢量图仍然保持原有图形的清晰度。在广义的概念中，图形可以看作在人的视觉系统中形成视觉印象的任何对象。它既包括各种照片、图片、图案以及图形实体，也包括由函数式、代数方程和表达式所描述的图形。构成图形的要素可以分为两类：一类是描述形状的点、线、面、体等几何要素；另一类是反映物体本身固有属性，如表面属性

或材质的明暗、灰度、色彩(颜色信息)等非几何要素。例如，一幅黑白照片上的图像是由不同灰度的点构成的，方程 $x^2 + y^2 = r^2$ 所确定的图形是由具有一定颜色信息并满足该方程的点所构成的。

(a) 位图原图

(b) 位图放大

图 1-3　位图放大的“马赛克效应”

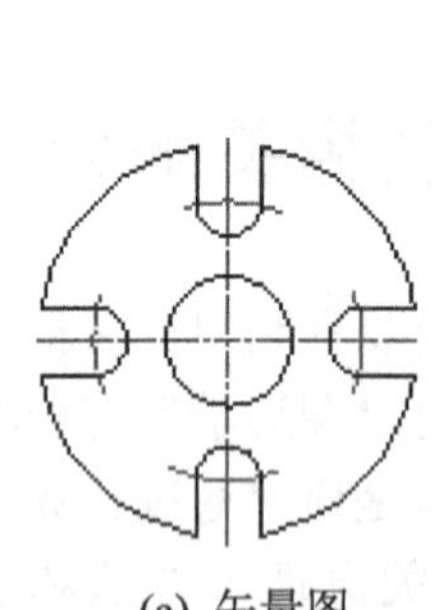

(a) 矢量图

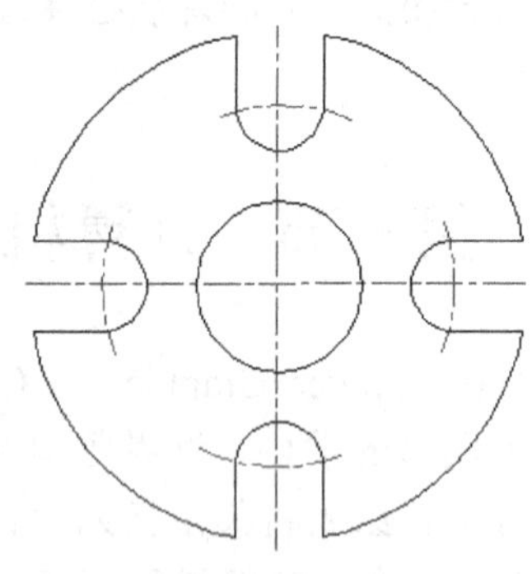

(b) 矢量图放大

图 1-4　矢量图放大保持原有清晰度

计算机图形学和图像处理是计算机应用领域以各自独立形式发展形成的两个分支学科，它们共同之处就是利用计算机所处理的信息都是与图有关的信息，但本质上却有所区别。计算机图形学是研究根据给定的描述(如数学公式或数据等)使用计算机通过算法和程序构造出的图形，如直线、二次曲线、自由曲线曲面、图形变换、图形消隐、真实感图形生成等。与此相反，图像处理是景物或图像的分析技术，它所研究的是计算机图形学的逆过程，是利用计算机对原来存在的物体映像进行分析处理，然后再现图像。图像信息经过数字化后输入到计算机中按照不同的应用要求，用计算机对数据作加工处理，如图像增强，图像分析与识别，三维图像重建等。

随着人们对图形概念认识的深入，图形图像处理技术也逐步出现分化。目前，与图形图像处理相关的学科有计算几何(computer geometry)、计算机图形学(computer graphics)、数字图像处理(digital image processing)、模式识别(pattern recognition)和计算机视觉(computer vision)等学科。这些相关学科间的关系如图 1-5 所示，从图中我们可以看出计算几何研究的是空间图形图像几何信息的计算机表示、分析和修改等问题。计算机图形学是试图将参数形式的数据描述转换为逼真的图形或图像。数字图像处理是着重强调在图像之间进行变换，旨在对图像进行各种加工以改善图像的某些属性，以便能够对图形做进一步处理。模式识别则分析图像数据，并有可能得出一些有意义的参数和数据，而人们可以根据这些数据进行判断和识别。计算机视觉是摄影机和计算机代替人眼对目标进行识别、跟踪和测量等，并进一步进行数字图像处理和数据分析，使用计算机来模拟人的视觉。

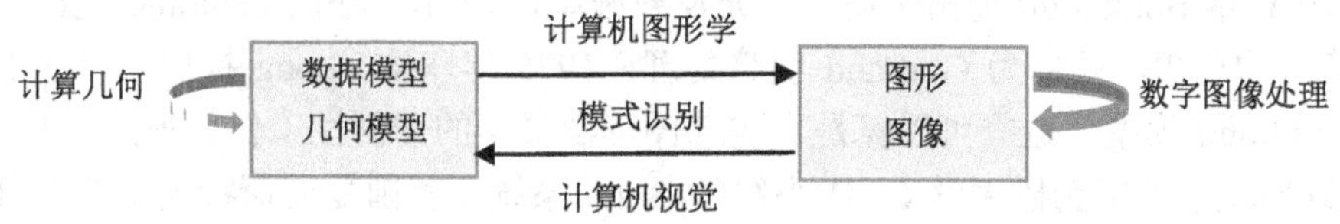

图 1-5 计算机图形学相关学科的关系

近年来，随着多媒体技术、计算机动画、虚拟现实技术的迅速发展，计算几何、计算机图形学、数字图像处理、模式识别、计算机视觉的结合日益紧密，它们之间互相融合与互相渗透，反过来也促进了学科本身的发展。

第二节 计算机图形学的发展简况

一、硬件平台

1946 年世界上第一台电子计算机问世，主要用于科学计算。1950 年第一台图形显示器作为美国麻省理工学院“旋风 I 号”计算机的附件诞生了。阴极射线管显示器、绘图仪等的出现使计算机图形学处于准备和酝酿时期——“被动式”图形学。20 世纪 50 年代末期，麻省理工学院的林肯实验室在“旋风”计算机上第一次使用了具有指挥和控制功能的阴极射线管(CRT)显示器，预示着交互式计算机图形学的诞生。

计算机图形学的发展历史.mp4

20 世纪 70 年代是计算机图形学发展过程中一个重要的历史时期。由于光栅显示器的产生，在 20 世纪 60 年代就已经萌芽的光栅图形学算法迅速发展起来，区域填充、裁剪、消隐等基本图形概念及其相应算法纷纷诞生，图形学进入了第一个兴盛时期并开始出现实用的计算机辅助设计(CAD)图形系统。

20 世纪 80 年代中期，超大规模集成电路的发展为计算机图形学的快速发展奠定了物质基础，计算机运算能力的提高和图形处理速度的加快使得计算机图形学的各个研究方向得到了充分发展。

如今，随着互联网的飞速发展，提供给计算机图形学的已不是计算机一个领域，也不是一类硬件。

二、基础理论

1962 年，麻省理工学院林肯实验室的 Ivan.E.Sutherland 发表其博士论文，题目为“Sketchpad：A Man-Machine Graphical Communication System”，论文中首次使用

“Computer Graphics”这个术语，英文缩写为 CG，证明了交互计算机图形学是一个可行的、有用的研究领域，从而确定了计算机图形学作为一个崭新科学分支的独立地位。Ivan.E. Sutherland 也成为交互图形生成技术的奠基人。1965 年，Ivan.E. Sutherland 发表的论文 “Ultimate Display”中提出了计算机图形学的发展方向。

20 世纪 70 年代，计算机图形学的另外两个重要进展是真实感图形学和实体造型技术的产生。1970 年 Bouknight 提出了第一个光反射模型，1971 年法国 Gourand 提出“漫反射模型+插值”的思想，被称为 Gourand 明暗处理。1975 年印度 Phong 提出了著名的简单光照模型——Phong 模型。这些可以算是真实感图形学最早的开创性工作。另外，从 1973 年开始，相继出现了英国剑桥大学 CAD 小组的 Build 系统、美国曼彻斯特大学的 PADL-1 系统等实体造型系统。

1980 年，Whitted 提出了一个光透视模型——Whitted 模型，并第一次给出光线跟踪算法的范例；1984 年，美国康奈尔大学和日本广岛大学的学者分别将热辐射工程中的辐射度方法引入计算机图形学中，用辐射度方法成功地模拟了理想漫反射表面间的多重漫反射效果。光线跟踪算法和辐射度算法的提出标志着真实感图形的显示算法已逐渐成熟。

三、实际应用

1964 年麻省理工学院的 Steven A. Coons 提出了被后人称为超限插值的新思想——通过插值四条任意的边界曲线来构造曲面。同在 20 世纪 60 年代早期，法国雷诺汽车公司的工程师 Pierre Bézier 发展了一套被后人称为 Bézier 曲线、曲面的理论，成功地用于几何外形设计，并开发了用于汽车外形设计的 UNISURF 系统。Coons 方法和 Bézier 方法是计算机辅助几何设计(CADG)最早的开创性工作。计算机图形学的最高奖是以 Coons 的名字命名的，而获得第一届(1983 年)和第二届(1985 年)Steven A. Coons 奖的，恰好是 Ivan.E. Sutherland 和 Pierre Bézier，这也是计算机图形学的一段佳话。

随着真实感图形特别是光照模型、纹理贴图和阴影等理论和技术的发展，以 OpenGL、DirectX 和 ACIS 等为代表的图形引擎和几何引擎的出现使得计算机图形学在艺术、动画、工业设计和游戏等方面的应用登上了一个新的平台，计算机图形学的理论和技术已拓展到教育、工农业生产和日常生活的各个方面，远非狭义的计算机图形学所能覆盖。

四、SIGGRAPH

SIGGRAPH(Special Interest Group for Computer GRAPHICS，计算机图形图像特别兴趣小组)成立于 1967 年，由 ACM SIGGRAPH(美国计算机协会计算机图形专业组)组织计算机图形学顶级年度会议，该会议一直致力于推广和发展计算机绘图和动画制作的软硬件技术。从 1974 年开始，SIGGRAPH 每年都会举办一次年会，有上万名计算机从业者参加，这是世界上影响广、规模大，同时也是权威的一个集科学、艺术、商业于一身的 CG 展示、学术研讨会。从 1981 年开始每年的年会还增加了 CG 展览。绝大部分计算机绘图技术软硬件厂商每年都会将新研究成果拿到 SIGGRAPH 年会上发布，大部分游戏的电脑动画创作者也将他们本年度杰出的艺术作品集中在 SIGGRAPH 上展示。历年大会都有丰富的学术成果展示和软件信息发布，例如现在很流行的像素、图层、顶点等概念，大都是在 SIGGRAPH 上发表的学术报告，而 Adobe、Avid、Discreet 等厂商也都会选择在大会上宣布软件更新的一些重要信息。因此，SIGGRAPH 在图形图像技术，计算机软硬件以及 CG 等方面都有着相当的影响力。

第三节 计算机图形学的应用领域

图学的应用覆盖工、农业生产、科学研究、国防、教育、文化产业和人们的社会活动。图学与文学和数学一起，共同支撑科学与工程的发展，引领生活。计算机图形学是计算机技术与图形图像处理技术的发展汇合而产生的结果，它有着非常广泛的应用领域。

计算机图形学的应用实例及应用领域.mp4

一、计算机辅助设计与制造

计算机辅助设计(Computer Aided Design，CAD)是指设计人员利用计算机及其图形设备进行设计工作的过程。计算机辅助制造(Computer Aided Manufacturing，CAM)主要是指利用计算机辅助完成从生产准备到产品制造整个过程的活动。CAD/CAM 是计算机图形学在工业界最广泛、最活跃的应用领域。计算机图形学被用来进行土建工程、机械结构和产品的设计，包括设计飞机、汽车、船舶的外形和发电厂、化工厂的布局，以及电子线路、电子器件等。有时，着眼于绘制工程和产品相应结构的精确图形，然而更常用的是对所设计的系统、产品和工程的相关图形进行人机交互设计和修改。

三维几何造型系统具有许多优点，如可以进行装配件的干涉检查，可以用于有限元分析、仿真、数控加工等后续操作，它代表了 CAD 技术的发展方向。二维图纸设计在工程界仍占有主导地位。工程上有大量的历史存留的透视图和投影图可以利用、借鉴，许多新的设计可凭借原有的设计基础进行修改完善。CAD 领域另一个非常重要的研究领域是基于二维图纸的三维物体重建。

二、科学计算可视化

科学技术的迅猛发展和数据量的与日俱增，使得人们对数据的分析和处理变得越来越困难，人们难以从浩如烟海的“数据海洋”中得到最有用的数据，找到数据的变化规律，提取数据最本质的特征。但是，如果能将这些数据用图形形式表示出来，常常会使问题迎刃而解。1986 年，美国科学基金会(NSF)专门召开了一次研讨会，会上提出了科学计算可视化(Visualization in Scientific Computing，ViSC)的思想。其后第二年，美国计算机成像专业委员会向 NSF 提交了“科学计算可视化的研究报告”后，科学计算可视化得到迅速发展。

科学计算可视化是指运用计算机图形学和图像处理技术，将科学计算过程中产生的数据及计算结果转换为图形或图像在屏幕上显示出来，并进行交互处理的理论、方法和技术。它使冗繁、枯燥的数据变成生动、直观的图形或图像。目前，科学计算可视化在医学图像处理、地质勘探、气象预报、天体物理、分子生物学、计算流体力学、有限元分析、核科学等很多方面得到成功应用。科学计算可视化已成为计算机图形学的一个重要研究方向。

三、虚拟现实

虚拟现实(Virtual Reality，VR)是一门近年来发展十分迅速的计算机图形和图像应用技术。它是由计算机生成图形和图像构成一个与客观世界十分相似的、逼真的虚拟环境。计算机场景的生动表现形式依赖于计算机图形的效果，如精致的纹理图像。同时由计算机把虚拟环境转换成视觉、听觉和其他感觉信号，并输出给用户，使用户产生身处真实场景中的感觉。虚拟现实系统具有三个重要特征：一是沉浸性，体验者的确有了“看得见、听得到、摸得着、闻得出”的真实感受。二是交互性，体验者使用日常生活中的方式与虚拟现实场景中的人或物进行各种交流，产生真实的交互体会。三是构想性，用户能在虚拟的环境中获取新的知识和经验，形成感性或理性的认识，从而产生新的思想和行动，有效提高思考和行动能力。这三者中，沉浸性是虚拟现实系统的核心，交互性是要求，而构想性是目的。

目前已开发的虚拟现实应用涉及驾驶培训系统、娱乐游戏系统、建筑学和商业规划等广泛的领域。许多应用中的虚拟世界与现实世界十分类似，如 CAD 和建筑造型中建筑设计师可以运用虚拟现实技术向客户提供三维虚拟模型；在医学领域中外科医生可以在三维虚拟的病人身上施行新的外科手术。而另外的一些应用则提供了现实世界不可能提供的更为方便的观察事物的方法，例如科学仿真和遥现系统，空中交通控制系统等。

四、计算机艺术

将计算机图形学与人工智能技术结合起来，可构造出丰富多彩的艺术图像，为创作艺术和商品艺术的应用开创了更广阔的前景。美术师可以使用各种计算机方法，包括专用硬件，艺术家画笔程序及其他绘图软件包和动画软件包来设计物体的外形及描述物体的运动。

许多美术人员，尤其是商业艺术人员热衷于用计算机软件从事艺术创作。可用于美术创作的软件很多，如二维平面的画笔程序(如 CorelDRAW，Photoshop 等)、专门的图标绘制软件(如 Visio)、三维建模和渲染软件包(如 3ds Max、Maya 等)，以及一些专门生成动画的软件(如 Alias、Softimage)等。这些软件不仅提供多种风格的画笔、画刷，而且提供多种多样的纹理贴图，甚至能对图像进行雾化、变形等操作，其中很多功能是传统的艺术家无法实现也不可想象的。

五、计算机动画与娱乐

计算机图形方法常用于制作动画片、音乐录像带和计算机游戏。同传统的制作方法相比较，计算机制作方法具有时间短、成本低、形象生动逼真、重用性强等优点。

在过去几十年里，计算机动画一直是人们研究的热点。现在，当电影屏幕上的恐龙以不可思议的真实感向你走来时，已很少有人会表示惊讶。对穿梭于电视屏幕上闪闪发光的三维标志人们也已经习以为常。这充分说明，计算机动画已经渗透到人们的日常生活中。推动计算机动画发展的一个重要原因就是电影、电视特效的需要。目前，计算机动画已经形成一个庞大产业，并正在进一步壮大。

计算机动画是计算机图形学和艺术相结合的产物，是伴随着计算机硬件和图形算法高速发展起来的一门高新技术。它综合利用计算机科学、艺术、数学、物理学和其他相关学科的知识，在计算机上生成绚丽多彩的、连续的虚拟真实画面，给人们提供一个充分展示个人想象力和艺术才能的新天地。在《侏罗纪公园》《失落的世界》和《魔鬼终结者》等优秀电影中，人们可以充分领略到计算机动画的高超魅力。计算机动画不仅可应用于电影特技、商业广告、电视片头、动画片、游艺场所，还可以用于计算机辅助教育、军事、飞行模拟，甚至可以用于法庭的审理等。

六、地理和自然资源的图形显示

计算机图形学的另一个重要应用领域是产生高精度的地理图形或其他自然资源的图形。例如各种地理图、地形图、矿藏分布图、海洋地理图、气象图、植被分布图、人口分布图等。地理信息管理系统(GIS)得到广泛的应用，它是由图形技术、遥感技术、数据库技术以及管理信息相结合形成的技术，其中图形技术起着核心和控制作用。使用地理信息管理系统可以方便地实现地理和自然资源的三维信息管理。

七、教学与培训

计算机辅助教学(CAI)正在改变着传统的教学方式。CAI 课件的使用，远程教育的实现，计算机图形技术都在其中起着重要作用。计算机生成的各种模型、图形、动画被用作教学的辅助工具。有些方面的培训要设计专门的系统，像飞行员、汽车驾驶员、大型设备操作员和航空控制人员的实习和培训模拟系统就是这样一种专用系统。

八、图形用户接口

用户接口是人们使用计算机的第一观感。一个友好的图形化用户界面能够极大提高软件的易用性。在 DOS 操作系统时代，计算机的易用性很差，编写一个图形化界面需要付出大量精力，过去软件中 60%的程序是用来处理与用户接口有关的问题和功能的。进入 20 世纪 80 年代，Windows 标准的界面、苹果公司图形化操作系统的推出，特别是微软公司 Windows 操作系统的普及，标志着图形学已经全面融入计算机的各个方面。如今在任何一台普通计算机上都可以看到图形学在用户接口方面的应用。操作系统和应用软件中的图形、动画比比皆是，程序直观易用。对于很多软件几乎可以不用看任何说明书，而根据它的图形或动画界面的指示就能进行操作。显然，图形学在其中起主导作用。

计算机图形学应用非常广泛，上面列举的只是其冰山一角。

第四节　计算机图形学的相关开发技术

与图形有关的技术包括图形输入、图形描述、图形变换、图形运算和图形输出等基本技术。几何造型、隐藏线消除、光照显示等计算机的经典问题综合了几何算法、几何复杂性和计算效率等众多的复杂问题，以及广泛的数学、数据结构和程序设计乃至光学理论等。计算机图形学经过几十年的发展，至今已形成了若干典型的图形处理软件、技术和开发平台。利用这些开发技术，用户不必从底层开始，而只需要将工作集中于应用的开发上。下面列举的是计算机图形学发展上出现过的技术，新的技术正在源源不断地涌现。

一、OpenGL 技术

OpenGL(Open Graphics Library)定义了一个跨编程语言、跨平台的编程接口规格的专业图形程序接口。它用于二维(2D)、三维(3D)图形图像生成与显示，是一个功能强大，调用方便的底层图形库。

OpenGL 是行业领域中广泛接纳的 2D/3D 图形 API，诞生至今已催生了各种计算机平台及设备上的数千优秀应用程序。OpenGL 是独立于视窗操作系统或其他操作系统的，亦是网络透明的。在包含 CAD、内容创作、娱乐、游戏开发、制造业、制药业及虚拟现实等行业领域中，OpenGL 能帮助程序员实现在 PC、工作站、超级计算机等硬件设备上的高性能、极具冲击力的高视觉表现力图形处理软件的开发。

以 OpenGL 为基础开发的应用程序可以十分方便地在各种平台间移植，它与 C++紧密结合，便于实现图形的相关算法，并可保证算法的正确性和可靠性。

二、ACIS 技术

ACIS 是美国 Spatial Technology 公司推出的三维几何造型引擎，它集线框、曲面和实体造型于一体，并允许这三种表示共存于统一的数据结构中，为各种 3D 造型应用的开发提供了几何造型平台。Spatial Technology 公司在 1986 年成立，目前 ACIS 3D Toolkit 在世界上已有 380 多个开发商，并有 180 多个基于它的商业应用，最终用户已近一百万。许多著名的大型系统都是以 ACIS 作为造型内核，如 AutoCAD，CADKEY，Mechanical Desktop，Bravo，TriSpectives，Turbo CAD，Solid Modeler，Vellum Solid 等。

ACIS 采用了软件组件技术，用 C++技术构造，它包含一整套的 C++类和函数，开发人员可以使用这些类和函数构造一个面向终端用户的二维、三维软件系统。

ACIS 系统的造型方法有：覆盖(covering)技术、蒙面(skinning)技术、放样(lofting)技术、扫掠(sweeping)技术、网格(net surface)曲面、规则(law)与图(graph)等。

三、DirectX 技术

DirectX 是一种图形应用编程接口(API)，是一个提高系统性能的加速软件，由微软公司创建开发，微软公司将其定义为“硬件设备无关性”。从字面上看来，DirectX 是直接的意思，X 指很多东西，加在一起就是一组具有共性的东西。从内部原理探讨，DirectX 就是一系列的 DLL(Dynamic Link Library，动态链接库)，通过这些 DLL，程序员可以在忽视设备差异的情况下访问底层的硬件。DirectX 提供了一整套的多媒体接口方案，只是因为其在 3D 图形方面表现优秀，使得它在其他方面显得不是非常突出。DirectX 开发之初是为了弥补 Windows 3.1 系统对图形、声音处理能力的不足，后来发展成为对整个多媒体系统的各个方面都有决定性影响的接口。

DirectX 主要应用于游戏软件的开发。Windows 平台的出现，给游戏软件的发展带来了极大的契机，开发基于 Windows 的游戏已成为各游戏软件开发商的首选。

四、Java3D 技术

Java 3D 是 Java 语言在三维图形领域的扩展，是一组应用编程接口。利用 Java 3D 提供的 API，可以编写出基于网页的三维动画、各种计算机辅助教学软件和三维游戏等。利用 Java 3D 编写的程序，只需要编程人员调用这些 API 进行编程，而客户端只需要使用标准的 Java 虚拟机就可以浏览，因此具有不需要安装插件的优点。Java 3D 从高层次为开发者提供对三维实体的创建、操纵和着色，使开发工作变得极为简单。同时，Java 3D 的低级 API 是依赖于现有的三维图形系统的，如 Direct 3D、OpenGL、QuickDraw 3D 和 XGL 等，Java3D 可用在三维动画、三维游戏、机械 CAD 等领域。

Java 3D 建立在 Java 2(Java 1.2 及以上版本)基础之上，Java 语言的简单性使 Java 3D 的推广有了可能。它实现了三维显示能够用到的以下功能：生成简单或复杂的形体(也可以调用现有的三维形体)，使形体具有颜色、透明效果、贴图，在三维环境下生成灯光、移动灯光，具有行为的处理判断能力(键盘、鼠标、定时等)，生成雾、背景、声音，使形体变形、移动，生成三维动画，编写非常复杂的应用程序用于各种领域，如虚拟现实。

五、VRML 技术

与以上图形 API 不同，VRML(Virtual Reality Modeling Language，虚拟现实建模语言)是一种标记语言，而不是一种 API 开发包。它是一种用于建立真实世界的场景模型或人们虚构的三维世界的场景建模语言，也具有平台无关性。它使用 VRML 浏览器能读懂的 ASCII 文本格式来描述世界和链接。VRML 既可以用来建立真实世界场景的模型，也可以建立虚构的三维世界，就像许多游戏那样。VRML 的设计是从在 Web 上欣赏实时的 3D 图像开始的。VRML 浏览器既是插件，又是帮助应用程序，还是独立运行的应用程序，它是传统的虚拟现实中使用的实时 3D 着色引擎。这使得 VRML 应用从三维建模和动画应用中分离出来，在三维建模和动画应用中可以预先对前方场景进行着色，但是无法选择方向。VRML 提供了“6+1”个自由度，可以沿着 3 个方向移动，也可以沿着 3 个方位旋转，同时还可以建立与其他 3D 空间的超链接。因此，VRML 是超空间的。

VRML 的.wrl 文件是由可阅读的 ASCII 文本构成的，一个文本编辑器就可以变成一个

VRML 世界的生成工具，程序员可以通过直接操作场景图来得到完全的控制权和高度的灵活性。

VRML 本质上是一种面向 Web，面向对象的三维造型语言，而且它是一种解释性语言。VRML 的对象称为结点，子结点的集合可以构成复杂的景物。结点可以通过实例得到复用，对它们赋以名字，进行定义后，即可建立动态的 VR(虚拟世界)。曾经是 Internet 上基于 WWW 的三维互动网站制作的主流语言。

六、Web 3D 技术

近年来随着网络传输速率的提高，一些新的网络技术得以应用发展，以 3D 图形生产和传输为基础的网络三维技术(即 Web3D 技术)便是代表。Web3D 技术以其特有的形象化展示、强大的交互及其模拟等功能，增强了网络教学的真实体验而备受关注。

Web3D 可以简单地看成是 Web 技术和 3D 技术相结合的产物，是互联网上实现 3D 图形技术的总称。从技术发展过程来看，Web3D 技术源于虚拟现实技术中的 VRML 分支。1997 年，VRML 协会正式更名为 Web3D 协会，并制定了新的国际标准 VRML97。至此，Web3D 的专用缩写被人们所认识，这也是常常把它与虚拟现实联系在一起的原因。

2004 年被 ISO 审批通过的由 Web3D 协会发布的新一代国际标准——X3D，标志着 Web3D 进入了一个新的发展阶段。X3D 把 VRML 的功能封装到一个可扩展的核心之中，能够提供标准 VRML97 浏览器的全部功能，且有向前兼容的技术特征。此外，X3D 使用 XML 语法，从而实现了与流式媒体 MPEG-4 的 3D 内容的融合。再者，X3D 是可扩展的，任何开发者都可以根据自己的需求扩展其功能。因此，X3D 标准受到业界广泛支持。

X3D 标准使更多的 Internet 设备实现生产、传输、浏览 3D 对象成为可能，无论是 Web 客户端还是高性能的广播级工作站用户，都能够享受基于 X3D 所带来的技术优势。而且，在 X3D 基本框架下，保证了不同厂家所开发软件的互操作性，结束互联网 3D 图形标准混乱的局面。目前，Web3D 技术已经发展成为一个技术群，成为网络 3D 应用的独立研究领域，也是网络教学资源和有效的学习环境设计与开发中受到普遍关注的技术。

本章知识结构图

计算机图形学包含的内容非常广泛，本书以培养创新型应用人才为目标，精选了课程内容，突出对学生应用能力的培养与训练，强化了工程应用的概念。

本章由引导案例和案例导学开始，介绍计算机图形学及其相关概念，学科的发展简况，应用领域和相关开发技术，各部分之间的关系如图 1-6 所示。

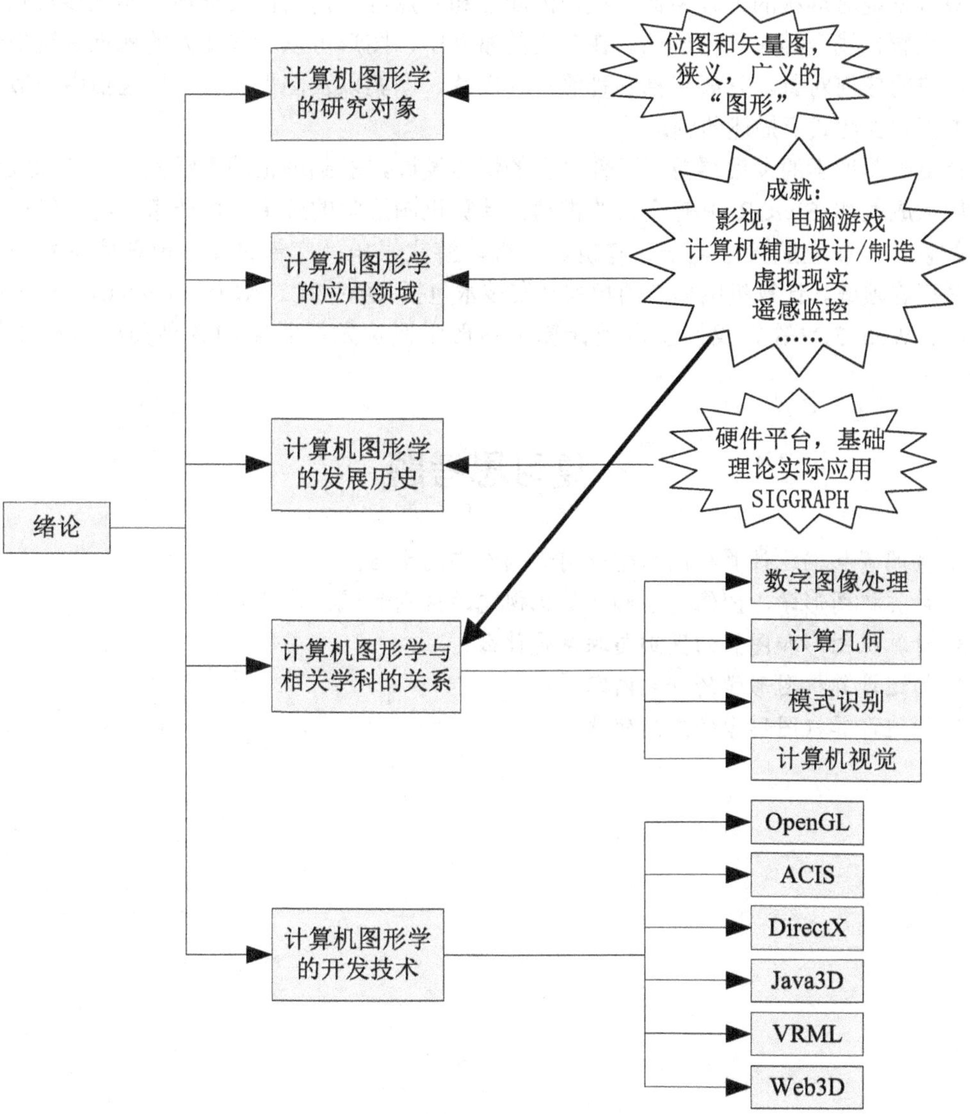

绪论

计算机图形学的研究对象 ← 位图和矢量图，狭义，广义的“图形”

计算机图形学的应用领域 ← 成就：影视，电脑游戏 计算机辅助设计/制造 虚拟现实 遥感监控 ……

计算机图形学的发展历史 ← 硬件平台，基础理论实际应用 SIGGRAPH

计算机图形学与相关学科的关系
- 数字图像处理
- 计算几何
- 模式识别
- 计算机视觉

计算机图形学的开发技术
- OpenGL
- ACIS
- DirectX
- Java3D
- VRML
- Web3D

图 1-6　绪论知识结构图

本章小结

计算机图形学是研究怎样利用计算机来显示、生成和处理图形的相关原理、方法和技术的一门学科。计算机图形学的研究对象是图形。在狭义的概念中，我们通常把位图看作图像，把矢量图看作图形。位图通常使用点阵法来表示，即用具有灰度或颜色信息的点阵来表示图形，它强调图形由哪些点(像素)组成，这些点(像素)具有什么灰度或色彩。矢量图通常使用参数法来表示，即以计算机中所记录图形的形状参数与属性参数来表示图形。形状参数可以是对形状的方程系数、线段的起点和终点等几何属性的描述。属性参数则描述灰度、色彩、线型等非几何属性。在广义的概念中，图形可以看作在人的视觉系统中形成视觉印象的任何对象。它既包括各种照片、图片、图案以及图形实体，也包括由函数式、代数方程和表达式所描述的图形。

计算机图形学的发展得益于硬件平台的快速发展，基础理论的不断完善，实际应用取得的巨大成就和 SIGGRAPH 会议的推动。计算机图形学的应用领域非常广泛，包括工业产品的设计、航空航天、电子、建筑、影视、游戏娱乐、广告设计、地理信息系统、教学、医疗等领域。计算机图形学的相关开发技术包括 OpenGL、ACIS、DirectX、Java3D、VRML、Web 3D 等。我们正享受计算机图形学快速发展带来的各种美好感观和美妙体验。

复习思考题

1. 查阅资料描述计算机图形学如何影响人们的生活。
2. 计算机图形学、图像处理和计算机视觉的区别和联系是什么?
3. 计算机图形和图像的区别与联系是什么?
4. 简述计算机图形学的研究内容。
5. 简述计算机图形学的应用领域。

第二章　计算机图形系统

学习要点

(1) 计算机图形系统的组成及结构。
(2) 计算机图形系统的五个基本功能。
(3) 计算机图形系统常用的输入、输出设备，以及这些设备的功能。
(4) 显示器、绘图仪和3D打印机的工作原理。
(5) 图形软件的分类。
(6) 图形标准的形成和发展。

核心概念

图形应用软件、图形支撑软件、图形软件标准、图形输入设备、图形输出设备、阴极射线管(CRT)、帧缓存、可视仰角、点距、分辨率、显示适配器、3D打印

引导案例

《十二生肖》中的高科技

功夫巨星成龙主演的冒险动作大片《十二生肖》2012年上映(图2-1)，片中成龙饰演的杰克为领取国际文物贩子劳伦斯开出的巨额奖金，四处寻找“圆明园”十二生肖中失散的最后四个兽首。片中用到了很多高科技设备，配上惊心动魄的动作戏，让电影看上去更加精彩绝伦。其实片中的一些高科技装备，尽管情节有艺术渲染的成分，但在现实中已有类似的设备，在计算机图形系统的支持下完全可以实现片中的情节设定。

影片中杰克计划寻找十二生肖的鼠首时，他首先以记者的身份去拜访文物专家关教授，目的是获得鼠首的信息(形状和材质等)。由于现场禁止拍照，杰克请求“摸”一下鼠首获得许可(图2-2)。稍后，远程一个与现场一模一样的鼠首的仿制品(图2-3)制作完成。随后继续展现以杰克为首的团队开始了盗取鼠首的惊险场面。

图2-1 电影《十二生肖》

图2-2 “触摸”鼠首

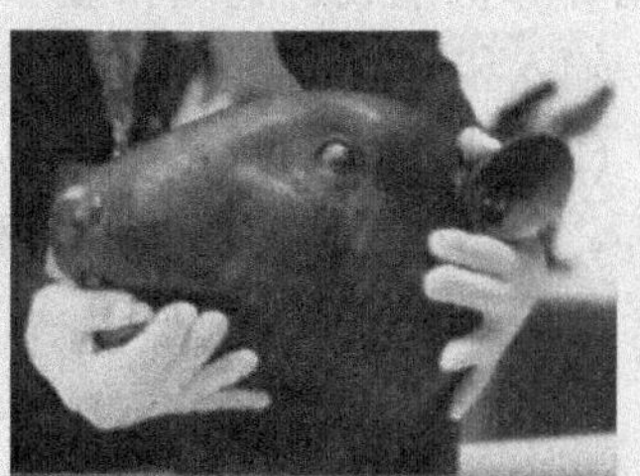

图2-3 鼠首的仿制品

案例导学

《十二生肖》影片中以不到一分钟的时长展示了杰克在现场中对鼠首的数据采集至仿制品制作完成的全过程，其剧情固然有艺术夸张的成分，但这项技术在现实中是完全可以实现的。

在图 2-2 中，杰克佩戴的手套是一种特殊的扫描手套，现场中他用扫描手套全方位把鼠首扫一遍，这个过程获得了鼠首的三维几何数据。其次通过无线传输发送至远程的计算机图形系统中，通过计算机图形系统对这些数据进行实时的三维几何重建，还原了现场的鼠首形状如图 2-4 所示。然后通过三维打印机快速打印生成鼠首模型，如图 2-5 所示。最后通过喷涂特殊材料制作了鼠首的仿制品，如图 2-3 所示。

《十二生肖》影片中还使用了具有感应系统的夜光眼镜，如图 2-6 所示，戴上之后就能看见物体上留下的指纹，非常神奇。滑轮衣使杰克飞檐走壁，充气救生衣帮助杰克逃脱险境，这些高科技装备在这部影片中都有精彩呈现。

图 2-4　鼠首的三维几何重建

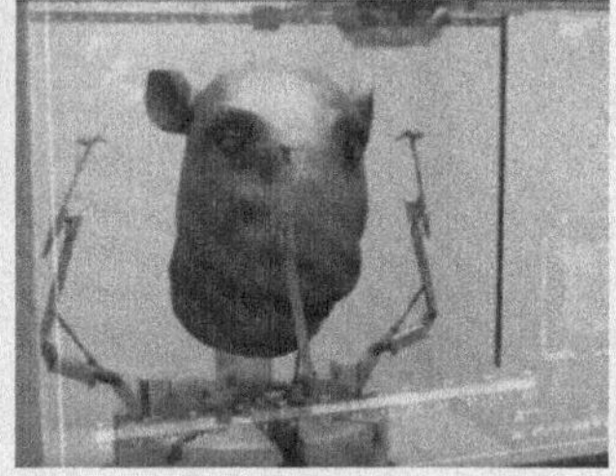

图 2-5　三维打印鼠首模型

图 2-6　杰克佩戴夜光眼镜

《十二生肖》中的鼠首制作过程充分利用了图形软件和硬件技术，在计算机系统的支撑下得以实现。本章将带领读者深入学习计算机图形系统相关内容。

第一节　计算机图形系统的组成

计算机图形系统的组成.mp4

一、计算机图形系统的功能

计算机图形系统是由计算机图形硬件和计算机图形软件组成，它的基本任务是研究如何用计算机生成、处理和显示图形。一个交互式计算机图形系统应具有计算、存储、交互、输入和输出等五种功能，如图 2-7 所示。

(1)　计算功能(Computing)。应包括形体设计和分析方法的程序库，描述形体的图形数据库。数据库中应有坐标的平移、旋转、投影、透视等几何变换程序库、曲线、曲面生成和图形相互关系的检测库等。

(2)　存储功能(Storage)。在计算机内存储器和外存储器中，应能存放各种形体的几何数据及形体之间相互关系，可实现对有关数据的实时检索以及保存对图形的删除、增加、修改等信息。

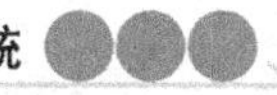

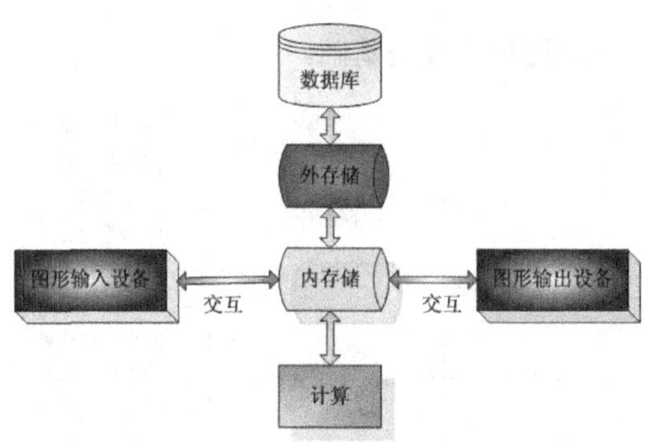

图 2-7　计算机图形系统的基本功能

(3)　输入功能(Input)。由图形输入设备将所设计的图形形体的几何参数(例如大小、位置等)和各种绘图命令输入到图形系统中。

(4)　输出功能(Output)。图形系统应有文字、图形、图像信息输出功能。在显示屏幕上显示设计过程当前的状态以及经过图形编辑后的结果。同时还能通过绘图仪、打印机等设备实现硬拷贝输出，以便长期保存。

(5)　交互功能(Interactive)。可通过显示器或其他人模杆机交互设备直接进行人模杆机通信，对计算结果和图形利用定位、拾取等手段进行修改，同时对设计者或操作员执行的错误给予必要的提示和帮助。

以上五种功能是计算机图形系统所具备的基本功能，每一项功能的具体能力因系统的不同而有所区别。

二、计算机图形系统的结构

根据计算机图形系统基本功能的要求，一个交互式计算机图形系统的结构如图 2-8 所示。它由计算机图形硬件和计算机图形软件两部分组成。

(一)图形软件

图形软件包括图形应用数据结构、图形应用软件和图形支撑软件三部分。这三者都处于计算机系统之内与外部的图形设备进行接口。三者之间彼此相互联系、互相调用、互相支持、形成图形系统的整个软件部分。

1. 图形应用数据结构

图形应用数据结构实际上对应一组图形数据文件，其中存放着将要生成的图形对象的全部信息。这些信息包括：定义物体的所有组成部分的形状和大小的几何信息；与图形有关的拓扑信息(位置与布局信息)；与这个物体图形显示相关的所有属性信息，如颜色、亮度、线型、纹理、填充图案、字符样式等；还包括非几何数据信息，如图形的标记与表示、标题说明等。这些数据以图形文件的形式存放于计算机中，根据不同的系统硬件和结构，组织成不同的数据结构，或者形成一种通用或专用数据集。他们正确地表达了物体(形体)的性质、结构和行为，构成了物体的模型。计算机图形系统根据这类信息的详细描述生成对应的图形，并完成这些图形的操作和处理(显示、修改、删除、增添、填充等)。所以，图形应用数据结构是生成图形的数据基础。

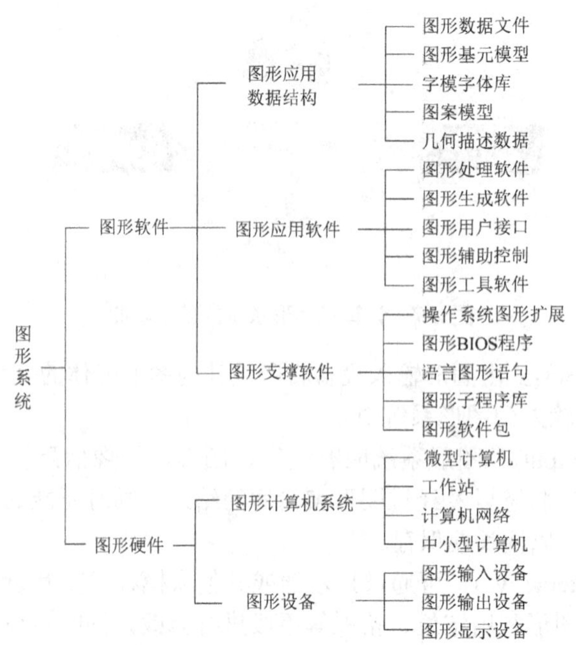

图 2-8　计算机图形系统的结构

2. 图形应用软件

图形应用软件是解决某种应用问题的图形软件，是计算机图形系统中的核心部分，它包括各种图形生成和处理技术。图形应用软件从图形应用数据结构中获取物体的几何模型和属性等，按照应用要求进行各种处理(裁剪、消隐、变换、填充等)，然后从图形输入设备经图形支撑软件送来的命令、控制信号、参数和数据，完成命令分析、处理和交互式操作，构成或修改被处理物体的模型，形成更新后的图形数据文件并保存。图形应用软件中包括若干辅助性操作，如性能模拟，分析计算、后处理、用户接口、系统维护、菜单提示以及维护等，从而构成一个功能完整的图形软件系统环境。

3. 图形支撑软件

一般而言，图形支撑软件是由一组公用的图形子程序组成的。它扩展了系统中原有高级语言和操作系统的图形处理功能，可以把它们看成是计算机操作系统在图形处理功能上的扩展。标准图形支撑软件在操作系统上建立了面向图形的输入、输出、生成、修改等功能命令、系统调用和定义标准，而且对用户透明，与所采用的图形设备无关，同时具有高级语言接口。采用标准图形支持软件，即图形软件标准，不仅降低了软件研制的难度和费用，也便于应用软件在不同系统间的移植。

采用了 OpenGL，PHIGS，GKS，CGI 等图形软件标准后，图形应用软件的开发具有与设备无关、与应用无关、具有较高性能的特点，方便应用程序高起点开发。

(1) **与设备无关**：即在图形软件标准基础上开发的各种图形应用软件，不必关心就具体设备的物理性能和参数，它们可以在不同硬件系统之间方便地进行移植和运行。

(2) **与应用无关**：即图形软件标准的各种图形输入、输出处理功能，考虑了多种应用的不同要求，因此具有很好的适应性。

(3) **具有较高性能**：即图形软件标准能够提供多种图形输出原语，如线段、圆弧、折线、曲线、填充区域、图像、文字等，能处理各种类型的图形输入设备的操作，允许对图形分段或进行各种变换，因此应用程序能以较高的起点进行开发。

(二)图形硬件

图形硬件包括图形计算机系统和图形设备两类。

图形计算机系统的硬件性能与一般计算机系统相比，要求主机性能更高、速度更快、存储容量更大、外设种类更齐全。面向图形应用的计算机系统有微型计算机、工作站、中小型计算机等。

(1) 微型计算机采用开放式体系结构。微型计算机系统体积小，价格低廉，用户界面友好，是一种普及型的图形计算机系统。

(2) 工作站是具有高速的科学计算、丰富的图形处理、灵活的窗口及网络管理功能的交互式计算机系统，不仅可用于办公自动化、文字处理和文本编辑等领域，更主要的是用于工程和产品的设计与绘图、工业模拟和艺术模拟。

(3) 中小型计算机是一类高级的、大规模计算机工作环境，一般在特定的部门、单位和应用领域采用。它是建立大型信息系统的重要环境，这种环境中信息和数据的处理量很大，要求机器有极高的处理速度和极大的存储容量。这类平台以其强大的处理能力、集中控制和管理能力、海量数据存储能力而在计算机中占有一席之地，具有强大的竞争力。一般情况下，图形系统在这类平台上作为一种图形子系统独立运行和工作。

图形设备，即外部设备。它与图形计算机系统之间的关系如图 2-9 所示。图形设备包括图形输入设备和图形输出设备。图形输入设备一般包括键盘、鼠标、图形输入板、扫描仪等。图形输出设备一般包括显示器、打印机、绘图仪、激光照相排版设备等。显示器是图形输出的必备设备之一。

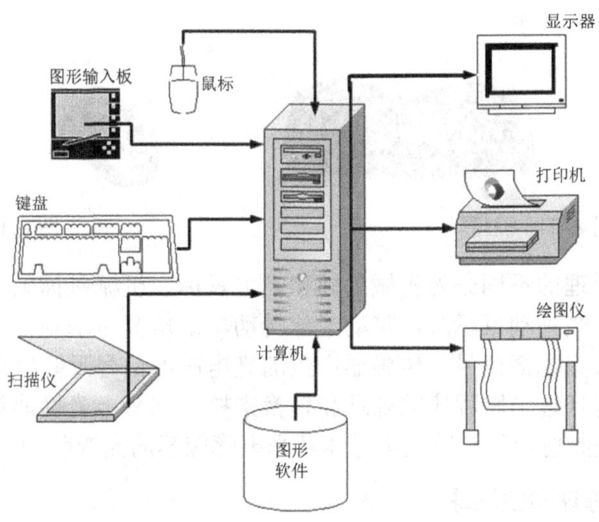

图 2-9　计算机图形硬件的主机与外设

第二节　图形输入设备及数据输入

图形输入设备及数据输入.mp4

一、图形输入设备

各种图形模型的建立、操作和修改均离不开图形输入设备。设计人员通过图形输入设备向图形系统输入图形的几何数据、操作命令和各种参数，如图形移动的位移、旋转的角度、文字标注、观察图形的参数以及修改图形的信息等。图形输入设备从逻辑上分为六类，也称为六种逻辑设备即定位、描绘、数值输入、旋转、拾取及字符输入。逻辑设备是指按逻辑功能定义的设备，并非具体的物理设备。一种逻辑设备对应于一种或一类特定的物理设备，而实际的物理设备也可以完成一种或多种逻辑设备功能。

在一个图形系统上，有许多装置可用于数据输入。最常用的图形输入设备就是基本的计算机输入设备——键盘和鼠标。人们一般利用一些图形软件通过键盘和鼠标直接在屏幕上定位和输入图形，如人们常用的 CAD 系统就是通过鼠标和键盘命令生产各种工程图。此外还有操纵杆、跟踪球、空间球、触摸笔、触摸屏、扫描仪、数字化仪、数据手套等输入设备。

1. 键盘

键盘(Keyboard)是常用的图形输入设备，如图 2-10 所示，可用于屏幕坐标的输入，菜单选择，图形功能选择，以及输入非图形数据，如辅助图形显示的图片标记等。现在键盘的技术非常成熟，常用的包括普通键盘、带手写输入板的键盘和无线键盘等。

2. 鼠标

鼠标(Mouse)也是最常用的图形输入设备，如图 2-11 所示，通常用于图形定位、选取等图形操作。鼠标技术经过近 50 年的发展已经非常成熟，目前常用的鼠标包括有线鼠标和无线鼠标。鼠标可以对当前屏幕上的光标进行定位，并通过按键和滚轮装置对光标所经过位置的屏幕元素进行操作。

图 2-10　键盘

图 2-11　鼠标

鼠标按其工作原理的不同分为机械鼠标和光电鼠标，机械鼠标主要由滚球、辊柱和光栅信号传感器组成。当拖动鼠标时，带动滚球转动，滚球又带动辊柱转动，装在辊柱端部的光栅信号传感器采集光栅信号，传感器产生的光电脉冲信号反映出鼠标器在垂直和水平方向的位移变化，再通过电脑程序的处理和转换来控制屏幕上光标箭头的移动；光电鼠标是红外线散射的光斑照射粒子带发光半导体及光电感应器的光源脉冲信号传感器。

3. 操纵杆、跟踪球和空间球

操纵杆一般在游戏和虚拟现实系统中控制屏幕上的光标坐标；跟踪球和空间球是根据

球在不同方向受到的推或拉的压力来实现定位和选择，从而控制屏幕上的光标坐标，在游戏、虚拟现实系统、动画和 CAD 等应用中一般用作三维定位设备和选取设备。图 2-12 表示的是操作杆、跟踪球和空间球的一些实例。

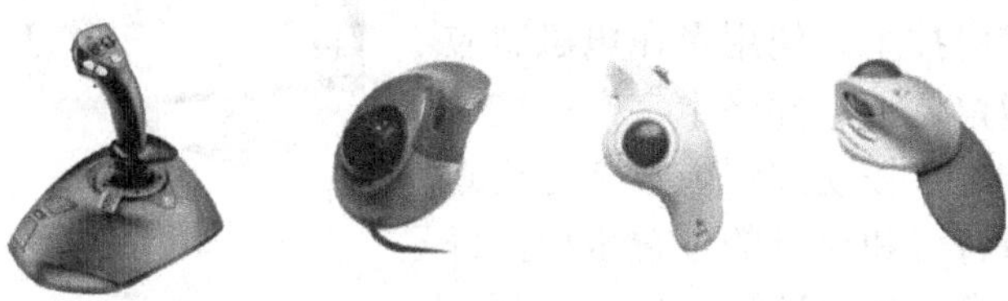

图 2-12　操纵杆、跟踪球和空间球

4. 触摸屏

触摸屏显示器(Touch Screen)可以让使用者只要用手指轻轻地触碰计算机显示屏上的图符或文字就能实现对主机操作，这样摆脱了键盘和鼠标操作，使人机交互更为直截了当。主要应用于公共场所信息查询、政务办公、电子游戏、点歌点菜、多媒体教学、机票/火车票预售等。产品主要分为电容式触控屏、电阻式触控屏和表面声波触摸屏三类。图 2-13 所示为触摸屏的一个应用。

图 2-13　触摸屏

5. 扫描仪

扫描仪(Scanner)是利用光电技术和数字处理技术，通过捕获图像并将之转换成计算机可以显示、编辑、存储和输出的数字化输入设备。扫描仪对照片、文本页面、图纸、美术图画、照相底片、菲林软片，甚至纺织品、标牌面板、印制板样品等三维对象都可作为扫描对象，提取原始的线条、图形、文字、照片，转换成可以编辑的对象并加入文件中。扫描仪属于计算机辅助设计中的输入系统，通过计算机软件和计算机输出设备(激光打印机、激光绘图机)接口，组成网印前计算机处理系统，适用于办公自动化，广泛应用在标牌面板、印制板、印刷行业中。

图 2-14 和图 2-15 分别表示普通平板扫描仪和手持式扫描仪。图 2-16 表示一种人体三维扫描仪正在测量人体模特的表面数据。

图 2-14　平板扫描仪

图 2-15　手持式三维扫描仪

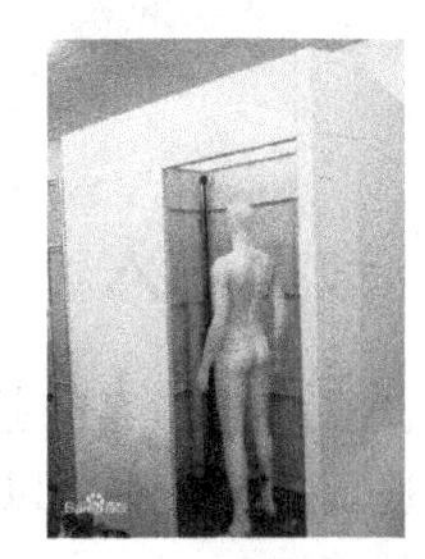

图 2-16　人体三维扫描仪

6. 数字化仪

数字化仪(Digitizer)是一种把图形转变成计算机能接收的数字形式专用设备，其基本工作原理是采用电磁感应技术。使用者在电磁感应板上移动游标到指定位置，并将十字叉的交点对准数字化的点位时，按动按钮，数字化仪则将此时对应的命令符号和该点的位置坐标值排列成有序的一组信息，然后通过接口传送到主计算机。通俗地说，数字化仪是一块超大面积的手写板，用户可以通过用专门的电磁感应压感笔或光笔在上面写或者画图形，并传输给计算机系统。如图 2-17 所示的是几种常见的数字化仪。

图 2-17　数字化仪

7. 数据手套

数据手套(Data Glove)通过传感器和天线来获得和发送手指的位置和方向信息，使操作者以更加直接，更加自然，更加有效的方式与虚拟世界进行交互，大大增强了互动性和沉浸感。数据手套本身不提供与空间位置相关的信息，必须与位置跟踪设备连用。图 2-18 表示各种外形的数据手套。

数据手套是一种多模式的虚拟现实硬件，通过软件编程可进行虚拟场景中物体的抓取、移动、旋转等动作，也可以利用它的多模式性，作为一种控制场景漫游的工具。数据手套的出现为虚拟现实系统提供了一种全新的交互手段，目前的产品已经能够检测手指的弯曲，并利用磁定位传感器来精确地定位出手在三维空间中的位置。这种结合手指弯曲度测试和空间定位测试的数据手套常被称为“真实手套”，可以为用户提供一种非常真实自然的三维交互手段。

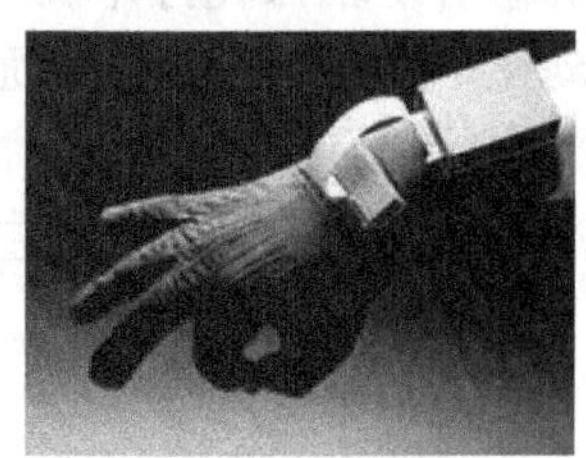

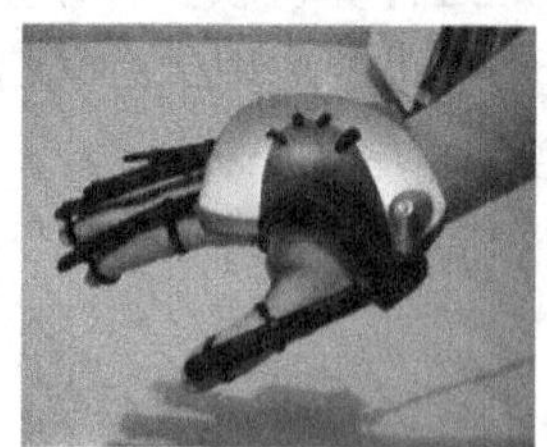

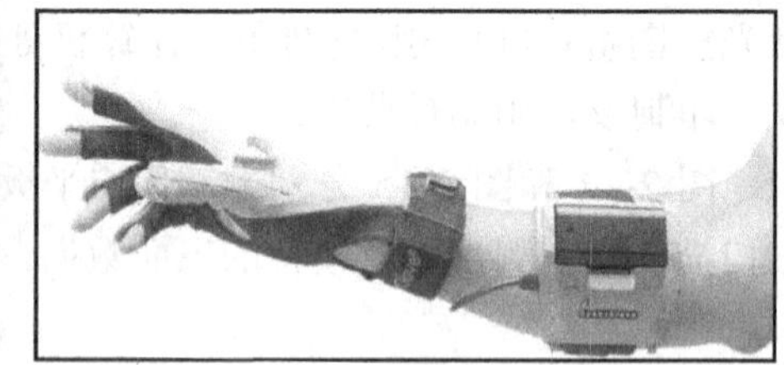

图 2-18　数据手套

二、数据输入

计算机图形系统是通过输入设备接收不同类型的数据，如点坐标、数值、角度、定位、选项、拾取等。以 AutoCAD 软件的建模为例，演示了其接受数据输入的各种方式。

第三节　图形输出设备

图形输出设备及图形输出.mp4

显示器是图形输出必要设备之一，显示在屏幕上的图形还可以输出到图形硬拷贝设备上，形成图形的硬拷贝。常见的图形输出设备有显示器、打印机、绘图仪、激光照排设备、投影机、立体眼镜等。

1. 显示器

显示器是将一定的电子文件通过特定的传输设备显示到屏幕上再反射到人眼的一种显示工具。从广义上讲，街头随处可见的大屏幕、电视机、液晶拼接的显示屏、手机和快译通等的显示屏都属于显示器的范畴，一般指与电脑主机相连的显示设备。它的应用非常广泛，大到卫星监测，小至智能手表屏。可以说在现代社会里，它的身影无处不在，其结构一般为圆形底座加机身，随着彩显技术的不断发展，也出现了一些其他形状的显示器。图 2-19 展示日常生活中的电脑显示屏、环状显示屏和智能手表显示屏。

(a)　电脑显示屏

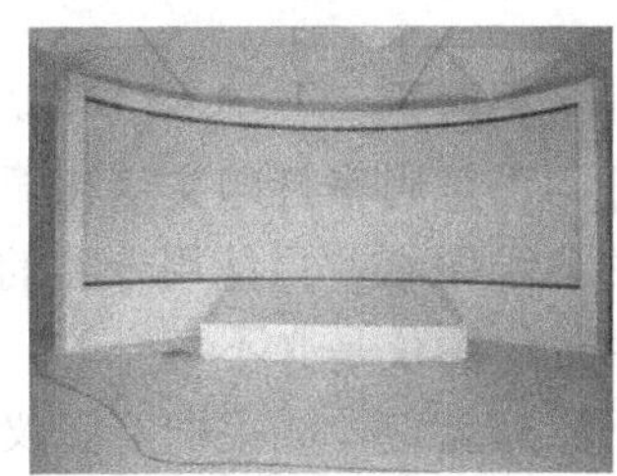
(b)　环状显示屏

(c)　智能手表显示屏

图 2-19　电脑显示屏、环状显示屏和智能手表显示屏

2. 打印机

打印机是将计算机设计的图形输出在纸张或其他媒体上的设备。从打印机原理上来说，打印机大致分为激光打印机、喷墨打印机和针式打印机。广泛应用于办公自动化和各种计算机辅助设计领域。图 2-20 分别是激光打印机、喷墨打印机和针式打印机。

(a)　激光打印机

(b)　喷墨打印机

(c)　针式打印机

图 2-20　打印机

3. 3D 打印机

3D 打印机号称可以打印一切，不仅可以“打印”一幢完整的建筑，甚至可以在航天

飞船中给宇航员打印任何所需物品的形状。但是目前 3D 打印出来的大多是物体的模型，不能打印出物体的功能。3D 打印的概念起源于 19 世纪末的美国，近年逐渐大热，中国物联网校企联盟称它为“上上个世纪的思想，上个世纪的技术，这个世纪的市场。”此前，部件设计完全依赖于生产工艺能否实现，而 3D 打印机的出现，将颠覆这一生产思路，任何复杂形状的设计均可以通过 3D 打印机来实现。

3D 打印技术可用于珠宝、鞋类、工业设计、建筑、工程和施工、汽车、航空航天、牙科和医疗产业、教育、地理信息系统、土木工程和许多其他领域。常常在模具制造、工业设计等领域。电影《十二生肖》中主人公杰克盗取鼠首就是利用扫描手套和 3D 打印机共同完成的。图 2-21 是一款 3D 打印机设备。

图 2-21　3D 打印机

4. 绘图仪

绘图仪与打印机不同，打印机是用来打印文字和简单图形的。要想精确地绘制幅面较大的工程图，如绘制工程中的各种图纸，只能用专业的绘图设备——绘图仪了。在计算机辅助设计与计算机辅助制造中，绘图仪是必不可少的，它能将图形准确地绘制在图纸上输出，供工程技术人员使用。从原理上说，如果把绘图仪中的绘图笔转换为刀具或激光束发射器等切割工具就能够精准地加工机械零件。图 2-22 是常见的滚筒式绘图仪和平板式绘图仪。

(a) 滚筒式绘图仪

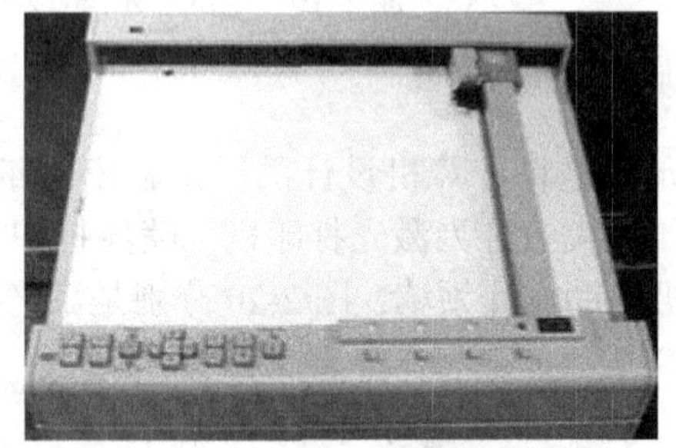

(b) 平板式绘图仪

图 2-22　绘图仪

绘图仪绘制的图形分单色和彩色两种。目前，彩色喷墨绘图仪绘图线型多、速度快、分辨率高、性价比好，在实际使用中获得较为广泛的应用。

5. 头盔显示器和数据衣

头盔显示器，即头显，是虚拟现实应用中的 3DVR 图形显示与观察设备，可单独与主机相连以接受来自主机的 3DVR 图形信号。使用方式为头戴式，辅以三个自由度的空间跟踪定位器可进行虚拟现实输出效果观察，同时观察者可做空间上的自由移动，如自由行走、旋转等，沉浸感极强。图 2-23 表示一款头盔显示器以及在工作状态中的使用。

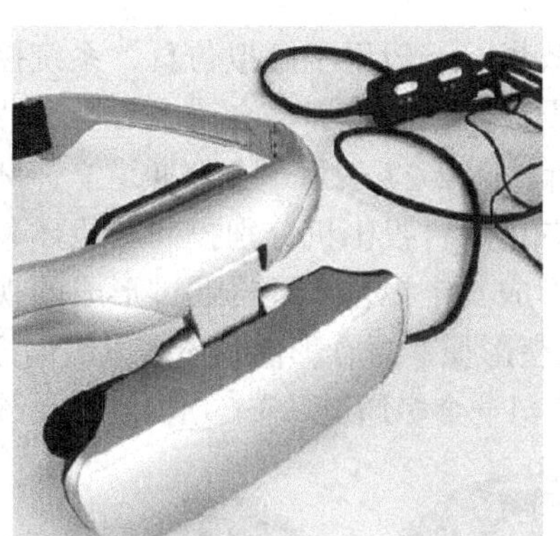

(a) 头盔显示器

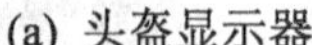

(b) 工作状态中的头盔显示器

图 2-23　头盔显示器

数据衣也是虚拟现实应用中的设备，是为了让虚拟现实系统识别全身运动而设计的输入装置。数据衣对人体大约 50 多个不同的关节进行测量，包括膝盖、手臂、躯干和脚。通过光电转换，身体的运动信息被计算机识别。通过 BOOM 显示器和数据手套与虚拟现实交互。电影《狮子王》中各类动物的动作和表情制作中大量使用数据衣，从数据衣采集到的人体肢体动作数据赋予动物以表达拟人的情感。

6. 投影机

目前市场主流的投影机为 LCD 液晶投影机，如图 2-24 所示。LCD 投影机的技术是透射式投影技术。投影画面色彩还原真实鲜艳，色彩饱和度高，光利用效率很高，LCD 投影机比用相同瓦数光源灯的 DLP 投影机有更高的 ANSI 流明光输出。它的缺点是黑色层次表现不是很好，对比度一般都在 500:1 左右徘徊，投影画面的像素结构可以明显看到。

根据投影机的应用环境分类，主要分为家庭影院型、便携商务型、教育会议型、主流工程型、专业剧院型五类。

7. 立体眼镜

一般两眼观察物体时，很自然的产生立体感是由于人的两眼之间有一定的距离。当观察物体时，左右眼各自从不同角度观察，形成两眼视觉上的差异，反映到大脑中便产生远近感和层次感的三度空间立体影像。立体眼镜就是利用人类左眼与右眼影像的视角间距的视差而产生有三度空间感的三维效果，如图 2-25 展示的是一款立体眼镜。

8. 立体相机

立体相机是一种双镜头或多镜头相机，这样可以使相机模拟人的双目视觉观察系统，利用两个镜头同时拍摄图像时形成两幅图像之间的视差可以计算出图像的深度信息，进一步得到该图像的三维信息，如图 2-26 所示，这种技术也称之为立体影像技术。

9. 多通道环幕立体系统

多通道环幕(立体)投影系统是指采用多台投影机组合而成的多通道大屏幕展示系统，它比普通的标准投影系统具备更大的显示尺寸、更宽的视野、更多的显示内容、更高的显示分辨率，以及更具冲击力和沉浸感的视觉效果，一般用于虚拟仿真、系统控制和科学研究，近年来开始向科博馆、展览展示、工业设计、教育培训、会议中心等专业领域发展，其中，院校和科博馆是该技术的最大应用场所。图 2-27 表示一个双通道立体环幕投影系统示意图，系统配有四台投影机，一个环幕。右边两台投影机分别投向左边环幕并形成一定视差，而左边两台投影机分别投向右边环幕形成一定视差，这样通过形成的视差可构成立体影像，而左右环幕拼接在一起构成双通道完整影像，观看影像时还需佩戴偏振立体眼镜才能看到立体效果，图 2-28 是深圳中视典数码公司一个多通道环幕(立体)展示系统的实例。

图 2-24　投影机

图 2-25　立体眼镜

图 2-26　立体相机

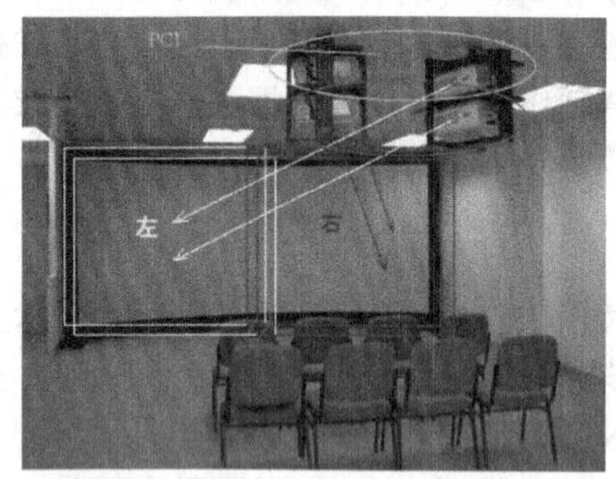

图 2-27　双通道环幕(立体)投影系统

图 2-28　多通道环幕(立体)投影系统

立体电影是利用人双眼的视角差和会聚功能制作的可产生立体效果的电影。这种电影放映时两幅画面重叠在银幕上，通过观众佩戴的特制眼镜或幕前辐射状半锥形透镜光栅，使观众左眼看到从左视角拍摄的画面，右眼看到从右视角拍摄的画面，通过双眼的会聚功能，合成为立体视觉影像。

3D 立体影院是在普通投影数字电影基础上，在片源制作时片源画面使用左右眼错位 2 路显示，每通道投影画面使用 2 台投影机投射相关画面，通过偏振镜片与偏振眼镜，片源左右眼画面分别对应投射到观众左右眼球，从而产生立体临场效果。3D 立体影院的设备主要由片源播放设备、多通道融合处理设备、投影机(左右通道数×2)、投影弧幕、偏振镜片、偏振影片、音响、立体环幕等构成。

4D 影院是在 3D 立体影院基础上加上观众周边环境的各种特效，称之为 4D。环境特效一般是指闪电模拟、下雨模拟、降雪模拟、烟雾模拟、泡泡模拟、降热水滴、振动、喷雾、喷气、扫腿、耳风、耳音、刮风等其中的多项，因此 4D 影院的设备是在 3D 立体设备基础上，增加特效座椅以及其他特效辅助设备。例如专业动感座椅更具多自由度，更强的动感效果。

图 2-29 展示了 3D 电影院和 4D 电影院的场景。

(a) 3D 影院

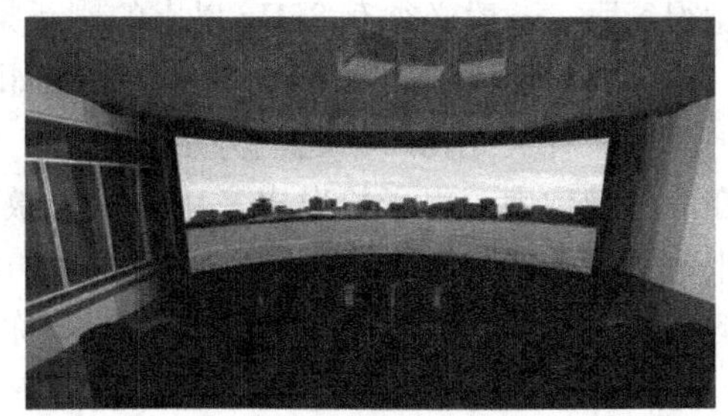
(b) 4D 影院

图 2-29　立体影院

第四节　典型硬件设备的工作原理

硬件工作原理(显示器).mp4

一、图形显示与观察设备

1. 阴极射线管显示器

历史上阴极射线管显示器经历了多个发展阶段，出现过各种不同类型的阴极射线管监视器，如存储管式显示器、随机扫描显示器(又称矢量显示器)，但是这些显示器的缺点是图形表现能力很弱。在 20 世纪 70 年代开始出现的刷新式光栅扫描显示器是图形显示技术走向成熟的一个标志，尤其是彩色光栅扫描显示器的出现将人们带进一个多彩的世界。

因为阴极射线管(Cathode Ray Tube，CRT)广为人知的用途是用于构造显示系统，所以俗称显像管。如图 2-30 所示，CRT 由电子枪、聚焦系统、加速系统、磁偏转系统和荧光屏等构成。CRT 中的加热灯丝使得金属阴极发射大量电子，电子飞出去多少，受到栅极所加电压控制。电子枪发出的电子，经过聚焦系统和加速系统产生高速聚焦的电子束，再经过磁偏转系统到达荧光屏的特定位置，轰击荧光屏表面的荧光物质，在荧光屏上产生足够小的光点，光点称为像素(pixel)，从而产生可见图形。

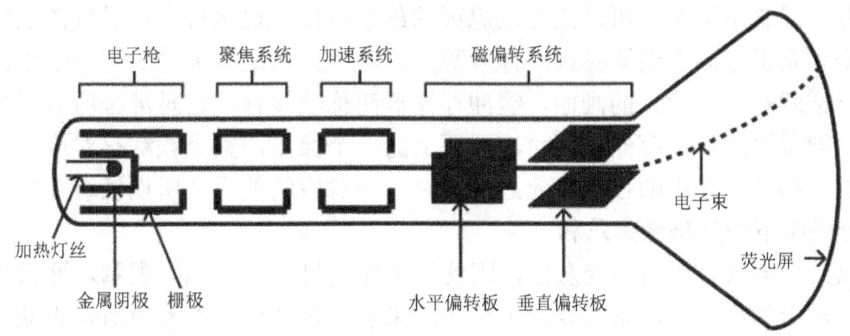

图 2-30　阴极射线管工作原理示意图

要保持荧光屏上有稳定的图像就必须不断地发射电子束刷新屏幕。刷新一次是指电子束从上到下将荧光屏扫描一次，其扫描过程如图 2-31 所示。只有刷新频率高到一定值后，图像才能稳定显示。大约达到每秒 60 帧即 60Hz 时，人眼才能感觉到屏幕不闪烁，要使人眼觉得舒服，一般必须有 85Hz 以上的刷新频率。

CRT 利用能够发射不同颜色荧光粉的组合来产生彩色图形。彩色 CRT 显示器的荧光屏上涂有三种荧光物质，它们分别能发红、绿、蓝三种颜色的光。红、绿、蓝三根电子枪装在同一管颈中，电子枪发出三束电子来激发这三种物质，中间通过一个控制栅格来决定三束电子到达的位置。根据屏幕上荧光点的排列不同，控制栅格也不一样。普通的监视器一般用三角形的排列方式，这种显像管被称为荫罩式显像管。它的工作原理如图 2-32 所示。三束电子经过荫罩的选择，分别到达三个荧光点的位置。通过调节电子枪发出的电子束中所含电子的多少，可以控制击中的相应荧光点的亮度，因此以不同的强度击中荧光点，就能够在像素点上生成极其丰富的颜色。如将红、绿两个电子枪关闭，屏幕上就只显示蓝色。图 2-33 所示是一个具有 24 位面的帧缓冲存储器，红、绿、蓝各 8 个位面，其值经数模转换控制红、绿、蓝电子枪的强度，每支电子枪的强度有 2^8=256(8 位)个等级，则能显示 256×256×256=16 兆种颜色，16 兆种颜色也称作(24 位)真彩色。

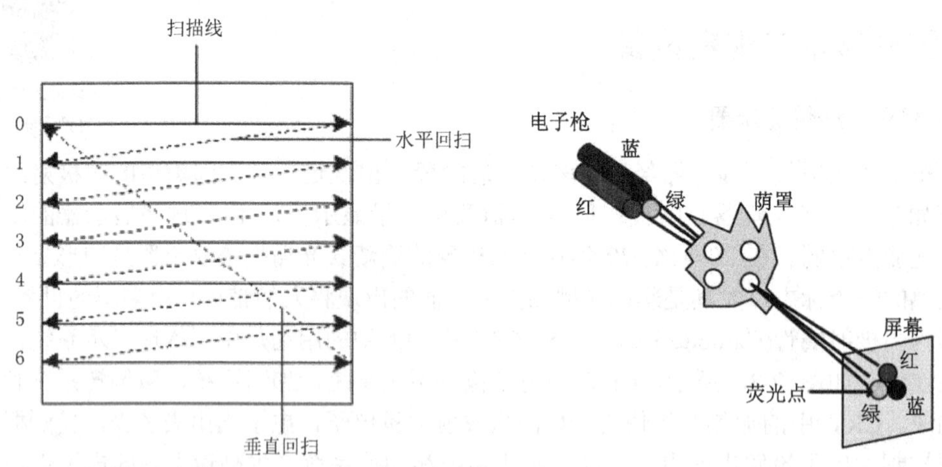

图 2-31　光栅扫描示意图

图 2-32　彩色 CRT

光栅扫描式显示器是一种画点设备，可看作是一个点阵单元发生器，可控制每个点阵单元的亮度。像素是屏幕上可以点亮或熄灭的最小单位，也是每个可寻址的点阵单元。显示器在水平和垂直方向上能够寻址的像素数为分辨率。帧是影像动画中最小单位的单幅影像画面。一帧就是一幅静止的画面，缓冲存储器简称帧缓存，它是屏幕所显示画面的一个直接映象，帧缓存的每一存储单元对应屏幕上的一个像素，整个帧缓存对应一帧图像。屏幕上的像素点和帧缓存中的存储单元之间具有一一对应的关系，所以帧缓存的单元数至少等于当前分辨率下的屏幕像素总和。

对于黑白图形只有黑白两级灰度，因此每个像素只需一个 bit 表示，通常将其称之为一个位面。对于彩色图形，则需要若干个 bit 来表示每个像素的颜色值，也就是需要若干个位面。如图 2-33 所示，红、绿、蓝每种颜色都有 8 个位面。若设位面数为 n，那么所能表示的颜色数为 2 的 n 次方。

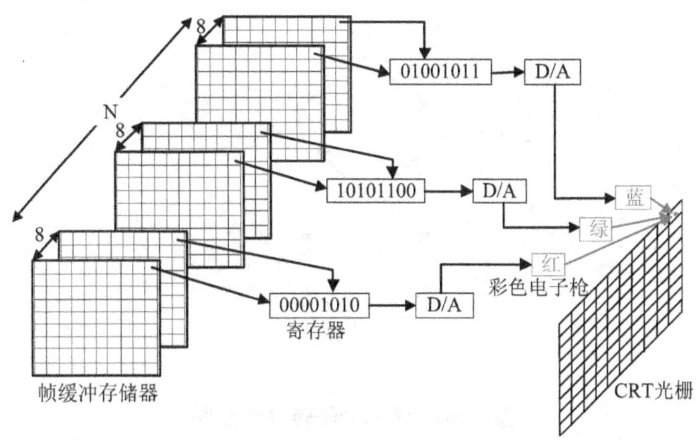

图 2-33 帧缓存器颜色输出示意图

例如，若屏幕的分辨率是 640×480 像素，如果是一个只能显示黑白图形的显示器，则需要帧存储的大小为：(640×480)/8=38400Bytes=37.5KB；如果每个像素能显示 256 个灰度级的图形显示器，则每个像素需要 8 位存储单元，需要帧存储的大小为：640×480×8/8=307200Bytes=300KB；如果是彩色显示器，且每种基色均显示 256 个亮度级，则每个像素需要 24 位存储单元，需要帧存储的大小为：640×480×3×8/8=921600Bytes=900KB；又如，若屏幕的分辨率是 1280×1024 的彩色显示器，且每种基色均显示 256 个亮度级，需要帧存储的大小为：1280×1024×3×8/8=3932160Bytes=3.75MB。

CRT 显示器历经技术发展成熟，显示质量也越来越好，大屏幕成为主流，但由于阴极射线管显示器笨重、耗电，产生辐射与电磁波干扰，而且长期使用会对人体健康产生不良影响，CRT 固有的物理结构限制了它向更广的显示领域发展。在这种情况下，CRT 显示器逐渐被轻巧、省电的液晶显示器(Liquid Crystal Display, LCD)取而代之。

2. 液晶显示器

液晶是一种介于液体和固体之间的特殊物质，它具有液体的流态性质和固体的光学性质。当液晶受到电压的影响时，就会改变它的物理性质而发生形变，此时通过它的光的折射角度就会发生变化而产生色彩。

如图 2-34 所示，液晶屏幕后面有一个背光，这个光源先穿过第一层偏光板，再来到液晶体上，当光线透过液晶体时，就会产生光线的色泽改变，从液晶体射出来的光线，还必须经过一块彩色滤光片以及第二块偏光板。由于两块偏光板的偏振方向成 90 度，再加上电压的变化和一些其他的装置，液晶显示器就能显示我们想要的颜色了。

液晶显示器由可视角度、点距和分辨率等基本技术指标来衡量：

1) 可视角度

由于液晶的成像原理是通过光的折射而不是像 CRT 那样由荧光点直接发光，所以在不同的角度看液晶显示屏会有不同的效果。当视线与屏幕中心法向所成角度超过一定数值时，人们就不能清晰地看到屏幕图像，而那个能看到清晰图像的最大角度被我们称为可视角度。一般所说的可视角度是指左右两边的最大角度相加。工业上有 CR10、CR5 两种标准来判断液晶显示器的可视角度。

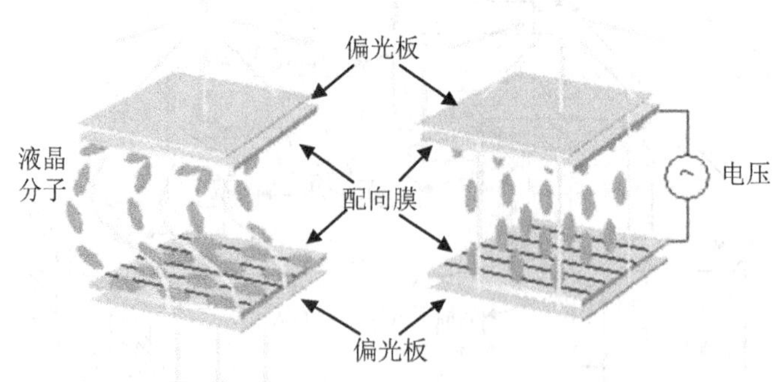

图 2-34　液晶分子转动示意图

2)　点距和分辨率

液晶屏幕的点距是两个液晶颗粒(光点)之间的距离，一般 0.28~0.32 mm 就能得到较好的显示效果。

分辨率在液晶显示器中的含义并不和 CRT 中的完全一样。通常所说的液晶显示器的分辨率是指其真实分辨率，例如 1024×768 的含义就是指该液晶显示器含有 1024×768 个液晶颗粒。只有在真实分辨率下液晶显示器才能得到最佳的显示效果。其他较低的分辨率只能通过缩放仿真来显示，效果并不好。而 CRT 显示器如果在 1024×768 的分辨率下能清晰显示的话，其他如 800×600，640×480 都能很好地显示。

液晶显示器由于外观轻便小巧精致，不会产生 CRT 那样的因为刷新频率低而出现的闪烁现象，而且工作电压低，功耗小，节约能源，没有电磁辐射，对人体健康没有任何影响，已经替代 CRT 显示器成为主流。

3. 等离子显示器

等离子体显示器(Plasma Display Panel，PDP)又称电浆显示器，是继 CRT、LCD 后的新一代显示器，其特点是厚度极薄，分辨率佳，屏幕大，色彩丰富鲜艳。图 2-35 所示等离子显示器外观。从工作原理上讲，等离子体技术同其他显示方式相比存在明显的差别，在结构和组成方面领先一步。其工作原理类似普通日光灯和电视彩色图像，由各个独立的荧光粉像素发光组合而成，因此图像鲜艳、明亮、干净而清晰。另外，等离子体显示设备最突出的特点是可做到超薄，轻易做到 40 英寸以上的完全平面大屏幕，而厚度不到 100 毫米，适合于面向大屏幕需求的用户和家庭影院使用。

等离子显示器从 20 世纪 90 年代开始进入商业化生产以来，其性能指标、良品率等不断提高，而价格却不断下降。特别是 2005 年以来，其性价比进一步提高，从前期以商用为主转变成以家用为主。

PDP 的基本原理是：显示屏上排列有上千个密封的小低压气体室(一般是氙气和氖气的混合物)，电流激发气体时使其发出肉眼看不见的紫外光，这种紫外光碰击后面玻璃上的红、绿、蓝三色荧光体使其发出我们在显示器上所看到的可见光。换句话说，利用惰性气体放电时所产生的紫外光来激发彩色荧光粉发光，然后将这种光转换成人眼可见的光。等离子显示器采用等离子管作为发光元器件，大量的等离子管排列在一起构成屏幕，每个等离子对应的每个小室内都充有氖氙气体。在等离子管电极间加上高压后，封在两层玻璃之间的等离子管小室中的气体会产生紫外光并激发平板显示屏上的红、绿、蓝三原色荧光粉发出可见光。每个等离子管作为一个像素，由这些像素的明暗和颜色变化组合产生各种灰度和彩色的图像，与显像管发光很相似。

由于 PDP 各个发光单元的结构完全相同，因此不会出现显像管常见的图像几何畸变。PDP 屏幕的亮度十分均匀，且不会受磁场的影响，具有更好的环境适应能力。另外，PDP 屏幕不存在聚焦的问题，不会产生显像管的色彩漂移现象，表面平直使大屏幕边角处的失真和色纯度变化得到彻底改善。PDP 显示具有亮度高、色彩还原性好、灰度丰富、对迅速变化的画面响应速度快等优点，可以在明亮的环境之下欣赏大画面电视节目。

4. 3D 显示器

3D 显示器一直被公认为是显示技术发展的终极梦想，多年来有许多企业和研究机构都在从事这方面的研究。日本、欧美、韩国等发达国家和地区早于 20 世纪 80 年代就纷纷涉足立体显示技术的研发，于 20 世纪 90 年代开始陆续获得不同程度的研究成果，现已开发出需佩戴立体眼镜或不需佩戴眼镜的两大立体显示技术体系。图 2-36 所示为 3D 显示器示意图。

图 2-35 等离子体显示器

图 2-36 3D 显示器

传统的 3D 电影在荧幕上有两组图像(来源于在拍摄时的互成角度的两台摄影机)，观众需要戴上偏光镜才能消除重影(让一只眼只接受一组图像)，形成视差建立立体感。

利用自动立体显示技术，即所谓的“真 3D 技术”，人们就不需要戴上眼镜来观看立体影像了。这种技术利用所谓的“视差栅栏”，使两只眼睛分别接受不同的图像来形成立体效果。

平面显示器要形成立体感的影像，至少提供两组相位不同的图像。带有视差栅栏的显示器，提供了两组图像，而两组图像之间存在 90° 的相位差。

目前知名计算机公司纷纷推出 3D 显示器品牌。但由于造价太高，技术上还不是很成熟，还没有真正进入普及行列。

5. 显示适配器

一个光栅显示系统离不开显示适配器，显示适配器(俗称显卡)是图形系统结构的重要元件，是连接计算机和显示终端的纽带。显示适配器的作用是控制显示器的显示方式。在显示器里也有控制电路，但起主要作用的是显卡。一个显示适配器的主要配件有显示主芯片、显示缓存(简称显存)和数字模拟转换器(RAMDAC)，如图 2-37 所示。显卡的作用是在

CPU 的控制下，将主机送来的显示数据通过总线传送到显卡上的主芯片，然后显示芯片对数据进行处理，并将处理结果存放在显存中。显卡从显存中将数据传送到数字模拟转换器(RAMDAC)并进行数模转换。RAMDAC 将模拟信号通过 VGA 接口输送到显示器，最后再由显示器输出各种各样的图像。

显示主芯片是显卡的核心，俗称图形处理单元(Graphical Processing Unit, GPU)，其主要任务是对系统输入的视频信息进行构建和渲染，各图形函数基本上都集成在这里。例如现在许多 3D 卡都支持的 OpenGL 硬件加速功能和 DirectX 功能以及各种纹理渲染功能就是在这里实现的。显卡主芯片的能力直接决定了显卡的能力。图 2-38 是 NVIDIA 公司推出的一款显卡。

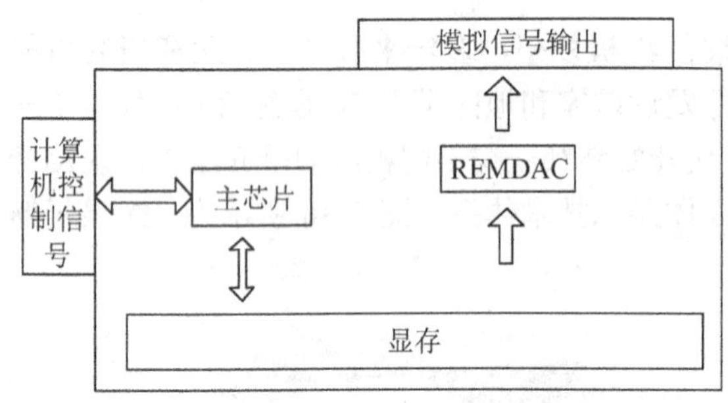

图 2-37　显示适配器(显卡)结构示意图

图 2-38　显卡

显存是用来存储将要显示的图形信息以及保存图形运算的中间数据的，它与显示主芯片的关系就像计算机的内存与 CPU 一样密不可分。显存的大小和速度直接影响着主芯片性能的发挥，简单地说当然是越大越好、越快越好。

RAMDAC 是视频存储数字模拟转换器。在视频处理中，它的作用是把二进制的数字转换成为与显示器相适应的模拟信号。

随着电子技术的发展，显卡技术含量越来越高，功能越来越强，能完成大部分图形处理功能，这样就大大减轻了 CPU 的负担，提高了显示能力和显示速度。许多专业的图形卡已经具有很强的 3D 处理能力，而且这些 3D 图形卡也渐渐地走向个人计算机。一些专业显卡具有的晶体管数甚至比同时代的 CPU 的晶体管数还多。

二、绘图设备的工作原理

硬件工作原理(绘图仪).mp4

绘图仪是能够按照人们要求自动绘制图形的设备。它可将计算机的输出信息以图形的形式输出。主要可绘制各种管理图表和统计图、大地测量图、建筑设计图、电路布线图、各种机械图等。现代的绘图仪已具有智能化功能，它自身带有微处理器，可以使用绘图命令，具有直线和字符演算处理以及自检测等功能。绘图仪还可选配多种与计算机连接的标准接口。

绘图仪一般是由驱动电机、插补器、控制电路、绘图台、笔架、机械传动等部分组成。绘图仪除了必要的硬件设备之外，还须配备丰富的绘图软件，软件包括基本软件和应用软件两种。绘图仪的种类很多，按结构和工作原理可以分为滚筒式和平台式(平板式)两

大类。绘图仪的性能指标主要有幅面尺寸、最高绘图速度、加速度、精度、绘图笔数、图纸尺寸、分辨率、接口形式及绘图语言等。

滚筒式绘图仪如图 2-39 所示，将图纸等绘图介质放置在滚筒上，滚筒作旋转运动，绘图头沿滚筒方向运动，绘图速度较快，但精度比平台式(平板式)绘图仪低。滚筒式绘图仪上安装的绘图纸的宽度固定，而其长度可以较长。

滚筒式绘图仪的工作原理是，笔或喷墨头沿 Y 方向移动，纸沿 X 方向移动，笔的抬起和降落沿 Z 方向移动。如图 2-39(b)所示，当 X 向步进电机通过传动机构驱动滚筒转动时，链轮就带动图纸移动，从而实现 X 方向运动；Y 方向的运动是由 Y 向步进电机驱动笔架来实现的。这种绘图仪结构紧凑，绘图幅面大。

(a) 滚筒式绘图仪外观

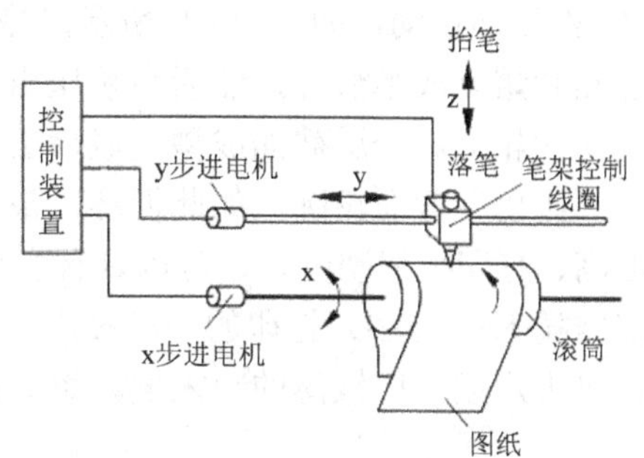

(b) 滚筒式绘图仪工作原理图

图 2-39　滚筒式绘图仪

平台(平板)绘图仪如图 2-40 所示，绘图平台上装有横梁，笔架装在横梁上，绘图纸固定在平台上。X 向步进电机驱动横梁连同笔架，作 X 方向运动；Y 向步进电机驱动笔架沿着横梁导轨，作 Y 方向运动。图纸在平台上的固定方法有三种，即真空吸附、静电吸附和磁条压紧。平台(平板)式绘图仪绘图精度高，对绘图纸无特殊要求。绘图仪在绘图软件的支持下可绘制出复杂精确的图形。

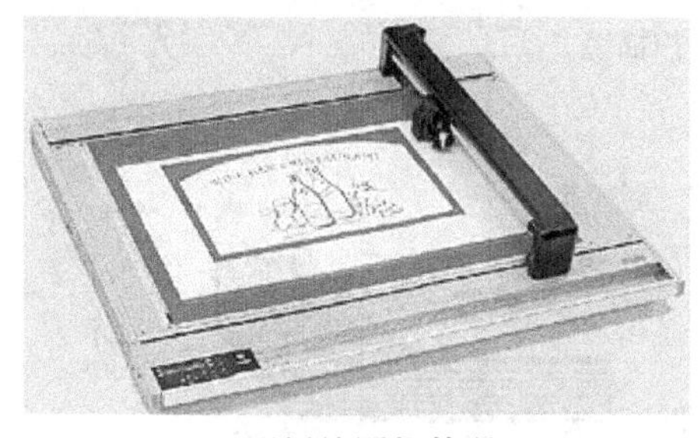

(a) 平板绘图仪外观

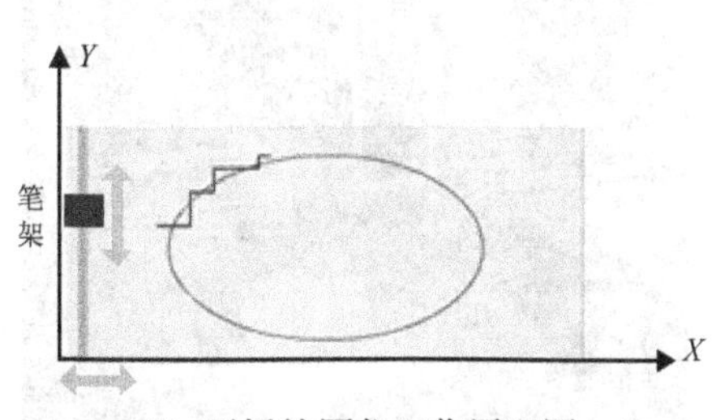

(b) 平板绘图仪工作原理图

图 2-40　平板绘图仪

三、3D 打印机的工作原理

硬件工作原理(3D 打印机).mp4

3D 打印机又称三维打印机，采用累积制造技术也即快速成形技术。3D 打印机是以数字模型文件为基础，运用特殊蜡材、粉末状金属或塑料等可黏合材料，通过打印一层层的黏合材料来制造三维的物体。图 2-41 中 3D 打印机正在打印一个模型。3D 打印机的原理是把数据和原料放进 3D 打印机中，机器会按照程序把产品一层层造出来。

3D 打印机与传统打印机最大的区别在于它使用的“墨水”是实实在在的原材料，堆叠薄层的形式有多种多样，可用于打印的介质种类众多，从繁多的塑料到金属、陶瓷以及橡胶类物质。有些打印机还能结合不同介质，令打印出来的物体一头坚硬而另一头柔软。

熔融沉积成型技术是 3D 打印的一种技术，即利用高温将材料融化成液态，通过打印头挤出后固化，在立体空间上排列形成立体实物。

熔融沉积成型技术的原理是，加热喷头在计算机的控制下，根据产品零件的截面轮廓信息，作 X-Y 平面运动。如图 2-41 所示，热塑性丝状材料由供丝机构送至热熔喷头，并在喷头中加热和熔化成半液态，然后被挤压出来，有选择性地涂覆在工作台上，快速冷却后形成一层薄片轮廓。一层截面成型完成后工作台下降一定高度，再进行下一层的熔覆，好像一层层“画出”截面轮廓，如此循环，最终形成三维产品零件。熔融沉积成型的优点是成型精度高、打印模型硬度好，可以具有多种颜色。缺点是成型物体表面粗糙。

激光烧结技术也是 3D 打印的一种技术，其以粉末微粒作为打印介质。粉末微粒被喷撒在铸模托盘上形成一层极薄的粉末层，熔铸成指定形状，然后由喷出的液态黏合剂进行固化。

基于激光烧结技术的 3D 打印前提是物件的三维数据可用。而后三维的描述被转化为一整套切片，每个切片描述了确定高度的零件横截面。激光烧结机器通过把这些切片一层一层地累积起来，从而得到所要求的物件。在每一层，激光能量用于将粉末熔化。借助于扫描装置，被“打印”到粉末层上，这样就产生了一个固化的层，该层随后成为完工物件的一部分。下一层又在第一层上面继续被加工，一直到整个加工过程完成，如图 2-42 所示。

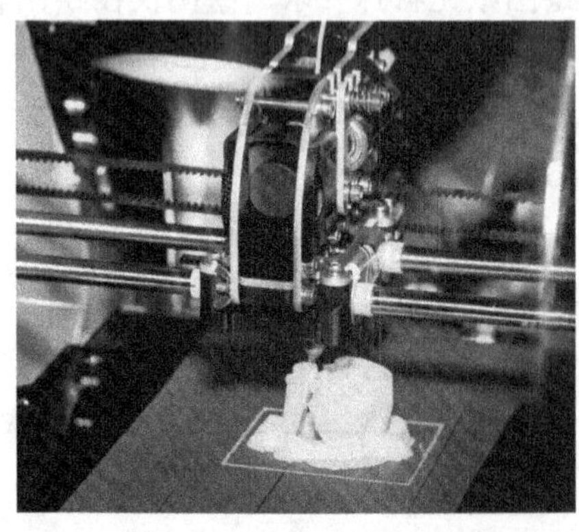

图 2-41　3D 打印机正在打印模型图

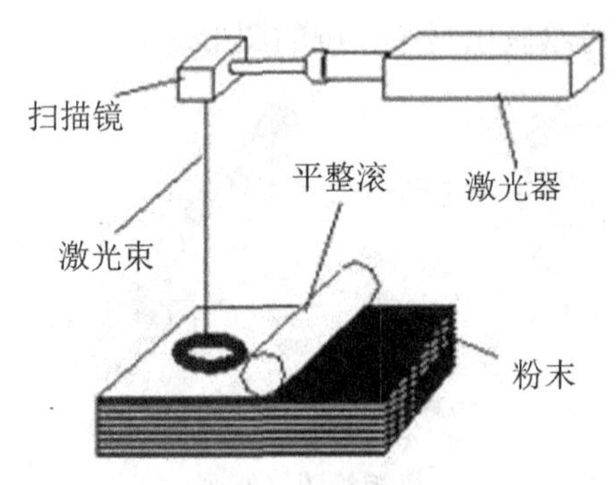

2-42　激光烧结技术的 3D 打印原理图

3D 打印还有利用真空中的电子流熔化粉末微粒，当遇到包含孔洞及悬臂这样的复杂结构时，介质中就需要加入凝胶剂或其他物质以提供支撑或用来占据空间。这部分粉末不会被熔铸，最后只需用水或气流冲洗掉支撑物便可形成孔隙。

3D 打印对世界性制造业进行了变革，传统生产中部件设计完全依赖于生产工艺能否实现，而 3D 打印机的出现颠覆了这一生产思路，使得企业在生产部件的时候不再考虑生产工艺问题，任何复杂形状的设计均可以通过 3D 打印机来实现。

图 2-43 3D 打印的汽车

Strati 是世界第一台 3D 打印汽车，这辆由美国 Local Motors 公司用两天(准确为 44 小时)所打造，于 2014 年在芝加哥亮相，如图 2-43 所示。这辆小巧两座家用汽车开启了汽车行业新篇章。汽车的车架、车身、座椅、中控台、仪表盘、发动机罩都是用 3D 打印的，但是线缆、轮胎、轮辋、电池、悬挂、电动引擎和挡风玻璃还是采用传统方式制造。

3D 打印按需定制，以相对低廉的成本快速制造产品，曾一度被认为是科学幻想，现在已变成现实。未来，3D 打印的应用将有无限可能，其潜力等待深入挖掘。

第五节 图形软件及标准

图形软件.mp4

一、图形软件

图形软件是用于图形的生成、表示和操作的软件。根据图形的几何性质和外貌特征，使用程序设计语言对其进行形式描述，是软件处理图形的基础。计算机图形软件多种多样大致可分为以下三类。

(1) 扩充某种高级语言，使其具有图形生成和处理功能，如 TC，VC，Basic，Autolisp 都是具有图形生成和处理功能，拥有各自使用的子程序库。

(2) 按国际标准或公司标准，用某种语言开发的图形子程序库，如 GKS、CGI、PHIGS、PostScript 和 MS-Windows SDK 等，这些图形子程序库功能丰富、通用性强，不依赖于具体设备与系统，与多种语言均有接口，在此基础上开发的图形应用软件不仅性能好，而且易于移植。

(3) 专用的图形系统，对某一类型的设备配置专用的图形生成语言，专用系统功能更强，且执行速度快、效率高，但系统的开发工作量大，移植性差。

二、图形标准

图形输入输出设备种类繁多，性能参数差别很大。而图形应用程序种类也越来越多，开发成本越来越高。为了降低开发应用程序的成本，使程序具有可移植性，软件的标准化是非常重要的一环。图形软件标准是指系统的各界面之间进行数据传递和通信的接口标准，称为图形界面标准，一般可分为三个层面，①图形应用程序与图形软件包之间的接口标准；②图形软件包与硬件设备之间的接口标准；③图形程序之间的数据交换接口标准。

作为图形软件标准，其特点主要体现在可移植性方面，即应用程序在不同系统间的可移植性，应用程序与图形设备的无关性，以及图形数据本身的可移植性，从而使得编程人员能够方便地为不同系统编制图形程序。

1970 年代后期，计算机图形在工程、控制、科学管理方面应用逐渐广泛。人们要求图形软件向着通用，与设备无关的方向发展，因此提出了图形软件标准化的问题。

1974 年，美国国家标准局(ANSI)举行的 ACM SIGGRAPH“与机器无关的图形技术”工作会议，提出了制订有关计算机图形标准的基本规则。美国计算机协会(ACM)成立了图形标准化委员会，开始了图形标准的制订和审批工作。

1977 年，美国计算机协会图形标准化委员会(ACM GSPC)提出“核心图形系统”(Core Graphics System，CGS)；1979 年又提出修改后第二版；同年德国工业标准提出了“图形核心系统”GKS(Graphical Kernel System)。

1985 年 GKS 成为第一个计算机图形国际标准。1987 年国际标准化组织(ISO)将 CGM(Computer Graphics Metafile)宣布为国际标准，CGM 成为第二个国际图形标准。

随后由 ISO 发布了“计算机图形接口”CGI(Computer Graphics Interface)，程序员层次交互式图形系统 PHIGS(Programmer's Hierarchical Interactive Graphics System)及三维图形标准 GKS-3D 先后成为国际图形标准。

Direct 3D 是微软公司专为 PC 游戏开发的 API，与 Windows 95 和 Windows NT 操作系统兼容性好，可绕过图形显示接口直接进行支持该 API 的各种硬件的底层操作，大大提高了游戏的运行速度。但由于要考虑与各方面的兼容性，在执行效率上未见得最优。

OpenGL 是由 Silicon Graphics 公司开发的能够在 Windows 95、Windows NT、MacOs、OS/2 以及 Unix 上应用的 API。由于 OpenGL 起步较早，早期一直用于高档图形工作站，其 3D 图形功能很强，能最大限度地发挥 3D 芯片的巨大潜力。目前在包含 CAD、内容创作、能源、娱乐、游戏开发、制造业、制药业及虚拟现实等行业领域中，OpenGL 帮助程序员实现在 PC、工作站、超级计算机等硬件设备上的高性能、极具冲击力的高视觉表现力图形处理软件的开发。

OpenGL 是与硬件无关的软件接口，可以在不同的平台之间进行移植，因此可以获得非常广泛的应用。OpenGL 具有网络功能，这一点对于制作大型 3D 图形、动画非常有用。例如《侏罗纪公园》等电影的电脑特技画面就是通过应用 OpenGL 的网络功能，使用 120 多台图形工作站共同工作来完成的。

3D Studio MAX、AutoCAD 软件是功能强大的造型设计、动画设计及工程设计软件，是专用的图形应用软件。

本章知识结构图

本章知识结构比较庞杂。首先需要明确计算机图形系统的五个功能，其次是实现这些功能的系统结构。计算机图形系统的结构由图形软件和图形硬件构成，各自又分更多的内容分支，各部分知识之间的结构关系如图 2-44 所示。

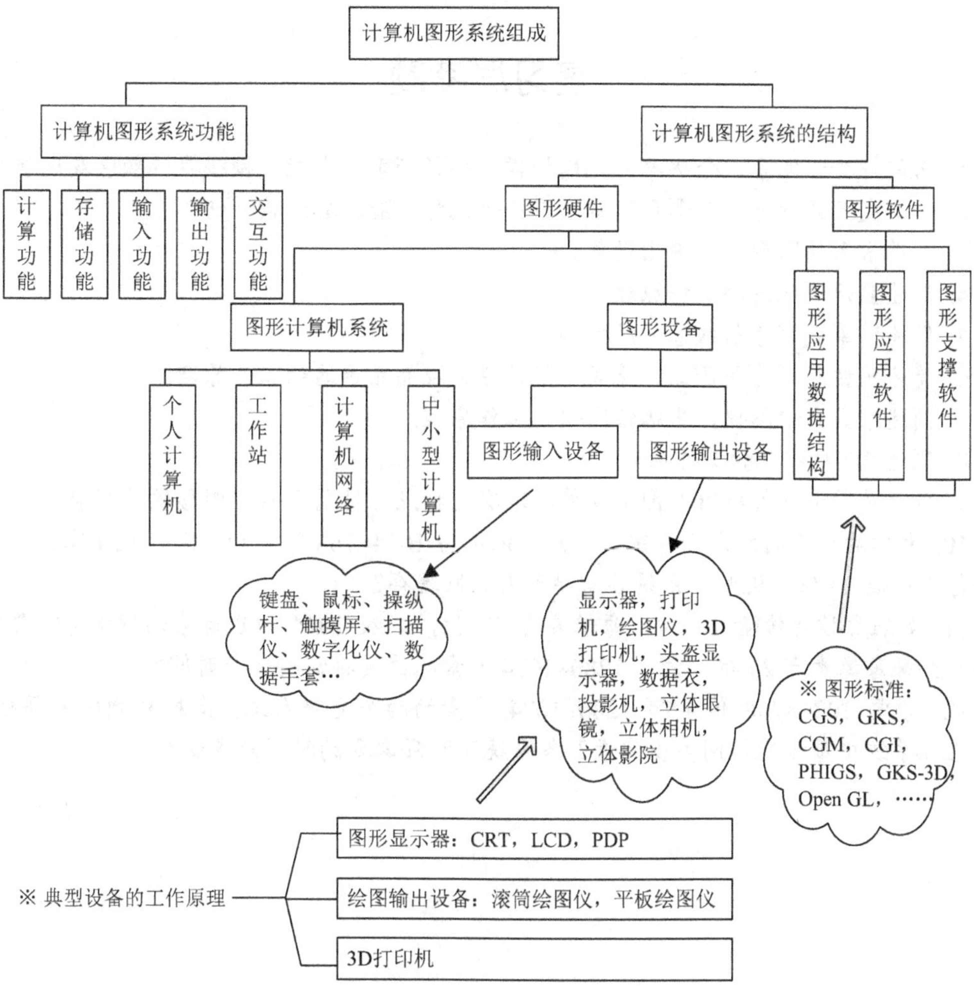

计算机图形系统组成

- 计算机图形系统功能
  - 计算功能
  - 存储功能
  - 输入功能
  - 输出功能
  - 交互功能
- 计算机图形系统的结构
  - 图形硬件
    - 图形计算机系统
      - 个人计算机
      - 工作站
      - 计算机网络
      - 中小型计算机
    - 图形设备
      - 图形输入设备：键盘、鼠标、操纵杆、触摸屏、扫描仪、数字化仪、数据手套…
      - 图形输出设备：显示器，打印机，绘图仪，3D打印机，头盔显示器，数据衣，投影机，立体眼镜，立体相机，立体影院
  - 图形软件
    - 图形应用数据结构
    - 图形应用软件
    - 图形支撑软件
    - ※ 图形标准：CGS，GKS，CGM，CGI，PHIGS，GKS-3D，Open GL，……

※ 典型设备的工作原理
- 图形显示器：CRT，LCD，PDP
- 绘图输出设备：滚筒绘图仪，平板绘图仪
- 3D打印机

图 2-44　计算机图形系统知识结构图

本章小结

本章主要介绍了计算机图形系统的结构及其组成，阐述了计算机图形系统的功能，分析了计算机图形软件和图形硬件的构成，展示了常用的图形输入、输出设备。对于计算机图形硬件，详细介绍了典型的图形显示设备、绘图输出设备和 3D 打印机，包括 CRT 显示器 、LCD 显示器、PDP 显示器、3D 显示器、显示适配器、滚筒绘图仪、平板绘图仪、3D 打印机的工作原理和基本技术参数。对于计算机图形软件，重点描述了图形软件的三个分类，图形标准的形成和发展。

复习思考题

1. 名词解释：像素、分辨率、光栅扫描、刷新频率、点距、帧缓存、颜色灰度值。

2. 一个交互式计算机图形系统必须具备哪几种功能？其结构如何？

3. 列举常用的图形输入输出设备。

4. 简述显示适配器的工作原理。

5. 简述荫罩式彩色射线管的结构和特点。

6. 简述阴极射线管显示器、等离子显示器、液晶显示器的工作原理。

7. 简述滚筒式绘图仪、平板绘图仪的工作原理。

8. 简述3D打印机的工作原理。

9. 什么是图形软件标准？图形软件标准有何特点？目前有哪些图形软件标准？

10. 考虑两个不同的光栅系统，分辨率依次为1024×768像素和1280×1024像素，如果每个像素存储24位，这两个系统各需要多大的帧缓存？

11. 如果每秒能传输10^5位，每像素有12位，装入1024×768像素的帧缓存需要多长时间？如果每像素有24位，装入1280×1024像素的帧缓存需要多长时间？

12. 考虑1024×768像素和1280×1024像素的两个光栅系统。若刷新频率为每秒60帧，在各系统中每秒能访问多少像素？各系统访问每像素的时间是多少？

第三章　Visual C++6.0 图形编程基础

学习要点

(1) Visual C++ 6.0 集成开发环境，应用程序工程建立方法和程序设计框架。

(2) 图形设备接口含义；Visual C++ 6.0 基本绘图函数；运用绘图函数进行简单的图形程序设计。

(3) Visual C++ 6.0 鼠标编程和菜单编程方法。

核心概念

Visual C++、集成开发环境、图形设备接口、绘图函数

引导案例

Microsoft Visual C++ 6.0

Visual C++是 Microsoft 推出的功能最强大、也最复杂的程序设计工具之一。Visual C++是集编辑、编译、运行、调试于一体的强大集成开发环境(Integrated Development Environment，简称 IDE)。常用的为 Visual C++ 6.0。Micorsoft 公司推出了 Visual C++ 6.0 的 3 个版本，其分别为 Standard(标准版)、Professional(专业版)和 Enterprise(企业版)，这三个版本都可以满足本书的学习需要，大家自行选择。安装后，从开始菜单中启动 Visual C++ 6.0，进入开发集成环境。打开一个项目后，可以看到 Visual C++ 6.0 的开发环境由标题栏、工具栏、工作区窗口、源代码编辑窗口、输出窗口和状态栏组成，如图 3-1 所示。

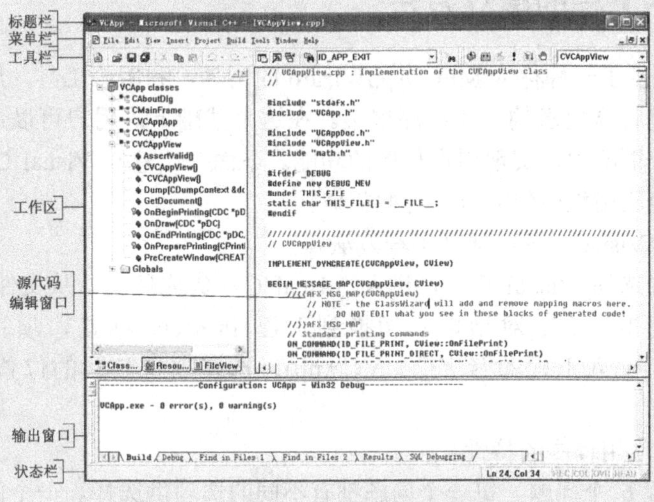

图 3-1　Visual C++ 6.0 集成开发环境

案例导学

本章以 Visual C++ 6.0 为对象，主要介绍 Visual C++ 6.0 集成编程环境的使用、图形设备接口和常用图形程序设计、鼠标编程以及菜单设计等与图形编程相关的基础内容。目的是通过对 Visual C++的学习，掌握 Visual C++图形程序设计方法，为计算机图形学原理部分的算法实现提供程序工具和方法。

第一节　Visual C++6.0 应用程序开发方法

本节介绍 Visual C++ 6.0 集成开发环境，并以一个简单的实例介绍如何利用 Visual C++建立应用程序工程并开始进行程序设计。

一、Visual C++的集成开发环境

图 3-1 为打开 Visual C++ 6.0 一个已有项目的界面，可以看到 Visual C++ 6.0 的开发环境由标题栏、工具栏、工作区窗口、源代码编辑窗口、输出窗口和状态栏组成。

标题栏用于显示应用程序名和所打开的文件名，标题栏的颜色可以表明对应窗口是否被激活。菜单栏包括文件(Files)、编辑(Edit)、显示(View)、插入(Insert)、工程(Project)、编译(Build)、工具(Tools)、窗口(Windows)和帮助(Help)九项主菜单，包含了从源代码的编辑、界面设计、程序调试和编译运行在内的所有功能。工具栏列出了常用的菜单命令功能和对象方法。工具栏的下面是两个窗口，一个是工作区窗口，用于列出工程中的各种对象；一个是源代码编辑窗口，用于各个对象的程序设计。输出窗口显示项目建立过程中所产生的各种信息。屏幕底端是状态栏，它给出当前操作或所选择命令的提示信息。

二、应用程序工程的建立方法

Visual C++提供了一种称为 MFC AppWizard 的工具，利用该工具，用户可以方便地按照自己的需要创建符合要求的应用程序框架。在这个基础上，用户可以进一步将自己编写的程序加入到这个框架中，实现用户程序的功能。下面介绍建立 Visual C++ App 应用程序框架的方法，其他应用程序建立方法与此类似。

步骤 1　启动 Visual C++，选择工程方法。

从开始菜单中选择 Visual C++，进入 Visual C++集成环境。从文件菜单中选择 New 命令，弹出如图 3-2 所示对话框。切换到工程 Projects 标签，项目类型选择 MFC AppWizard(exe)，输入工程的名字(如 VCApp)，选择项目放置的位置，然后单击 OK 按钮。

步骤 2　设置应用程序的特性。

这些设置包括 6 个问题，每一个问题都有不同的选项供选择。一个问题选择完后，通过 Next 选择下一个问题，直到 6 个问题选择完毕。还可以通过 Back 返回上一个问题重新

选择。下面继续操作上面的例子，在单击 OK 按钮后，弹出第一个问题窗口，如图 3-3 所示。

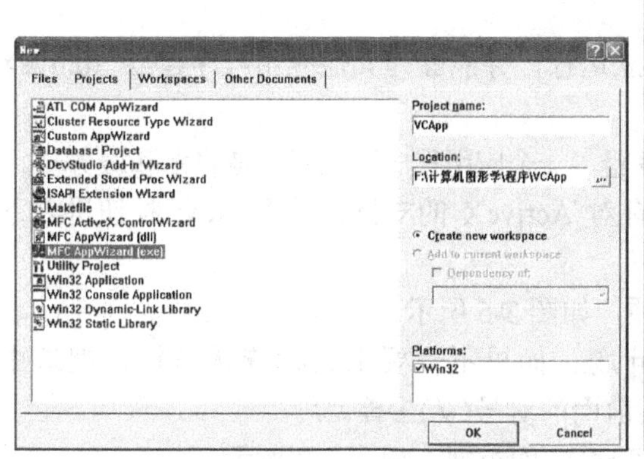

图 3-2 Visual C++的 New 对话框

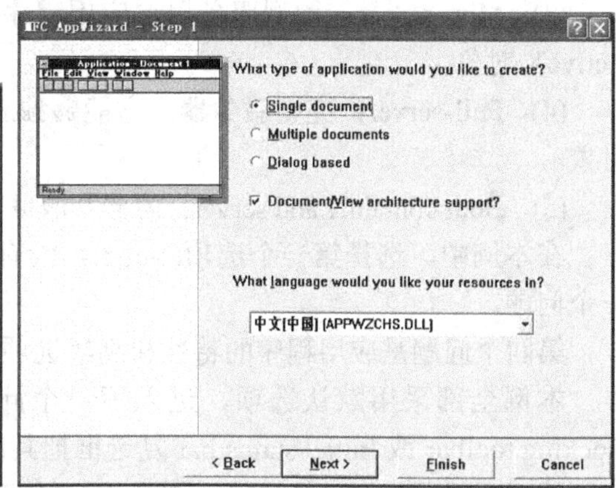

图 3-3 第一个问题：选择应用程序的类型

第一个问题是建立什么类型的应用程序，有三个选项：单个文档(Single document)、多重文档(Multiple document)和基本对话(Dialog based)。

单个文档应用程序主窗口中只有一个窗口，多重文档可以在主窗口中开多个子窗口，基本对话主窗口是一个对话框。本例中选择单个文档，单击 Next 按钮，进入下一个问题，如图 3-4 所示。

第二个问题是数据库的支持，是否用 ODBC 存取数据库，有四个选项：不包括数据库的支持(None)、仅包含 ODBC 头文件(Header files only)、指定一个数据库但没有文件支持(Database view without file support)和指定一个数据库但需要文件支持(Database view with file support)。当选择了后两项，则需要用户选择一个已经建立的数据库。本例中不需要数据库支持，选择第一个选项“None”，进入第三个问题，如图 3-5 所示。

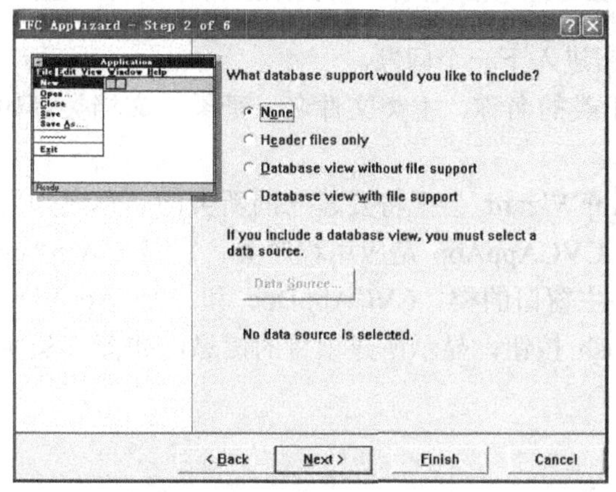

图 3-4 第二个问题：选择是否要用 ODBC 支持

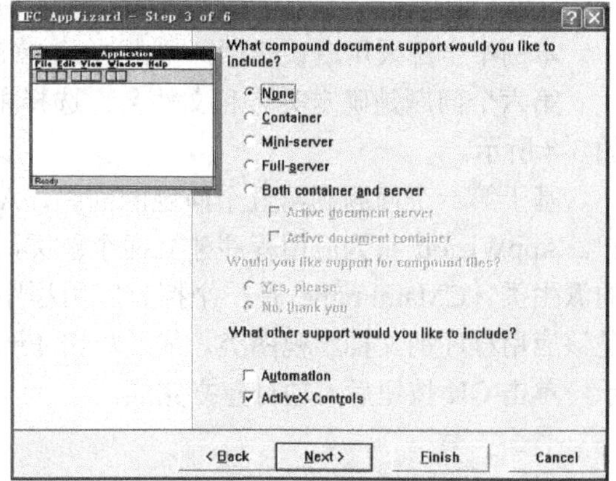

图 3-5 第三个问题：选择是否对 ActiveX 的支持

第三个问题是对 ActiveX 的支持。有五个选项。

(1) None：没有对 ActiveX 的支持。

(2) Container：ActiveX 容器，它可以包含链接和嵌入对象。容器不能为其他的 ActiveX 程序提供支持，它只能维护嵌入对象。

(3) Mini-server：微型服务器，应用程序不能独立运行，只能被调用为其他程序建立 ActiveX 对象。

(4) Full-server：完整服务器，它能够独立运行，并能够为其他应用程序建立 ActiveX 对象。

(5) Both container and server：容器和服务器，一个应用程序可以同时是容器和服务器。

在本例中，选择第一个选项(None)，没有对 ActiveX 的支持，单击 Next 按钮进入下一个问题。

第四个问题是应用程序的特性和高级选项，如图 3-6 所示。

本例全部采用默认选项，进入下一个问题。如果不需要工具栏或状态栏，就选中 Docking toolbar 或 Initial status bar 复选框把其前面的对号(√)去掉。

第五个问题是项目的风格、原文件注释和 MFC 库类型，如图 3-7 所示。

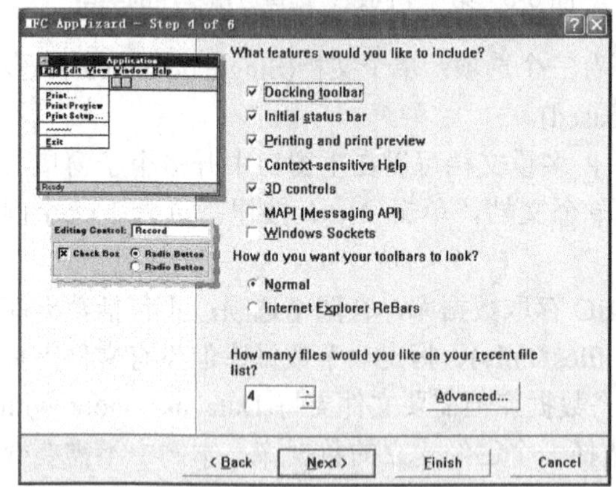

图 3-6　应用程序的特性和高级选项

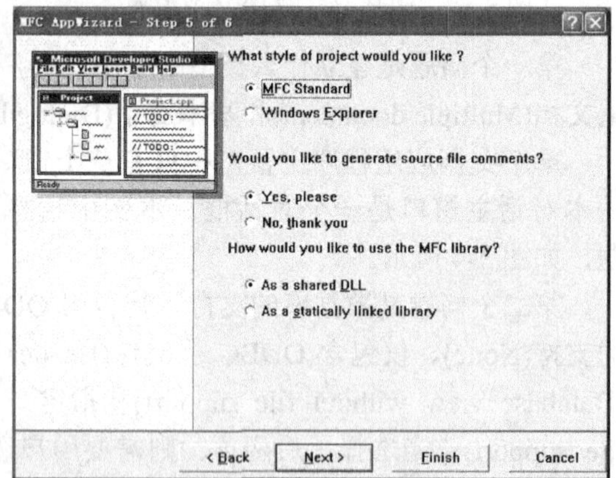

图 3-7　项目的风格、原文件注释和 MFC 库类型

本例中全部采用默认选项，单击 Next 按钮进入下一个问题。

第六个问题是确定类名和文件名，选择主类的名称、主类文件名、基类、文档类等如图 3-8 所示。

基于第一个问题到第五个问题的回答，AppWizard 会把将要建立的新类的名称通知用户。AppWizard 将为应用程序建立四个新类，CVCAppApp 是应用程序类，它是 CWinApp 的派生类。CMainFrame 是一个拥有应用程序主窗口的类。CVCAppDoc 和 CVCAppView 是该应用程序的文档和视图类。最后单击 Finish 按钮。显示所建项目的信息，如图 3-9 所示，单击 OK 按钮后，项目建立完成。

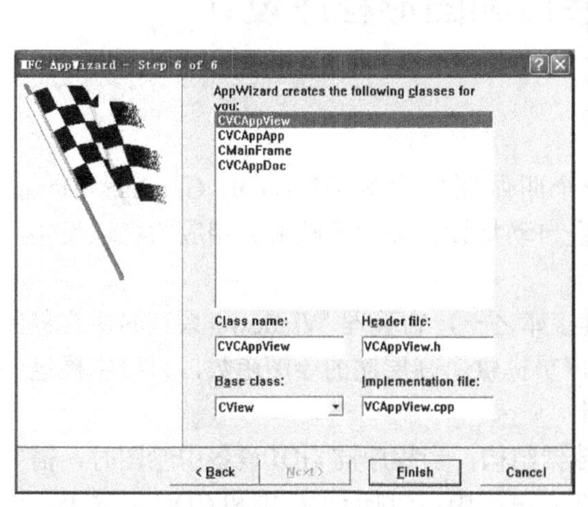

图 3-8　通知 MFC 产生的类名称

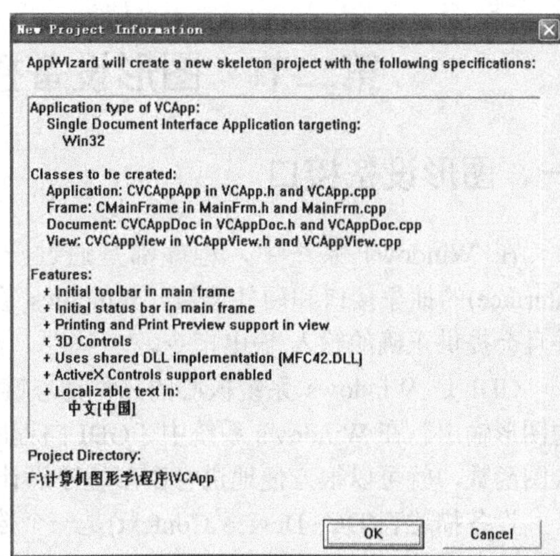

图 3-9　所建项目的信息

三、输入源程序进行程序设计

应用程序项目工程的建立实际上是为应用程序的开发建立一个框架，这时不输入任何程序代码，对该项目程序进行编译和运行，可以生成一个完整的窗口程序。用户根据项目工程中的不同类，输入自己设计的程序代码，完成用户的程序设计。

例如，从 VCApp Classes 中找到 CVCAppView 的 OnDraw()函数，如图 3-10 所示。双击 OnDraw()函数，这时系统会打开 VCAppView.cpp 文件，而且光标正置于 OnDraw()函数中，在其中输入下列语句：

```
pDC->TextOut(30,30,"同学们好，欢迎使用 VC++编程！");
```

编译并运行该程序，运行结果如图 3-11 所示。

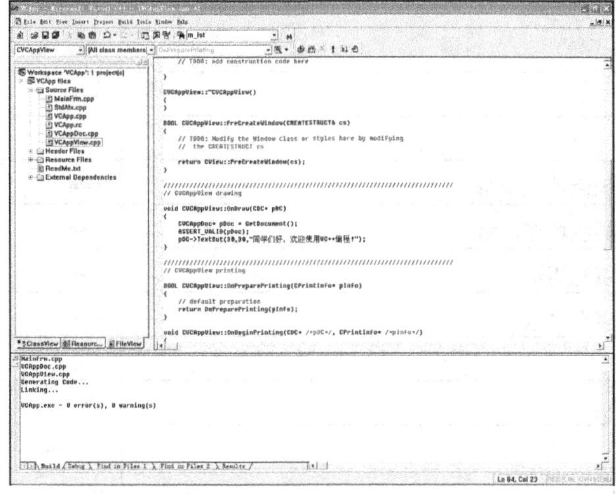

图 3-10　输入程序源代码

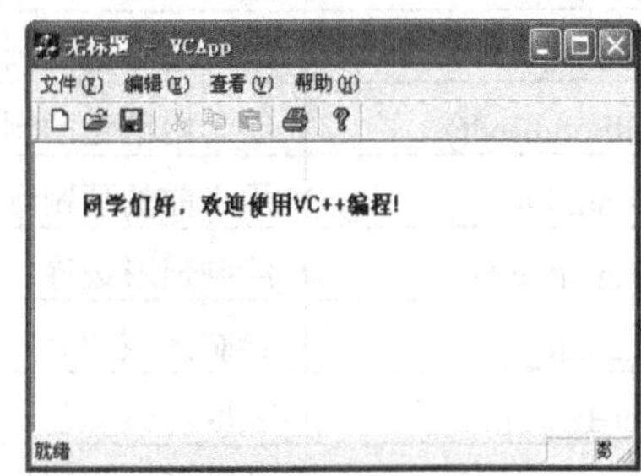

图 3-11　运行结果

第二节　图形设备接口和图形程序设计

一、图形设备接口

在 Windows 系统中，程序都是通过一个叫做图形设备接口(GDI, Graphics Device Interface)的抽象接口和硬件连接，Windows 会自动将设备环境表映射到相应的物理设备，并且会提供正确的输入/输出指令。

GDI 是 Windows 系统核心的三种动态链接库之一，它管理 Windows 系统的所有程序的图形输出。在 Windows 系统中，GDI 向程序员提供了高层次的绘图函数，只要掌握这些绘图函数，就可以很方便地进行图形程序设计。

设备描述表(DC, Device Context)是一个数据结构，当程序向 GDI 设备中绘图时，需要访问该设备的 DC。MFC 将 GDI 的 DC 封装在 C++类中，包括 CDC 类和 CDC 派生类，这些类中的许多成员都是对本地 GDI 绘图函数进行简单封装而形成的内联函数。

DC 的作用就是提供程序与物理设备或者虚拟设备之间的联系，除此之外，DC 还要处理绘图属性的设置，如文本的颜色等。程序员可以通过调用专门的 GDI 函数修改绘图属性，如 SetTextColor()函数。

CDC 类是 GDI 封装在 MFC 中最大的一个类，它表示总的 DC。表 3-1 列出了 CDC 中的一些常用绘图函数。

表 3-1　CDC 类中常用绘图函数

函　数	描　述	使用频率
Arc()	椭圆弧	****
BitBlt()	把位图从一个 DC 拷贝到另一个 DC	*
Draw3dRect()	绘制三维矩形	**
DrawDragRect()	绘制用鼠标拖动的矩形	**
DrawEdge()	绘制矩形的边缘	**
DrawIcon()	绘制图标	***
Ellipse()	绘制椭圆	****
FillRect()	绘制用给定的画刷颜色填充矩形	***
FillRgn()	绘制用给定的画刷颜色填充区域	***
FillSolidRed()	绘制用给定的颜色填充矩形	***
FloodFill()	用当前的画刷颜色填充区域	***
FrameRect()	绘制矩形边界	**
FrameRgn()	绘制区域边界	**
GetBKColor()	获取背景颜色	*****
GetCurrentBitmap()	获取所选位图的指针	**
GetCurrentBrush()	获取所选画刷的指针	***

续表

函　数	描　述	使用频率
GetCurrentFont()	获取所选字体的指针	***
GetCurrentPalette()	获取所选调色板的指针	***
GetCurrentPen()	获取所选画笔的指针	***
GetCurrentPosition()	获取画笔的当前位置	****
GetDeviceCaps()	获取显示设备能力的信息	**
GetMapMode()	获取当前设置映射模式	***
GetPixel()	获取给定像素的 RGB 颜色值	*****
GetPolyFillMode()	获取多边形填充模式	***
GetTextColor()	获取文本颜色	****
GetTextExtent()	获取文本的宽度和高度	**
GetTextMetrics()	获取当前文本的信息	**
GetWindow()	获取 DC 窗口的指针	**
GrayString()	绘制灰色文本	***
LineTo()	绘制直线	******
MoveTo()	设置当前画笔位置	******
Pie()	绘制饼图	***
Polygon()	绘制多边形	***
PolyLine()	绘制一组直线	***
RealizePalette()	将逻辑调色板映射到系统调色板	**
Rectangle()	绘制矩形	****
RoundRect()	绘制圆角矩形	***
SelectObject()	选择 GDI 绘图对象	**
SelectPalette()	选择逻辑调色板	**
SelectStockObject()	选择预定义图形对象	**
SetBkColor()	设置背景颜色	******
SetMapMode()	设置映射模式	***
SetPixel()	把像素设定为给定的颜色	******
SetTextColor()	设置文本颜色	******
StretchBlt()	把位图从一个 DC 拷贝到另一个 DC，并根据需要扩展或压缩位图	*
TextOut()	绘制字符串文本	*****
SetROP2	设置绘图模式	******

以上这些函数的语法和使用可以通过 MSDN 帮助文档查询。说到帮助文档，不同版本的 VS(Microsoft Visual Studio 是 VS 的全称。VS 是美国微软公司的开发工具包系列产品。VS 是一个包括 VC++在内的基本完整的开发工具集。)都会配有不同版本的 MSDN Library，大小也不尽相同，用户可以根据自己开发的需求，安装不同版本的 MSDN

Library，也可以不安装，用在线阅读的方式查询帮助文档。

例如：查找设置绘图模式的函数“SetROP2”的具体用法如下：

```
int CDC::SetROP2(int nDrawMode);
```

返回值：绘图模式的前一次取值

参数：nDrawMode 指定如下绘制模式。

- R2_BLACK 像素始终为黑色。
- R2_WHITE 像素始终为白色。
- R2_NOP 像素保持不变。
- R2_NOT 像素为屏幕颜色的反色。
- R2_COPYPEN 像素为笔的颜色。

……

二、绘制基本图形

Windows 中基本图形包括点、直线、圆、圆弧、矩形、椭圆、扇形、折线等程序设计。这些基本图形可以通过 CDC 中的函数方便地绘制出来。

坐标系在绘图中的应用非常广泛，为了方便说明，我们使用 GDI 的默认设备坐标系，它是一个以绘图区域左上角为原点，横向向右为 X 轴，纵向向下为 Y 轴的一个坐标系，以像素为单位。在这个坐标系下，可以很方便的使用 GDI 的图形对象绘制需要的图形。

1. 画点

SetPixel()函数可以在指定的坐标位置按指定的颜色画点。函数原型说明如下：

```
COLORREF SetPixel(int x, int y, COLORREF crColor);
COLORREF SetPixel(POINT point, COLORREF crColor);
```

其中参数 *x*, *y* 或者 point 为点的坐标位置，crColor 参数为点的颜色值。如果函数调用成功，则函数返回像素的颜色值，否则返回值为-1。

颜色值通过 RGB(Red,Green,Blue)来设置，其中三个参数取值 0~255。例如，在前面建立的 VCApp 项目中，在 CVCAppView 类的 OnDraw()函数中加入下列画点语句：

```
//绘制一组彩色点
pDC->TextOut(20,20,"点:");
pDC->SetPixel(100,20,RGB(255,0,0));
pDC->SetPixel(110,20,RGB(0,255,0));
pDC->SetPixel(120,20,RGB(0,0,255));
pDC->SetPixel(100,20,RGB(255,255,0));
pDC->SetPixel(100,20,RGB(255,0,255));
pDC->SetPixel(100,20,RGB(0,255,255));
pDC->SetPixel(100,20,RGB(0,0,0));
pDC->SetPixel(100,20,RGB(255,255,255));
```

运行程序，查看运行结果，如图 3-12 左上方所示。

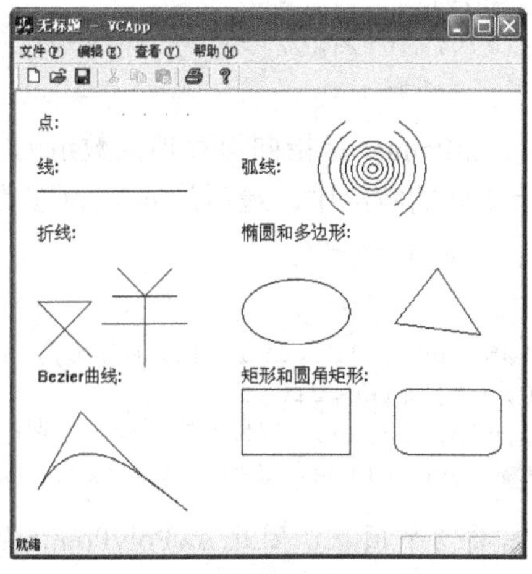

图 3-12　基本图形绘制程序运行结果

2. 画直线和折线

画直线需要 LineTo()和 MoveTo()两个函数的配合使用。

LineTo()函数以当前位置所在的点为直线的起点，另指定一个点为直线的终点，画出一段直线。直线的颜色通过画笔的颜色来设定。LineTo()函数原型为：

```
BOOL LineTo(int x, int y);
BOOL LineTo(POINT point);
```

直线的终点位置由参数 *x*, *y* 或者 point 指定。如果函数调用成功，那么该点就成为当前位置，并返回 TRUE，否则返回 FALSE。

MoveTo()函数只是将当前位置移动到指定位置，它并没有画出直线，其函数原型为：

```
CPoint MoveTo(int x, int y);
CPoint MoveTo(POINT point);
```

例如，在 CVCAppView 类中的 OnDraw()函数中加入下列画线语句：

```
//绘制直线
pDC->TextOut(20,60,"线:");
pDC->MoveTo(20,90);
pDC->LineTo(160,90);
```

Polyline()函数用来画一条折线，而 PolyPolyline()函数则用来画多条折线，其函数原型为：

```
BOOL CDC::Polyline(LPPOINT lpPoints, int nCount);
BOOL PolyPolyline(const POINT* lpPoints, const DWORD* lpPolyPoints, int
nCount);
```

在 Polyline()函数中，lpPoints 是指向折线顶点数组的指针，而 nCount 是折线顶点数组中的顶点数。

例如，绘制一条具有 4 个顶点的折线，程序如下：

```
//绘制折线
```

```
pDC->TextOut(20,120,"折线:");
POINT ptpolyline[4]={{70,240},{20,190}, {70,190},{20,240}};
pDC->Polyline(ptpolyline,4);
```

在 PolyPolyline()函数中，lpPoints 是指向保存顶点数组的指针，而各条折线的顶点数则保存在 lpPolyPoints 参数所指向的数组中，最后的 nCount 参数指定折线的数目。

例如，绘制一组折线，程序如下：

```
POINT
ptpolypolyline[9]={{95,160},{120,185},{120,250},{145,160},{120,185},{90,
185}, {150,185}, {80,210},{160,210}};
DWORD dwpolypoints[4]={3,2,2,2}; //分四段折线，分别占用 3,2,2,2 个顶点
pDC->PolyPolyline(ptpolypolyline, dwpolypoints, 4);
```

注：由于一条折线至少需要 2 个顶点，因此 dwPolyPoints 数组中的数不应该小于 2。

运行程序，查看运行结果，在图 3-12 中显示。

3. 画弧线和曲线

通过 Arc()函数画弧线或整个椭圆。椭圆限定在一个矩形内，称为外接矩形。Arc()函数的原型为：

```
BOOL Arc(int x1, int y1, int x2, int y2, int x3, int y3, int x4, int y4);
BOOL Arc(LPCRECT lpRect, POINT ptStart, POINT ptEnd);
```

其中参数 *x*1, *y*1 是外接矩形的左上角坐标值，参数 *x*2, *y*2 是外接矩形的右下角坐标值，或者用参数 lpRect 确定外接矩形。(*x*3, *y*3)或 ptStart 为弧线的起点，(*x*4, *y*4) 或 ptEnd 为弧线的终点。椭圆上从起点到终点就形成一条弧线。

在 Windows 系统中，弧线从始点到终点的方向是逆时针方向，但可以通过 SetArcDirection()函数将绘制弧线方向设置为顺时针方向。程序中用到三角函数，需要#include "math.h"头文件。

例如，用 Arc()绘制圆、圆弧和椭圆，程序如下：

```
//绘制弧线
pDC->TextOut(210,60,"弧线:");
int i;
for (i=0;i<6;i++)
{
  pDC->Arc(330-5*i,70-5*i,330+5*i,70+5*i, 330+5*i,70,330+5*i,70);
}
for (i=3;i<6;i++)
{   pDC->Arc(330-10*i, 70-10*i, 330+10*i, 70+10*i,
              (int)330+10*i*cos(60*3.1415926/180),
              (int)70+10*i*sin(60*3.1415926/180),
              (int)330+10*i*cos(60*3.1415926/180),
              (int)70-10*i*sin(60*3.1415926/180));
    pDC->Arc(330-10*i, 70-10*i, 330+10*i, 70+10*i,
              (int)330-10*i*cos(60*3.1415926/180),
              (int)70-10*i*sin(60*3.1415926/180),
              (int)330-10*i*cos(60*3.1415926/180),
```

```
        (int)70+10*i*sin(60*3.1415926/180));
}
```

画 Bézier 曲线。Bézier 曲线是最常见的非规则曲线之一，其生成的数学模型详见第五章。Bézier 曲线属于三次曲线，需要四个控制顶点来确定一条 Bézier 曲线，其中曲线通过第一点和最后一点，并且第一条边和最后一条边是曲线在起点和终点处的切线，从而确定了曲线的走向。PolyBezier()函数可以画出一条或多条 Bézier 曲线，其函数原型为：

```
BOOL PolyBezier(const POINT* lpPoints, int nCount);
```

其中，lpPoints 参数是曲线控制顶点所组成的数组，nCount 参数表示 lpPoints 数组中的顶点数，一条 Bézier 曲线需要四个控制顶点。如果 lpPoints 数组用于画多条 Bézier 曲线，第二条以后的曲线只需要三个控制顶点，因为后面的曲线总是把前一条曲线的终点作为自己的起点。

例如，给出四个控制顶点，画出特征多边形和一条 Bézier 曲线，如图 3-12 所示。

```
//绘制 Bézier 曲线
POINT ptpolyline1[4]={{20,360},{60,290},{120,350},{160,380}};
pDC->Polyline(ptpolyline1,4);
pDC->TextOut(20,250,"Bezier 曲线:");
POINT ptpolyBezier[4]={{20,360},{60,290},{120,350},{160,380}};
pDC->PolyBezier(ptpolyBezier,4);
```

4. 画封闭曲线

Windows 中提供了一组画封闭曲线的函数，包括绘制矩形、多边形、椭圆等，这些画封闭曲线的函数不但可以利用画笔来画出轮廓线，同时还可以利用画刷来填充这些封闭曲线所围成的区域。

Rectangle()函数用来画矩形，其函数原型为：

```
BOOL Rectangle(int x1, int y1, int x2, int y2);
BOOL Rectangle(LPCRECT lpRect);
```

其中，(*x*1, *y*1)给出了矩形左上角的坐标，(*x*2, *y*2)则给出矩形的右下角坐标，或由 lpRect 定义矩形。

Ellipse()函数的作用则是画椭圆形。在 Ellipse()函数中，椭圆是由其外接矩形来确定的，外接矩形的中心与椭圆中心重合，矩形的长与宽和椭圆的长短轴相等。函数说明如下：

```
BOOL Ellipse(int x1, int y1, int x2, int y2);
BOOL Ellipse(LPCRECT lpRect);
```

其中，(*x*1, *y*1)给出了边界矩形左上角的坐标，(*x*2, *y*2)则给出矩形的右下角坐标，或由 lpRect 定义椭圆外接矩形。

RoundRect()函数用来画圆角矩形，其函数的原型为：

```
BOOL RoundRect(int x1, int y1, int x2, int y2, int x3, int y3);
BOOL RoundRect(LPCRECT lpRect, POINT point);
```

其中的前四个参数与 Rectangle()函数相同，*x*3 表示圆角曲线的宽度，*y*3 表示圆角曲线的高度。

Polygon()函数用来画封闭的任意多边形，其函数原型为：

```
BOOL Polygon(LPPOINT lpPoints, int nCount);
```

其中的参数说明与 Polyline()函数相同。但两个函数有区别，Polygon()函数会自动将起点和终点相连形成封闭的多边形，而 Polyline()函数则画出多条折线，只有当最后一点与起点相同时才画出封闭的多边形。

例如，绘制上述封闭曲线，程序如下：

```
//绘制椭圆、多边形、矩形和圆角矩形
pDC->TextOut(210,120,"椭圆和多边形:");
pDC->Ellipse(210,170,310,230);
POINT ptpolygon[3]={{390,160},{430,220},{350,210}};
pDC->Polygon(ptpolygon,3);
pDC->TextOut(210,250,"矩形和圆角矩形:");
pDC->Rectangle(210,270,310,330);
pDC->RoundRect(350,270,450,330,30,20);
```

运行程序，查看运行结果，如图 3-12 所示。

三、画笔与画刷

用计算机在屏幕上绘图与普通的手工在绘图纸上绘图步骤相似，首先选择好画笔和画刷等绘图工具，确定好绘图纸的坐标和绘图比例，然后根据需要选择适当的绘图函数绘出图形。从“绘制基本图形”小节中的示例结果可以看出，除了画点可以直接通过 SetPixel 函数确定点的颜色外，其他图形都是用黑色线条勾画，这是因为用户没有自定义画笔和画刷的颜色。Windows 应用程序创建输出时使用的绘图工具是画笔和画刷。用户可将画笔和画刷结合起来使用，用画笔绘制线条或封闭区域的边界，再用画刷对其内部进行填充。用户没有自定义时，应用程序默认缺省画笔为黑色、实线、宽度 1 个像素；缺省画刷为全白色。画笔和画刷是两个非常重要的 GDI 对象。

1. 画笔

当绘制图形时，线条的属性，包括颜色、宽度、样式等都是由画笔来确定的。用户可以创建画笔，定义画笔的属性，从而画出多彩的图形。

方法一：直接构造一个 CPen 对象，并将定义画笔的参数传给它，例如：

```
CPen  pen(PS_SOLID,1,RGB(255,0,0));
```

创建一个宽度为 1 个像素、实线、红色的画笔。

方法二：首先声明一个没有初始化的 CPen 类对象，然后再用 CreatePen()函数定义画笔的属性，函数原型为：

```
BOOL CreatePen(int nPenStyle, int nWidth, COLORREF crColor);
```

例如，

```
CPen  Pen;
Pen.CreatePen (PS_SOLID,1,RGB(255,0,0));
```

方法三：先声明一个 CPen 类对象和一个描述画笔结构的 LOGPEN 类对象，并填入画笔的属性值，然后调用 CreatePenIndirect()函数来创建画笔程序如下：

```
CPen  Pen;
LOGPEN  LogPen;
LogPen.lopnStyle=PS_SOLID;
LogPen.lopnWidth.x=0;//给笔宽赋值 0，会使用 1 像素笔宽
LogPen.lopnColor=RGB(255,0,0);
Pen.CreatePenIndirect(&LogPen);
```

如果画笔被成功创建，那么函数返回 TRUE，否则返回 FALSE。

画笔包括样式、宽度和颜色三个属性。表 3-2 列出了 GDI 画笔的样式。

表 3-2　列出了 GDI 画笔的样式

样　式	说　明
PS_SOLID	实线笔
PS_DASH	虚线笔
PS_DOT	点划线笔
PS_ DASH DOT	虚线笔
PS_ DASH DOT DOT	双点划线笔
PS_NULL	空画笔，不绘制任何图形
PS_INSIDEFRAME	在边界区域内实线画笔

画笔的宽度用像素数来确定。PS_DASH、PS_DOT、PS_DASHDOT 和 PS_DASHDOTDOT 参数要求画笔宽度只能为 1，其他参数可以创建任意宽度的画笔。

画笔的颜色是一个 24 位的 RGB 颜色，由 RGB(rColor,gColor,bColor)来定义，三个参数取值为 0~255。

一旦初始化完画笔对象，就可以通过 CDC 的成员函数 SelectObject 将画笔选入设备文本对象。对于画笔，SelectObject 的原型为:

```
CPen* SelectObject(CPen*pPen):
```

其中，参数 pPen 是指向画笔对象的指针。SelectObject 返回一个指向原先已选入设备文本对象的画笔对象的指针。如果在此之前没有选择过画笔对象，则使用缺省画笔。

Windows 还预定义了三个 1 个像素宽的实线画笔，它们是 WHITE_PEN、BLACK_PEN 和 NULL_PEN，程序中可以直接使用这些画笔，程序如下：

```
pDC->SelectStockObject(WHITE_PEN);
```

也可以直接创建，如下：

```
CPen Pen;
Pen.CreateStockObject(WHITE_PEN);
```

例如：在屏幕上绘制三组直线，第一组按不同线型绘制，第二组按不同宽度绘制，第三组按不同颜色绘制。程序如下：

```
//画笔的样式、宽度和颜色
int i1;
   int nPenStyle[]={PS_SOLID,PS_DASH,PS_DOT,PS_DASHDOT,PS_DASHDOTDOT,
   PS_NULL,PS_INSIDEFRAME};
CPen *pNewPen;
CPen *pOldPen;
//用不同样式的画笔
for (i1=0;i1<7;i1++)
{   //构造新笔
    pNewPen=new CPen;
    if (pNewPen->CreatePen(nPenStyle[i1],1,RGB(0,0,0)))
    {   pOldPen=pDC->SelectObject(pNewPen); //选择新笔，并保存旧笔
        //画直线
        pDC->MoveTo(20,60+i1*20);
        pDC->LineTo(160,60+i1*20);
        //恢复原有的笔
        pDC->SelectObject(pOldPen);
    }
    else
    {   //出错提示
        AfxMessageBox("CreatePen Error!!");
    }
   //删除新笔
    delete pNewPen;
}
//用不同宽度的笔绘图
for(i1=0;i1<7;i1++)
{
    //构造新笔
    pNewPen=new CPen;
    if (pNewPen->CreatePen(PS_SOLID,i1+1,RGB(0,0,0)))
    {
        pOldPen=pDC->SelectObject(pNewPen);
        //画直线
        pDC->MoveTo(200,60+i1*20);
        pDC->LineTo(340,60+i1*20);
        //恢复原有的笔
        pDC->SelectObject(pOldPen);
    }
    else
    {   //出错提示
        AfxMessageBox("CreatePen Error!!");
    }
    //删除新笔
    delete pNewPen;
}
//设置颜色表
```

```
struct tagColor{ int r,g,b;}
color[7]=
{{255,0,0},{0,255,0},{0,0,255},{255,255,0},{255,0,255},{0,255,255},{0,0,
0}};
//用不同颜色绘图
for(i1=0;i1<7;i1++)
{   //构造新笔
    pNewPen=new CPen;
    if (pNewPen-
>CreatePen(PS_SOLID,2,RGB(color[i1].r,color[i1].g,color[i1].b)))
    {
        pOldPen=pDC->SelectObject(pNewPen);
        //画直线
        pDC->MoveTo(380,60+i1*20);
        pDC->LineTo(520,60+i1*20);
        //恢复原有的笔
        pDC->SelectObject(pOldPen);
    }
    else
    {
        //出错提示
        AfxMessageBox("CreatePen Error!!");
    }
    //删除新笔
    delete pNewPen;
}//画笔程序结束
```

运行程序，查看运行结果，如图 3-13 所示。

图 3-13 画笔的样式、宽度和颜色示例程序运行结果

2. 画刷

在进行区域填充或绘制封闭图形时，需要用到画刷。MFC 把 GDI 画刷封装在 CBrush 类中，画刷分三种基本类型：纯色画刷、阴影画刷和图案画刷。

纯色画刷绘图使用单色来定义，颜色由 RGB()函数来确定。纯色画刷可以采用直接声明的方法，例如：

```
CBrush Brush(RGB(255,0,0)); 创建一个红色画刷。
```

也可以采用分步方法，由 CreateSolidBrush()函数创建，函数原型为

```
CBrush  Brush;
Brush->CreateSolidBrush(RGB(255,0,0));
```

Windows 预定义了 7 种画刷，包括：BLACK_BRUSH、DKGRAY_BRUSH、GRAY_BRUSH、LTGRAY_BRUSH、HOLLOW_ BRUSH、NULL_ BRUSH 和 WHITE_BRUSH。可以参照 CPen 类的方法，采用 CreateStockObject()和 SelectStockObject 来使用预定义的画刷。

阴影画刷使用预定义的 6 种阴影样式进行绘图，表 3-3 所示列出了六种阴影样式。

表 3-3　列出了六种阴影样式

阴影样式	说　明
HS_BDIAGONAL	45 度向下阴影线(从左到右)
HS_CROSS	水平与垂直交叉阴影线
HS_DIAGCROSS	45 度方向的交叉阴影线
HS_FDIAGONAL	45 度向上阴影线(从左到右)
HS_HORIZONTAL	水平阴影线
HS_VERTICAL	垂直阴影线

创建阴影画刷的方法与纯色画刷的创建方法相似，例如创建一个红色 45 度方向的交叉阴影线的画刷，程序如下：

```
CBrush  Brush(HS_DIAGCROSS,RGB(255,0,0));
```

或者采用分步方法，由 CreateHatchBrush ()函数创建，函数原型为：

```
CBrush  Brush;
Brush->CreateHatchBrush  (HS_DIAGCROSS,RGB(255,0,0));
```

函数中有两个参数，第一个参数是画刷的阴影样式；第二个参数是阴影线的颜色。例如：绘制缺省画刷的矩形，纯色画刷矩形和绘制 100 单位的矩形，并且用白色 45°交叉阴影线将其填充，程序如下：

```
//画刷程序
pDC->Rectangle(50,50,150,150); //缺省的画刷，白色
//纯色画刷
CBrush *pNewBrush1;
CBrush *pOldBrush1;
pNewBrush1=new CBrush;
if (pNewBrush1->CreateSolidBrush(RGB(255,0,0)))
{   //选择新画刷
    pOldBrush1=pDC->SelectObject(pNewBrush1);
    //绘制矩形
    pDC->Rectangle(150,150,250,250);
    //恢复原有画刷
```

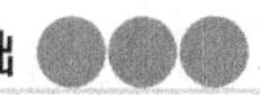

```
    pDC->SelectObject(pOldBrush1);
}
delete  pNewBrush1;
//阴影画刷
CBrush Brush(HS_DIAGCROSS,RGB(255,255,255));
CBrush *pOldBrush;
pOldBrush=pDC->SelectObject(&Brush);
pDC->SetBkColor(RGB(192,192,192));
pDC->Rectangle(250,50,350,150);
pDC->SelectObject(pOldBrush);
```

运行程序，查看运行结果，如图 3-14 所示。

四、文本显示

Windows 可以显示很多数据，包括在窗口中显示文本信息。由于文本是以图像的形式显示在窗口中的，因此需要处理设备描述表(DC)，另外还需要对文本字体的处理，包括：文本的显示、文本的颜色、字符的间距和文本的对齐方式等。

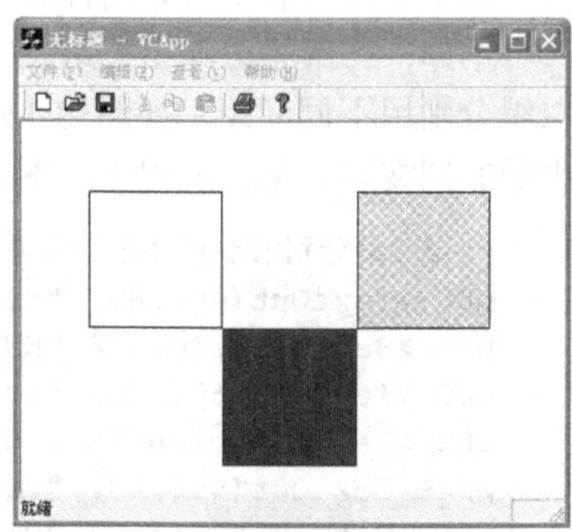

图 3-14　画刷示例程序运行结果

1. 文本显示

在拥有一个设备描述表以后，就可以调用 TextOut()函数来显示文本行。例如：

```
pDC->TextOut(20,20, "This is a line of text.");
```

TextOut()函数的三个参数分别是输出文本的 *X* 坐标，*Y* 坐标及输出文本串。

2. 设置文本颜色

在默认情况下，Windows 绘制黑色文本。可以通过 SetTextColor()函数改变文本的颜色。例如：

```
pDC->SetTextColor(RGB(255,0,0));  //设置文本颜色为红色
```

可以通过 GetTextColor()函数检索到当前文本的颜色，例如：

```
COLORREF color=pDC->GetTextColor();
```

SetBkColor()和 GetBkColor()函数用于设置背景颜色和获取当前的背景颜色。

3. 设置字符间距

SetTextCharacterExtra()函数用来设置文本字符的间距，GetTextCharacterExtra()用来获得当前文本字符的间距，函数说明如下：

```
pDC-> SetTextCharacterExtra(space);
int space=pDC-> GetTextCharacterExtra();
```

其中，space 表示在文本字符之间使用的额外空间的像素数。

4. 设置文本的对齐方式

SetTextAlign()函数用于设置显示文本的对齐方式，函数说明如下：

```
pDC->SetTextAlign(alignment);
```

其中，alignment 表示文本在水平方向和垂直方向的对齐方式，该标志指定了基准点与限定正文的矩形的位置关系，基准点可以是当前位置，也可以是传给正文输出函数的一个点。限定正文的矩形是正文字符串里的字符单元形成的。水平方向参数取值：TA_LEFT、TA_CENTER 和 TA_RIGHT，分别表示左对齐、居中和右对齐。垂直方向参数取值：TA_TOP、TA_BOTTOM 和 TA_BASELINE，分别表示上对齐、下对齐和字符的基线对齐。在水平方向和垂直方向标志中只能分别选择一个。缺省值是 TA_LEFT 和 TA_TOP。

例如：在屏幕上输出三组文字，第一组分别用不同颜色，如图 3-15 中的左侧文字。第二组分别用不同间距，如图 3-15 中的中部文字。第三组分别用不同对齐方式，如图 3-15 中的右侧文字。第三组程序如下：

```
//第三组分别用不同对齐方式
pDC->TextOut(600,60, "<left+top text>");//默认为TA_LEFT|TA_TOP
pDC->SetTextAlign(TA_CENTER);
pDC->TextOut(600,80, "<center+top text>.");//默认为TA_TOP
pDC->SetTextAlign(TA_RIGHT);
pDC->TextOut(600,60, "<right+top text>");//默认为TA_TOP
pDC->SetTextAlign(TA_BOTTOM);
pDC->TextOut(600,60, "<left+bottom text>");//默认为TA_LEFT
pDC->SetTextAlign(TA_RIGHT|TA_BOTTOM);
pDC->TextOut(600,60, "<right+bottom text>");
pDC->SetTextAlign(TA_CENTER|TA_BASELINE);
pDC->TextOut(800,60, "<center+baseline text>");

pDC->MoveTo(450,60);
pDC->LineTo(1000,60);//画水平基线
pDC->MoveTo(600,20);
pDC->LineTo(600,100);//画垂直基线
```

运行程序，查看运行结果，如图 3-15 给出三组文字的显示效果。

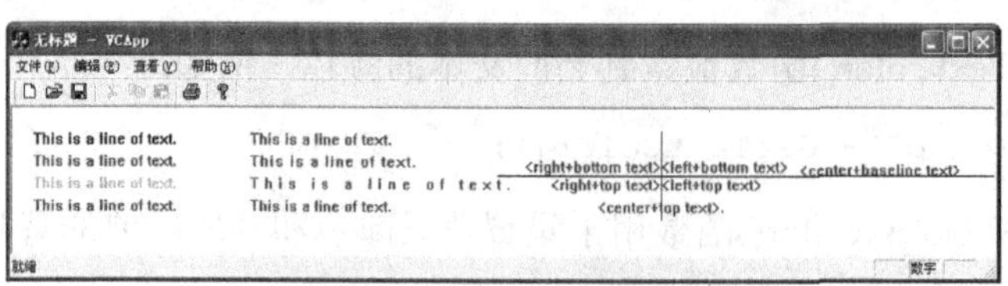

图 3-15　文本显示示例程序运行结果

第三节　鼠 标 编 程

在图形操作系统中，鼠标是最重要的输入设备之一。Windows 系统为用户提供了统一的鼠标编程接口，而不必过多了解其底层的知识。Windows 是基于消息传递、事件驱动的

操作系统，当用户移动鼠标、按下或释放鼠标键时都会产生鼠标消息。应用程序可以接收十种鼠标消息，如表 3-4 列出了这些鼠标消息及其描述。

表 3-4 鼠标消息和描述

鼠标消息	描 述
WM_LBUTTONDBLCLK	鼠标左键被双击
WM_LBUTTONDOWN	鼠标左键被按下
WM_LBUTTONDUP	鼠标左键被释放
WM_MBUTTONDBLCLK	鼠标中键被双击
WM_MBUTTONDOWN	鼠标中键被按下
WM_MBUTTONDUP	鼠标中键被释放
WM_MOUSEMOVE	鼠标移动穿过对象区域
WM_RBUTTONDBLCLK	鼠标右键被双击
WM_RBUTTONDOWN	鼠标右键被按下
WM_RBUTTONDUP	鼠标右键被释放

一、鼠标消息处理

MFC 把鼠标消息处理函数封装在 CView 类中，它们分别是：

```
OnMouseMove(UINT nFlags, CPoint  point);
OnLButtonDblclk(UINT nFlags, CPoint  point);
OnLButtonDown(UINT nFlags, CPoint  point);
OnLButtonUp(UINT nFlags, CPoint  point);
```

针对上面表 3-4 中的鼠标消息。在处理函数时，point 参数代表鼠标热点处的坐标位置，point.x 为横坐标，point.y 为纵坐标。默认坐标原点(0,0)位于窗口的左上角。由于应用程序要求自动捕获鼠标事件，因此应当采用 Windows 事件处理函数，而不是成员函数，具体使用方法参见本节“三、鼠标编程综合示例”中的程序示例。

nFlags 参数中包含了鼠标按钮和键盘组合使用标志，用来描述鼠标按钮和键盘上的 Shift 键和 Ctrl 键的组合状态。nFlags 参数取值范围：

```
MK_LBUTTON：鼠标左键被按下；
MK_RBUTTON：鼠标右键被按下；
MK_MBUTTON：鼠标中键被按下；
MK_SHIFT：键盘上的 Shift 键被按下；
MK_CONTROL：键盘上的 Ctrl 键被按下；
```

如果想知道某个键是否被按下，可用对应的位屏蔽值与 nFlags 参数作按位逻辑“与”运算，所得的结果若为非零值，则表示该按钮被按下，例如：

```
if  (nFlags & LBUTTON)
  AfxMessageBox(“LButton is pressed down!”)
Else
```

```
AfxMessageBox("LButton is pressed Up!");
```

如何区分两次单击和一次双击，这取决于两次按下按钮之间的时间间隔，只有当时间间隔小于一定值时才被认为是一次双击。Windows 默认的时间间隔为 500ms。可以用SetDoubleClickTime()函数来重新设置时间间隔值。

若要使窗口函数能接收到鼠标双击产生的消息，在注册窗口类时，必须指明该窗口具有 CS_DBLCLKS 风格，否则，即使进行了双击操作，该窗口也只能收到两条“WM_LBUTTONDOWN”和“WM_LBUTTONUP”消息，例如：

```
wndclass.style=CS_HREDRAW|CS_VREDRAW|CS_DBLCLKS;
```

二、捕捉鼠标

在交互式图形程序设计中，经常要使用鼠标的位置拾取、拖动或拖放，这些动作必须进行鼠标的捕捉。

鼠标捕捉只需要调用 CWnd::SetCapture()函数。用户完成鼠标捕捉工作后一般是响应一个鼠标按下信息，要释放鼠标捕捉则是调用 CWnd::ReleaseCapture()函数。释放被捕捉鼠标的最好时间是在响应鼠标弹起的时候(WM_LBUTTONUP)。

三、鼠标编程综合示例

程序示例 3-1：在窗口中以文本的形式给出鼠标的状态，即当鼠标移动时，给出鼠标的位置；当鼠标按下鼠标左、右键时显示出鼠标按键状态。例如，当鼠标左键按下时，显示“LBUTTON DOWN!”。

步骤 1：建立一个 myMouse 工程文件。

步骤 2：添加鼠标事件处理函数。

鼠标右击视图类(CMyMouseView)，选择 Add Windows Message Handler，弹出事件处理函数列表窗口，如图 3-16 所示。

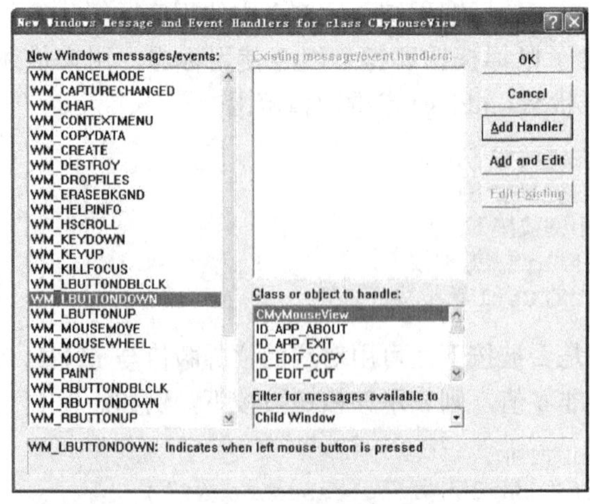

图 3-16 Windows 事件处理函数列表窗口

从左边事件消息列表中选择“WM_LBUTTONDOWN”，然后单击 Add and Edit 按钮，即加入鼠标左键按下事件函数，并要求编辑事件处理程序。

步骤 3：输入事件处理程序。

```
void CMymouseView::OnLButtonDown(UINT nFlags, CPoint point)
{
    // TODO: Add your message handler code here and/or call default
    CDC* pDC=GetDC();//获得设备上下文指针
    pDC-> TextOut(20,40,” LButton Down!”);  // 输出显示信息
    CView::OnLButtonDown(nFlags, point);
}
```

步骤 4：重复前面两步骤，分别添加 WM_LBUTTONUP，WM_MOUSEMOVE，WM_RBUTTONDOWN，WM_RBUTTONUP，WM_LBUTTONDBCLK 和 WM_RBUTTONDBCLK 鼠标事件，并输入以下程序：

```
void CMouseView::OnLButtonUp(UINT nFlags, CPoint point)
{
    // TODO: Add your message handler code here and/or call default
    CDC *pDC=GetDC();
    pDC->TextOut(200,40,"LButton UP!");
    CView::OnLButtonUp(nFlags, point);
}
void CMouseView::OnRButtonDown(UINT nFlags, CPoint point)
{
    // TODO: Add your message handler code here and/or call default
    CDC *pDC=GetDC();
    pDC->TextOut(20,80,"RButton Down!");
    CView::OnRButtonDown(nFlags, point);
}
void CMouseView::OnRButtonUp(UINT nFlags, CPoint point)
{
    // TODO: Add your message handler code here and/or call default
    CDC *pDC=GetDC();
    pDC->TextOut(200,80,"RButton UP!");
    CView::OnRButtonUp(nFlags, point);
}
void CMouseView::OnMouseMove(UINT nFlags, CPoint point)
{
    // TODO: Add your message handler code here and/or call default
    CDC *pDC=GetDC();
    char tbuf[80];
    sprintf(tbuf,"Position:(%3d,%3d)",point.x,point.y);
    // 输出鼠标当前位置
    pDC->TextOut(20,20,tbuf);
    CView::OnMouseMove(nFlags, point);
}
void CMouseView::OnLButtonDblClk(UINT nFlags, CPoint point)
{
    // TODO: Add your message handler code here and/or call default
```

```
    CDC *pDC=GetDC();
    pDC->TextOut(20,60,"LButton is double clicked!");
    CView::OnLButtonDblClk(nFlags, point);
}
void CMouseView::OnRButtonDblClk(UINT nFlags, CPoint point)
{
    // TODO: Add your message handler code here and/or call default
    CDC *pDC=GetDC();
    pDC->TextOut(20,100,"RButton is double clicked!");
    CView::OnRButtonDblClk(nFlags, point);
}
```

步骤 5：编译程序，并验证执行结果。如图 3-17(a)是双击左键后的截图，可见双击左键事件不仅包括鼠标双击消息，还包括鼠标按下消息和弹起消息；图 3-17(b)所示为双击右键后的截图。

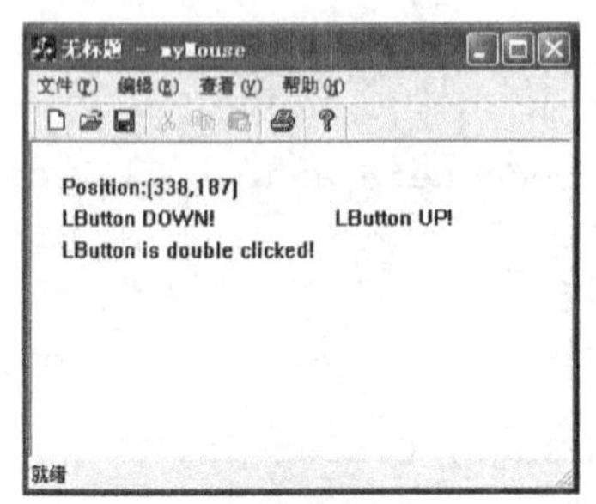

(a) 双击左键效果

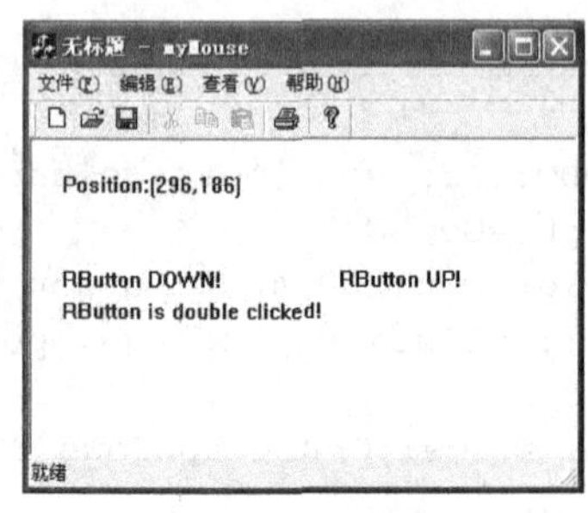

(b) 双击右键效果

图 3-17　程序示例 3-1 运行时截图

程序示例 3-2：采用鼠标橡皮筋技术画圆

鼠标橡皮筋技术画圆是指采用圆心和圆周上任一点进行的画圆技术(简称 C+P 方法)。首先用鼠标左击选择圆心位置，然后移动鼠标，圆随鼠标移动而扩大或缩小，当再次单击鼠标左键时，确定圆周上的一点，从而画出相应的圆。直线、矩形等基本图形都可以采用橡皮筋技术。

步骤 1：建立 MouseSpring 工程文件。

步骤 2：向视图类中添加自定义的成员变量。

用鼠标右键单击视图类(CMouseSpringView)，选择 Add Member Variable，添加下面三个成员变量。操作方法如图 3-18 所示。

```
proctected :
     CPoint  m_bO;  // 圆心
     CPoint  m_bR;  //圆上的点
     int     m_ist;  //圆心与圆周上点的区别，m_ist=0，表示鼠标左击点为圆心，
m_ist=1，表示鼠标左击点为圆周上的点
```

步骤 3：向视图类中添加自定义的成员函数原型。

```
public:
    void DrawCircle(CDC* pDC, CPoint cenp, CPoint ardp);
    int  ComputeRadius(CPoint cenp,CPoint ardp);
```

具体操作方法：用鼠标右键单击视图类，选择 Add Member Function，如图 3-19 所示。分别添加上述两个成员函数，分别用于画圆和计算圆的半径。

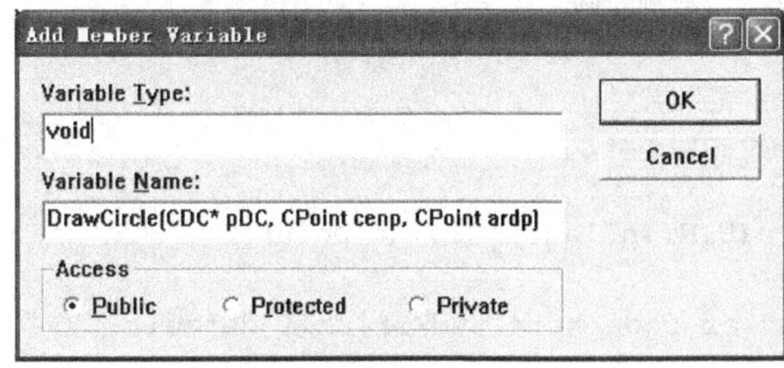

图 3-18 添加成员变量

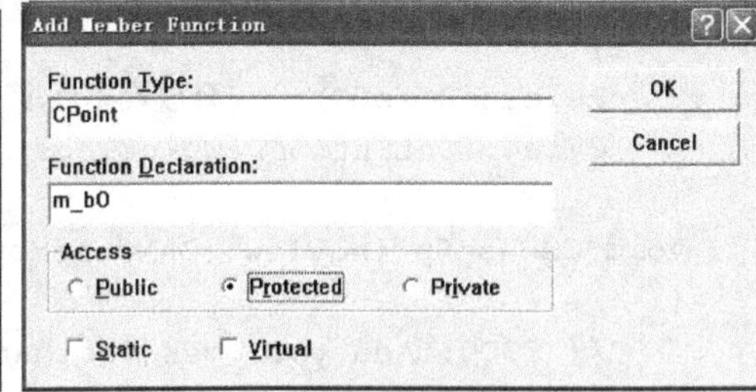

图 3-19 添加成员函数

步骤 4：在视图类 cpp 文件的构造函数中初始化成员变量。

视图类的构造函数名与该视图类的名字相同。在视图类中选择构造函数，如：CMouseSpringView()，用鼠标左键双击，输入下面程序代码：

```
CMouseSpringView:: CMouseSpringView()
{
   //TODO: add construction code here
   m_bO.x=0;  m_bO.y=0;  //圆心
   m_bR.x=0;  m_bR.y=0;  //圆上的点
   m_ist=0;   //圆心与圆上的点区别
}
```

步骤 5：在视图类的 OnDraw()函数中加入下列代码，实现视图绘图。

```
void CMouseSpringView::OnDraw(CDC* pDC)
{
    CMouseSpringDoc* pDoc = GetDocument();
    ASSERT_VALID(pDoc);
    // TODO: add draw code for native data here
    pDC->SelectStockObject(NULL_BRUSH);
    DrawCircle(pDC,m_bO,m_bR);  // 调用自定义的成员函数画圆
}
```

步骤 6：向视图类中添加两个鼠标消息响应函数，并输入鼠标处理程序代码。

具体操作方法与鼠标程序示例 3-1 方法相同。一个是 OnLButtonDown()函数，另一个是 OnMouseMove()函数。程序如下：

```
void CMouseSpringView::OnLButtonDown(UINT nFlags, CPoint point)
{
    // TODO: Add your message handler code here and/or call default
    CDC *pDC=GetDC();
    pDC->SelectStockObject(NULL_BRUSH);
    if (!m_ist)  //绘制圆
    {  m_bO=m_bR=point;  //记录第一次单击鼠标位置，定圆心
       m_ist++;
    }
```

```
else
   {   m_bR=point;  //记录第二次单击鼠标的位置，定圆周上的点
       m_ist--;   // 为新绘图作准备
       DrawCircle(pDC,m_bO,m_bR);  //绘制新圆
   }
   ReleaseDC(pDC); //释放设备环境
   CView::OnLButtonDown(nFlags, point);
}
void CMouseSpringView::OnMouseMove(UINT nFlags, CPoint point)
{
   // TODO: Add your message handler code here and/or call default
   CDC *pDC=GetDC();
   int nDrawmode=pDC->SetROP2(R2_NOT); //设置异或绘图模式，并保存原来绘图模式
   pDC->SelectStockObject(NULL_BRUSH);
   if(m_ist==1)
   {   CPoint prePnt,curPnt;
       prePnt=m_bR;  //获得鼠标所在的前一位置
       curPnt=point;
       //绘制橡皮筋线
       DrawCircle(pDC,m_bO,prePnt);  //用异或模式重复画圆，擦除所画的圆
     DrawCircle(pDC,m_bO,curPnt);  //用当前位置作为圆周上的点画圆
       m_bR=point;
}
   pDC->SetROP2(nDrawmode);  //恢复原绘图模式
   ReleaseDC(pDC);  //释放设备环境
   CView::OnMouseMove(nFlags, point);
}
```

步骤 7：添加成员函数的程序代码。

分别为两个成员函数 DrawCircle()和 ComputeRadius()添加程序代码，程序如下：

```
void CMouseSpringView::DrawCircle(CDC *pDC, CPoint cenp, CPoint ardp)
{
   int radius=ComputeRadius(cenp,ardp);
   // 由圆心确定所画圆的外切区域
   CRect rc(cenp.x-radius,cenp.y-radius,cenp.x+radius,cenp.y+radius);
   pDC->Ellipse(rc);  //画出一个整圆
}
int CMouseSpringView::ComputeRadius(CPoint cenp, CPoint ardp)
{
   int dx=cenp.x-ardp.x;
   int dy=cenp.y-ardp.y;
   //sqrt()函数的调用，在头文件中加入#include "math.h"
   return (int)sqrt(dx*dx+dy*dy);
}
```

步骤 8：编译运行程序，验证运行结果，如图 3-20 所示。

图 3-20　采用鼠标橡皮筋技术画圆

第四节　菜单程序设计

在 Windows 应用程序设计中，菜单是重要的用户界面对象和交互手段。Windows 支持三种类型的菜单，他们分别是菜单栏(主菜单)、弹出式菜单和上下文菜单(单击鼠标右键弹出的浮动菜单)。

本节主要介绍如何对菜单进行编辑、如何响应菜单的消息、如何运用菜单的 UI 机制、如何动态地改变菜单以及如何处理上下文菜单。

一、菜单编辑器

菜单编辑器用来创建并编辑菜单资源，是一个可视化设计工具。对于 MDI 应用程序(多文档应用程序)，AppWizard 自动生成两个菜单资源：IDR_MAINFRAME 和 IDR_PrjNameTYPE (PrjName 是应用程序工程名)。在 MDI 子窗口打开之前系统显示 IDR_MAINFRAME 菜单，在 MDI 子窗口打开之后系统显示 IDR_ PrjNameTYPE 菜单。对于 SDI 应用程序(单文档应用程序)，AppWizard 只生成一个菜单资源：IDR_MAINFRAME。

在一个 SDI 文档工程项目中，在工作区窗口中选择 ResourceView 标签，如图 3-21 所示列出工程项目的所有资源，选择 Menu，双击 IDR_MAINFRAME，弹出菜单编辑器窗口，如图 3-22 所示。

1. 创建菜单和菜单选项

在图 3-22 中，可以创建主菜单，也可以创建菜单选项。可以通过 Tab 键向右移、Shift+Tab 键向左移、Insert 键在某一菜单前插入新的菜单，或鼠标定位。另外，用鼠标拖动菜单方框可以改变菜单项的相对位置。例如，在【查看】菜单前插入一个【绘图】菜单，包括直线、圆、矩形和颜色四个菜单项。

步骤 1：定位到【查看】菜单，按下 Insert 键，插入一个空菜单项。

步骤 2：双击空菜单项，弹出菜单项对话框，并输入菜单信息，如图 3-23 所示。

步骤 3：添加菜单项条目。

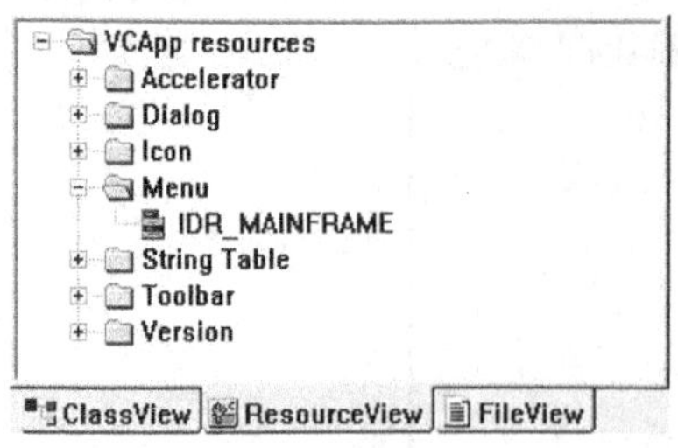

图 3-21　SDI 文档工程项目中的工作区窗口

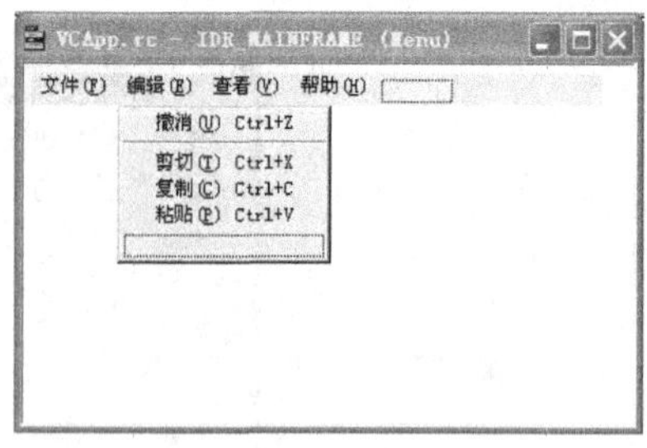

图 3-22　菜单编辑器

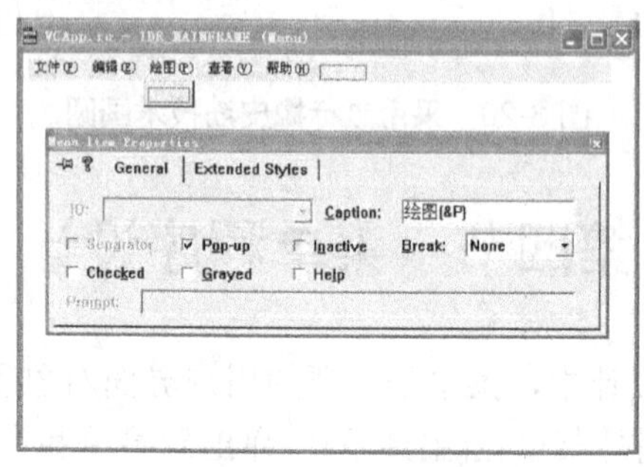

图 3-23　菜单对话框

双击【绘图】菜单下的空菜单项，弹出菜单项对话框，如图 3-24 所示。

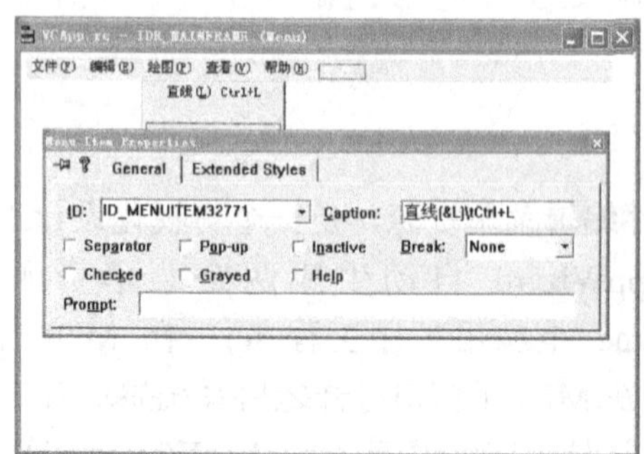

图 3-24　菜单项对话框

步骤 4：重复第 3 步，完成菜单设计。

在菜单设计中，可以为菜单或菜单项定义助记符，方法是在响应的字符前加符号&。菜单项的 ID 号，可以选取已有的 ID 号，也可以自定义 ID 号，如果不输入 ID 号，则系统自动生成一个 ID 号。在菜单项对话框中还可以为菜单项指定风格。另外，还可以为菜单项定义快捷键，方法是在标题后直接输入转义符\t 表示快捷键左对齐。

2. 弹出菜单的设计

弹出菜单是主菜单项的子菜单，也称为级联菜单。

创建级联菜单的方法如下：选择级联菜单项，在该菜单项属性对话框中选中 Pop-up 复选项，于是该项便被标记级联菜单符(▸)，且在该项的右侧出现新的菜单项空方框。添加级联菜单项的方法与上述方法相同。如图 3-25 所示。

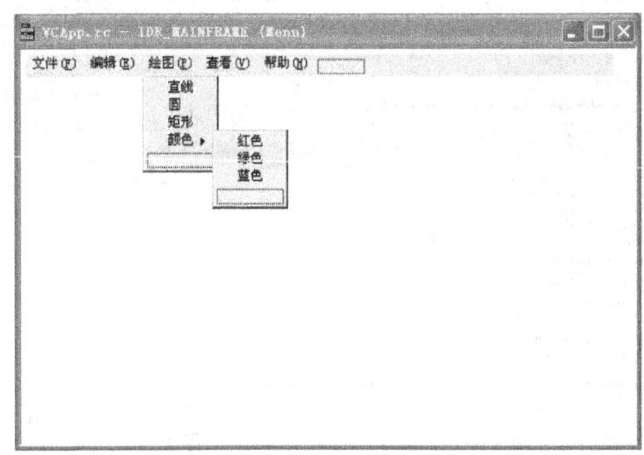

图 3-25 级联菜单设计

3. 上下文菜单

单击鼠标右键将弹出相应的上下文菜单。为了在应用程序中使用上下文菜单，首先要创建菜单本身，然后将其与应用程序代码链接。创建上下文菜单的步骤如下。

步骤 1：创建带空标题的菜单栏。右击 Menu，选择 Insert，创建一个空的菜单栏。

步骤 2：输入菜单标题和菜单项，并保存菜单资源，默认为 IDR_MENI1。

步骤 3：在源文件中添加下列程序代码：

```
CMenu  menu;
// 装载并验证菜单资源;
VERIFY(menu.LoadMenu(IDR_MENU1));
CMenu *pPopup=menu.GetSubMenu(0);
ASSERT(pPopup!=NULL);
//显示菜单内容
pPopup->TrackPopupMenu(TPM_LEFTALIGN| TPM_RIGHTBUTTON, x, y,
AfxGetMainWnd());
```

在创建上下文菜单资源后，应用程序代码装载菜单资源并使用函数 TrackPopupMenu() 来显示菜单内容。

二、菜单消息响应

Windows 应用程序是通过消息传递机制运行的。为菜单项添加相应功能函数的方法步骤如下。

步骤 1：右击所选菜单项，从弹出的菜单中选择 ClassWizard，弹出类向导对话框，如图 3-26 所示。

步骤 2：选择工程名 Project，并在类名 Class name 中选择视图类，在 Object IDs 列表中选择菜单项的 ID 号，在 Messages 列表中选择 COMMAND。

步骤 3：单击 Add Function，添加成员函数，系统根据 ID 名称自动定义响应函数名称，用户可修改，如图 3-27 所示，单击 OK 按钮，该函数出现在 Member functions 列表中。

步骤 4：在 Member functions 中选择该成员函数，单击 Edit Code 按钮输入或编辑程序代码。

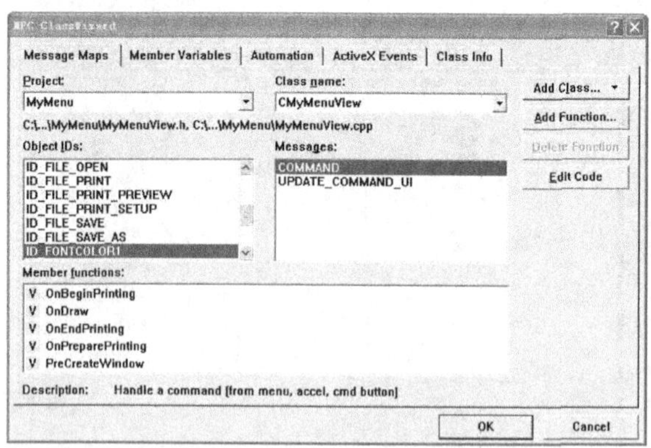

图 3-26　建立类向导对话框

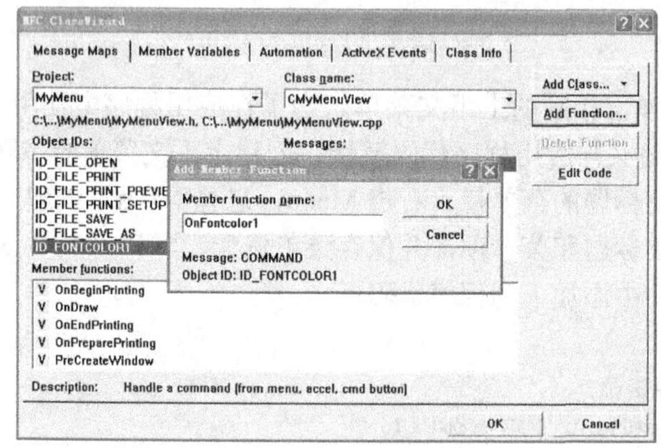

图 3-27　建立类向导对话框

三、菜单设计综合示例

程序示例 3-3：利用菜单资源编辑器在默认的菜单中添加【字体】菜单项。在程序运行过程中改变菜单项的显示状态。

步骤 1：创建 MyMenu 应用程序工程文件，选择单文档应用程序。

步骤 2：利用 Resource View 设计菜单，如图 3-28 所示。

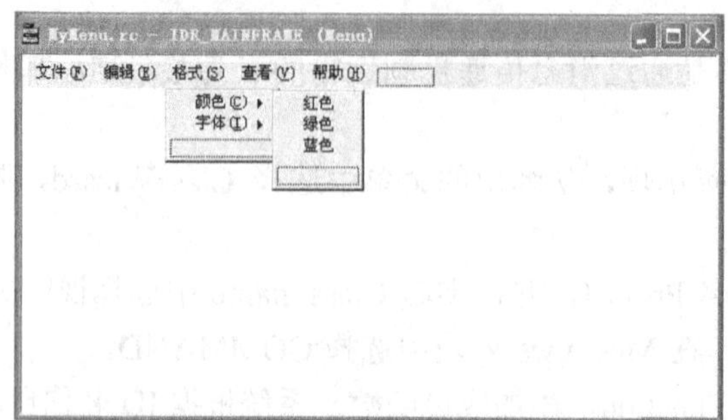

图 3-28　菜单设计示例

步骤 3：添加菜单消息响应函数，方法详见本节“二、菜单消息响应”部分。

【格式】菜单和菜单项列表如表 3-5 所示，【颜色】菜单、菜单项及其对应 ID 和响应函数列表如表 3-6 所示。

表 3-5　【格式】菜单和菜单项

菜　单	菜 单 项	选　项
格式(&S)	颜色(&C)	Pop-up=Checked
格式(&S)	字体(&I)	Pop-up=Checked

表 3-6　【颜色】菜单、菜单项及其对应 ID 和响应函数

菜　单	菜 单 项	ID 值	消息响应函数(COMMAND)
颜色(&C)	红色	ID_FONTCOLOR1	OnFontcolor1
颜色(&C)	绿色	ID_FONTCOLOR2	OnFontcolor2
颜色(&C)	蓝色	ID_FONTCOLOR3	OnFontcolor3

步骤 4：在 CMyMenuView 类中添加成员变量和成员函数。方法参见本章“第三节鼠标编程”中的程序示例 3-2，在 CMyMenuView 类中添加上述的成员变量和成员函数，如表 3-7 所示。

表 3-7　成员变量和成员函数

变量类型	变量名称	访问权限
COLORREF	m_FontColor	protected
void	Redraw(CDC *pDC)	protected

步骤 5：编写构造函数。

```
CMyMenuView::CMyMenuView()
{
    // TODO: add construction code here
    m_FontColor=RGB(0,0,0);    //设置默认的颜色
}
```

步骤 6：编写 OnDraw()函数。

```
void CMyMenuView::OnDraw(CDC* pDC)
{
    CMyMenuDoc* pDoc = GetDocument();
    ASSERT_VALID(pDoc);
    // TODO: add draw code for native data here
    Redraw(pDC);
}
```

步骤 7：分别编写步骤 3 添加的三个函数，程序如下：

```
void CMyMenuView::OnFontcolor1()
{
    // TODO: Add your command handler code here
```

```
    m_FontColor=RGB(250,0,0);
    CDC * pDC=GetDC();
    Redraw(pDC);
}
void CMyMenuView::OnFontcolor2()
{
    // TODO: Add your command handler code here
    m_FontColor=RGB(0,250,0);
    CDC * pDC=GetDC();
    Redraw(pDC);
}
void CMyMenuView::OnFontcolor3()
{
    // TODO: Add your command handler code here
    m_FontColor=RGB(0,0,250);
    CDC * pDC=GetDC();
    Redraw(pDC);
}
```

步骤 8：编写 Redraw()函数。

```
void CMyMenuView::Redraw(CDC *pDC)
{
    //设置文本颜色，显示测试内容
   pDC->SetTextColor(m_FontColor);
    pDC->TextOut(30,30,"菜单测试程序!");
}
```

步骤 9：编译和运行程序，查看程序运行结果，程序初始运行如图 3-29(a)所示，选择绿色字体运行如图 3-29(b)所示。

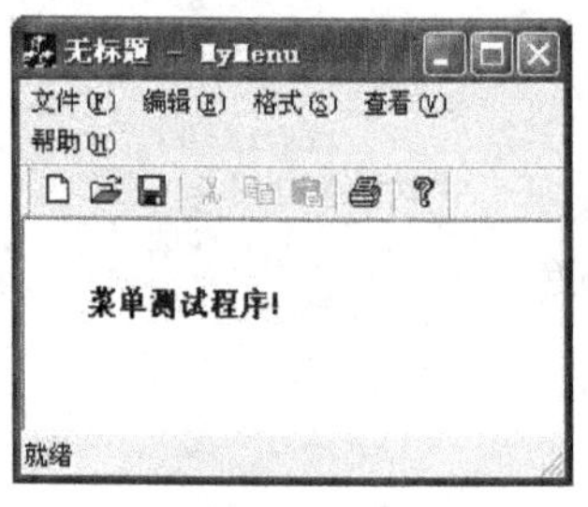

(a) 初始运行结果

(b) 选择绿色字体运行结果

图 3-29　程序运行结果

本章知识结构图

本章内容主要描述利用 VC++进行计算机图形学程序设计，既涉及到 VC++编程基础，又包含针对图形学编程特有的接口和函数说明，并通过程序示例加以展示和分析。本

章各部分知识之间的结构关系如图 3-30 所示。

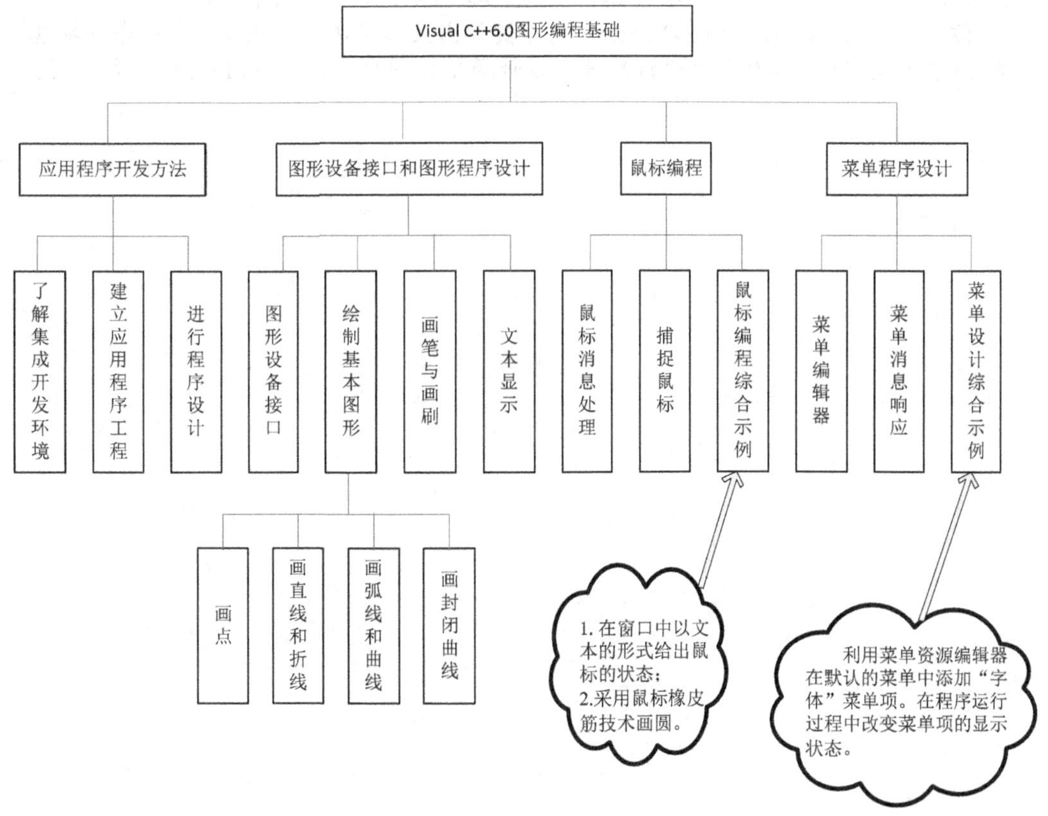

图 3-30 Visual C++6.0 图形编程基础知识结构图

本章主要介绍了 Visual C++ 6.0 图形编程基础知识：描述了 Visual C++ 6.0 集成开发环境，Visual C++ 6.0 应用程序工程建立方法和程序设计框架。阐述了图形设备接口含义，展示了 Visual C++ 6.0 的基本绘图函数的使用方法，包括点、直线、圆、圆弧、矩形、椭圆、折线等基本图形的绘制，引导使用画笔画刷的使用方法以及文本显示的方法；介绍了鼠标编程方法，包括鼠标消息的处理机制和如何捕捉鼠标，并通过编程示例展示鼠标编程过程；介绍了菜单程序设计方法，包括如何使用菜单编辑器进行菜单设计，如何添加菜单消息响应函数，并通过编程示例展示菜单编程过程。

复习思考题

1. 参考本章表 3-1 所示，选择两三个函数，自己查找帮助文件学习，并利用这些函数编程进行测试。

2. 仿照本章鼠标编程示例 3-2 所示，编写代码，实现橡皮筋技术画线。

3. 仿照本章菜单编程示例 3-3 所示，用右键弹出菜单完成颜色级联菜单命令的功能。

4. 熟悉 Visual C++ 6.0 程序设计环境，设计简单的图形演示，利用 CDC 函数实现。

第四章　基本图元生成

学习要点

(1) 光栅图形学生成直线的算法：DDA 算法和 Bresenham 算法。

(2) 圆及圆弧的生成算法：坐标法，折线逼近法，Bresenham 算法。

(3) “画图”软件和 AutoCAD 软件中的区域填充的实现技术，观察和分析不同参数的输入对结果的影响。

(4) 常用的区域填充算法：种子填充算法，扫描线种子填充算法，扫描线转换填充算法，边填充算法及改进算法等。

(5) 字符生成基本原理：点阵字符和矢量字符，两者的比较。

核心概念

直线光栅化、圆(圆弧)光栅化、内定义区域、边界定义区域、四连接、八连接、区域填充、种子填充、扫描线填充、边填充、点阵字符、矢量字符

引导案例

走进计算机图形学的世界

20 世纪 90 年代，计算机图形学在计算机辅助设计与制造、军事仿真、医学图像处理、气象、地理、财经和电磁等领域都已获得成功运用，取得重要经济效益和社会效益。但是计算机图形学技术真正走进千家万户，进入大众视野是迅猛发展的动漫产业：1987 年由著名的计算机动画专家塔尔曼夫妇领导的 MIRA 实验室制作了一部七分钟的计算机动画片《相会在蒙特利尔》再现了国际影星玛丽莲·梦露的风采；1988 年，美国电影《谁陷害了兔子罗杰》中二维动画人物和真实演员的完美结合，令人瞠目结舌、叹为观止，其中用了不少计算机动画处理；1991 年美国电影《终结者 II：世界末日》展现了奇妙的计算机技术；此外，还有《侏罗纪公园》《狮子王》《玩具总动员》《阿凡达》《怪物史莱克》等，如图 4-1 所示。这些影视作品的制作均是采用了计算机图形技术展示特殊的场面、真实与虚拟场景的融合、角色的情感等。

计算机三维技术在游戏制作方面也产生了巨大而深远的影响。由二维世界逐渐进入三维游戏的世界，其娱乐性、交互性通过计算机三维技术的参与而得到很大的提升。图 4-2 展现了风靡全世界的游戏“魔兽世界”和“穿越火线”的画面。

这些风靡全球的影视作品和网络游戏带给我们的视觉震撼正是由计算机图形学技术的强大支持才得以实现。读者不禁要问，计算机是如何设计这些纷繁复杂的静态和动态画面，以及如何将真实与虚拟场景进行融合。本章就从最简单的基本图形生成来探寻由计算

机创造的多彩世界。

(a) 《阿凡达》

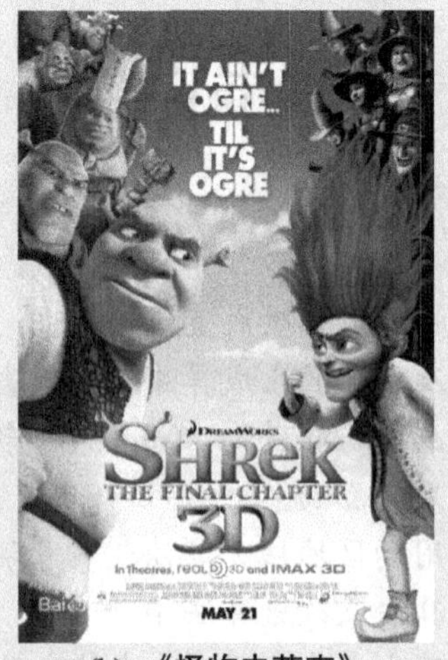

(b) 《怪物史莱克》

图 4-1　影视作品

(a) “魔兽世界”

(b) “穿越火线”

图 4-2　游戏画面

案例导学

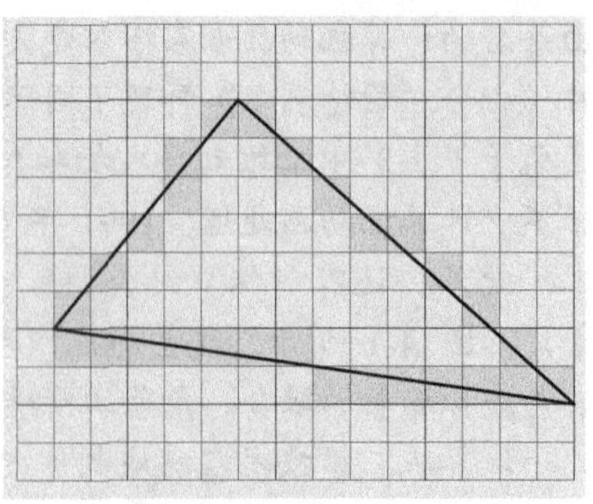
图 4-3　图形的扫描转换

计算机内部表示的矢量图形必须呈现在显示设备上才能被我们所认识，光栅显示器上显示的图形，称为光栅图形。光栅显示器可以看作一个像素矩阵，在光栅显示器上显示的任何一个图形，实际上都是一些具有一种或多种颜色和灰度的像素集合。由于对一个具体的光栅显示器来说，像素个数是有限的，像素的颜色和灰度等级也是有限的，像素是有大小的，所以光栅图形只是近似于实际图形。如何使光栅图形最完美地逼近实际图形，是光栅图形学要研究的内容。本书中提到“显示器”处，如未特别声明，均指光栅显示器。

如图 4-3 所示在屏幕上绘制一个三角形，屏幕的像素是有限的，需要把理想的三角形

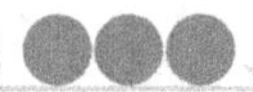

线段转化为有限的最逼近原三角形的像素集合。通过确定最佳逼近图形的像素集合并用指定的颜色和灰度设置像素的过程，将图形定义的物理空间转换到显示处理的图像空间，这个转换过程，称为图形的扫描转换或光栅化。基本图元的扫描转换就是计算出落在基本图元上或充分靠近它的一系列像素，并以这些像素近似替代基本图元上对应位置在屏幕上显示的过程。对于一维图形，在不考虑线宽时，用一个像素宽的直线或曲线来显示图形。二维图形的光栅化必须确定区域对应的像素集，将各个像素设置成指定的颜色和灰度，也称为区域填充。

图形由基本图形元素组成，图形生成依赖基本图形元素生成算法实现。基本图形元素是指可以用一定的几何参数和属性参数描述的最基本的图形。通常，在二维图形系统中将基本图形元素称为图素或图元，在三维图形系统中称为体素或图元。常见的基本图形元素包括点、线、多边形、圆和椭圆、字符等。

第一节　点的生成

点的生成.mp4

图形开发环境_实验 01.mp4

点是图形中最基本的图元。直线、多边形、圆、圆弧、圆锥曲线、样条曲线等都是由点的集合构成的。在几何学上，点没有大小也没有维数，点只是表示坐标系统中的一个位置。在计算机图形学中，点是用数值坐标来进行表示的。点在数学上可以用数值坐标表示，例如二维点表示为(x, y)，三维点表示为(x, y, z)。

画点即将由应用程序提供的单个坐标位置转换成输出设备屏幕相应的位置。在光栅扫描显示器中，屏幕坐标就对应帧缓存中像素的位置。像素占屏幕的一小块面积，点的坐标与屏幕像素是如何对应的？我们假定每个由整数表达的屏幕位置对应一个像素面积的左下角。在随机扫描系统中，我们将应用程序提供的坐标值转换成偏转电压，以决定电子束定位于屏幕上的指定位置。计算机图形系统中，输出设备上(打印机或显示器)输出一个点，是将应用程序中的坐标信息转换成输出设备上的相应指令。

点在计算机显示器上的显示根据显示器硬件不同有所区别。对于 CRT 监视器，显示一个点是在指定的屏幕位置上打开电子束，点亮该位置上的荧光；对于黑白光栅显示器，是将帧缓存中指定坐标位置处的值设置为“1”。每当电子束通过每条水平扫描线进行扫描，遇到帧缓冲器中为“1”的位就发射电子脉冲画出一点，即输出一个点；对于彩色光栅显示器，是在帧缓冲器中存储 RGB 颜色码，以表示屏幕像素位置上将要显示的颜色。

对像素点的表达一般采用两种方法：图 4-4(a)中以像素的中心位置坐标表达该像素，图 4-4(b)中以像素左下角坐标表达该像素。本书中这两种方法均有采用。

在计算机中，点亮屏幕上一个点是由 BIOS 控制完成的，各种程序语言中都有描点语句。例如，C 语言中使用 putpixel(x, y, color)语句，VC 中使用 SetPixel(x, y, color)语句，完成在屏幕上绘制一点，即在(x, y)确定的像素位置画点，颜色由参数 color 确定。

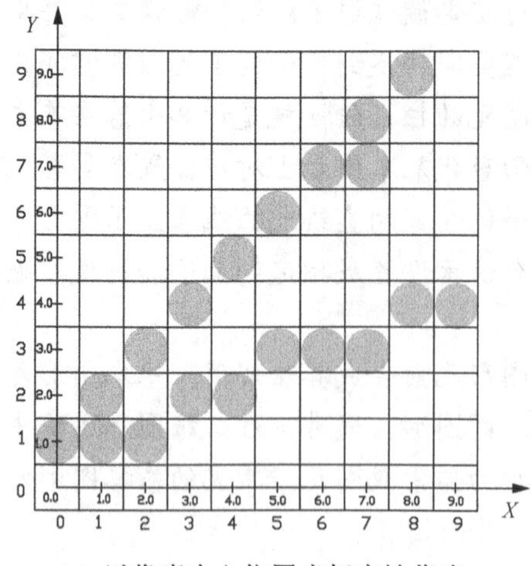
(a) 以像素中心位置坐标表达像素

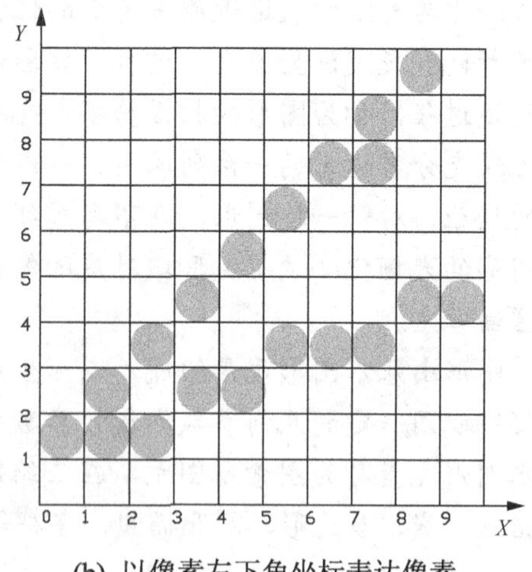
(b) 以像素左下角坐标表达像素

图 4-4　像素点表达方法比较

第二节　直线的生成

一、DDA 算法

直线的生成(DDA算法).mp4

直线是点的集合，在几何学中直线段被定义为两个点之间的最短距离。也就是说一条直线是指所有在它上面的点的集合。直线是一维的，即它们具有长度但没有面积。直线可以向一个方向或其相反的方向无限伸长。由于受到计算机图形学系统输出设备的限制，在计算机图形学研究的对象绝大多数情况下是直线段而不是直线。如果已知线段的起点坐标(x_1, y_1)，终点坐标(x_2, y_2)，这两点就确定了一条线段。

一般来讲，任何图形输出设备都能准确地画出水平线、垂直线或 45° 斜线如图 4-5 所示，但要画出一条非 45° 准确斜线不是件容易的事。在光栅系统中，线段通过像素绘制，水平和垂直方向的台阶大小受像素的间隔限制。这就是说，必须在离散位置上对线段取样，并且在每个取样位置上决定距离线段最近的像素，画一条直线实际上就是计算出一系列与该线靠近的像素。

如何准确地绘制一条一般位置斜线？在光栅系统中，线段通过像素绘制。其原则是，在离散位置上对线段取样，在每个取样位置上决定距离线段最近的像素。画一直线相当于计算出一系列与该线靠近的像素。

DDA(Digital Differential Analyzer)直线生成算法即数值微分法，是经典的直线生成算法。DDA 算法是根据直线的微分方程来计算 Δx 或 Δy 生成直线的扫描转换算法。在一个坐标轴上以单位间隔对线段取样，以决定另一个坐标轴方向上最靠近理想线段的整数值。

如图 4-6 所示，设直线的点斜式方程为，

$$y = mx + b \tag{4-1}$$

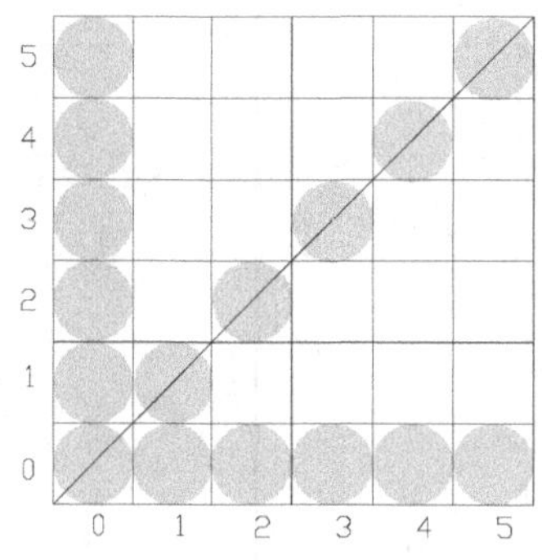

图 4-5　水平线、垂直线，45°斜线的像素表示

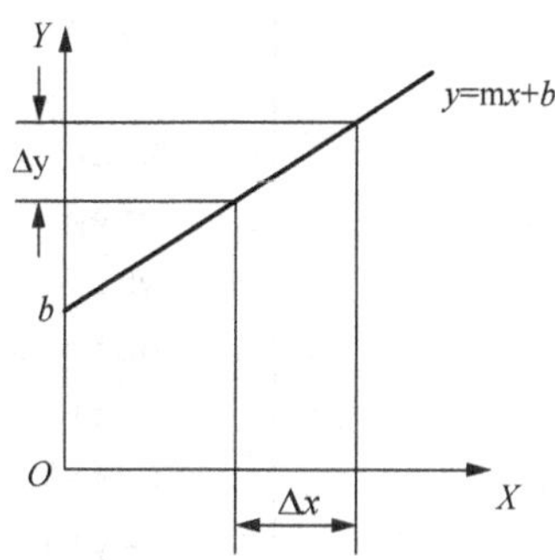

图 4-6　一般位置斜线

其中，m 为直线段的斜率，b 为直线段在 y 轴上的截距。已知直线的两端点(x_1, y_1)，(x_2, y_2)，则直线的斜率 m 为，

$$m = \frac{y_2 - y_1}{x_2 - x_1} \tag{4-2}$$

由此可得，截距 b 为，

$$b = y_1 - mx_1 = y_2 - mx_2 \tag{4-3}$$

因此，对于任何沿直线给定的 x 的增量 Δx，有 y 的增量 $\Delta y=m \cdot \Delta x$；对于任何沿直线给定的 y 的增量 Δy，有 x 的增量 $\Delta x = 1/m \cdot \Delta y$。

为使产生的直线光滑，应使 x、y 两方向上每一步的增量都不大于一个像素单位，即应该选择$|x_2- x_1|$或$|y_2- y_1|$的较大者作为步长的控制量。

(1)　当$|m|\leqslant 1$ 时，即$|\Delta y|\leqslant|\Delta x|$，增量应使用 $\Delta y = m\cdot\Delta x$ (取 Δx 为一个像素单位长)；

(2)　当$|m|>1$ 时，即$|\Delta y|>|\Delta x|$，增量应使用 $\Delta x =1/m\cdot\Delta y$ (取 Δy 为一个像素单位长)。

换言之，

(1)　当$|m|\leqslant 1$ 时，即$|y_2- y_1|\leq|x_2- x_1|$，取 Δx 为一个像素单位长，则

$$y_{k+1} = y_k + \Delta y = y_k + m\Delta x \tag{4-4}$$

式中 k 为整数，$|m|\in[0, 1]$。对 y 值取整，把每次计算出的(x_{k+1}, y_{k+1})顺序输出到显示器，即可生成斜率为 m 的光栅化的光滑线段。

(2)　当$|m|>1$ 时，即$|x_2- x_1| < |y_2- y_1|$，取 Δy 为一个像素单位长，则

$$x_{k+1} = x_k + \Delta x = x_k + \frac{1}{m} \cdot \Delta y \tag{4-5}$$

式中 k 为整数。对 x 值取整，把每次计算出的(x_{k+1}, y_{k+1})顺序输出到显示器，即可生成斜率为 m 的光栅化的光滑线段。

根据上述分析，DDA 算法描述表示如下：

```
Begin
    if abs(x2 - x1) ≥ abs(y2 - y1)
    then length = abs(x2 - x1)
    else length = abs(y2 - y1)
    endif
```

```
    Δx = (x2 - x1)/length
    Δy = (y2 - y1)/length
    k=1
    x=x1
    y=y1
    while (k ≤ length+1)
    putpixel(x, y)
    k=k+1
    x=x+Δx
    y=y+Δy
    endwhile
end
```

算法描述与分析

数学意义上的直线段，端点坐标为(0, 0)和(4, 7)如图 4-7 所示。在计算机屏幕上是如何显示的呢？按照 DDA 算法描述，其执行过程如下。

算法执行过程：用 DDA 算法绘制一条由点(0, 0)至点(4, 7)的直线段。

该实例执行 DDA 算法的数据变化如表 4-1 所示，约定像素以其左下角坐标定位，位于直线段上或最接近直线段上的像素用涂色的圆表示，结果如图 4-8 所示。

```
Begin                                // 初始值：x1=0, y1=0,x2=4,y2=7
    if abs(x2- x1) ≥ abs(y2- y1)     // x2- x1=4-0=4, y2- y1=7-0=7。
    then length = abs(x2- x1)
    else length = abs(y2- y1)        // length =7
    endif
    Δx= (x2- x1)/length              // Δx=4/7
    Δy= (y2- y1)/length              // Δy=7/7=1
    k=1
    x=x1                             // x=0
    y=y1                             // y=0
    while (k ≤ length+1)             //表 4-1 中的①处
    putpixel(x, y)                   //绘制(x, y)位置的像素点，表 4-1 中
                                     的②处
    k=k+1
    x=x+Δx                           //表 4-1 中的③处
    y=y+Δy                           //表 4-1 中的④处
    endwhile
end
```

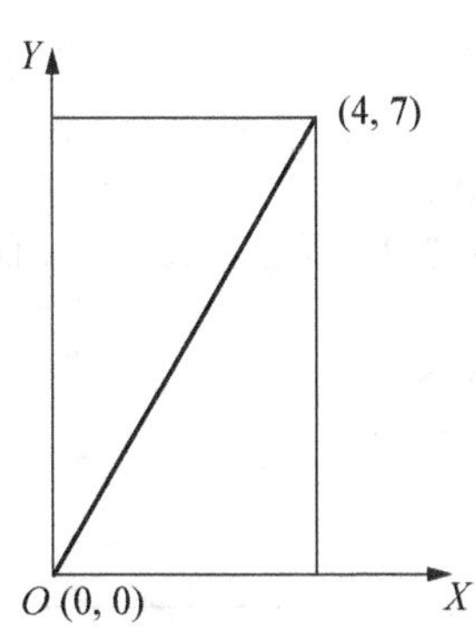

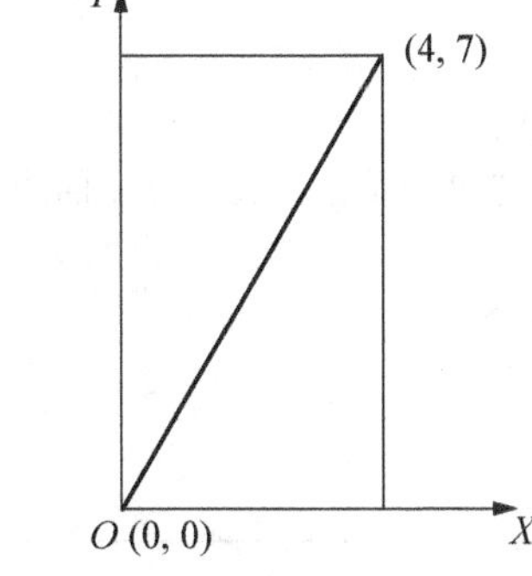

图 4-7　由(0, 0)和(4, 7)决定的数学上的直线段

图 4-8　点(0, 0)到点(4, 7)的光栅化

表 4-1　实例数据执行 DDA 算法的数据变化

	初始值：x_1=0，y_1=0，x_2=4，y_2=7								
①	*k*	1	2	3	4	5	6	7	8
②	绘制像素	(0，0)	(1，1)	(1，2)	(2，3)	(2，4)	(3，5)	(3，6)	(4，7)
③	*x*	4/7	8/7	12/7	16/7	20/7	24/7	28/7	32/7
④	*y*	1	2	3	4	5	6	7	8

通过上述算法描述与分析，我们得出 DDA 直线生成算法的特点如下。

① 比直接使用方程 $y=mx+b$ 计算快，利用光栅特性消除了方程中的乘法。*X*、*Y* 方向使用合适的增量逐步沿线段的路径计算直线段路径上像素的位置。

② 浮点增量的连续叠加中取整误差的积累使长线段所计算出的像素位置偏离实际线段，取整操作和浮点运算仍十分耗时。

例题 1：使用 DDA 算法将点(1, 2)到点(8, 5)的直线段光栅化。

解答：由(1, 2)到(8, 5)决定的直线段方程为：

$$\frac{y-2}{x-1}=\frac{5-2}{8-1}\Rightarrow y=\frac{3}{7}x+\frac{11}{7}$$

算法描述与执行过程：点(1, 2)到点(8, 5)光栅化

```
Begin                                   // 初始值：x1=1, y1=2,x2=8,y2=5
   if abs(x2- x1)≥abs(y2- y1)           // x2-x1=8-1=7, y2-y1=5-2=3。
   then length = abs(x2- x1)            // length =7
   else length = abs(y2- y1)
   endif
   Δx= (x2- x1)/length                  // Δx=7/7=1
```

```
Δy= (y2- y1)/length          // Δy=3/7
k=1
x=x1                         // x=1
y=y1                         // y=2
while (k≤length+1)           //表 4-2 中的①处
putpixel(x, y)               //绘制(x, y)位置的像素点，表 4-2 中的②处
k=k+1
x=x+Δx                       //表 4-2 中的③处
y=y+Δy                       //表 4-2 中的④处
endwhile
end
```

执行 DDA 算法的数据变化如表 4-2 所示，对应的光栅化直线段结果如图 4-9 所示。

表 4-2　执行 DDA 算法的数据变化：点(1, 2)到点(8, 5)光栅化

	初始值：x_1=1，y_1=2，x_2=8，y_2=5								
①	k	1	2	3	4	5	6	7	8
②	绘制像素(取整)	(1, 2)	(2, 2)	(3, 3)	(4, 3)	(5, 4)	(6, 4)	(7, 5)	(8, 5)
③	x	2	3	4	5	6	7	8	9
④	y	17/7	20/7	23/7	26/7	29/7	32/7	5	38/7

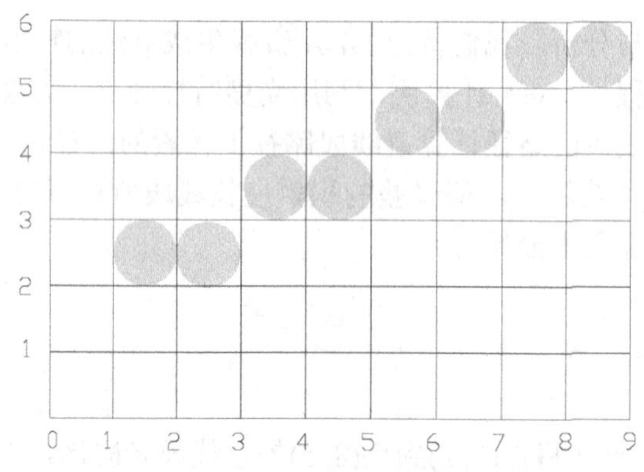

图 4-9　点(1, 2)到点(8, 5)的光栅化

二、Bresenham 算法

直线的生成(Bresenham 算法).mp4

直线的生成及应用_实验 02.mp4

Bresenham 直线生成算法是由 Bresenham 提出的一种精确而有效的光栅线段生成算法，算法的目标是选择表示直线的最佳光栅位置。为此算法根据直线的斜率确定选择变量在 X 方向或在 Y 方向每次递增一个单位，另一变量的增量为 0 或 1，取决于实际直线与最近网格点位置的距离，这一距离称为误差。算法构思巧妙，使得每次只需检查误差项的符号即可确定所选像素。

以第一象限的直线为例，对于直线方程 $y=mx+b$ 的直线段，假设斜率 m 在 0～1 之间。如图 4-10 所示，若通过(0, 0)的直线的斜率 $m>0.5$，它与 $x=1$ 直线的交点距离 $y=1$ 直线较 $y=0$ 直线近，像素点(1, 1)比(1, 0)更逼近于该直线，因此应该取像素点(1, 1)。如果斜率 $m<0.5$，则应取像素点(1, 0)。当斜率 $m=0.5$ 时，差值相同，可以任选(1, 1)或(1, 0)像素点。

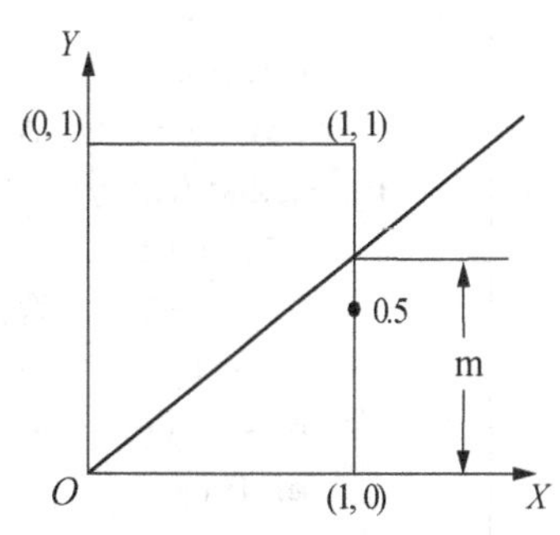

图 4-10　第一象限的直线

通常，所选像素点与实际的直线位置之间存在差值。当斜率 m 在 0～1 之间时，x 每增加一单位，y 应该增加 m，记 e 为 y 方向上的误差。当选取实际直线位置上方的像素点时，误差为 $e=m-1$；当选取实际直线位置下方的像素点时，误差为 $e=m$。

为了简化判断，可首先令误差项的初值为 $e_0=-0.5$，这样只要判断 e 的符号即可，设直线段初始点为(x_0, y_0)。

计算第一步的误差 e_1 时，当 $e_1=m+e_0\geqslant 0$，选取像素点(x_0+1, y_0+1)，即 x，y 同时增加一个像素单位；当 $e_1=m+e_0<0$，选取像素点(x_0+1, y_0)，即 x 增加一个像素单位，y 保持不变。e_1 作为累计误差项供下一步判断继续使用。

一般地，设第 k 步的误差为 e_k，如图 4-11 分析了第 $k+1$ 步的误差计算情况，图 4-11(a)、图 4-11(b)分别图示了当 e_k 为正值或为负值的情况下对下一步累积误差 e_{k+1} 的影响。

假设当前直线上对应像素点(x_i, y_i)已经被显示，下一个需要确定的像素点为(x_{i+1}, y_{i+1})，该点可能是像素点 $P_1(x_i+1, y_i+1)$，也可能是像素点 $P_2(x_i+1, y_i)$。若为像素点 P_2，则累积误差 $e_{k+1}=e_k+m$；若为像素点 P_1，则累积误差 $e_{k+1}=e_k+m-1$。图 4-11(a)说明 $e_k<0$ 时，选择像素 P_1，累积误差 $e_{k+1}=e_k+m-1$。图 4-11(b)说明 $e_k\geqslant 0$ 时，选择像素 P_2，累积误差 $e_{k+1}=e_k+m$。

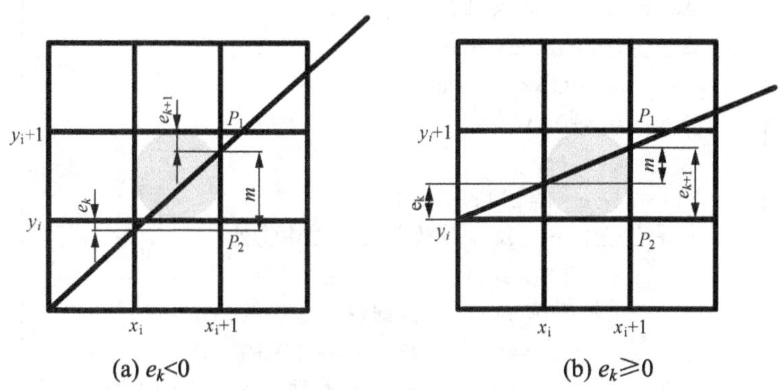

图 4-11　第 $k+1$ 步的误差计算情况

根据上述推导，Bresenham 直线生成算法可以描述如下：

```
Begin
        x=x1    //设置初始点 x 坐标
        y=y1   //设置初始点 y 坐标
    Δx=x2-x1    //计算 x 方向的跨距
    Δy=y2-y1   //计算 y 方向的跨距
        m=Δy/Δx    //计算斜率
```

```
    e0=-0.5
    e=e0+m
    for  k=1 to Δx+1
putpixel(x, y)  //显示像素
    if(e≥0)
       y=y+1  //选择像素 P1
       e=e+m-1   //更新累积误差
    else  e=e+m //更新累积误差，选择像素 P2
    endif
      x=x+1 //无论选择像素点 P1 还是 P2，x 方向的步长均增加 1 个像素
    next k
endfor
end
```

算法描述与分析

用 Bresenham 算法使线段光栅化，直线段由两个端点(0, 0)，(10, 6)定义。

按照前述的分析，Bresenham 直线生成算法描述如下，其上给出了针对本题的注释及与表 4-3 相对应的数据变化的位置：

```
Begin
        x=x1  //x=0
        y=y1  //y=0
    Δx=x2-x1   //Δx=10
    Δy=y2-y1   //Δy=6
        m=Δy/Δx   //m=0.6
        e0=-0.5
        e=e0+m
        for  k=1 to Δx+1
    putpixel(x, y)  //数据表 4-3 中①处
            if(e≥0)
              y=y+1   //数据表 4-3 中的②处
              e=e-1   //数据表 4-3 中的③处
             else  e=e+m   //数据表 4-3 中的④处
    endif
            x=x+1  //数据表 4-3 中的⑤处
    next k
    endfor
end
```

算法运行及线段光栅化的运行中间数据如表 4-3 所示，对应的光栅图形如图 4-12 所示。

表 4-3 执行 Bresenham 算法的数据变化：点(0, 0)到点(10, 6)光栅化

	初始值：x=0，y=0，m=6/10=0.6，e=e_0+m=−0.5+0.6=0.1										
	k	1	2	3	4	5	6	7	8	9	10	11
①	(x,y)	(0,0)	(1,1)	(2,1)	(3,2)	(4,2)	(5,3)	(6,4)	(7,4)	(8,5)	(9,5)	(10,6)
②	y	1		2		3	4		5		6	7
③	e	−0.3		−0.1		0.1	−0.4		−0.2		0	−0.4
④	e		0.3		0.5			0.2		0.4		
⑤	x	1	2	3	4	5	6	7	8	9	10	11

上述 Bresenham 算法在计算直线斜率和误差项时要用到浮点算术运算和除法，如果采用整数算术运算并避免除法，可以加快算法的速度。实际上，误差项 e 的数值大小与算法的执行没有什么关系，相关的只是 e 的符号，因此对此算法作简单变换，即可得到整数算法。

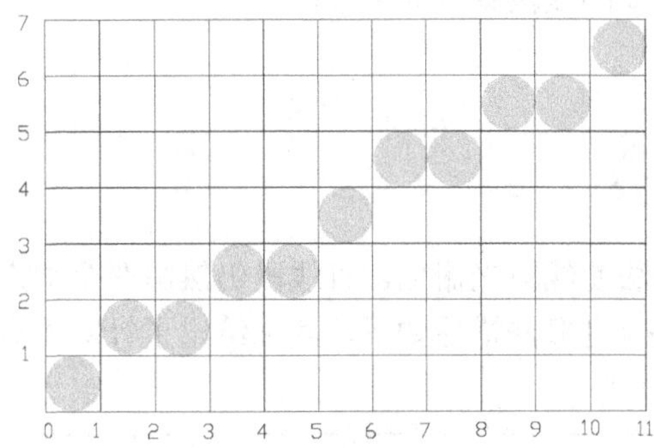

图 4-12 Bresenham 算法直线段光栅化结果：点(0, 0)到点(10, 6)

据此，我们对 Bresenham 直线生成算法进行改进如下：

将 e 乘以 $2\Delta x$ 记为 $E=2\Delta x \cdot e$，则 E 同 e 有相同的符号(只考虑第一象限)，取代 e 判断 E 的符号确定像素点的过程仍然正确。此时上述算法中各误差项的表示式做如下变动：

初始误差项：$E_0=2\Delta x \cdot e_0=-\Delta x$；

选择像素点 P_2，其累积误差 $e_{k+1}=e_k+m$ 修改为：

$$E_{k+1}=2\Delta x \cdot e_{k+1}=2\Delta x\times(e_k+\Delta y/\Delta x)=2\Delta x \cdot e_k+2\Delta y=E_k+2\Delta y;$$

选择像素点 P_1 的像素，其累积误差修改为：$E_{k+1}=2\Delta x \cdot (e_k+m-1)=E_k+2\Delta y-2\Delta x$。

由于 Δx、Δy 是整数，因此算法全部运算都只使用整数，修改后的 Bresenham 直线生成算法描述如下：

```
Begin
    x=x1; y=y1 //设置初始点
    Δx=x2-x1//计算 x 方向的跨距
    Δy=y2-y1//计算 y 方向的跨距
    E0=-Δx
    E=E0+2Δy
    for k=1 To Δx+1
      putpixel(x,y)  // 显示像素点
```

```
    if (E≥0)
      y=y+1  //更新 y 值选择像素点 P1
      E=E+2Δy-2Δx   //更新累积误差
    else E=E+2Δy //y 值不更新，选择像点 P2，更新累积误差
    endif
    x=x+1//无论选择像素点 P1 还是 P2，x 方向的步长均增加 1 个像素
    next k
  endfor
end
```

上面关于 Bresenham 直线生成算法的推导均假定第一象限的直线斜率小于等于 1。对于斜率值大于 1 的线段，只要交换 x 和 y 之间的规则，即沿 Y 方向以单位步长增加并计算最接近线段路径的 x 连续值。考虑到 XY 平面各种八分和四分区域间的对称性，Bresenham 算法对任意象限、任意斜率的线段具有通用性。

算法描述与分析

用 Bresenham 改进算法使线段光栅化，直线段仍然由两个端点(0, 0)，(10, 6)定义。

Bresenham 直线生成改进算法描述如下，其上给出了针对本题的注释及与表 4-4 相对应的数据变化的位置：

```
Begin
    x=x1;y=y1  // x=0, y=0
    Δx=x2-x1  //Δx=10
    Δy=y2-y1  //Δy=6
    E0=-Δx  //E0=-10
    E=E0 +2Δy  //E=2
  for k=1 To Δx+1
    putpixel(x, y)  // 数据表 4-4 中①处
    if (E≥0)
       y=y+1  //数据表 4-4 中的②处
       E=E+2Δy-2Δx  //数据表 4-4 中的③处
    else  E=E+2Δy  //数据表 4-4 中的④处
    endif
    x=x+1  //数据表 4-4 中的⑤处
    next k
  endfor
end
```

其线段光栅化的数据变化如表 4-4 所示，对应的光栅图形如图 4-13 所示。

表 4-4　执行 Bresenham 改进算法的数据变化：点(0, 0)到点(10, 6)光栅化

	初始值：x=0，y=0，m=6/10=0.6，E=E_0+2Δy= −10+2*6=2											
	k	1	2	3	4	5	6	7	8	9	10	11
①	(x,y)	(0,0)	(1,1)	(2,1)	(3,2)	(4,2)	(5,3)	(6,4)	(7,4)	(8,5)	(9,5)	(10,6)
②	y	1		2		3	4		5		6	7
③	e	−6[注 1]		−2[注 3]		2	−6		−2		2	−6
④	e		6[注 2]		10			6		10		
⑤	x	1	2	3	4	5	6	7	8	9	10	11
	[注 1]：e=2+2×6−2×10=−6；[注 2]：e=−6+2×6=6；[注 3]：e=6+2×6−2×10=−2。依次类推。											

对比图 4-12 和图 4-13 可以看出，Bresenham 改进算法的结果与 Bresenham 算法的图形结果相同，但是比较表 4-3 和表 4-4 的数据，没有改进的 Bresenham 算法在计算误差项时要用到浮点算术运算和除法，而 Bresenham 改进算法在对应位置完全是整数运算，所以两个算法效率不同。当图形复杂需要大量绘制不同直线段时这种差异表现明显。

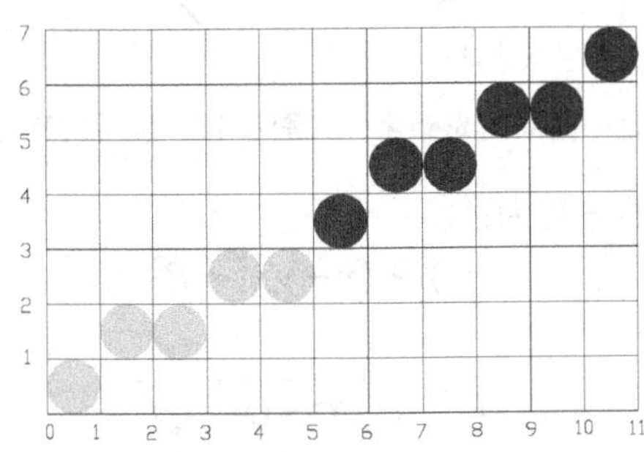

图 4-13　Bresenham 改进算法直线段光栅化结果：点(0, 0)到点(10, 6)

第三节　圆 的 生 成

圆也是重要的基本图元，在图形软件中都包含生成圆的功能。圆被定义为到给定中心位置(x_c, y_c)距离为 R 的所有点集合。计算机中生成圆的常用方法有坐标法、折线逼近法、Bresenham 算法等。

圆的生成(坐标法).mp4

一、坐标法

(一)直角坐标法

圆是图形中经常使用的元素，如果圆心为(0, 0)，半径为 R，则其函数方程为：

$$x^2 + y^2 = R^2 \tag{4-6}$$

可得，

$$y = \pm\sqrt{R^2 - x^2} \tag{4-7}$$

利用式(4-7)，我们可以沿 X 轴从 $-R$ 到 $+R$ 以单位步长计算对应的 y 值来得到圆周上每点的位置，但这并非是生成圆的好方法。其缺点表现在两个方面，一是平方和开方运算导

致算法效率低，也是该方法的致命缺点。二是当 x 趋近于 R 时，圆的斜率趋近于∞，圆周上将出现较大间隙，如图 4-14 所示。第二个问题可以利用圆的对称性加以改善，限制 x 的取值范围 $x \in [0, R/\sqrt{2}]$，引入 45°直线，如图 4-15 所示将对应 x 取值范围的 90°到 45°范围的八分之一圆弧光栅化。再利用 45°直线的对称性，获得完整的第一象限内的四分之一圆周。

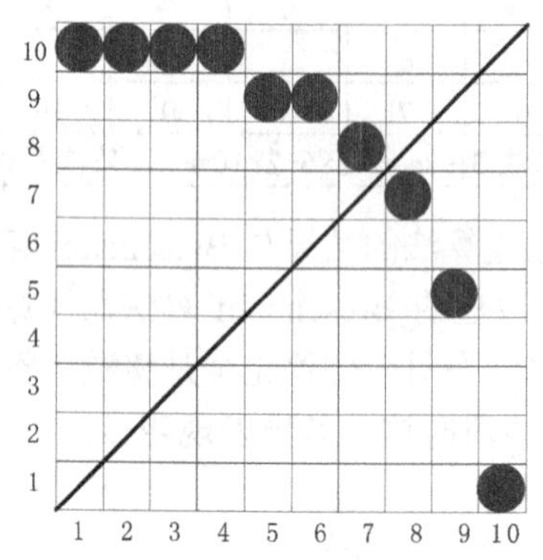

图 4-14 第一象限四分之一圆周的光栅化

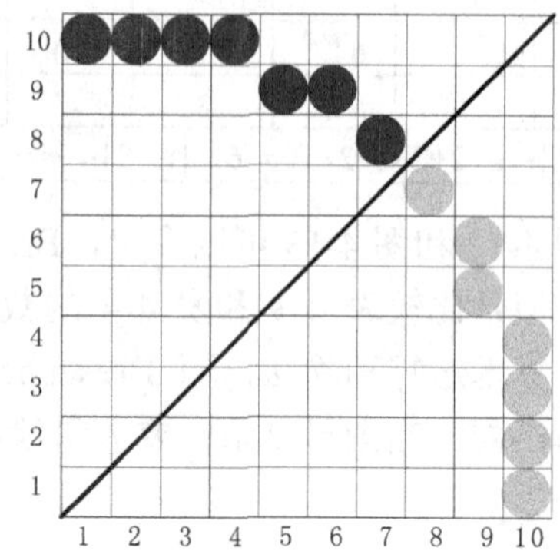

图 4-15 利用对称性实现四分之一圆周的光栅化

当圆心为(x_c, y_c)时，圆的方程为：

$$(x - x_c)^2 + (y - y_c)^2 = R^2 \tag{4-8}$$

得到：

$$y = y_c \pm \sqrt{R^2 - (x - x_c)^2} \tag{4-9}$$

利用式(4-9)，我们可以沿 X 轴从 $x_c - R$ 到 $x_c + R$ 以单位步长计算对应的 y 值得到圆周上每点的位置。如上分析圆的光栅化要充分利用圆的对称性将圆周上的一个点映射为若干点，从而使运算简化。图 4-16 表示一个圆，图中点(x, y)位于 1a 区域，即圆周的 1/8 范围，利用对称关系，可将该点映射到其他从 1b 至 4a 的 7 个区域，得到圆周上其他 7 个点$(-x, y)$、(y, x)、$(y, -x)$、$(x, -y)$、$(-x, -y)$、$(-y, -x)$、$(-y, x)$。所以利用圆的对称性，我们只需要扫描计算从 x=0 到 x=y 这段圆弧就可以得到整个圆的所有像素点的位置。图 4-17 为基于对称性实现的完整圆的光栅化。

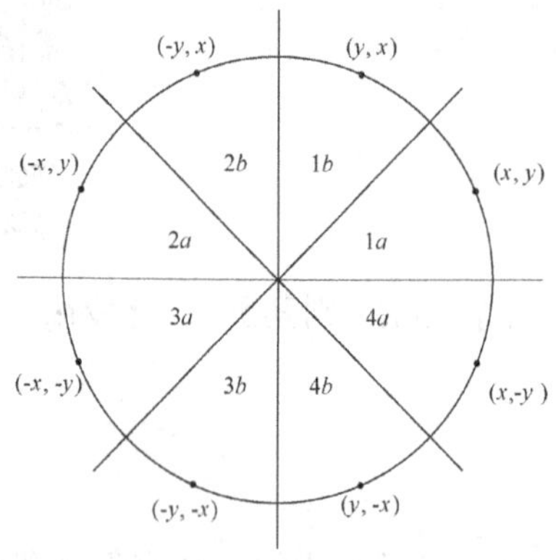

图 4-16 圆的对称性

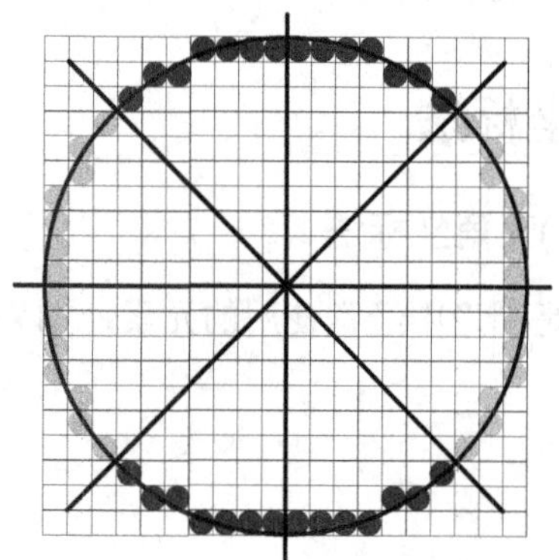

图 4-17 坐标法实现的完整圆光栅化

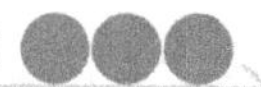

圆心为(300,200)，半径为 150 的圆的直角坐标法绘制 C++实现的主要代码如下：

```
void  圆的方程绘制(HDC  hdc)
{
  double xc=300,yc=200,R=150;
  double x,y,x0,y0;
  x0=xc; x1=xc+R/sqrt(2.0);y=yc;
  for(x=x0;x<= x1;x++)
  {
    y=sqrt(R*R-(x-xc)*(x-xc))+yc;
    SetPixel(hdc,x,y,RGB(0,0,0));
    SetPixel(hdc,-x,y,RGB(0,0,0));
    SetPixel(hdc,y,x,RGB(0,0,0));
    SetPixel(hdc, y, -x,RGB(0,0,0));
    SetPixel(hdc,x,-y,RGB(0,0,0));
    SetPixel(hdc,-x,-y,RGB(0,0,0));
    SetPixel(hdc,-y, -x ,RGB(0,0,0));
    SetPixel(hdc, -y, x,RGB(0,0,0));
    Sleep(50);
  }
}
```

(二)极坐标法

圆的极坐标方程可以表示为：

$$\begin{cases} x = R\cos\theta \\ y = R\sin\theta \end{cases} \tag{4-10}$$

式(4-10)中，θ 为圆周上一点(x, y)处的半径与 x 轴正向的夹角，θ 取[0，45°]。采用极坐标法对圆周进行光栅化类似于直角坐标法。采用极坐标法的缺点非常明显，算法中包含三角函数和乘法运算，计算量大，算法效率低。

二、折线逼近法

使用内接正多边形逼近圆或圆弧也可以光栅化圆或圆弧，这种方法在计算机辅助设计和数控加工中广泛应用。设圆半径 R，圆弧起始角为 ts，终止角为 te，如图 4-18(a)所示。

圆的生成(折线逼近法).mp4

设定最大误差 ε，需要的逼近段数为 n，每段对应的角度为 δ，则 δ=(te−ts)/n，参见图 4-18(b)。因此，我们可以计算出，

$$e = R - R\cos(\delta/2) = R(1-\cos(\delta/2)) = R \bullet 2\sin^2(\delta/4)$$

当 δ 充分小时

$$e \approx R \bullet 2 \bullet (\delta/4)^2 = \frac{1}{8}R\delta^2 = \frac{1}{8}R\frac{(te-ts)^2}{n^2}$$

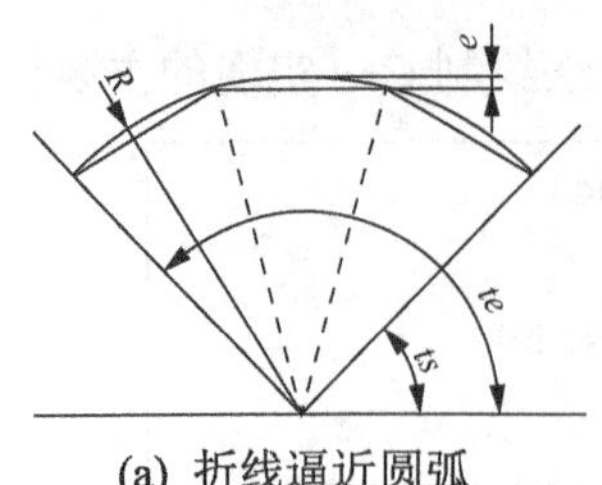

(a) 折线逼近圆弧

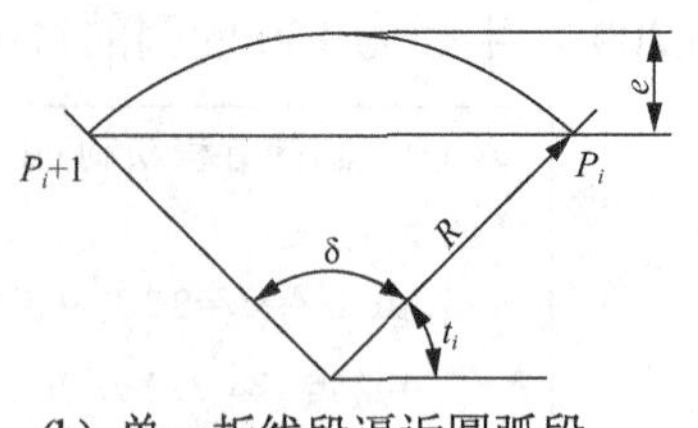

(b) 单一折线段逼近圆弧段

图 4-18　折线逼近法光栅化圆弧

因为$e \leqslant \varepsilon$，即

$$\frac{1}{8}R\left(\frac{te-ts}{n}\right)^2 \leqslant \varepsilon$$

所以

$$n \geqslant \frac{(te-ts)}{2}\sqrt{\frac{R}{2\varepsilon}} \tag{4-11}$$

式(4-11)说明，采用多边形逼近圆弧，若满足最大误差不超过ε，多边形的边数必须满足该不等式的要求。从不等式可以看出，若圆半径 R 增大，则折线多边形的边数 n 随之增大；若最大误差ε减少，几何上表现为多边形逼近的圆更光滑，则需要多边形边数n增大。

例如：设半圆弧的半径 R=256 个像素单位，圆弧的起始角度和终止角度差为 te-ts=π，用多边形逼近方法生成圆，若想实现最大误差在 2 个像素以内，需要多边形的边数n至少为多少？给出算法描述。

第一步，求n。

因为最大误差在 2 个像素以内，有$\varepsilon \leqslant 2$，根据公式(4-11)，有

$n \geqslant \frac{\pi}{2}\sqrt{\frac{256}{2\times 2}} \approx 13$，即用 13 段折线逼近这个半圆。

第二步，求圆弧端点坐标。

对于圆弧：$t \in [ts, te]$，ti=ts+$i\delta$，i=0, 1, ..., n,

则每一折线端点处数据为：

$$\begin{cases} x_i = R\cos t_i \\ y_i = R\sin t_i \end{cases} \tag{4-12}$$

直接使用式(4-12)的缺点是每计算一个端点坐标均包含乘法运算和三角运算，运算量大，算法效率低。

通过增量运算对算法进行改进，参见图 4-18(b)所示，我们有，

$$\begin{cases} x_{i+1} = R\cos(t_i+\delta) = R\cos t_i \cos\delta - R\sin t_i \sin\delta = x_i\cos\delta - y_i\sin\delta \\ y_{i+1} = R\sin(t_i+\delta) = R\sin t_i \cos\delta + R\cos t_i \sin\delta = y_i\cos\delta + x_i\sin\delta \end{cases} \tag{4-13}$$

圆弧起始点位置为：

$$\begin{cases} x_0 = R\cos(ts) \\ y_0 = R\sin(ts) \end{cases} \tag{4-14}$$

$\cos\delta, \sin\delta$ 是常数。因此每计算一个端点涉及四次乘法和两次加法运算，算法效率有所提高。

其算法描述如下：

```
Begin
    t=ts
      n=(int)0.5*π*sqrt(0.5*R/ε)  //截尾取整
      x[0]=R*cos(ts)  //圆弧起始点 x 坐标
      y[0]=R*sin(ts)  //圆弧起始点 y 坐标
    Delt=(te-ts)/n
    CosDelt =cos(Delt)  //计算 cosδ
    SinDelt =sin(Delt)  //计算 sinδ
      Moveto(x[0], y[0])
      for i=1 to n
          x[i]=x[i-1]*CosDelt-y[i-1]*SinDelt
          y[i]=y[i-1]*CosDelt+x[i-1]*SinDelt
          lineto(x[i], y[i])
          next i
        endfor
        xe=R*cos(te)  //圆弧终止点 x 坐标
        ye=R*sin(te)  //圆弧终止点 y 坐标
        lineto(xe,ye)   //画线
end
```

三、Bresenham 圆(圆弧)生成算法

圆的生成更有效的算法是 Bresenham 圆生成算法。为了推导 Bresenham 圆的生成算法，考虑以坐标原点为圆心第一象限内的四分之一圆。如图 4-19 所示，如果算法以点(0, R)为起点按顺时针方向生成圆时，在第一象限内 y 是 x 的单调递减函数。实际运算只计算第一象限中从点(0, R)开始顺时针的 1/8 圆周的光栅化，利用圆的对称性直接显示其他 7/8 圆周像素。

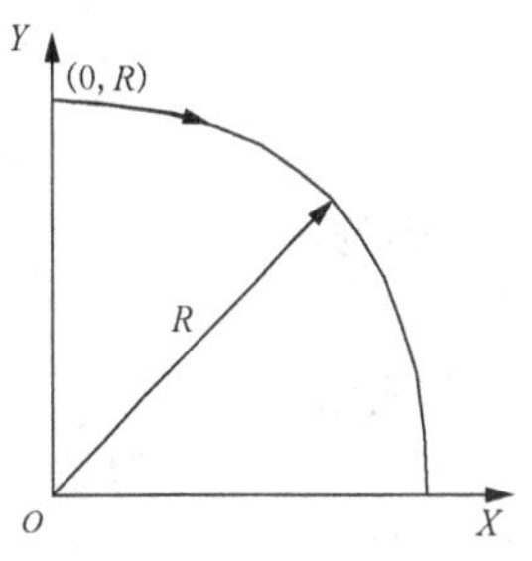

图 4-19　第一象限 1/4 圆周

圆的生成(Bresenham 算法).mp4

圆的 Bresenham 算法实例解析.mp4

假定(x_{i-1}, y_{i-1})是当 $x=x_{i-1}$ 时最靠近圆周的像素，下一像素可能是像素 $H(x_{i-1}+1, y_{i-1})$或者像素 $D(x_{i-1}+1, y_{i-1}-1)$，如图 4-20(a)所示。y 是圆的方程与直线 $x=x_{i-1}+1$ 的交点纵坐标值，如图 4-20(b)所示。令 d_H 代表在 $x=x_{i-1}+1$ 位置处像素 H 的 y 坐标与圆周的 y 坐标之差，即 $d_H=y_{i-1}-y$。令 d_D 代表在 $x=x_{i-1}+1$ 位置处圆的 y 坐标与像素 D 的 y 坐标之差，即 $d_D=y-(y_{i-1}-1)$。当$|d_H|\geqslant|d_D|$，下一个像素应该选择 D，否则选择 H。因此我们更关心的是 d_H 和 d_D 的相对大小并不关心它们各自的具体数值。因此，下面的分析中我们使用 $d_H=y^2_{i-1}-y^2$ 和 $d_D=y^2-(y_{i-1}-1)^2$ 表达式进行推理，不仅能够保证结论的正确性，更有利于简化表达式。

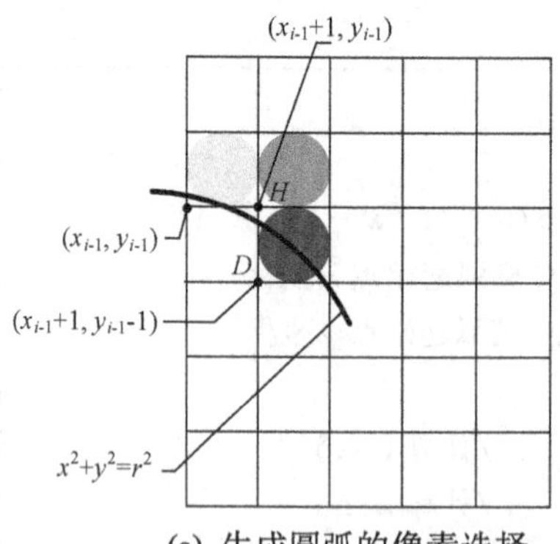

(a) 生成圆弧的像素选择

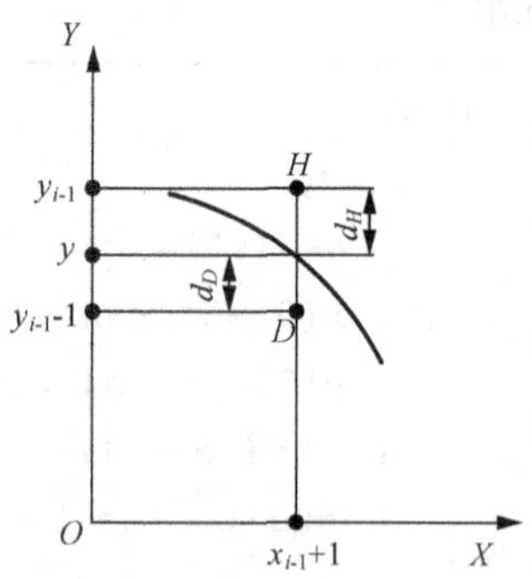

(b) 像素选择与距离的关系

图 4-20 Bresenham 算法生成圆的像素选择

$$\begin{cases} d_H = y_{i-1}^2 - y^2 = y_{i-1}^2 - [R^2 - (x_{i-1}+1)^2] = y_{i-1}^2 - R^2 + (x_{i-1}+1)^2 \\ d_D = y^2 - (y_{i-1}-1)^2 = R^2 - (x_{i-1}+1)^2 - (y_{i-1}-1)^2 \end{cases} \tag{4-15}$$

式(4-15)中，如果$|d_H| \geqslant |d_D|$，则像素 D 更接近圆，D 应该被选择作为下一个像素点；如果$|d_H|<|d_D|$，则 H 更接近圆，H 应该被选择作为下一个像素点。

为了判断$|d_H|$与$|d_D|$的大小，引进Δ_i做为判别量，因为我们的问题讨论限制在第一象限，所以有$|d_H|= d_H$，$|d_D|= d_D$。因此计算判别式Δ_i为，

$$\Delta_i = d_H - d_D = 2(x_{i-1}+1)^2 + y_{i-1}^2 + (y_{i-1}-1)^2 - 2R^2 \tag{4-16}$$

如果判别式$\Delta_i \leqslant 0$，则 $d_H \leqslant d_D$，下一个像素应选择 H，否则选择 D。

继续计算下一个判别量Δ_{i+1}为，

$$\begin{aligned} \Delta_{i+1} &= 2(x_i+1)^2 + (y_i)^2 + (y_i-1)^2 - 2R^2 \\ &= 2x_i^2 + 4x_i + 2 + y_i^2 - 2y_i + 1 + y_i^2 - 2R^2 \\ &= 2x_i^2 - 2R^2 + 1 + 2y_i^2 - 2y_i + 4x_i + 2 \\ &= 2x_i^2 + y_{i-1}^2 + (y_{i-1}-1)^2 - 2R^2 - 2y_{i-1}^2 + 2y_{i-1} + 2y_i^2 - 2y_i + 4x_i + 2 \end{aligned}$$

因为，

$$x_i = x_{i-1} + 1$$

所以，

$$\begin{aligned} \Delta_{i+1} &= \Delta_i - 2y_{i-1}^2 + 2y_{i-1} + 2y_i^2 - 2y_i + 4x_i + 2 \\ &= \Delta_i + 2(y_i^2 - y_{i-1}^2) - 2(y_i - y_{i-1}) + 4x_i + 2 \end{aligned} \tag{4-17}$$

算法描述与分析

Bresenham 圆生成算法每次从Δ_1开始，计算下一个判别量。假定 Bresenham 圆的扫描转换从点$(x_0, y_0)=(0, R)$开始，带入式(4-16)得，

$$\Delta_1 = 2(x_0+1)^2 + y_0{}^2 + (y_0-1)^2 - 2R^2 = 2 + R^2 + (R-1)^2 - 2R^2 = 3 - 2R \tag{4-18}$$

根据Δ_1可求解Δ_2、Δ_3、…、Δ_i。

无论下一个像素选择 H 或者选择 D，都有 $x_i = x_{i-1}+1$。

(1) 若 $\Delta_i \geqslant 0$，则选择像素 D，即 $y_i=y_{i-1}-1$，根据式(4-17)计算下一个判别量

$$\begin{aligned}\Delta_{i+1} &= \Delta_i + 2[(y_{i-1}-1)^2-(y_{i-1})^2]-2\times(-1)+4(x_{i-1}+1)+2 \\ &= \Delta_i + (-4y_{i-1}+2)+8+4x_{i-1} = \Delta_i + 4(x_{i-1}-y_{i-1})+10\end{aligned} \tag{4-19}$$

(2) 若 $\Delta_i<0$，则选择像素 H，即 $y_i=y_{i-1}$，根据式(4-17)计算下一个判别量

$$\Delta_{i+1} = \Delta_i + 2\times 0 - 2\times 0 + 4x_i + 2 = \Delta_i + 4x_{i-1} + 6 \tag{4-20}$$

由上分析，Bresenham 画圆算法代码可描述如下：

```
Begin
  x=0; y=R; Delt=3-2*R;
  While  x≤y  do    //从(0, R)开始顺时针绘制 1/8 圆周的结束条件
     putpixel(x, y)  //显示当前像素
     ......         //利用对称性显示圆周上对称的其他 7 个像素
     if (Delt<0) then
       Delt=Delt+4*x+6  //选择像素 H，隐含 y 坐标保持不变
     else
       Delt=Delt+4(x-y)+10   //选择像素 D
       y=y-1  //更新 y 坐标
     endif
     x=x+1  //无论选择 H 或者 D，x 坐标+1
  endwhile
end
```

如果圆心不在原点，设圆心坐标为(x_c, y_c)，只需要将 putpixel(x，y)语句改为 putpixel($x+x_c$, $y+y_c$)即可。

在该算法中只涉及到整数的加减运算，所以使用 Bresenham 圆弧生成算法，其运算速度快，算法效率高。

例题 2：利用 Bresenham 圆弧生成算法作半径为 8 个像素圆的光栅化。

解答：根据前面的分析，本题目的初始条件为：半径 R=8，初始点(0, 8)，即 x=0，y=8，初始判别式 $\Delta_0=3-2\times R=-13$。

Bresenham 圆弧生成算法描述如下，其程序给出了针对本题的注释及与表 4-5 相对应的数据变化的位置。

```
Begin
  x=0; y=R; Delt=3-2*R; // x=0, y=8, Delt=3-2*8=-13
  While x≤y do  //从(0,R)开始顺时针绘制 1/8 圆周的结束条件
  putpixel(x, y)  //显示当前像素，观测位置①
  ......          //增加 7 个对称点语句，可实现完整圆周的光栅化
  if (Delt<0) then
    Delt=Delt+4*x+6  //观测位置②，选择像素 H，隐含保持 y 不变
  Else
   { Delt=Delt+4(x-y)+10  //观测位置③，选择像素 D
    y=y-1}  //观测位置④，更新 y 坐标
  Endif
```

```
  x=x+1  //观测位置⑤，更新 x 坐标
 Endwhile
End
```

执行 Bresenham 圆弧生成算法的数据变化见表 4-5 所示，对应的光栅化 1/8 圆弧结果如图 4-21(a)所示。当算法描述中“……”位置处增加 7 个对称像素点的绘制语句，可以完成完整圆周的光栅化。如图 4-21(b)是 1/4 圆周的生成结果，图 4-22 是完整圆周的生成结果。

表 4-5 执行 Bresenham 圆弧生成算法的数据变化：圆心(0,0)，半径为 8 的圆光栅化

实例：作半径为 8 个像素的圆。初始条件：R=8，x=0，y=8，Delt=3−2×R=−13					
①Putpixel	②Delt	③Delt	④y	⑤x	备注
(0,8)	−7			1	Delt= −13+4×0+6= −7
(1,8)	3			2	Delt= −7+4×1+6=3
(2,8)		−11	7	3	Delt=3+4(2−8)+10= −11
(3,7)	7			4	Delt= −11+4×3+6=7
(4,7)		5	6	5	Delt=7+4(4−7)+10=5
(5,6)		11	5	6	Delt=5+4(5−6)+10=11

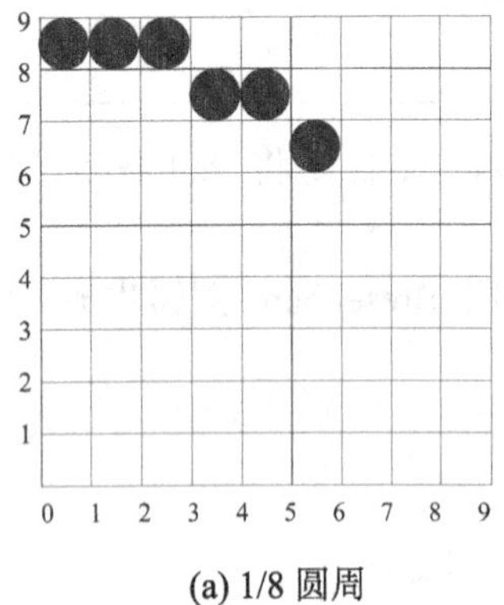

(a) 1/8 圆周

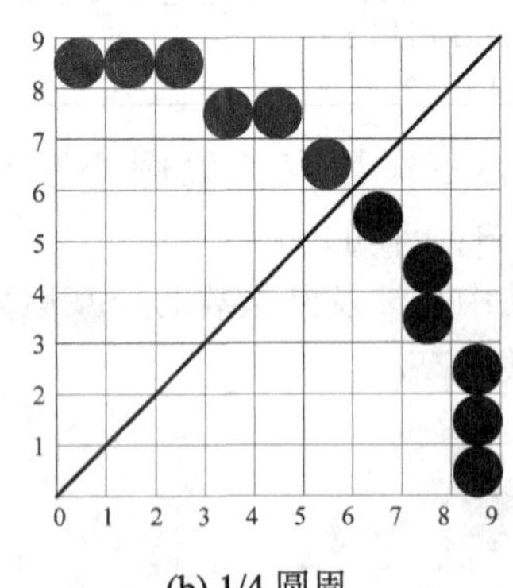

(b) 1/4 圆周

图 4-21 Bresenham 圆弧生成算法第一象限圆周的光栅化

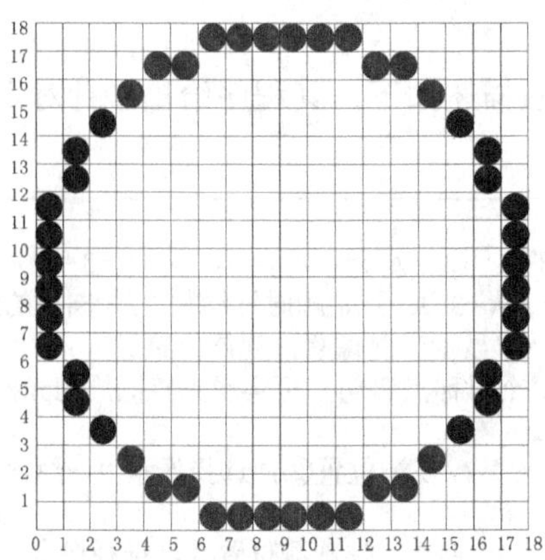

图 4-22 Bresenham 圆弧生成算法完整圆周的光栅化

第四节　区域填充的基本应用和概念

区域填充对我们并不陌生。在动画片和艺术作品中大量存在的卡通形象，经常通过计算机图形学中的区域填充技术来实现。图 4-23(a)是日本黑白动画片《铁臂阿童木》的一个画面，画面中阿童木的头发、眼睛和面部的皮肤、脚底处的火箭引擎等区域进行了区域填充。图 4-23(b)是卡通人物的彩色画面，卡通人物夸张的手、鼻子、面部、服装、蝴蝶结、鞋子、背景中的桌子、地面分别采用不同颜色填充。

(a) 铁臂阿童木

(b) 卡通人物

图 4-23　动画画面

一、“画图”软件中的区域填充

“画图”软件中的区域填充.mp4

Windows 系统自带一个“画图”软件，为用户提供了区域填充的基本功能。启动计算机附件中的“画图”软件，界面如图 4-24 所示。利用“画图”软件的各种工具，可以建立、编辑、打印各种图片；将设计好的图片插入到其他应用程序中；可将其他应用程序中的图片复制、粘帖到画图窗口中；也可对图裁剪、拼贴、移动、复制、保存图片和打印。

在“画图”软件的画图区域，我们简单绘制一个箭头，箭头的边界是黑色，边界之内和之外区域均为背景色白色，如图 4-24(a)所示。将前景色调为浅黄色，使用颜料桶功能将箭头内部区域填充为浅黄色，再次调整前景色为浅紫色，使用颜料桶功能将箭头外部区域填充为浅紫色，如图 4-24(b)所示。

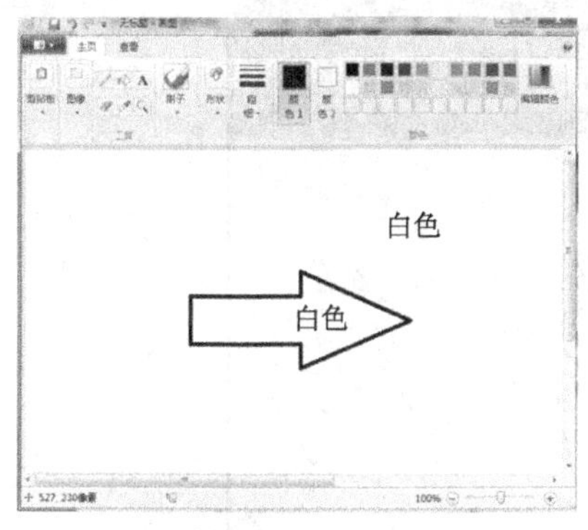

(a) 箭头内外均为白色

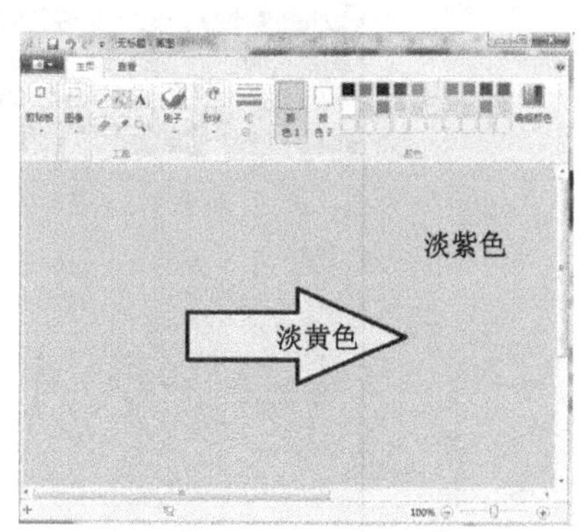

(b) 箭头内外为不同颜色

图 4-24　“画图”软件界面

到底什么是区域填充呢？计算机屏幕上显示的图形是通过像素状态显示的，如果在计算机屏幕上显示由 P_0，P_1，…，P_7 构成的多边形如图 4-25(a)所示，需要把多边形的各边转化为有限的最接近原多边形的像素集合。通过确定最佳图形的像素以及内部像素的集合并用指定的颜色或灰度设置像素如图 4-25(b)所示，此即为直观意义上的区域填充。

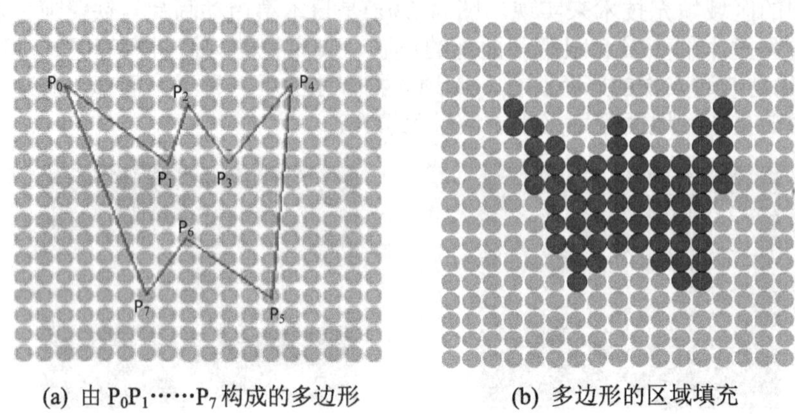

(a) 由 P_0P_1……P_7 构成的多边形　　(b) 多边形的区域填充

图 4-25 多边形区域填充

二、AutoCAD 中的区域填充

AutoCAD 软件中的区域填充.mp4

AutoCAD 是由美国 Autodesk 公司于 20 世纪 80 年代初为微机上应用 CAD 技术而开发的绘图程序软件包，经过不断的完善早已成为国际上广为流行的绘图工具，是目前微机上使用较广泛的 CAD 软件。AutoCAD 可以绘制任意二维和三维图形，并且同传统的手工绘图相比，用 AutoCAD 绘图速度更快，精度更高，便于个性化定制。AutoCAD 提供的剖面线绘制功能在某种程度上可以看作是特定形式的区域填充。图 4-26 所示是 AutoCAD 界面，在其绘图区域绘制了三个同样的多边形，多边形内部使用了 AutoCAD 提供的剖面线命令分别绘制了与水平成 45°，铅垂，交叉直线簇，这些直线互相平行，间距相等，以不同方式填充了多边形内部区域。直线之间的距离和直线与水平线的夹角可以通过设置 AutoCAD 的内部参数进行调整。

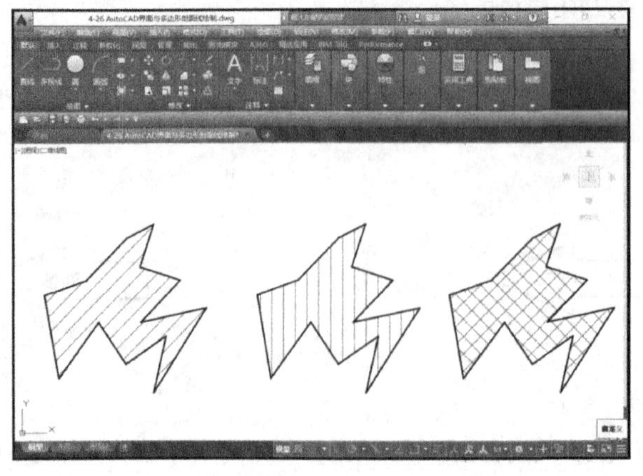

图 4-26　AutoCAD 界面与多边形剖面线绘制(填充)

由此可见，不论是从“画图”软件提供的点阵图还是 AutoCAD 软件提供的工程图纸的矢量图，都大量需要区域填充。画图软件和 AutoCAD 软件均提供了灵活的区域填充功能。

三、区域填充的相关概念

一个区域是指一组相邻而又相连的像素，且具有同样的属性。根据边或轮廓线的描述，生成实区域的过程称为区域填充。区域填充可以分为两步进行，第一步确定先要填充哪些像素；第二步确定用什么颜色值来进行填充。

区域填充相关术语.mp4

区域填充算法可大致分为：种子填充算法、扫描转换算法、边填充算法。

(1) 种子填充算法首先假定封闭轮廓线内某点是已知的，然后算法开始搜索与种子点相邻且位于轮廓线内的点。

(2) 扫描转换填充算法是按扫描线的顺序确定某一点是否位于多边形或轮廓线范围之内。

(3) 边填充算法是通过给边缘像素做标记来判断。

区域填充的边界可以是直线也可以是曲线。区域的建立和定义通常可采用两种方式：一是内定义区域，用这种方式定义的区域内部所有像素具有同一种颜色或亮度值，而区域外的所有像素具有另一种颜色或亮度值。如图 4-27 所示，“毛毛虫”躯体由五个圆或圆弧构成，圆或圆弧之内用绿色填充，之外采用背景色白色填充。绿色可以作为区域填充的内定义区域。同理，眼睛内部用黑色填充，黑色也可以作为区域填充的内定义区域。内定义区域与边界状态无关，例如图 4-28(a)左上方是填充了蓝色的云朵，云朵边界以黑色为主，间或有橙色和背景色白色。若采用内定义区域进行区域填充，可以更新内部填充颜色蓝色为绿色或其他颜色，如图 4-28(a)右下方所示。

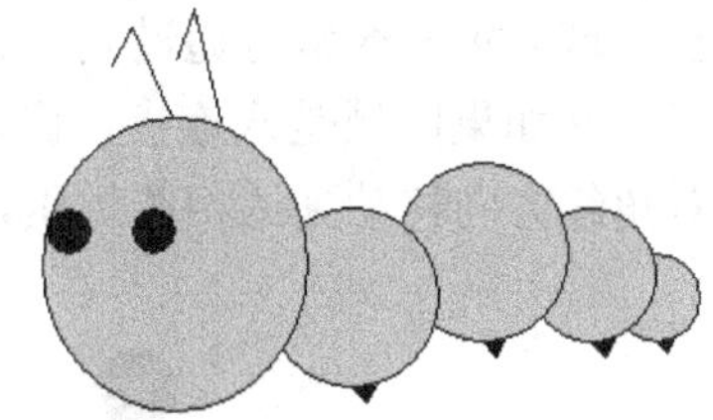

图 4-27　区域定义

另一种区域定义是边界定义区域。这种方式定义的区域，其边界上所有像素均具有特定的颜色或亮度值，而在区域内或区域外的像素则具有不同于边界值的某种颜色或亮度值。如图 4-28(b)所示，云朵的边界由黑色定义，使用边界定义区域可以将内部的填充色蓝色更改为其他颜色，甚至更改为背景色的白色。对于图 4-28(a)中的云朵，因其边界不是连续的同一像素构成，所以不能使用边界定义区域进行内部区域填充。区域填充中的区域较常使用的是边界定义区域。

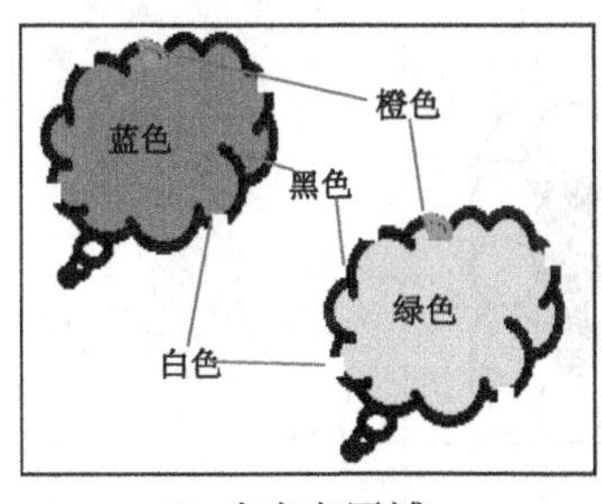

(a) 内定义区域

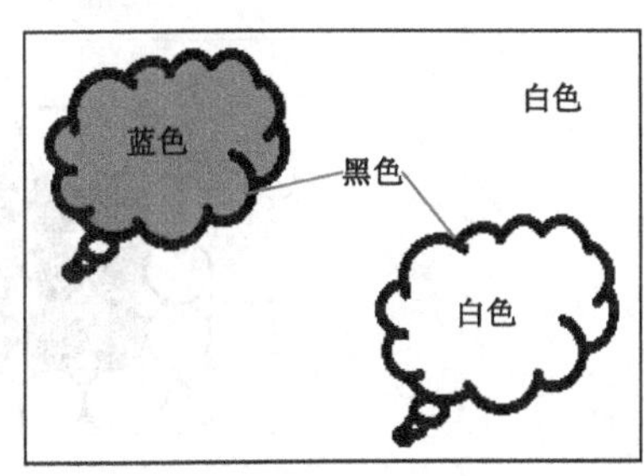

(b) 边界定义区域

图 4-28　内定义区域和边界定义区域比较

第五节 区域填充算法

区域填充及应用_实验 04.mp4

一、种子填充算法与实例解析

种子填充算法及实例解析.mp4

种子填充算法是假设在多边形或区域内部至少有一个像素是已知的，然后设法找到区域内其他所有像素，并对它们进行填充。区域可以由其内部点或边界来定义。①如果区域是采用内部定义，那么该区域内部所有像素具有同一种颜色或值，而区域外的所有像素具有另一种颜色或值；②如果区域是采用边界定义的，那么区域边界上所有像素均具有特定的颜色或值，区域内部所有的像素均不取这一特定值，边界外的像素可具有与边界相同的值。填充内部定义区域的算法称为泛填充算法，填充边界定义区域的算法称为边界填充算法。

内部定义或边界定义的区域可分为四连接或八连接两种。①如果区域是四连接的，那么区域内每一像素可通过四个方向，即上、下、左、右移动到达相邻像素，如图 4-29(a)所示。②如果区域是八连接，区域内的每一像素可通过两个水平方向，两个垂直方向和四个对角线方向移动到达相邻像素，如图 4-29(b)所示。

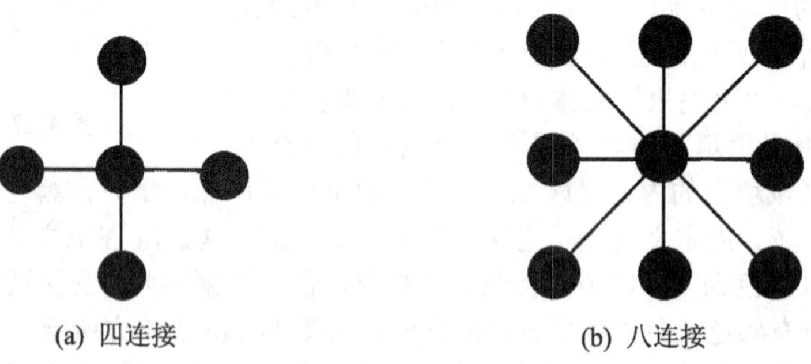

图 4-29 四连接和八连接

图 4-30 所示的是四连通区域和八连通区域的不同。四连通区域边界由空心圆代表的像素构成；八连通区域边界由空心圆代表的像素和空心三角形代表的像素共同构成。

种子填充算法允许从四个方向寻找下一个像素的称为四向算法，允许从八个方向寻找下一个像素的称为八向算法。

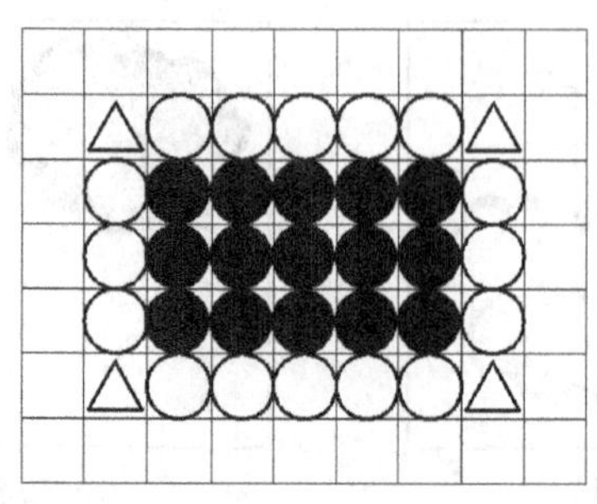

图 4-30 四连通区域和八连通区域的构成对比

(1) 对四向算法，应用边界定义区域，可使用堆栈建立简单的种子填充算法。使用堆栈的种子填充算法描述如下。

① 种子像素压入堆栈。

② 判断堆栈是否为空，如果堆栈为空则结束算法，否则

a. 栈顶像素出栈。

b. 将出栈像素置成填充颜色。

c. 检查每个与当前像素邻接的四连接像素，若其中有像素不为边界且没有设置成填充颜色，将该像素压入堆栈。

d. 转 2。

假设屏幕左下角为(0, 0)，水平向右为 x 正向，垂直向上为 y 正向。种子填充四向算法的伪语言描述如下：

```
    初始条件：
    seed(x,y): (x,y)所在位置为种子像素
    BV：边界值(BoundaryValue)设为(红色)
    NV：填充值(NewValue)设为(绿色)
    Begin
    pixel(x, y)=seed(x,y)  //种子像素信息赋给当前像素
    push pixel(x,y)  //当前像素入栈
    while (stack not empty)  //当前像素非空
    pop pixel(x, y)  //弹出当前像素
    if  pixel(x, y)< >NV  //当前像素的颜色为非填充色
    then putpixel(x, y, NV)  //屏幕当前像素设置为填充色(绿色)
       pixel(x, y)=NV   //记录当前位置为填充色数值(绿色)
    endif
    if  pixel(x-1,y)< >NV and pixel(x-1,y)< >BV
    //当前像素左侧的像素不是边界色也不是填充色
    then push pixel(x-1,y)  //该像素压入堆栈
    endif
    if  pixel(x,y+1)< >NV and pixel(x,y+1)< >BV
    //当前像素上方的像素不是边界色也不是填充色
    then push pixel(x,y+1)   //该像素压入堆栈
    endif
    if pixel(x+1,y)< >NV and pixel(x+1,y)< >BV
    //当前像素右侧的像素不是边界色也不是填充色
    then push pixel(x+1,y)   //该像素压入堆栈
    endif
    if pixel(x,y-1)< >NV and pixel(x,y-1)< >BV
    //当前像素下方的像素不是边界色也不是填充色
       then push pixel(x,y-1)   //该像素压入堆栈
       endif
    endwhile
end
```

(2) 种子填充八向算法是在上述算法基础上增加处理当前像素的左上、右上、右下、左下像素的语句，即分别在算法适当位置增加下面语句实现：

```
if  pixel(x-1, y+1)< >NV and pixel(x-1, y+1)< >BV
//当前像素左上侧的像素不是边界色也不是填充色
then push pixel(x-1, y+1)  //该像素压入堆栈
endif
if pixel(x+1, y+1)< >NV and pixel(x+1, y+1)< >BV
//当前像素右上方的像素不是边界色也不是填充色
then push pixel(x+1, y+1)   //该像素压入堆栈
endif
if pixel(x+1, y-1)< >NV and pixel(x+1, y-1)< >BV
//当前像素右下侧的像素不是边界色也不是填充色
then push pixel(x+1, y-1)  //该像素压入堆栈
endif
if pixel(x-1, y-1)< >NV and pixel(x-1, y-1)< >BV
//当前像素左下方的像素不是边界色也不是填充色
then push pixel(x-1, y-1)  //该像素压入堆栈
endif
```

八向算法可以填充八连通区域，也可以填充四连通区域，但四向算法只能填充四连通区域。四向算法从图 4-31(a)所示种子位置开始搜索，填充结果如图 4-31(b)所示，最终造成右上方的区域无法填充。如果采用八向算法，仍然从图 4-31(a)所示种子位置开始搜索可以实现图 4-31(b)右上方区域的正确填充，如图 4-31(c)所示。

(a) 原始图形(八连通区域)

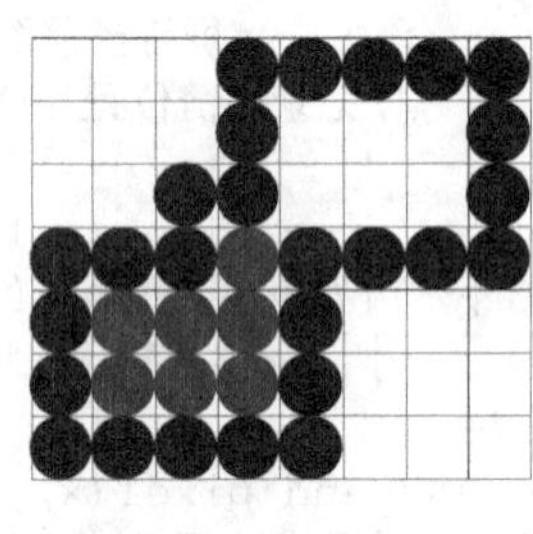

(b) 四向算法的填充结果

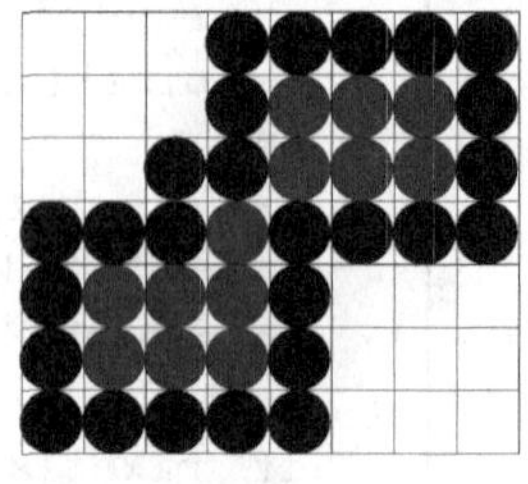

(c) 八向算法的填充结果

图 4-31　四向算法的局限性

算法描述与分析

由边界定义区域如图 4-32(a)所示，边界像素由深颜色(红色)的像素定义，种子像素位于(3, 2)位置处，采用种子填充算法完成区域填充，填充色为浅色(绿色)，如图 4-32(b)所示，其实现过程分析如下，本节中的像素均以像素中心位置表达。

种子的坐标为(3, 2)，采用前述四向算法以顺时针左起点开始，首先种子的位置及颜色压入堆栈成为栈底元素参见图 4-33(a)。然后算法进入 while 循环，判断当前堆栈非空，随即弹出当前像素信息，其实就是种子像素。不管种子像素的颜色是否为填充色，都将其设

置为填充色如图 4-33(a)所示。然后通过 if 语句，判断当前像素的左侧像素(2,2)既不是边界色也不是填充色，于是该像素压入堆栈，如图 4-33(b)所示编号为 01 的像素。依次执行后面的三个 if 语句，分别将编号 02，03，04 所代表的像素信息压入堆栈。开始下一次 while 循环。

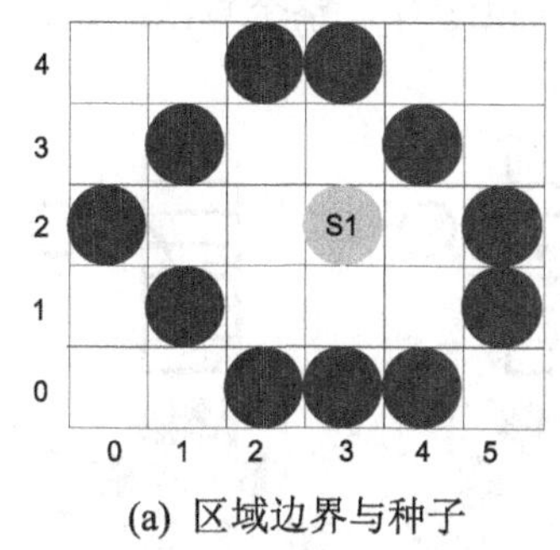

(a) 区域边界与种子

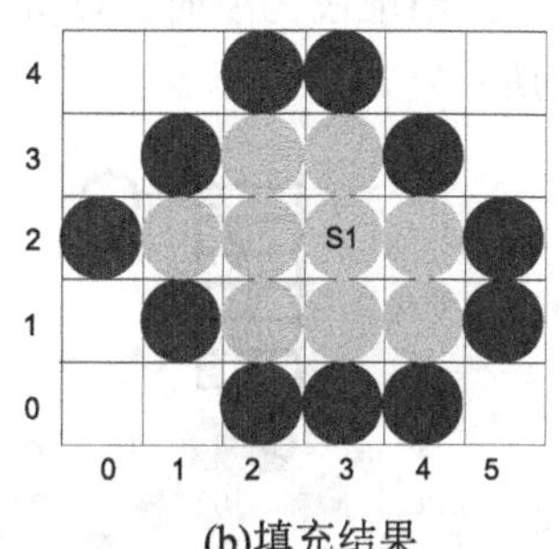

(b)填充结果

图 4-32　种子填充算法实例

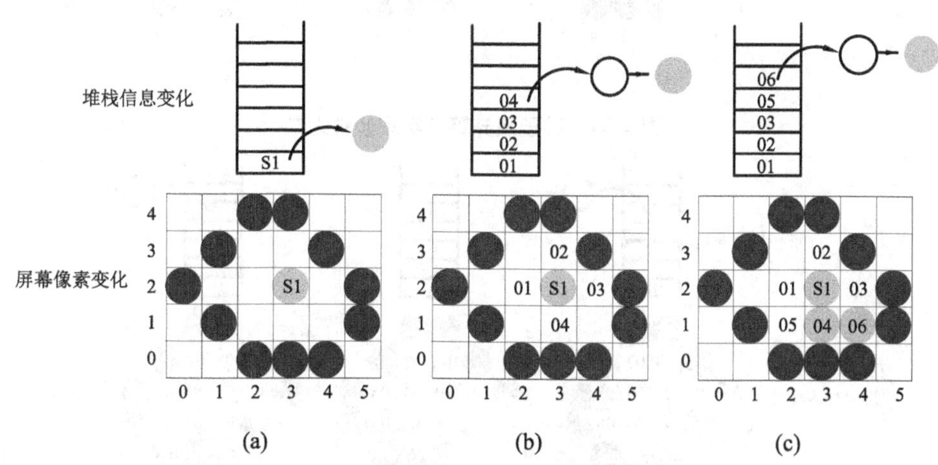

图 4-33　种子填充算法实现步骤之一

回到 while 循环体开始处，判断当前堆栈非空，随即从堆栈中弹出栈顶元素信息，即编号为 04 的像素。进入第一个 if 语句，判断该像素不是边界色，则将该像素赋值为填充色，屏幕相应像素填充为绿色。继续进入第二个 if 语句，将 04 像素的左侧像素 05 压入堆栈。04 像素的上面像素(S1)已经是填充色，不用压入堆栈，判断右侧元素 06 需要压入堆栈，下面的像素(3,0)为边界色，无需压入堆栈。因此第二次 while 循环体执行完。当前堆栈状态如图 4-33(c)所示。

再次回到 while 循环体开始处，取出当前的栈顶元素 06，根据第一个 if 语句判断该像素被填充为绿色，如图 4-33(c)所示。该像素的左、上、右、下像素只有上面的像素 03 号既不是边界色也不是填充色，应该压入堆栈，其他像素均已经得到处理。因此当 06 像素出栈后接着压入堆栈的是 03 号像素信息，03 是重复进栈的像素如图 4-34(a)所示。

此后的进出站顺序依次为：像素 03 号出栈且被填充为绿色，03 号像素的四连接像素要么是边界要么是已填充色，因此没有新像素入栈如图 4-34(b)所示；紧接着像素 05 号出栈，且被填充为绿色，如图 4-34(b)所示；像素 01 号再次入栈，随之作为栈顶元素出栈，且被填充为绿色，如图 4-34(c)所示；像素 01 的左侧像素 07 和上面像素 08 进栈；栈顶元素 08 出栈，且被填充为绿色，如图 4-35(a)所示；像素 02 进栈如图 4-35(b)所示；栈顶元素 02 出栈，且被填充为绿色如图 4-35(c)所示；栈顶元素 07 出栈，且被填充为绿色，如图 4-36 所示。此后便没有新像素入栈，而堆栈里的元素 03、02、01 依次出栈，此时它们已被填充为绿色了。当堆栈为空时，while 循环结束运行，整个算法结束。最终的区域填充结果如图 4-36 所示。

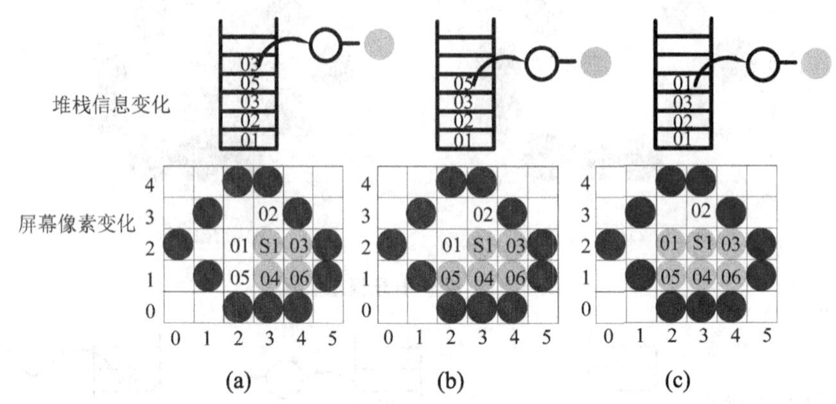

图 4-34　种子填充算法实现步骤之二

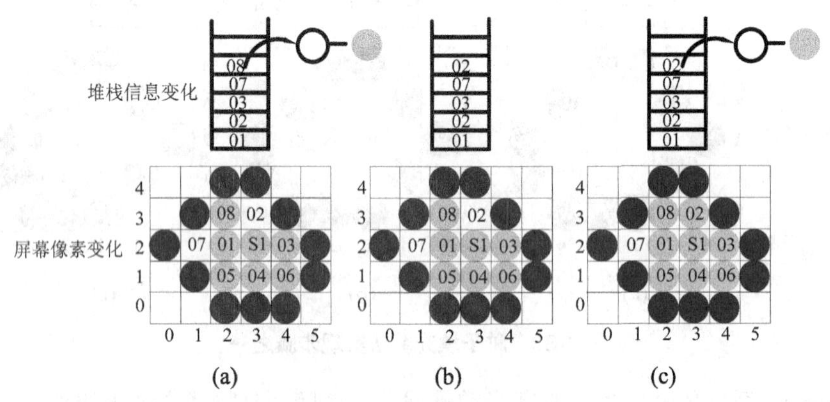

图 4-35　种子填充算法实现步骤之三

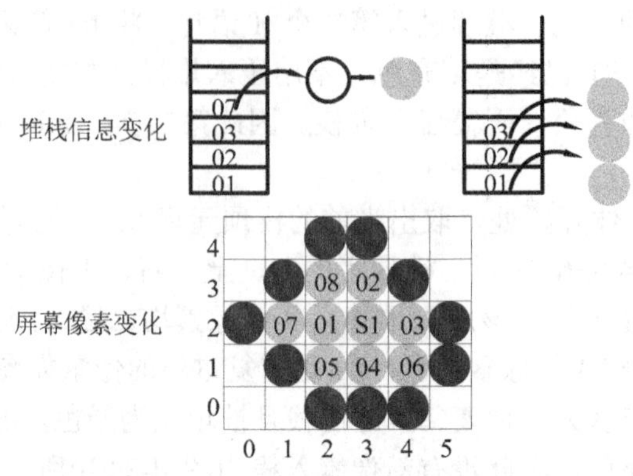

图 4-36　种子填充算法实现步骤之四

本实例填充算法的实现过程采用坐标位置说明如下。

种子的坐标为(3, 2)，以四向算法按顺时针顺序左起点开始，其进出栈顺序为：种子(3, 2)进栈，初始栈：(3, 2)。

(1) 种子(3, 2)出栈，四个相邻像素进栈；

栈：(2, 2)，(3, 3)，(4, 2)，(3, 1)

(2) 像素(3, 1)出栈，相邻像素(2, 1)，(4, 1)进栈；

栈：(2, 2)，(3, 3)，(4, 2)，(2, 1)，(4, 1)

(3) 像素(4, 1)出栈，相邻像素(4, 2)进栈；

栈：(2, 2)，(3, 3)，(4, 2)，(2, 1)，(4, 2)

(4) 像素(4, 2)出栈，无相邻像素进栈；

栈：(2, 2)，(3, 3)，(4, 2)，(2, 1)

(5) 像素(2, 1)出栈，相邻像素(2, 2)进栈；

栈：(2, 2)，(3, 3)，(4, 2)，(2, 2)

(6) 像素(2, 2)出栈，相邻像素(1, 2)，(2, 3)进栈；

栈：(2, 2)，(3, 3)，(4, 2)，(1, 2)，(2, 3)

(7) 像素(2, 3)出栈，相邻像素(3, 3)进栈；

栈：(2, 2)，(3, 3)，(4, 2)，(1, 2)，(3, 3)

(8) 像素(3, 3)出栈，无相邻像素进栈；

栈：(2, 2)，(3, 3)，(4, 2)，(1, 2)

(9) 像素(1, 2)出栈，无相邻像素进栈；

栈：(2, 2)，(3, 3)，(4, 2)

(10) 像素(4, 2)出栈，无相邻像素进栈；

栈：(2, 2)，(3, 3)

(11) 像素(3, 3)出栈，相无邻像素进栈；

栈：(2, 2)

(12) 像素(2, 2)出栈，无相邻像素进栈；

(13) 栈空结束。

由此可见，本实例区域内像素被填充的顺序为：S_1→04→06→03→05→01→08→02→07。其中的数字为图4-36中的数字标号。以坐标表示的填充顺序为：S_1(3, 2)→(3, 1)→(4, 1)→(4, 2)→(2, 1)→(2, 2)→(2, 3)→(3, 3)→(1, 2)。

上面的算法是一种深度优先搜索算法，采用堆栈实现。也可以改为广度优先搜索，采用队列实现。

扫描线种子填充算法及实例解析.mp4

二、扫描线种子填充算法及实例解析

种子填充算法的缺点是可能把太多的像素压入堆栈，有些像素甚至会入栈多次，如上例中的像素 03，01，02 分别被重复压入堆栈，降低算法的效率，存储空间需求大，可能引起堆栈溢出。解决的一种方法是采用扫描线种子填充算法，即对每一条扫描线实行种子填充算法。在任意不间断的扫描线像素段中，只取一个种子像素。像素段是指区域内相邻像素在水平方向的组合，它的两端以具有边界值的像素为界，其中间不包括具有新值的像素。

对于区域内的每一像素段，我们可以只保留其最右(或最左)端的像素作为种子像素。因此，区域中每一个未被填充的部分，至少有一个像素段是保持在栈里的。扫描线种子填充算法适用于边界定义的区域。区域可以是凸的，也可以是凹的，还可以包含一个或多个孔。

扫描线种子填充算法由以下四步实现。

(1) 初始化一个空的栈用于存放种子点，将种子点(x, y)入栈。

(2) 判断栈是否为空，如果栈为空则会结束算法，否则取出栈顶元素作为当前扫描线的种子点(x, y)，将栈顶元素置为填充色。y是当前的扫描线。

(3) 从种子点(x, y)出发，沿当前扫描线向左、右两个方向填充，直到边界。分别标记区段的左、右端点坐标为 *x*Left 和 *x*Right。在当前扫描线上将[*x*Left, *x*Right]之间的像素置为填充色。

(4) 分别检查与当前扫描线相邻的 $y+1$ 和 $y-1$ 两条扫描线在区间[*x*Left, *x*Right]中的像素，从 *x*Left 开始向 *x*Right 方向搜索，若存在非边界且未填充的像素点，则找出这些相邻的像素点中最右边的一个，并将其作为种子点压入栈中，然后返回第(2)步。

此算法可以有效地解决前述种子填充算法存在的堆栈可能过深的问题。

算法描述与分析

由边界定义区域如图 4-37(a)所示，边界像素由颜色红色的像素定义，种子像素位于(9, 5)位置处，采用扫描线种子填充算法进行区域填充，填充色为绿色，其实现过程分析如下。

第一次循环：

(1) 首先建立堆栈，种子点 seed(9, 5)信息压入堆栈，如图 4-37(a)所示。

(2) 判断堆栈是否为空，不为空则取栈顶元素，将其赋值并显示为填充色绿色如图 4-37(b)所示，当前扫描线为y=5。

(3) 以(9, 5)为出发点向左、向右找到最左边待填充元素(6, 5)，最右边待填充元素(10, 5)，两点之间的所有像素均填充为绿色如图 4-37(b)所示。此时[*x*Left, *x*Right] = [6, 10]。

(4) 计算(6, 5)紧邻的上一行(y = 6)像素和下一行(y = 4)像素位置(6, 6)，(6, 4)。在y=6 的扫描线上从区间段[6, 10]左元素开始向右元素方向搜索，若存在非边界且未填充的像素点，则找出这些相邻的像素点中最右边的像素位置是(10, 6)，将其信息压入堆栈。同理，在y = 4 的扫描线上从区间段[6, 10]左元素开始向右元素方向搜索，若存在非边界且未填充的像素点，则找出这些相邻的像素点中最右边的像素位置是(11, 4)，将其信息压入堆栈。返回第(2)步，如图 4-38(a)所示。

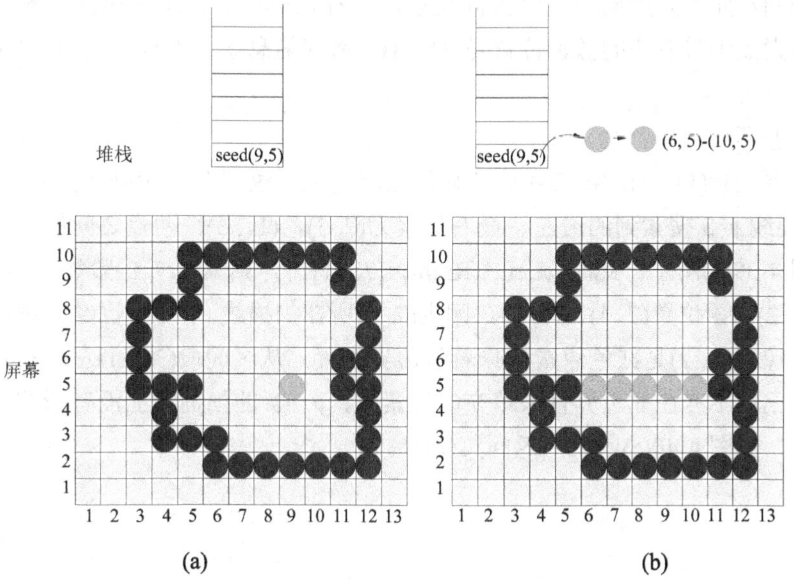

(a)　　(b)

图 4-37　扫描线种子填充算法步骤解析之一

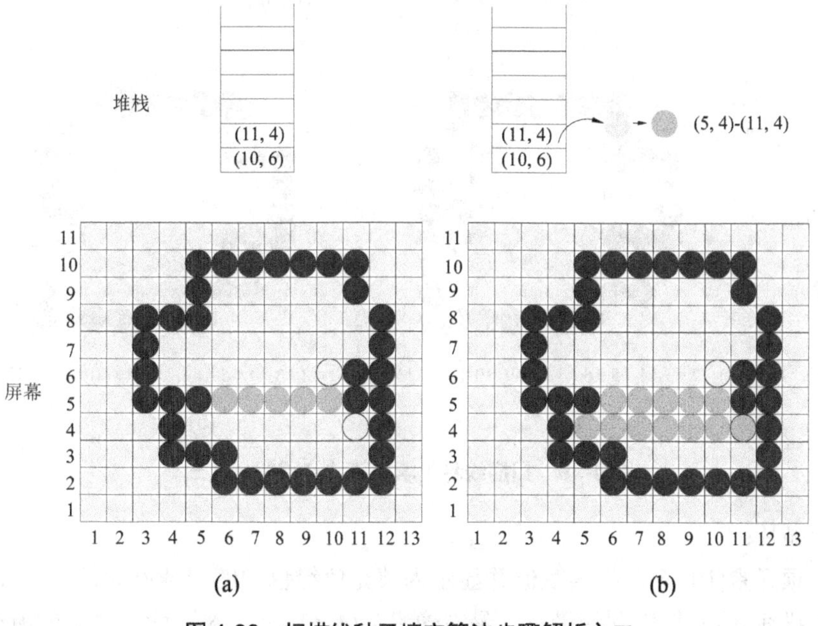

(a)　　(b)

图 4-38　扫描线种子填充算法步骤解析之二

第二次循环：

取出栈顶元素(11, 4)，将其赋值并显示为填充绿色如图 4-38(b)所示，当前扫描线为 y=4。与第一次循环的分析步骤相同，沿扫描线 y=4 搜索到的最左、最右像素为(5, 4)，(11, 4)，两点之间的所有像素均填充为绿色如图 4-38(b)所示。此时[*x*Left, *x*Right]= [5, 11]。计算像素(5, 4)紧邻上一行(y = 5)像素和下一行(y = 3)像素位置(5, 5)，(5, 3)。因为(5, 5)所在扫描线 y=5 是已经处理过的扫描线，不予记录。像素(5, 3)是红色像素意味着是边界像素，从

区间段[5, 11]左元素开始向右元素方向搜索，若存在非边界且未填充的像素点，则找出这些相邻的像素点中最右边的像素位置是(11, 3)，将其信息压入堆栈如图 4-39(a)所示，返回第(2)步。

第三次循环：

取出栈顶元素(11, 3)，将其赋值并显示为填充色绿色如图 4-39(b)所示，当前扫描线为 y=3。沿扫描线 y=3 搜索到的最左、最右像素为(7, 3)，(11, 3)，两点之间的所有像素均填充为绿色如图 4-39(b)所示。此时[xLeft, xRight]=[7, 11]。计算像素(7, 3)紧邻上一行(y = 4)像素和下一行(y=2)像素位置(7, 4)，(7, 2)。因为(7, 4)所在扫描线 y = 4 是已经处理过的扫描线，不予记录。像素(7, 2)是红色像素意味着是边界像素，从区间段[7, 11]左元素开始向右元素方向搜索，已经不存在非边界且未填充的像素点，y = 2 的扫描线上没有新的符合条件的像素压入堆栈，如图 4-40(a)所示，返回第(2)步。

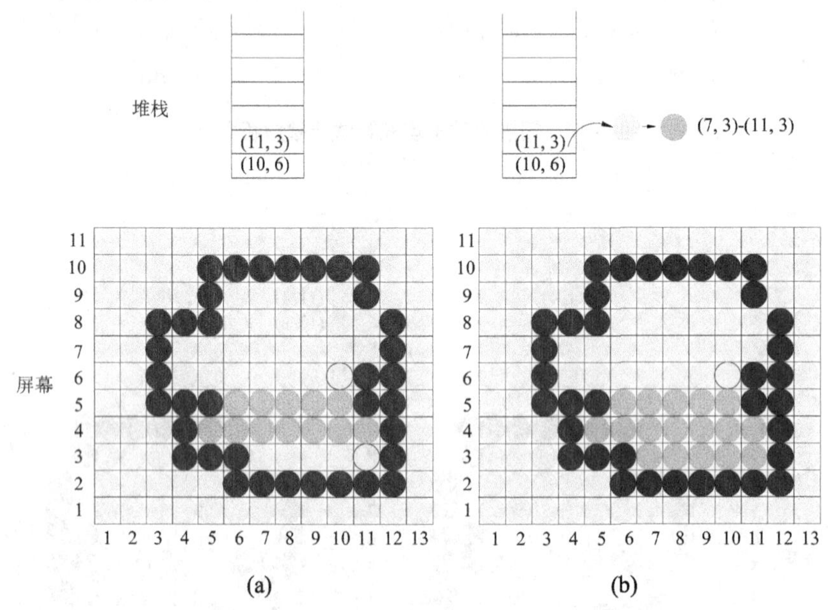

图 4-39　扫描线种子填充算法步骤解析之三

第四次循环：

取出栈顶元素(10, 6)，将其赋值并显示为填充色绿色如图 4-40(b)所示，当前扫描线为 y = 6。沿扫描线 y = 6 搜索到的最左、最右像素为(4, 6)，(10, 6)，两点之间的所有像素均填充为绿色如图 4-40(b)所示。此时[xLeft, xRight] = [4, 10]。计算(4, 6)紧邻上一行(y = 7)像素和下一行(y = 5)像素位置(4, 7)，(4, 5)。因为(4, 5)所在扫描线 y=5 是已经处理过的扫描线，不予记录。在 y = 7 的扫描线上从区间段[4, 10]左元素开始向右元素方向搜索，若存在非边界且未填充的像素点，则找出这些相邻的像素点中最右边的像素位置是(11, 7)，将其信息压入堆栈。返回第(2)步。

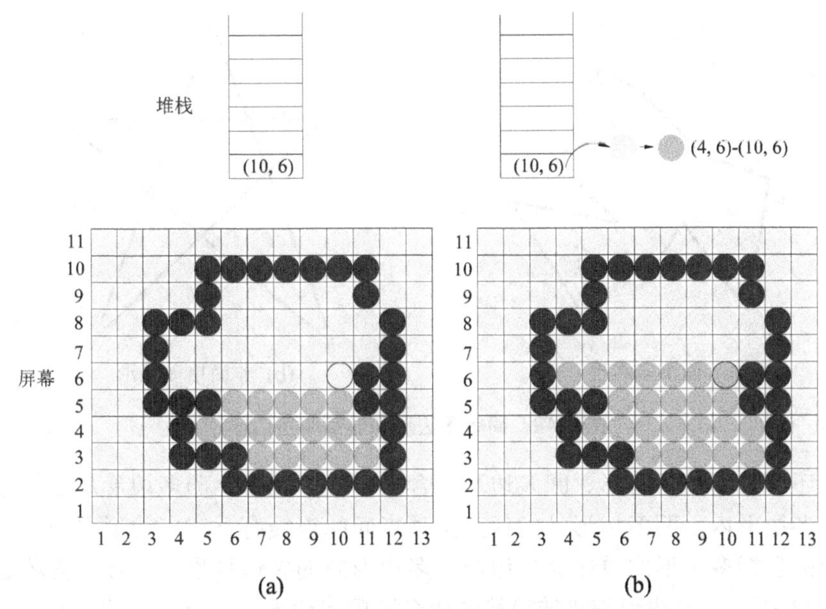

图 4-40 扫描线种子填充算法步骤解析之四

以上循环一直持续下去，直到堆栈为空时，区域内所有像素都填充为绿色。

请读者思考一个问题，图 4-41 所示的边界条件，像素位置(6, 8)为边界像素，几乎将待填充区域分割成左右两个区域，这样的边界条件能否得到正确的填充结果呢。结论是可以正确填充。

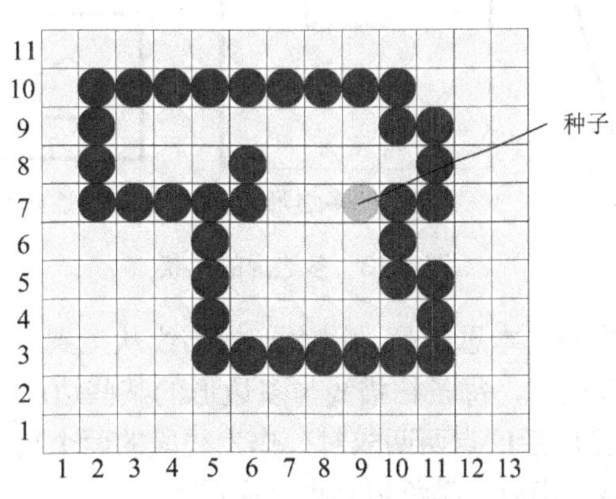

图 4-41 区域填充思考图例

三、扫描线转换填充算法

多边形可分为简单多边形和非简单多边形，如图 4-42 所示，图 4-42(a)中多边形的边没有互相交叉，这样的多边形称为简单多边形，反之则称为非简单多边形，如图 4-42(b)所示。

扫描线转换填充算法.mp4

(a) 简单多边形

(b) 非简单多边形

图 4-42　简单多边形和非简单多边形

多边形还可分为凸多边形、凹多边形、含内环的多边形。凸多边形是指任意两顶点间的连线均在多边形内；凹多边形是指任意两顶点间的连线有不在多边形内的部分；而含内环的多边形则是指多边形内再嵌套多边形。多边形内的多边形也叫内环，内环之间不能相交，如图 4-43 所示。多边形扫描转换算法适合简单多边形，可以是凹的、凸的，还可以是含内环的。

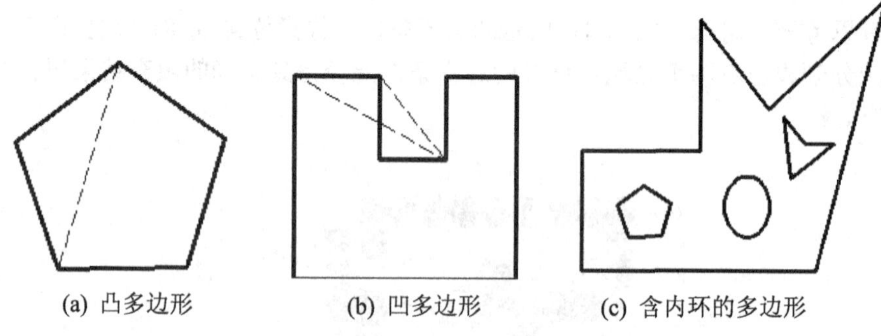
(a) 凸多边形　(b) 凹多边形　(c) 含内环的多边形

图 4-43　多边形的形状

多边形扫描转换算法的基本思想是：用水平扫描线从上到下(或从下到上)扫描由多条首尾相连的线段构成的多边形，每条扫描线与多边形的某些边产生一系列交点。将这些交点按照 X 坐标排序，将排序后的点两两成对，作为线段的两个端点，其间所有像素填充为指定颜色，多边形被扫描完毕后，颜色填充也就完成了。

扫描线填充大致包括以下几个步骤。

(1) 确定多边形所占有的最大扫描线数：得到多边形顶点的最小和最大 y 值(ymin 和 ymax)。

(2) 从 y=ymin 到 y=ymax，每次对一条扫描线上的多边形内区域进行填充。

(3) 对一条扫描线填充的过程可分为：

① 求交，计算扫描线与多边形的交点。

② 交点排序，所有交点按照 x 值从小到大进行排序。

③ 交点配对，把第 1 个与第 2 个，第 3 个与第 4 个，……，交点配对，每对交点代

表扫描线与多边形的一个相交区间。

④　区间着色：把相交区间内像素，即奇数交点为起点配对，所在区间置成多边形颜色。把区间外像素即偶数交点为起点进行配对，所在区间置成背景色。

对每一条扫描线填充的过程是整个算法的核心，以下对其深入分析。

第一个问题，求交。求交是整个算法的关键，需要用尽量少的计算量求出交点，还要考虑交点是线段端点的特殊情况。最后，交点的增量计算最好是整数，便于光栅设备输出显示。

对于每一条扫描线，如果每次都按照正常的线段求交算法进行计算，则计算量大，而且效率低下。观察多边形与扫描线的交点情况如图 4-44 所示，有以下两个特点。

(1)　每次只有相关的几条边可能与扫描线有交点，不必对所有的边进行求交计算。

(2)　相邻的扫描线与同一直线段的交点存在步进关系，这个关系与直线段所在直线的斜率有关。

由于边具有连贯性，即当某条边与当前扫描线相交时，它很可能与下一条扫描线也相交；而且扫描线也具有连贯性，即当前扫描线与各边的交点顺序与下一条扫描线与各边的交点顺序十分接近。预先求出每条扫描线与多边形的交点既费时间又需要大量的空间进行存储。利用边的相关性可以简单有效地求出扫描线与边界的交点。

如图 4-45 所示，多边形与扫描线相交，边 AB 的坐标分别为(x_1, y_1)、(x_2, y_2)，第 y_i 条扫描线与多边形某边 AB 的交点为(x_i, y_i)，其相邻的扫描线 y_{i+1} 与该边的交点(x_{i+1}, y_{i+1})很容易从前一条扫描线 y_i 与该边的交点(x_i, y_i)递推得到：$y_{i+1}=y_i+1$，$x_{i+1}=x_i+\Delta x$，$\Delta x=(x_2-x_1)/(y_2-y_1)$，即$\Delta x$ 的值为斜率的倒数。以此类推，如果我们已经知道当前扫描线与多边形的交点，就可以求出与所有扫描线的交点。

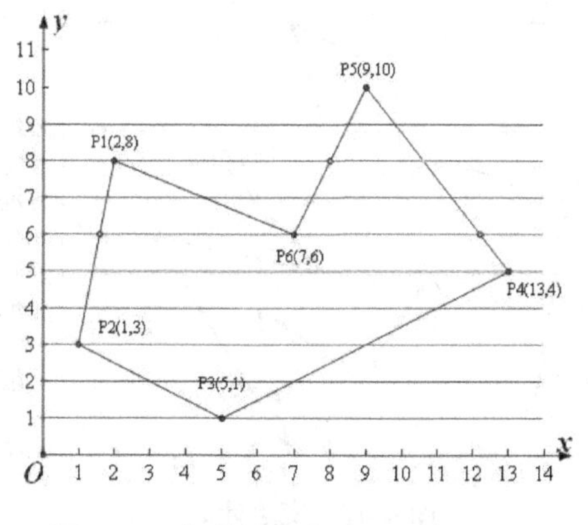

图 4-44　扫描线与多边形求交

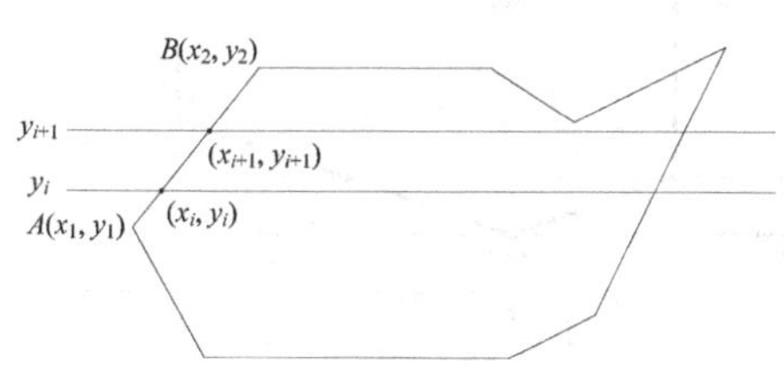

图 4-45　连贯性与求交

第二个问题，交点配对。

扫描线与多边形相交时存在多种情况。如图 4-46 所示，扫描线 $y=6$ 与多边形的各边有四个交点 A、B、C、D，按 x 值增值顺序排序后得到的各交点的横坐标分别为 2、3.5、7、11，相交区间为[2, 3.5]、[7, 11]，这两个区间的像素置成多边形填充色，把相交区间外的像素置成背景色。

在交点配对时，如果扫描线恰好与多边形顶点相交时，交点的计数问题比较特殊需要特别考虑。如图 4-46 中扫描线 y=1、扫描线 y=2、扫描线 y=5、扫描线 y=7、扫描线 y=8。当扫描线与多边形顶点相交时，可能导致填充结果错误。例如扫描线 2 与 P_1P_2、P_1P_6 相交于顶点 P_1，与扫描线 P_2P_3 相交于点 E，按前述方法得交点横坐标 2、2、8，即交点数是奇数。这将导致[2, 8]区间的像素被设置为背景色的错误结果。如果将扫描线与多边形顶点相交时相同的顶点只记录为一个，对于扫描线 2 可以得到正确的结果。但是按这种方法计数扫描线 7 与多边形的交点横坐标为 2、9、11，交点数也为奇数。这将导致把[2, 9]之间的像素设置为多边形填充颜色的错误结果。

为正确进行交点配对，以上情况必须区别对待。当扫描线与多边形的顶点相交时，若共享顶点的两条边分别落在扫描线的两侧，交点只算一个；若共享顶点的两条边在扫描线的同一侧，这时交点作为零个或两个。具体地说，当扫描线与多边形顶点交于多边形的局部最高点或局部最低点时，交点应计 0 次或 2 次，否则只计 1 次。规定局部最高点计数为 0，局部最低点计数为 2，既不是局部最高点也不是局部最低点计数为 1。确定多边形某顶点是否是局部最高点或最低点只需检查交于该顶点的两条边的另两个端点，如果它们的 y 值都大于顶点的 y 值，则该顶点是局部最低点，如果它们的 y 值都小于顶点的 y 值，则该顶点是局部最高点。如果该交点 y 值介于该顶点的两条边的另两个端点 y 值之间，则该顶点既不是局部最高点也不是局部最低点。如图 4-47 中，扫描线 4，6，10 与多边形交点交于顶点的均为局部最高点，计数为 0。扫描线 1，2，3 与多边形交点交于顶点的均为局部最低点，计数为 2。扫描线 7，8，9 与多边形交点交于顶点的既不是局部最高点也不是局部最低点，计数为 1。扫描线 5 与多边形交点为顶点有两点，一个为局部最高点，计数为 0，一个为局部最低点，计数为 2。图 4-47 的扫描线与多边形顶点相交时的计数情况在相应顶点处已经标明。

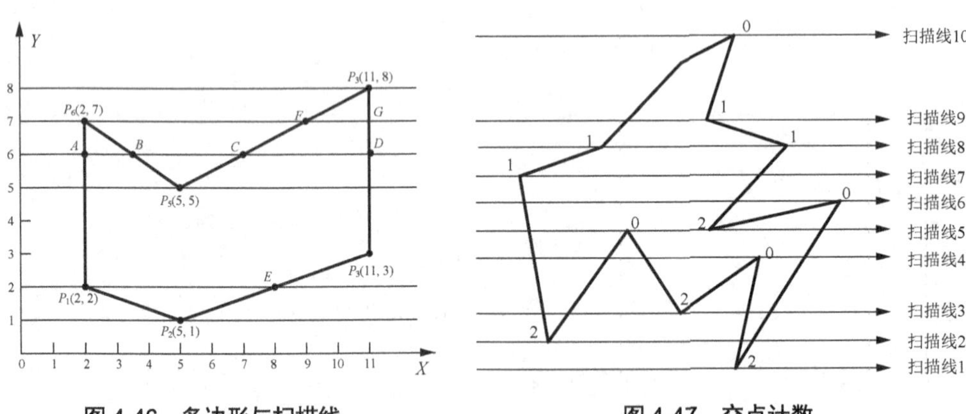

图 4-46　多边形与扫描线

图 4-47　交点计数

边界像素的取舍问题也需要特别注意。多边形的边界与扫描线会产生两个交点，填充时如果对两个交点以及之间的区域都填充，容易造成填充范围扩大，影响最终光栅图形化显示的填充效果。为此，一般按照“左闭右开”的原则。简单解释就是，如果扫描线交点是 1 和 9，则实际填充的区间是[1, 9)，即不包括 x 坐标是 9 的那个点。

我们把与当前扫描线相交的边称为活性边，并把它们按与扫描线交点 x 坐标值递增的顺序存放在一个链表中，称此链表为活性边表(Active Edge Table，AET)。活性边表的每个结点存放着对应边的有关信息。参见图 4-44，扫描线 4 的“活动边表”由 P_1P_2 和 P_3P_4 两

条边组成，而扫描线 7 的“活动边表”由 P_1P_2、P_1P_6、P_5P_6 和 P_4P_5 四条边组成。

为了提高算法效率，可以利用边的连贯性和扫描线的连贯性来实现快速求交，采用活性边表的多边形扫描转换算法。

扫描线算法的整个扫描过程都是围绕 AET 展开的。为了方便活性表的建立与更新，需要为每一条扫描线建立一个新边表(New Edge Table，NET)，也称 ET 表，存放在该扫描线第一次出现的边表中。也就是说，若某边的较低端为 y_{min}，则该边就放在扫描线 y_{min} 的新表中。这样，当我们按扫描线号从小到大顺序处理扫描线时，该边在该扫描线第一次出现。

新边表的建立，先按下端点的 y 坐标值对所有的边进行分组。若某边的下端点 y 值为 y_{min}，则该边就放在 y_{min} 所对应的桶中，也称“吊桶”。然后用排序方法，按下端点的 x 坐标值递增的顺序将同一组中的边排列成行。每条扫描线，对应一个链表。链表中每个结点的结构为：

y_{max}	x	$\Delta x(=1/m)$	next

ET 的结点信息含义如下：

y_{max}：　边的上端点的 y 坐标值；

x：　边的下端点的 x 坐标；

Δx：　当前扫描线到下一扫描线之间的 x 增量，等于边的斜率的倒数 $1/m$；

next：　指向下一条边的指针。

例如对于图 4-48(a)的多边形建立边表(ET)如图 4-48(b)所示。

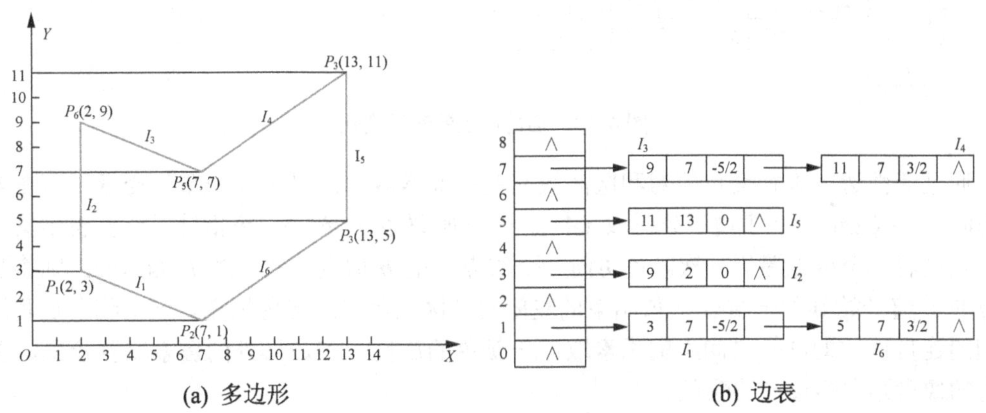

(a) 多边形　　　　(b) 边表

图 4-48　多边形与边表

活性边表 AET 是存放活性边的顺序链表，且按交点 x 的值从小到大排序。活性边是与当前扫描线相交的边，边结构定义与 ET 表中结点结构相同。AET 的结点信息含义如下：

y_{max}：　所交边的最大 y 值；

x：　当前扫描线与边的交点的 x 坐标；

deltax($1/m$)：　边的斜率的倒数，等于Δx；

next：　指向下一条边的指针。

活性边表的多边形扫描转换算法流程如下。

(1) 建立 ET。

(2) 将扫描线纵坐标 y 的初值置为 ET 中非空元素的最小序号。

(3) 置 AET 为空。

(4) 执行下列步骤直至 ET 和 AET 都为空。

① 将 ET 中登记项 y 对应的各“吊桶”合并到表 AET 中，对 AET 中各边按 x 坐标递增排序。

② 对 AET 中的边两两配对，(1 和 2 为一对，3 和 4 为一对，…)，将每对边中 x 坐标按规则取整，获得有效的填充区段，再填充。

③ 将当前扫描线纵坐标 y 值递增 1，去处理下一条扫描线。

④ 将 AET 中满足 $y = y_{max}$ 边删去。

⑤ 对 AET 中剩下的每一条边的 x 递增 deltax，即 $x = x$+deltax。

如图 4-48 的多边形采用活性边表的多边形扫描转换时，其 AET 的变化如图 4-49 所示。

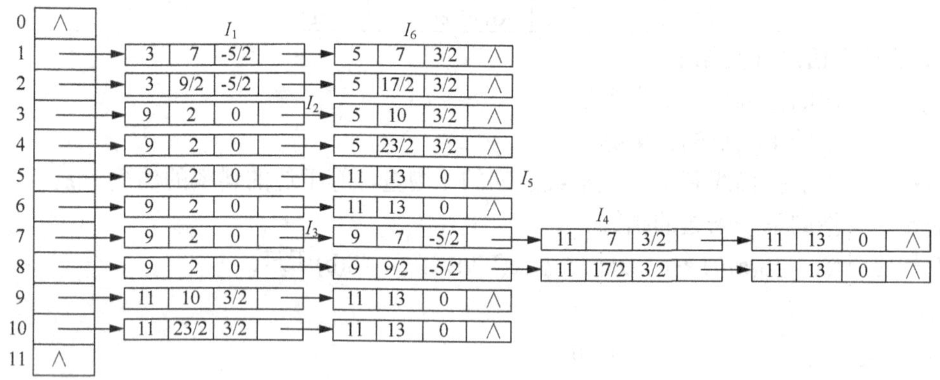

图 4-49　活性边表的数据变化

通过活性边表进行交点配对和区间填充变得非常容易。设定一个布尔变量 b。在多边形内时，b 取 true；在多边形外时取 false。一开始置 b 为 false。令指针对活性表中第一个节点到最后一个结点遍历一次。每访问一个结点，把 b 取反一次。若 b 为 true，则将当前结点的 x 值开始到下一结点 x 值结束的左闭右开区间用多边形色填充。这实际上是利用了区间的连贯性，即同一区间上的像素取同一颜色的属性。多边形外的像素取背景色，多边形内的像素则取多边形的颜色。

利用活性边表的多边形扫描线转换算法和利用边的连贯性加速求交运算，每个像素只访问一次，避免了反复求交点等大量运算，具有与设备无关的性质。利用扫描线的连贯性避免逐点判断，且速度快，效率高。但是该算法的数据结构比较复杂，且只适合通过软件来实现。

四、边填充算法及其改进方法

边填充算法及改进算法.mp4

另一种区域扫描转换方法即边填充算法，也称边缘填充算法。其基本思想是针对每条扫描线和多边形的每条边交点(x_k, y_k)，将该扫描线上交点右方的所有像素取补。对多边形的每条边作此处理，可以完成多边形区域填充。

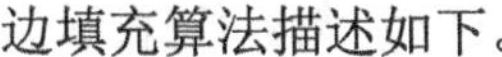

边填充算法描述如下。

(1)　取多边形的一条边。

(2)　求出每一条扫描线与该边的交点坐标(x_k, y_k)。

(3)　将(x_k, y_k)右边的全部像素取补。

(4)　还有没处理的多边形边时转(1)，否则结束。

使用一个布尔量表示当前点的状态，布尔量的值为 1，当前点置为填充色；布尔量的值为 0，当前点置为背景色。

图 4-50 所示了边填充算法的模拟实现过程。图 4-50(a)表示原始图形；图 4-50(b)表示右侧第一条边取补后的结果；图 4-50(c)表示右侧第二条边取补后的结果；图 4-50(d)表示右侧第三条边取补后的结果；图 4-50(e)表示最后一条边取补后的结果，也是边填充算法最终结果。底边与屏幕最下方重合，取补对区域填充结果没有影响。

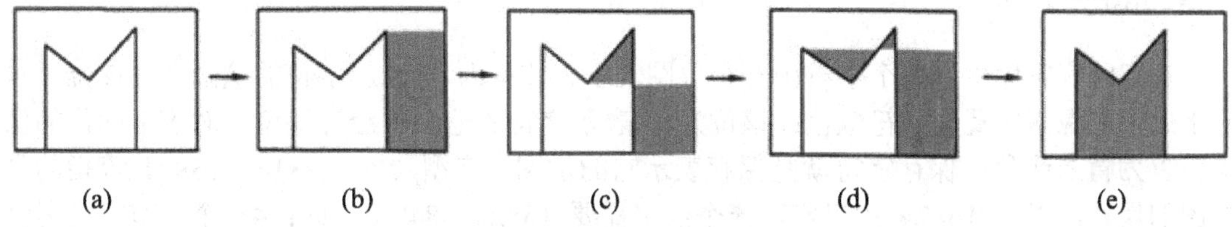

图 4-50　边填充算法的过程模拟

上述边填充算法的缺点是对于复杂的图形，一些像素可能被访问多次，一种改进的办法是引入栅栏。通过在多边形内设一栅栏，每次只对交点与栅栏之间的像素点取补，可使访问像素的次数减少。图 4-51 所示为改进的边填充算法的模拟实现过程。图 4-51(a)表示原始图形，在接近填充区域的中部设置一个假想栅栏；图 4-51(b)表示最右侧边相对栅栏取补后的结果；图 4-51(c)表示右侧靠近栅栏的边相对栅栏取补后的结果；图 4-51(d)表示左侧靠近栅栏的边相对栅栏取补后的结果；图 4-51(e)表示最左侧边相对栅栏取补后的结果。同样的，底边与屏幕最下方重合，取补对区域填充结果没有影响。最终结果如图 4-51(e)所示，中间的栅栏线是假想线，本来就不存在，是为了说明问题示出的。改进的边填充算法虽然使访问像素的次数减少，但是未能完全避免部分像素的重复访问。

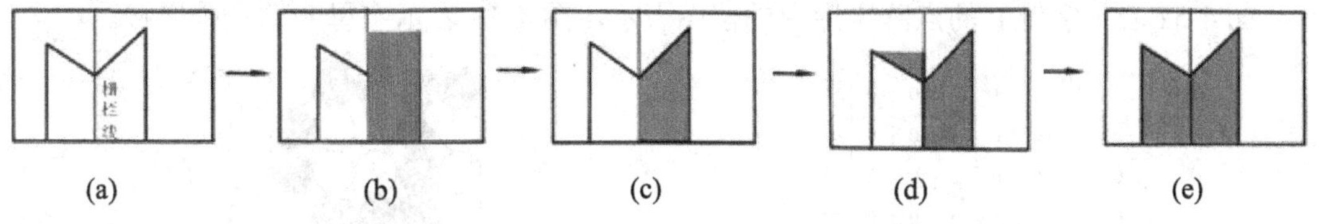

图 4-51　引进栅栏的边填充算法的过程模拟

第六节　字符的生成

字符是指数字、字母、汉字等符号。计算机中字符由一个数字编码唯一标识。国际上最流行的字符集是“美国信息交换用标准代码集(American Standard Code for Information Interchange)”，简称 ASCII 码。它用 7 位二进制数进行编码，表示 128 个字符，包括字母、标点、运算符以及一些特殊符号。一个字符的 ASCII 码用一个字节(8 位)表示，其最高位不用或作为奇偶校验位。

我国除采用 ASCII 码外，还另外编制了汉字编码的国家标准信息交换编码 GB2312-80。汉字 6763 个、图形符号 682 个。所有字符组成 94×94 矩阵表示，行称为区，用区码标识，列称为位，用位码标识。一个字符由一个区码和一个位码共同标识。区码和位码分别需要 7 个二进制，汉字字符国标码占两个字节。为了能够区分 ASCII 码与汉字编码，通常采用字符中冗余的最高位来标识一个字节所表示的码：最高位为 0 表示 ASCII 码，最高位为 1 表示汉字编码。

为了在显示器等输出设备上输入字符，系统中必须装备相应的字库。字库中存储了每个字符的形状信息，字库分为矢量和点阵两种类型。

一、点阵字符

在点阵字符库中，每个字符由一个位图表示。该位为 1 表示字符的笔画经过该位，对应于此位的像素应置为字符颜色；该位为 0 表示字符的笔画不经过该位，对应于此位的像素应置为背景颜色；保存字符就是保存表示它的位图。字型 7×9、9×16、16×24 等指的是位图的尺寸。对于 16×24 的汉字，一个汉字需要 16×24=384 位，即：48 个字节。常用汉字有 6763 个，从而存储这种型号需要 6763×48≈324KB。在实际应用中需要多种字体(如宋体、楷体等)，每种字体又有十多种大小型号。因此汉字字库所占的存储空间是相当庞大的。为了解决这个问题一般采用压缩技术，如黑白段压缩、部件压缩、轮廓字形压缩等。其中，轮廓字形法压缩比大，且能保证字符质量，是当今国际上最流行的一种方法。轮廓字形法采用直线或二次、三次 Bezier 曲线的集合来描述一个字符的轮廓线。轮廓线构成一个或若干个封闭的平面区域。轮廓线定义加上指示横宽、竖宽、基点、基线等控制信息就构成了字符的压缩数据。

从给定字符编码到在屏幕上将它显示出来，需要经历两个步骤。

步骤 1：从字库中将它的位图检索出来，由于表示同一型号字符的位图所占空间大小相同，可以直接将一个字符在字库中的位置计算出来。

步骤 2：将检索到的位图写到帧缓存中，这可以利用光栅系统的位拷贝功能。

图 4-52 表示字母 P 的点阵字库中的位图表示，图 4-53 表示字母 P 的点阵字符。

1	1	1	1	0	0	0
0	1	0	0	1	0	0
0	1	0	0	1	0	0
0	1	1	1	0	0	0
0	1	0	0	0	0	0
0	1	0	0	0	0	0
0	1	0	0	0	0	0
1	1	1	0	0	0	0
0	0	0	0	0	0	0

图 4-52　点阵字库中的位图表示

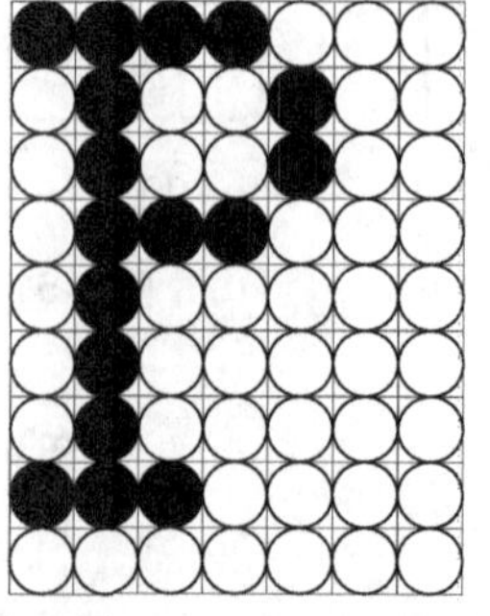

图 4-53　点阵字符

二、矢量字符

字符矢量表示中，记录的是字符的笔画信息而不是点阵信息。选一个正方形网格作为字符的局部坐标空间，网格大小可取：16×16、32×32、64×64 等。对一个字符来说，它由笔画组成，而每一笔又由其两端确定。对于每一个端点，只要保存它的坐标值和由前一端点到此端点是否连线的标志即可。表示一个矢量字符最终只需要所有的端点坐标信息及其是否连线的标志。实际的矢量字符的存储结构要加上一些管理信息和字型信息等。

矢量字符的显示也分为两个步骤

步骤 1：根据给定字符的编码，在字库中检索出表示该字符的数据。

由于各个字符的笔画不一样多，端点也不一样多，造成存储各个字符的记录所占字节数也不同，给检索带来一定困难。为了提高检索效率，可以改变字符的存储结构。

步骤 2：取出端点坐标，对其进行适当的几何变换，再根据各端点的标志显示出字符。

图 4-54 表示汉字“士”矢量编码表示，图 4-55 表示汉字“士”的矢量字符。

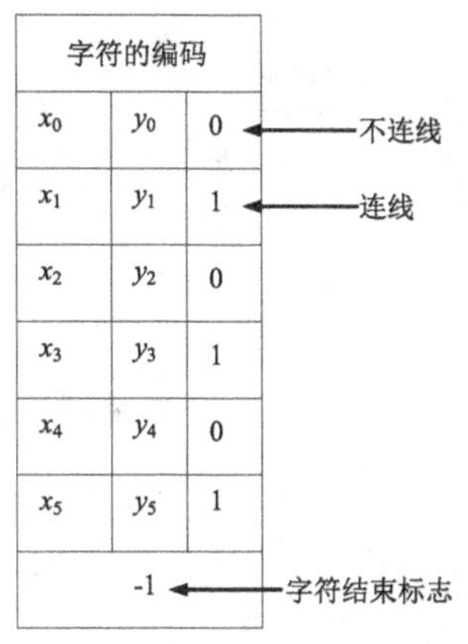

图 4-54　矢量字符编码

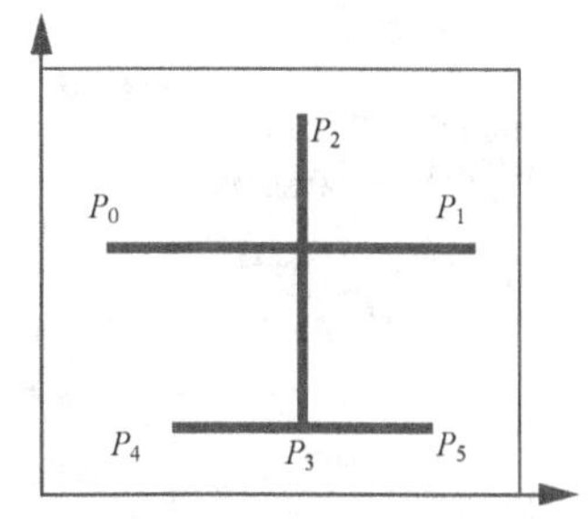

图 4-55　矢量字符

三、点阵字符和矢量字符的比较

从点阵字符和矢量字符的生成机理上可以总结出点阵字符和矢量字符的区别。

1. 字符变换不同

表示点阵字符的是位图，对点阵字符的变换要对位图中的每一个像素进行，如果是图像变换，放大或旋转时会失真。而表示矢量字符的是端点坐标，对矢量字符的变换是对端点的变换，是对图形的几何变换，不会影响显示效果。

2. 占用空间不同

矢量字符占用空间较少，首先其单个字符占用较少空间；其次，矢量字符只需保存一套字符，所需的不同型号的字符可以通过相应的几何变换来产生。

3. 矢量字符美观

除了直线段外，还可以用二次曲线段、三次曲线段等来表示笔画，使字符更加美观。

矢量字符因拥有占用空间小、美观、变换方便等优点，所以得到越来越广泛的应用，特别是在排版、软件和工程图软件中它几乎已经取代了点阵字符。

本章知识结构图

本章内容是计算机图形学最基本的理论基础，主要包括基本图元生成算法、区域填充算法和字符生成。各部分内容之间的关系如图 4-56 所示。目前，大多数程序设计语言均提供了实现基本图元生成、区域填充和字符生成功能，但如果我们要想在计算机图形世界里自由翱翔，仍需要掌握这些功能的基础算法。

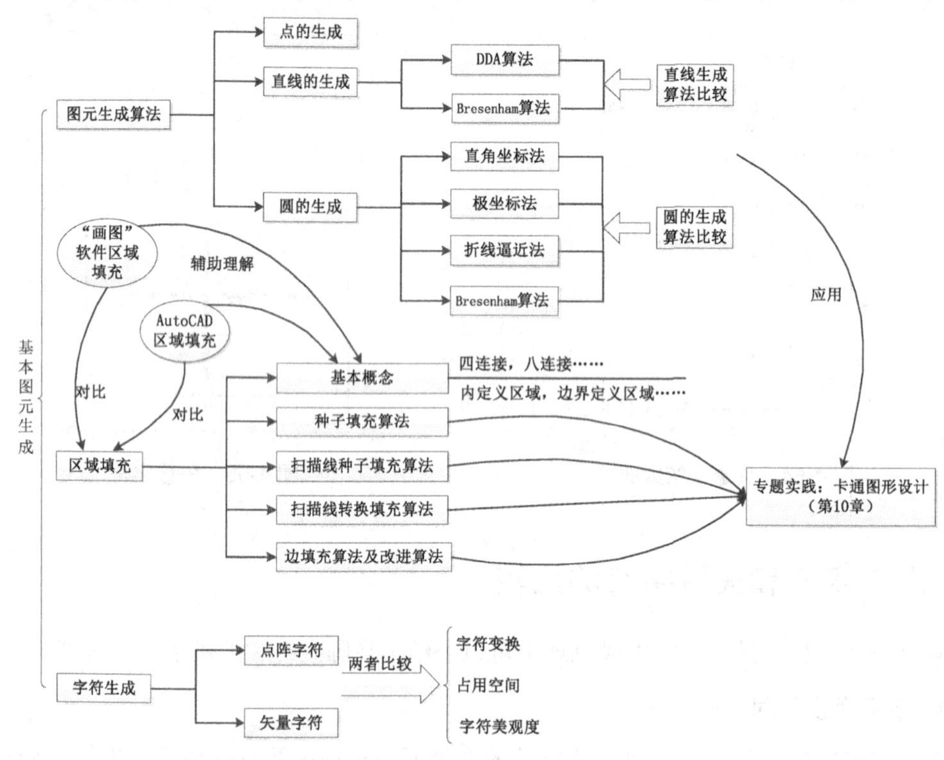

图 4-56　基本图元生成知识结构图

本章小结

基本图元生成算法、区域填充算法和字符生成是本章的主要内容。

基本图元生成包括点、直线和圆(圆弧)的生成。画点是由应用程序提供的单个坐标位

置转换成输出设备屏幕相应的像素位置。在光栅扫描显示器中，屏幕坐标对应帧缓存中像素的位置。对像素点的表达一般采用两种方法：一种是以像素的中心位置坐标表达该像素，另一种是以像素左下角坐标表达该像素。

DDA 直线生成算法是直线生成算法之一，其特点是比直接使用方程 $y=mx+b$ 计算快，利用光栅特性消除了方程中的乘法。X、Y 方向使用合适的增量逐步沿线段的路径计算直线段路径上像素的位置。运算法中，浮点增量的连续叠加中取整误差的积累使长线段所计算出的像素位置偏离实际线段，取整操作和浮点运算十分耗时。

Bresenham 直线生成算法是一种精确而有效的光栅线段生成算法，算法的目标是选择表示直线的最佳光栅位置。Bresenham 算法在计算直线斜率和误差项时要用到浮点算术运算和除法。如果采用整数算术运算和避免除法，可以加快算法的速度。改进的 Bresenham 直线生成算法全部运算都只使用整数，算法效率得到显著提升。

圆(圆弧)的生成算法包括坐标法、折线逼近法和 Bresenham 圆(圆弧)生成算法。后两种算法应用更广泛。

区域填充首先通过对比“画图”软件的颜色填充和 AutoCAD 的绘制剖面线功能引入内定义区域、边界定义区域、四连接、八连接等基本概念和术语。然后详细分析种子填充算法、扫描线种子填充算法、扫描线转换填充算法和边填充算法及其改进算法的实现，配合相应的实例进行解析说明。

本章的最后介绍字符的两种表示法，点阵字符和矢量字符。从点阵字符和矢量字符的生成机理上给出点阵字符和矢量字符的区别。

复习思考题

1. 请编写一个伪代码程序，画一个三角形，三角形的三个顶点分别在(x, y)，$(x, y+t)$，$(x+t, y)$，其中 t 大于 0，使用 RGB 颜色。

2. DDA 直线生成算法的特点是什么？

3. 请用伪代码程序描述使用 DDA 算法扫描转换一条斜率介于−45° 和 45° ($|m|\leqslant1$)之间的直线所需的步骤。

4. 用 DDA 算法绘制一条由点(1, 3)至点(7, 5)的直线段，写出算法描述。给出线段上像素的数据，绘制出图形。

5. 使用 Bresenham 算法画斜率介于 0° 和 45° 之间的直线所需的步骤。

6. 请指出用 Bresenham 算法扫描转换从像素点(1, 1)到(8, 5)的线段时的像素位置。

7. 使用 Bresenham 算法描述扫描转换圆的步骤。

8. 使用直角坐标法实现圆心在(100, 100)，半径为 50 的圆的绘制。

9. 使用折线逼近法实现圆心在(200, 200)，半径为 150，起始角度为 30°，终止角度为 90° 的圆弧段的绘制。

10. 用伪代码写出扫描转换圆的 Bresenham 算法，画图表示扫描转换圆心在坐标原点，半径是 10 个像素的圆的像素位置，只考虑 90° 至 45° 范围的圆弧段。

11. 什么是区域填充？什么是扫描转换？

12. 什么是四连通区域？什么是八连通区域？四连通区域与八连通区域有什么区别？

13. 使用扫描转换算法扫描转换多边形区域的步骤是什么？

14. 用扫描线转换填充法将顶点为 $P_0(2, 5)$，$P_1(2, 10)$，$P_2(9, 6)$，$P_3(16, 11)$，$P_4(18, 4)$，$P_5(12, 2)$，$P_6(7, 2)$的多边形填充，写出新边表(NET)和活性边表的内容。

15. 写出对四连接区域的边界填充算法，种子像素如图 4-57 所示，填写边界内像素被填充的顺序。

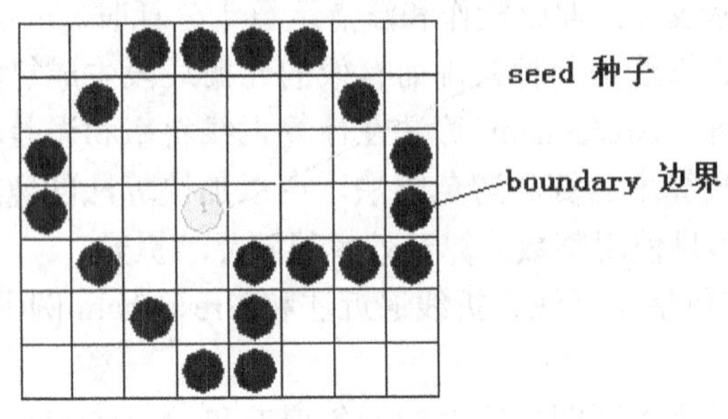

图 4-57　第 15 题图

第五章　自由曲线曲面的设计

学习要点

(1) 曲线、曲面的参数表达方法。参数连续性条件：几何连续性和导数连续性。

(2) 曲线拟合的方法：插值与逼近。

(3) Hermite，Cardinal，Bézier，B 样条曲线的定义、性质，矩阵表达式。

(4) Hermite，Cardinal，Bézier 和 B 样条曲线对曲线形状的控制，并通过程序设计实现。

(5) 综合使用 Hermite，Bézier、B 样条曲线，结合直线、圆的生成算法完成图案设计。

(6) Coons、Bézier、B 样条曲面的参数表示，初始边界条件，曲面形状的控制，曲面片的拼接。

(7) 编写程序实现双三次 Coons 曲面，双三次 Bézier 曲面，双三次 B 样条曲面的绘制，完成特定曲面设计。

核心概念

几何连续性、导数连续性、插值、逼近、型值点、控制点、控制多边形、调合函数(基函数)、特征网格

引导案例

计算机图形学与曲线曲面造型

从卫星的轨道、导弹的弹道、机械零件的外形、日常生活中的图样和花样设计、游戏地形、路径、3D 动画等都涉及曲线曲面的应用。曲线曲面造型是计算机图形学的一项重要内容，主要研究在计算机图形系统的环境下对曲线曲面的表示、设计、显示和分析。它起源于汽车、飞机、船舶、叶轮等的外形放样工艺，由美国数学家 S A Coons、法国雷诺汽车工程师 P.E.Bézier 等大师于 20 世纪 60 年代奠定其理论基础。经过几十年的发展，曲线曲面造型已形成了以 Bézier、B 样条、NURBS 和多节点样条为主体，以插值、逼近这两种手段为骨架的几何理论拟合体系。

图 5-1 所示是工业产品换热器的三维设计，其中零部件都是由平面立体、圆柱面、圆锥面、球面、圆环面等组成，可以用初等解析函数完全清楚地表达全部形状。图 5-2 所示的汽车、轮船、飞机和动车是我们这个时代出行的主要交通工具。汽车车身，轮船船体，飞机机身、机翼和尾翼，动车车体等形状比较复杂，难以用初等解析函数表达，一般情况下需要利用插值或逼近的方法拟合实现。

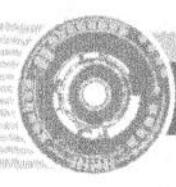

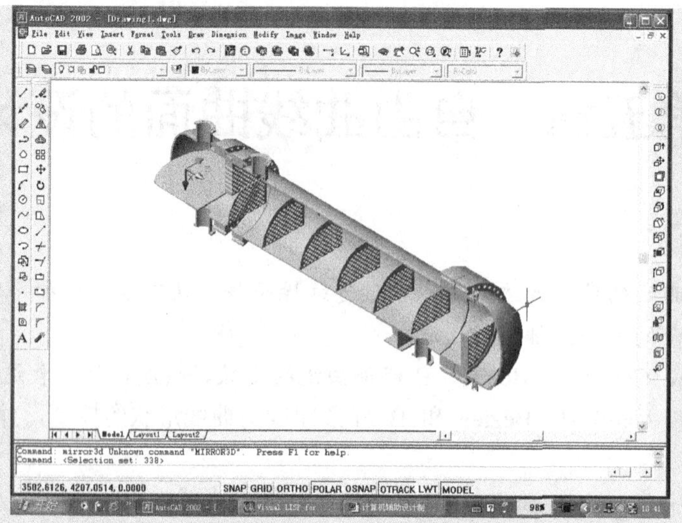

图 5-1　换热器三维实体剖面图

图 5-2　交通工具中的自由曲线曲面造型

案例导学

工业产品的形状大致上可以分为两类，一类是仅由初等解析曲面如平面、圆柱面、圆锥面、球面、椭圆面、抛物面、双曲面、圆环面等组成，大多数机械零件属于这一类，这类曲线曲面也可以称为规则曲线曲面，如图 5-1 所示。第二类由自由变化的曲线曲面组成，如飞机、汽车、船舶的外形部件，如图 5-2 所示。

从工程应用的角度看，曲线与曲面分为两大类：设计型和拟合型。

设计型：设计人员起初对其所设计的曲线曲面并无定量的概念，只是在设计过程中即兴发挥，Bézier 提出的一种由控制折线定义曲线和曲面的方法是设计型曲线与曲面生成方

式的典型代表。设计型曲线与曲面的属性偏重于几何构造，属于输入性质，有时会采用交互操作。

拟合型：对已经存在的离散点列(例如通过测量或实验得到的一系列有序点列)构造出尽可能光滑的曲线或曲面，用以直观地反映出实验特性、变化规律和趋势等。曲线和曲面拟合即属于此类型。拟合曲线、曲面的主要工作是如何实际地反映事物的本来面目。拟合型曲线和曲面的属性偏重于对已有几何的表现，属于输出性质，更适合于自动生产。

本章将探讨各类自由曲线曲面的设计与生成技术。

第一节　自由曲线与曲面的数学基础

一、曲线曲面表示

曲线曲面可以用三种形式表示，即显式、隐式和参数表示，三种形式表示如下。

(1)　显式表示，即函数的值与自变量能够清晰分开，如：

$$y=f(x),\ z=f(x,y) \tag{5-1}$$

显式表示的一个特点是一个 x 值与一个 y 值对应，所以显式方程不能表示封闭或多值曲线，如不能用一个显式方程表示一个圆。

(2)　隐式表示，即函数的值与自变量不能清晰分开，如：

$$F(x,y)=0,\ F(x,y,z)=0 \tag{5-2}$$

例如圆的方程：

$$x^2+y^2=r^2 \tag{5-3}$$

隐式表示的优点是易于判断函数是否大于、小于或等于零，点是落在所表示曲线上或在曲线的哪一侧，所得函数变量存在多值问题，即多组函数自变量对应同一函数值。

(3)　参数表示，即曲线曲面上任一点的坐标均表示成给定参数的函数。

如果用 u 表示参数，二维空间自由曲线的参数方程可表示为：

$$\begin{aligned} x&=x(u)\\ y&=y(u) \end{aligned} \tag{5-4}$$

其中，u 为参数，$u\in[0,1]$。

二维空间曲线上一点的参数矢量表达式为：

$$p(u)=[x(u)\quad y(u)] \tag{5-5}$$

同理，三维空间自由曲线的参数方程表示为：

$$\begin{aligned} x&=x(u)\\ y&=y(u)\\ z&=z(u) \end{aligned} \tag{5-6}$$

其中，u 为参数，$u\in[0,1]$。

三维空间曲线上一点的参数矢量表达式为：

$$p(u)=[x(u)\quad y(u)\quad z(u)] \tag{5-7}$$

任意一个空间曲面可表示为有两个参数的参数方程：

$$x=x(u, w)$$
$$y=y(u, w) \tag{5-8}$$
$$z=z(u, w)$$

其中，u, w 为参数，$u, w\in[0,1]$，参数矢量表达式为：

$$p(u, w)=[x(u, w) \quad y(u, w) \quad z(u, w)] \tag{5-9}$$

图 5-3 表示了参数曲线和参数曲面的实例。在图 5-3(a)中，曲线参数表达式为：

$$x=\mathrm{f}(u)$$
$$y=\mathrm{g}(u) \tag{5-10}$$
$$z=\mathrm{h}(u)$$

曲线起点参数 u=0，曲线终止点参数 u=1。在图 5-3(b)中，曲面参数方程表达式为：

$$x=\mathrm{f}(u, v)$$
$$y=\mathrm{g}(u,v) \tag{5-11}$$
$$z=\mathrm{h}(u,v)$$

曲面设定 u、v 两个方向，起始角点的参数 u=0，v=0，其他三个角点的参数分别为(u=0，v=1)、(u=1，v=0)、(u=1，v=1)，曲面分别沿着 u、v 的方向参数由 0～1 变化。

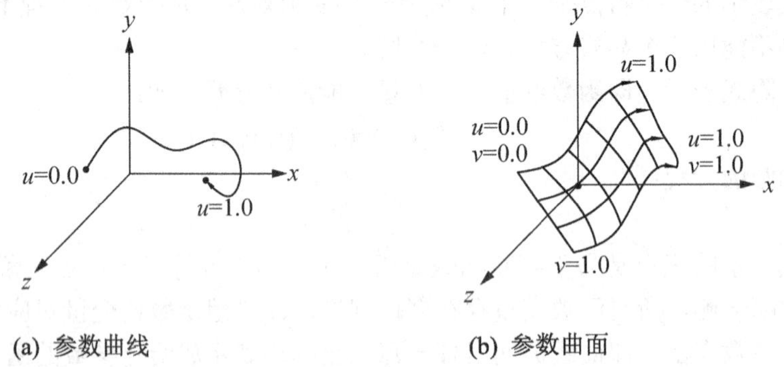

(a) 参数曲线　　(b) 参数曲面

图 5-3　参数曲线曲面实例

使用参数方程描述曲线或曲面具有如下优点。

(1) 参数方程体现了自由曲线或曲面几何不变性的性质，即自由曲线或曲面的形状本质上与坐标系的选取无关。

(2) 可以规范化参变量，限制在[0, 1]之内，易于规定曲线和曲面的范围。

(3) 易于处理无穷大斜率，便于曲线和曲面的分段分片描述，提供对其形状控制的较大自由度。

二、插值和逼近

在自由曲线或曲面的设计中，由已知的一些离散点决定曲线或曲面，这些离散点称为型值点或控制点。型值点是位于曲线或曲面上的点，控制点是控制曲线或曲面形状的点，不一定位于曲线或曲面上。对型值点使用插值或逼近方法可以得到拟合曲线或曲面。

给出一组有序的型值点列，根据应用的要求得到一条光滑曲线或曲面，通常采用两种

不同的方法，即插值方法和逼近方法。用插值或逼近来构造曲线或曲面的方法通称为曲线或曲面拟合方法。

1. 插值方法

插值法是古老而实用的数值方法。1000 多年前我国对插值法就有了研究，并应用于天文实践。如图 5-4 所示，设函数 $y=f(x)$在区间上有定义，且已知在点 $a\leqslant x_0\leqslant x_1\leqslant\ldots\leqslant x_n\leqslant b$ 上的值 y_0、y_1、…、y_n，若存在一简单函数 $P(x)$，使 $P(x_i)=y_i(i=0, 1, \ldots, n)$成立，则称 $P(x)$为 $f(x)$的插值函数，点 x_0、x_1、…、x_n 称为插值结点或型值点，包含插值结点或型值点的[a, b]区间称为插值区间，求插值函数的方法称为插值法。

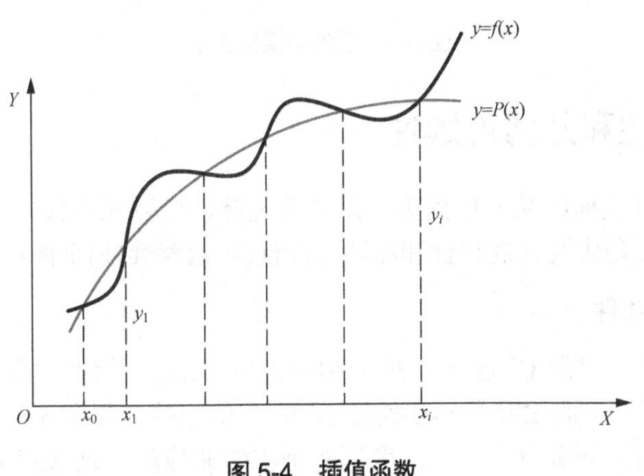

图 5-4　插值函数

插值要求生成的曲线通过每个给定的型值点。曲线插值方法有多项式插值、分段多项式插值和样条函数插值等。

2. 逼近方法

在某些情况下，我们需要构造一条曲线使之在某种意义下最为接近给定的数据点，称为对这些数据点进行逼近，所构造的曲线称为逼近曲线。逼近方法要求生成的曲线靠近每个给定点，但不一定要求通过每个给定点。逼近方法有最小二乘法，Bézier 方法，B 样条方法等。

3. 插值和逼近的区别

插值和逼近的区别可以用图 5-5 来形象描述，图 5-5 (a)为插值，表示曲线完全通过给定的型值点，特点可概括为“点点通过”。图 5-5 (b)为逼近，表示用一组控制点来控制曲线的形状，曲线不一定通过所有控制点，但是曲线的整体形状受控制点影响。

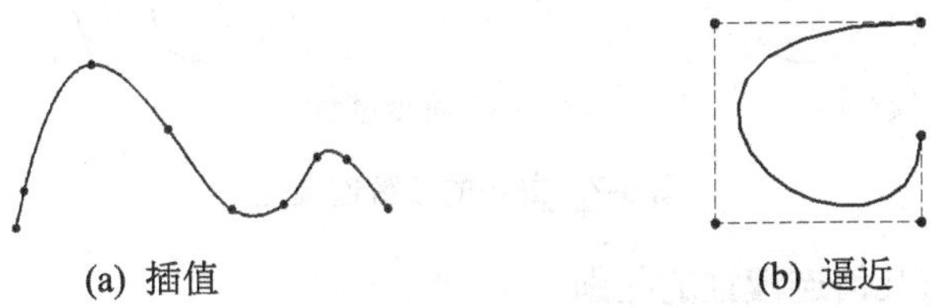

(a) 插值　　(b) 逼近

图 5-5　插值与逼近比较

图 5-6 表示插值与逼近的一个对比实例。图 5-6(a)是使用分段连续多项式插值的 6 个给定点获得的插值曲线。图 5-6 (b)是使用同样的分段连续多项式逼近的 6 个给定点获得的逼近曲线，其中的首尾两个控制点在曲线上。对于逼近曲线而言，首尾控制点也可以不在曲线上。

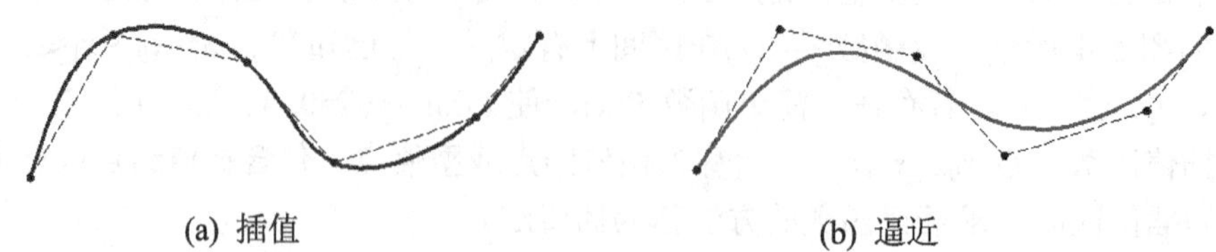

图 5-6　插值与逼近实例

三、参数连续性和几何连续性

为了充分保证分段曲线从一段到另一段光滑过渡，可以在连接点处要求各种连续性条件。曲线的光滑程度是由几何连续性和参数连续性(导数连续性)来衡量的。

1. 参数连续性条件

0 阶参数连续性，记作 C^0 连续，表示两段曲线在端点处相连。即第一个曲线段在 u=1 处的 x，y，z 值与第二个曲线段在 u=0 处的 x，y，z 值相等，如图 5-7(a)所示。

1 阶参数连续性，记作 C^1 连续，表示两个相邻曲线段在连接点处有相同的一阶导数(切线)，如图 5-7(b)所示。

2 阶导数连续性，记作 C^2 连续，表示两个相邻曲线段在连接点处有相同的一阶和二阶导数。高阶参数连续性可类似定义。图 5-7(c)表示两段曲线 C^2 连续。

2. 几何连续性条件

0 阶几何连续性，记为 G^0 连续，其意义与 0 阶参数连续性相同。即两段曲线段在连接点处有相同的几何坐标。

1 阶几何连续性，记为 G^1 连续，表示两段曲线段在连接点处的一阶导数(切线)方向相同，大小成比例关系。

2 阶几何连续性，记为 G^2 连续，表示两段曲线段在连接点处的一阶导数和二阶导数方向相同，大小成比例关系。

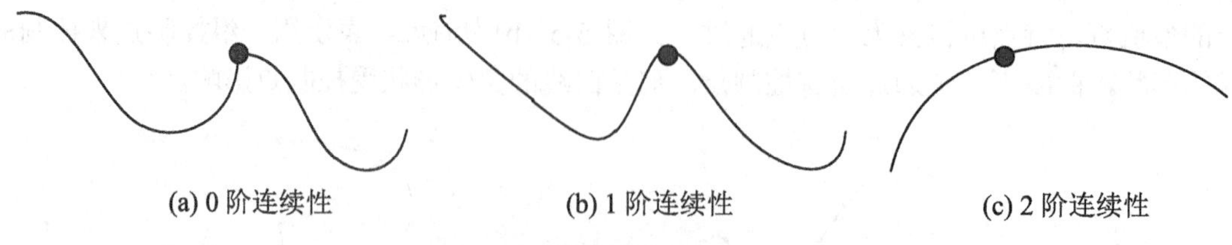

图 5-7　曲线的参数连续性

3. 参数连续性与几何连续性的区别

图 5-8 反映了参数连续性与几何连续性的区别，图 5-8(a)中 C_1 曲线和 C_2 曲线在连接点

P_1 处为 C^2 连续，图 5-8(b)中 C_1 曲线和 C_3 曲线在连接点 P_1 处为 G^2 连续。可以看出 C^2 连续比 G^2 连续更加光滑，G^2 连续曲线将向具有较大切向量的部分弯曲。

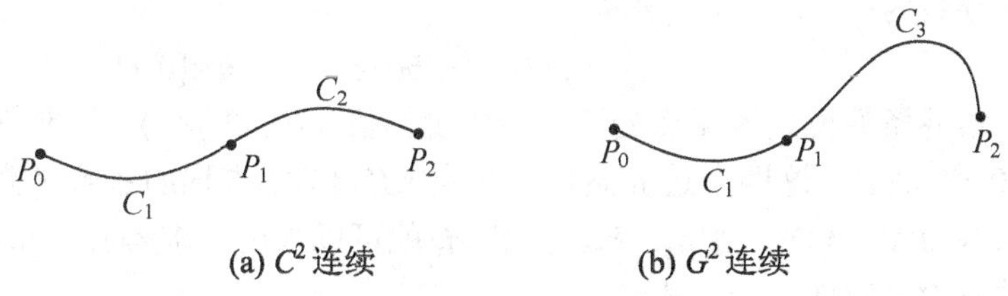

图 5-8 参数连续性与几何连续性

在计算几何中，两段曲线连接要做到足够光滑，则在连接点处一般要达到 C_2 连续。在曲线曲面参数表示中，通常采用控制点和基函数的表达形式。表示曲线的控制点和基函数的一般形式为：

$$p(u)=\sum_{u=0}^{n} P_i \bullet B_i(u) \quad u\in[0\ 1] \tag{5-12}$$

其中，P_i 为控制点，$B_i(u)$为基函数。基函数也称为调和函数，一般由多项式组成。控制点控制曲线或曲面的整体形状，而基函数决定了曲线或曲面的基本性质，不同的基函数将形成不同的曲线曲面构造方法。在实际应用中，基函数一般使用三次多项式，因为三次多项式可以达到二阶导数连续，更高阶多项式会影响计算效率。

第二节 Hermite 样条曲线

一、样条曲线的概述

计算机图形学技术产生之前，样条曲线的设计思想在工程中已经得到应用。给出一组离散的有序点列，要求用一条光滑曲线把这些点顺序连接起来，绘图员常常用一根富有弹性的均匀细木条，将它压在各种型值点处，强迫细木条通过这些点，最后沿这根被称为“样条”的细木条画出所需要的光滑曲线，这就是“样条曲线”的来历。术语样条曲线原指用这种方法绘制的曲线。数学上用分段三次多项式函数来描述这种曲线，其连接处有连续的一阶和二阶导数。在计算机图形学中，样条曲线指由多项式曲线段连接而成的曲线，在每段的边界处满足特定连续条件，例如参数连续性和几何连续性条件。而样条曲面可用两组正交样条曲线来描述。样条用来设计曲线和曲面形状，在典型的 CAD 应用中涉及到汽车、飞机和航天飞机表面设计以及船体设计。

计算机图形学应用中经常使用几种不同的样条描述。每种描述是一个带有某种特定边界条件多项式的特殊类型。例如一条空间曲线用三次参数方程可以表示如下：

$$\begin{aligned} x(u)&=a_x u^3+b_x u^2+c_x u+d_x \\ y(u)&=a_y u^3+b_y u^2+c_y u+d_y \\ z(u)&=a_z u^3+b_z u^2+c_z u+d_z \end{aligned} \tag{5-13}$$

其中 u 为参数，$u\in[0\ 1]$。

或参数矢量表达式如下：

$$p(u)=au^3+bu^2+cu+d \qquad u\in[0\ 1] \tag{5-14}$$

对其求一阶导数为：

$$p'(u)=3au^2+2bu+c \qquad u\in[0\ 1] \tag{5-15}$$

如果曲线的边界条件设定为端点处满足给定坐标值 $p(0)$和 $p(1)$，同时端点处的导数也满足给定值 $p'(0)$和 $p'(1)$。这四个边界条件对决定式(5-13)中方程的系数是充分条件，例如已知 $x(0)$、$x(1)$、$x'(0)$和 $x'(1)$，则 a_x、b_x、c_x 和 d_x 就可以求出。求解各个系数后的式(5-13)就是一种确定的三次参数样条表示式。

三次样条曲线在实际设计中得到广泛应用。因为三次多项式曲线是能使曲线段的端点通过特定的点，并能使曲线段在连接处保持位置和斜率连续性的最低阶次的多项式。与更高多项式相比，三次多项式需要较少的计算和存储，并且比较稳定。更低次多项式虽然具有更少的计算和存储需求，但是难以用来描述具有复杂形状的曲线。

给出 n+1 个型值点，分别记为 P_0，P_1，P_2，…，P_k，统一表示为：

$$P_k=(x_k\ \ y_k\ \ z_k),\ k=0,\ 1,\ \dots,\ n$$

如果想使用三次样条获得一条通过各个型值点的连续曲线，需要利用三次样条分段插值得到通过每个型值点的分段三次样条曲线。因此对 n+1 个型值点，分段插值的段与段之间需要建立合适的边界条件，既能使各段之间平滑连续，又可建立足够的方程数量，求出所有的未知系数。

二、Hermite 样条边界条件与参数方程表达

Hermite 曲线边界条件与参数方程推导(矩阵表达).mp4

一般三次参数方程可以表示为：

$$p(u)=au^3+bu^2+cu+d \qquad u\in[0\ 1]$$

Hermite 样条插值方法是以法国数学家 Charles Hermite 命名的，使用型值点和型值点处的一阶导数建立边界条件。如图 5-9 所示，设 P_k 和 P_{k+1} 为第 K 个和第 K+1 个型值点，Hermite 样条插值边界条件规定为：

$$\begin{aligned} p(0)&=P_k \\ p(1)&=P_{k+1} \\ p'(0)&=D_k \\ p'(1)&=D_{k+1} \end{aligned} \tag{5-16}$$

其中，D_k 和 D_{k+1} 分别为点 P_k 和点 P_{k+1} 处的一阶导数(切向量)。

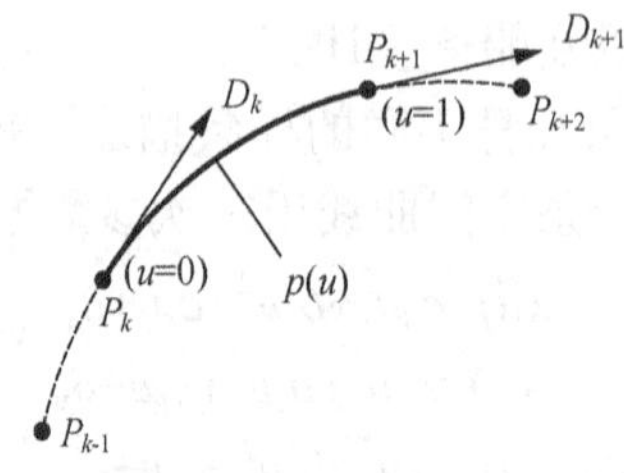

图 5-9　Hermite 样条曲线的边界条件

将参数方程(5-14)写成矩阵形式为：

$$p(u)=[u^3 \quad u^2 \quad u \quad 1]\cdot\begin{bmatrix}a\\b\\c\\d\end{bmatrix} \tag{5-17}$$

其一阶导数为：

$$p'(u)=[3u^2 \quad 2u \quad 1 \quad 0]\cdot\begin{bmatrix}a\\b\\c\\d\end{bmatrix} \tag{5-18}$$

将边界条件 u=0 时，$p(0)=P_k$ 和 u=1 时，$p(1)=P_{k+1}$ 代入式(5-14)和式(5-16)得：

$$P_k=d \tag{5-19}$$

$$P_{k+1}=a+b+c+d \tag{5-20}$$

将边界条件 u=0 时，$p'(0)=D_k$ 和 u=1 时，$p'(1)=D_{k+1}$ 代入式(5-15)和式(5-16)得：

$$D_k=c \tag{5-21}$$

$$D_{k+1}=3a+2b+c \tag{5-22}$$

由边界条件构成的 4 个联立方程(5-19)(5-20)(5-21)(5-22)，写成矩阵的形式为：

$$\begin{bmatrix}P_k\\P_{k+1}\\D_k\\D_{k+1}\end{bmatrix}=\begin{bmatrix}0&0&0&1\\1&1&1&1\\0&0&1&0\\3&2&1&0\end{bmatrix}\cdot\begin{bmatrix}a\\b\\c\\d\end{bmatrix} \tag{5-23}$$

解此方程得：

$$\begin{bmatrix}a\\b\\c\\d\end{bmatrix}=\begin{bmatrix}0&0&0&1\\1&1&1&1\\0&0&1&0\\3&2&1&0\end{bmatrix}^{-1}\cdot\begin{bmatrix}P_k\\P_{k+1}\\D_k\\D_{k+1}\end{bmatrix}=\begin{bmatrix}2&-2&1&1\\-3&3&-2&-1\\0&0&1&0\\1&0&0&0\end{bmatrix}\cdot\begin{bmatrix}P_k\\P_{k+1}\\D_k\\D_{k+1}\end{bmatrix}=M_h\cdot\begin{bmatrix}P_k\\P_{k+1}\\D_k\\D_{k+1}\end{bmatrix} \tag{5-24}$$

式(5-24)中，

$M_h=\begin{bmatrix}2&-2&1&1\\-3&3&-2&-1\\0&0&1&0\\1&0&0&0\end{bmatrix}$称为 Hermite 矩阵。

所以，式(5-17)的插值样条参数方程可以写成：

$$p(u)=[u^3 \quad u^2 \quad u \quad 1]\cdot M_h\cdot\begin{bmatrix}P_k\\P_{k+1}\\D_k\\D_{k+1}\end{bmatrix} \tag{5-25}$$

Hermite 曲线调和函数与坐标分量表达.mp4

三、Hermite 样条曲线的调和函数及坐标分量表达

将式(5-25)展开写成代数形式为：

$$\begin{aligned} p(u) &= P_k(2u^3-3u^2+1)+P_{k+1}(-2u^3+3u^2)+D_k(u^3-2u^2+u)+D_{k+1}(u^3-u^2) \\ &= P_kH_0(u)+P_{k+1}H_1(u)+D_kH_2(u)+D_{k+1}H_3(u) \end{aligned} \tag{5-26}$$

其中

$$\begin{aligned} H_0(u)&=2u^3-3u^2+1 \\ H_1(u)&=-2u^3+3u^2 \\ H_2(u)&=u^3-2u^2+u \\ H_3(u)&=u^3-u^2 \end{aligned} \tag{5-27}$$

称为 Hermite 样条调和函数(也称基函数)，因为它们调和了边界约束值 P_k，P_{k+1}，D_k，D_{k+1}，使在整个参数范围 $u\in[0\ \ 1]$内产生曲线的坐标值。调和函数仅与参数 u 有关，而与初始条件无关，且调和函数对于空间的三个坐标分量(x, y, z)是相同的。

图 5-10 表示出 Hermite 样条曲线的调和函数随参数 u 变化的曲线。从曲线上可以看出，当 $u=0$ 时，$H_0(0)=1$，$H_1(0)= H_2(0)= H_3(0)=0$，由式(5-26)得 $p(0) = P_k$；当 $u=1$ 时，$H_1(1)=1$，$H_0(1) = H_2(1) = H_3(1) = 0$，由式(5-26)得 $p(1) = P_{k+1}$。这与 Hermite 样条曲线初始设定的边界条件是吻合的。

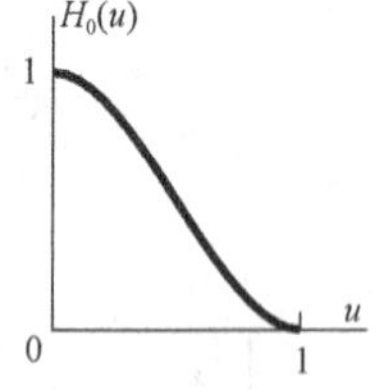

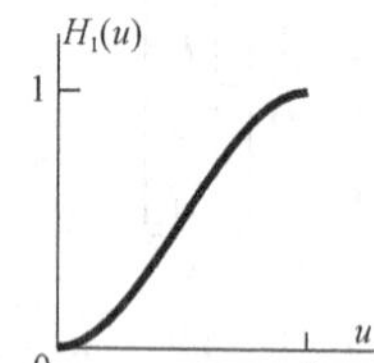

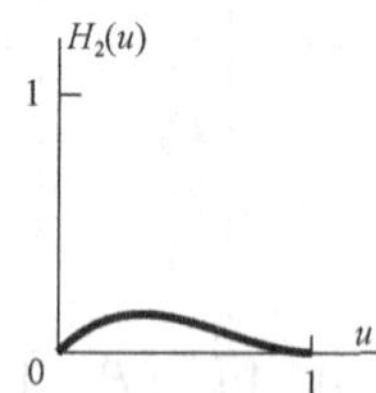

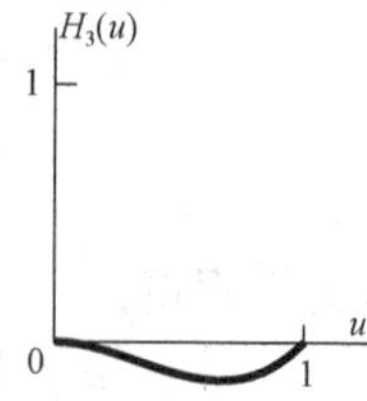

图 5-10　Hermite 样条曲线的调和函数

将式(5-26)写成坐标分量形式如下：

$$\begin{aligned} x(u)&=H_0(u)x_k+H_1(u)x_{k+1}+H_2(u)x_k'+H_3(u)x'_{k+1} \\ y(u)&=H_0(u)y_k+H_1(u)y_{k+1}+H_2(u)y_k'+H_3(u)y'_{k+1} \\ z(u)&=H_0(u)z_k+H_1(u)z_{k+1}+H_2(u)z_k'+H_3(u)z'_{k+1} \end{aligned} \tag{5-28}$$

四、Hermite 样条曲线的特点

Hermite 曲线实例绘制演示.mp4

Hermite 曲线生成-实例解析.mp4

Hermite 曲线形状控制与优缺点分析.mp4.

Hermite 样条曲线对形状控制可以通过改变端点位置矢量 P_k，P_{k+1}、调节切矢量 D_k，D_{k+1} 的大小和方向来实现。由此可见，Hermite 插值曲线并不唯一，端点条件是确定其形状的决定因素。

构造 Hermite 样条曲线比较简单，易于理解，但要求确定每个型值点处的一阶导数作为初始条件是很不方便的，有时甚至难以实现。更好的做法是不需要输入一阶导数或输入其他几何信息就能生成样条曲线。Cardinal 样条曲线就是对 Hermite 样条曲线的初始条件

进行了改进。

例题与解答

例题 1：给定 8 个型值点，(100, 300)，(120, 400)，(220, 400)，(270, 500)，(370, 500)，(420, 400)，(420, 300)，(100, 300)，其中起始点和终止点是同一个点，构成一个首尾相接的封闭多边形。假定各点处的一阶导数数值(切向量)分别均为(70, 70)，模拟计算机用三次 Hermite 插值方法绘制曲线的实现过程。

解答：由 8 个型值点构成的封闭多边形如图 5-11 所示，控制着分段 Hermite 曲线的形状。图上箭头的方向和大小为样条曲线在该型值点的切向量。从 P_0 出发根据边界条件分别计算所有的分段曲线。

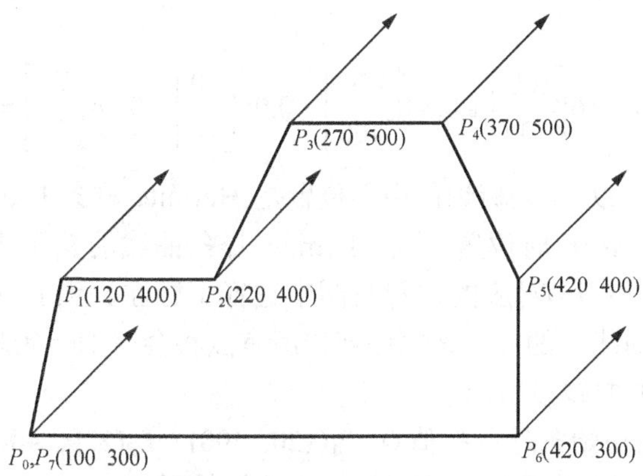

图 5-11　Hermite 样条实例的型值点及其切向量

(1) 第一段曲线的初始条件：型值点 $P_0(100, 300)$，$P_1(120, 400)$，对应的一阶导数分别为 $D_0= D_1=(70, 70)$。用列向量表达点坐标和一阶导数则有：

$$P_0=\begin{bmatrix}100\\300\end{bmatrix}\qquad P_1=\begin{bmatrix}120\\400\end{bmatrix}\qquad D_0=\begin{bmatrix}70\\70\end{bmatrix}\qquad D_1=\begin{bmatrix}70\\70\end{bmatrix}$$

以下计算参数 u=0.25，u=0.5，u=0.75 对应的样条曲线上的点。

① 当参数 u=0.25 时，由式(5-27)Hermite 基函数对应的值分别为：

$$H_0(0.25)=2\times0.25^3-3\times0.25^2+1=0.84$$
$$H_1(0.25)=-2\times0.25^3+3\times0.25^2=0.16$$
$$H_2(0.25)= 0.25^3-2\times0.25^2+0.25=0.14$$
$$H_3(0.25)= 0.25^3-0.25^2=-0.05$$

于是由式(5-26)有：

$$P(0.25) = 0.84\begin{bmatrix}100\\300\end{bmatrix}+0.16\begin{bmatrix}120\\400\end{bmatrix}+0.14\begin{bmatrix}70\\70\end{bmatrix}-0.05\begin{bmatrix}70\\70\end{bmatrix}=\begin{bmatrix}109.5\\322.3\end{bmatrix}$$

② 当参数 u=0.5 时，Hermite 基函数对应的值分别为：

$$H_0(0.5)=2\times0.5^3-3\times0.5^2+1=0.5$$

$H_1(0.5)=-2\times0.5^3+3\times0.5^2=0.5$
$H_2(0.5)=0.5^3-2\times0.5^2+0.5=0.125$
$H_3(0.5)=0.5^3-0.5^2=-0.125$

于是有：

$$P(0.5)=0.5\begin{bmatrix}100\\300\end{bmatrix}+0.5\begin{bmatrix}120\\400\end{bmatrix}+0.125\begin{bmatrix}70\\70\end{bmatrix}-0.125\begin{bmatrix}70\\70\end{bmatrix}=\begin{bmatrix}110\\350\end{bmatrix}$$

③ 当参数 u=0.75 时，Hermite 基函数对应的值分别为：

$H_0(0.75)=2\times0.75^3-3\times0.75^2+1=0.16$
$H_1(0.75)=-2\times0.75^3+3\times0.75^2=0.84$
$H_2(0.75)=0.75^3-2\times0.75^2+0.75=0.05$
$H_3(0.75)=0.75^3-0.75^2=-0.14$

于是有：

$$P(0.75)=0.16\begin{bmatrix}100\\300\end{bmatrix}+0.84\begin{bmatrix}120\\400\end{bmatrix}+0.05\begin{bmatrix}70\\70\end{bmatrix}-0.14\begin{bmatrix}70\\70\end{bmatrix}=\begin{bmatrix}110.5\\377.7\end{bmatrix}$$

如图 5-12(a)所示，以⊠为标识的中心位置是 Hermite 样条曲线上的点，型值点 P_0，P_1 分别对应参数 u=0，u=1 时位置，由 Hermite 样条曲线的性质决定，没有进行数据计算。$P(0.25)$、$P(0.5)$、$P(0.75)$对应的位置在图中进行了标注。当 u 的取值加密，例如步距设置为 0.01 计算所有曲线上的点，按顺序连接所有点将会得到一条足够光滑的 Hermite 样条曲线，如图 5-12(a)的曲线段所示。

(2) 第二段曲线的初始条件：型值点 $P_1(120, 400)$，$P_2(220, 400)$，对应的一阶导数分别为 $D_1=D_2=(70, 70)$。用列向量表达点坐标和一阶导数则有：

$$P_1=\begin{bmatrix}120\\400\end{bmatrix}\qquad P_2=\begin{bmatrix}220\\400\end{bmatrix}\qquad D_1=\begin{bmatrix}70\\70\end{bmatrix}\qquad D_2=\begin{bmatrix}70\\70\end{bmatrix}$$

① 当参数 u=0.25 时，

$H_0(0.25)=0.84$，$H_1(0.25)=0.16$，$H_2(0.25)=0.14$，$H_3(0.25)=-0.05$，

$$P(0.25)=0.84\begin{bmatrix}120\\400\end{bmatrix}+0.16\begin{bmatrix}220\\400\end{bmatrix}+0.14\begin{bmatrix}70\\70\end{bmatrix}-0.05\begin{bmatrix}70\\70\end{bmatrix}=\begin{bmatrix}142.3\\406.3\end{bmatrix}$$

② 当参数 u=0. 5 时，

$H_0(0.5)=0.5$，$H_1(0.5)=0.5$，$H_2(0.5)=0.125$，$H_3(0.5)=-0.125$，

$$P(0.5)=0.5\begin{bmatrix}120\\400\end{bmatrix}+0.5\begin{bmatrix}220\\400\end{bmatrix}+0.125\begin{bmatrix}70\\70\end{bmatrix}-0.125\begin{bmatrix}70\\70\end{bmatrix}=\begin{bmatrix}170\\400\end{bmatrix}$$

③ 当参数 u=0.75 时，

$H_0(0.75)=0.16$，$H_1(0.75)=0.84$，$H_2(0.75)=0.05$，$H_3(0.75)=-0.14$

$$P(0.75)=0.16\begin{bmatrix}120\\400\end{bmatrix}+0.84\begin{bmatrix}220\\400\end{bmatrix}+0.05\begin{bmatrix}70\\70\end{bmatrix}-0.14\begin{bmatrix}70\\70\end{bmatrix}=\begin{bmatrix}197.7\\393.7\end{bmatrix}$$

第二段样条曲线如图 5-12(b)所示。

以此类推，读者可以在计算机上实现封闭多边形控制的由分段 Hermite 样条曲线构成的完整曲线，如图 5-12(c)所示。

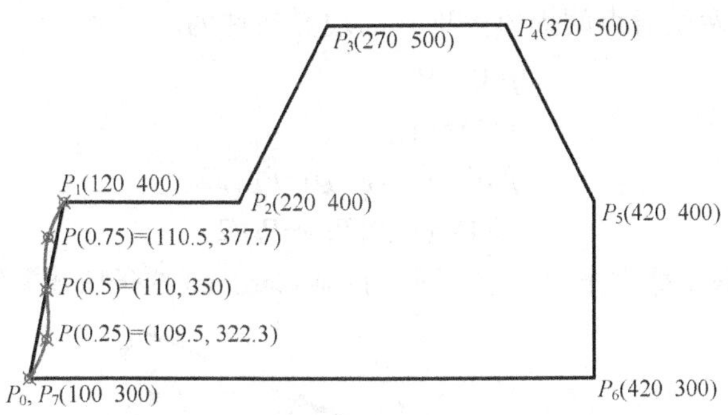

(a) 第一段曲线生成

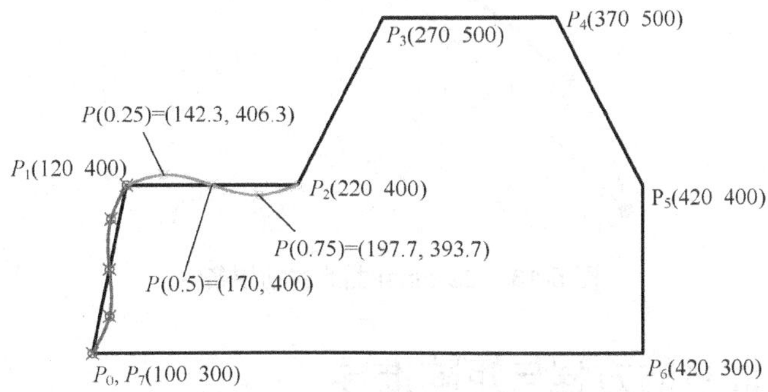

(b) 第二段曲线生成

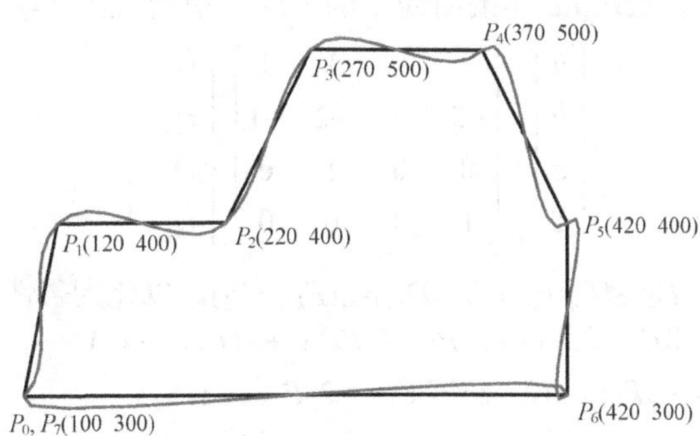

(c) 完整曲线生成

图 5-12　Hermite 样条曲线的计算数据及对应图形

第三节　Cardinal 曲线

Cardinal 曲线设计-实例解析与演示.mp4

一、Cardinal 曲线的初始条件

像 Hermite 样条曲线一样，Cardinal 样条曲线也是插值分段三次曲线，且边界条件也是限定每段曲线端点处的一阶导数。与 Hermite 样条曲线的区别是在 Cardinal 样条曲线端

点处的一阶导数值由两个相邻型值点坐标来计算。

如图 5-13 所示，设相邻的四个型值点分别记为 P_{k-1}，P_k，P_{k+1} 和 P_{k+2}，Cardinal 样条插值方法规定 P_k、P_{k+1} 两型值点间插值多项式的边界条件为：

$$\begin{aligned} &p(0)=P_k \\ &p(1)=P_{k+1} \\ &p'(0)=(1-t)(P_{k+1}-P_{k-1})/2 \\ &p'(1)=(1-t)(P_{k+2}-P_k)/2 \end{aligned} \tag{5-29}$$

其中 t 为可调参数，称为张力参数，可以控制 Cardinal 样条曲线型值点间的松紧程度。

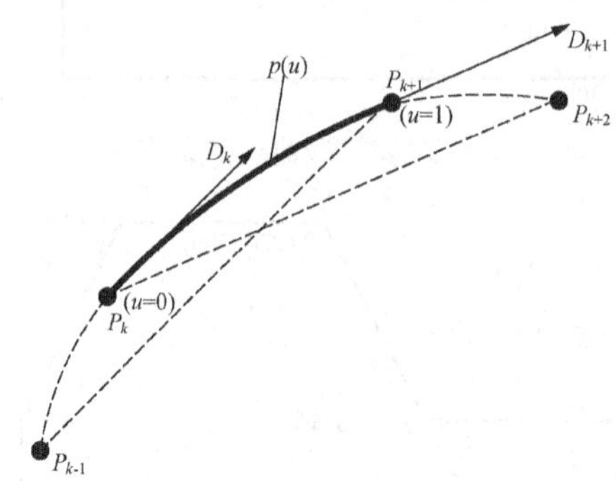

图 5-13　Cardinal 曲线的初始条件

Cardinal 曲线边界条件与矩阵表达式推导.mp4

二、Cardinal 曲线的方程与矩阵推导

记 $s=(1-t)/2$，用类似 Hermite 样条曲线中的方法，引用式(5-24)进行推导。

$$\begin{bmatrix} a \\ b \\ c \\ d \end{bmatrix} = \begin{bmatrix} 2 & -2 & 1 & 1 \\ -3 & 3 & -2 & -1 \\ 0 & 0 & 1 & 0 \\ 1 & 0 & 0 & 0 \end{bmatrix} \cdot \begin{bmatrix} P_k \\ P_{k+1} \\ D_k \\ D_{k+1} \end{bmatrix}$$

对于 Cardinal 曲线，$D_k=s(P_{k+1}-P_{k-1})$，$D_{k+1}=s(P_{k+2}-P_k)$，以此为条件分别求 a，b，c 和 d。

$$\begin{aligned} a &= 2P_k-2P_{k+1}+s(P_{k+1}-P_{k-1})+s(P_{k+2}-P_k) \\ &= -sP_{k-1}+(2-s)P_k+(s-2)P_{k+1}+sP_{k+2} \\ &= \begin{bmatrix} -s & 2-s & s-2 & s \end{bmatrix} \begin{bmatrix} P_{k-1} \\ P_k \\ P_{k+1} \\ P_{k+2} \end{bmatrix} \end{aligned} \tag{5-30}$$

$$\begin{aligned} b &= -3P_k+3P_{k+1}-2s(P_{k+1}-P_{k-1})-s(P_{k+2}-P_k) \\ &= 2sP_{k-1}+(s-3)P_k+(3-2s)P_{k+1}-sP_{k+2} \\ &= \begin{bmatrix} 2s & s-3 & 3-2s & -s \end{bmatrix} \begin{bmatrix} P_{k-1} \\ P_k \\ P_{k+1} \\ P_{k+2} \end{bmatrix} \end{aligned} \tag{5-31}$$

$$c = s(P_{k+1} - P_{k-1}) = -sP_{k-1} + sP_{k+1} = \begin{bmatrix} -s & 0 & s & 0 \end{bmatrix} \begin{bmatrix} P_{k-1} \\ P_k \\ P_{k+1} \\ P_{k+2} \end{bmatrix} \tag{5-32}$$

$$d = P_k = \begin{bmatrix} 0 & 1 & 0 & 0 \end{bmatrix} \begin{bmatrix} P_{k-1} \\ P_k \\ P_{k+1} \\ P_{k+2} \end{bmatrix} \tag{5-33}$$

将式(5-30)、(5-31)、(5-32)、(5-33)、合并表达为：

$$\begin{bmatrix} a \\ b \\ c \\ d \end{bmatrix} = \begin{bmatrix} -s & 2-s & s-2 & s \\ 2s & s-3 & 3-2s & -s \\ -s & 0 & s & 0 \\ 0 & 1 & 0 & 0 \end{bmatrix} \cdot \begin{bmatrix} P_{k-1} \\ P_k \\ P_{k+1} \\ P_{k+2} \end{bmatrix} \tag{5-34}$$

将式(5-34)代入式(5-17)得到 Cardinal 曲线的矩阵表达式：

$$\begin{aligned} p(u) &= \begin{bmatrix} u^3 & u^2 & u & 1 \end{bmatrix} \cdot \begin{bmatrix} -s & 2-s & s-2 & s \\ 2s & s-3 & 3-2s & -s \\ -s & 0 & s & 0 \\ 0 & 1 & 0 & 0 \end{bmatrix} \cdot \begin{bmatrix} P_{k-1} \\ P_k \\ P_{k+1} \\ P_{k+2} \end{bmatrix} \\ &= \begin{bmatrix} u^3 & u^2 & u & 1 \end{bmatrix} \cdot \mathrm{M_c} \cdot \begin{bmatrix} P_{k-1} \\ P_k \\ P_{k+1} \\ P_{k+2} \end{bmatrix} \end{aligned} \tag{5-35}$$

其中，

$$M_c = \begin{bmatrix} -s & 2-s & s-2 & s \\ 2s & s-3 & 3-2s & -s \\ -s & 0 & s & 0 \\ 0 & 1 & 0 & 0 \end{bmatrix} \tag{5-36}$$

称为 Cardinal 矩阵。

Cardinal 曲线调和函数与坐标分量表达.mp4

三、Cardinal 样条曲线的调和函数

将式 (5-35)展开写成代数形式为：

$$\begin{aligned} p(u) &= P_{k-1}(-su^3+2su^2-su)+P_k((2-s)u^3+(s-3)u^2+1)+P_{k+1}((s-2)u^3+(3-2s)u^2+su) \\ &\quad +P_{k+2}(su^3-su^2) \\ &= P_{k-1}\ C_0(u)+\ P_k\ C_1(u)+\ P_{k+1}\ C_2(u)+P_{k+2}\ C_3(u) \end{aligned} \tag{5-37}$$

其中

$$\begin{aligned} C_0(u) &= -su^3+2su^2-su \\ C_1(u) &= (2-s)u^3+(s-3)u^2+1 \\ C_2(u) &= (s-2)u^3+(3-2s)u^2+su \end{aligned} \tag{5-38}$$

$$C_3(u)=su^3-su^2$$

称为 Cardinal 样条调和函数。

图 5-14 所示 Cardinal 样条调和函数随参数 u 变化的曲线。从曲线上可以看出，当 $u=0$ 时，$C_1(0)=1$，$C_0(0)=C_2(0)=C_3(0)=0$，因此由式(5-37)得 $p(0)=P_k$。当 $u=1$ 时，$C_2(1)=1$，$C_0(1)=C_1(1)= C_3(1)= 0$，因此由式(5-37)得 $p(1)=P_{k+1}$。这与 Cardinal 样条曲线通过型值点 P_k、P_{k+1} 的边界条件相吻合。

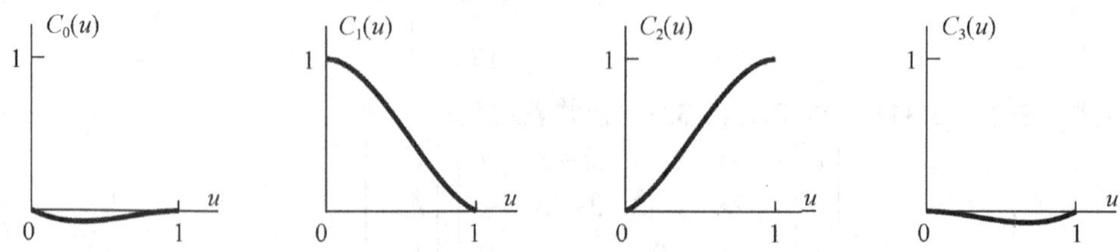

图 5-14　Cardinal 样条曲线调和函数

将式(5-37)写成坐标分量的形式为：

$$\begin{aligned}x(u)&=x_{k-1}C_0(u)+x_kC_1(u)+ x_{k+1}C_2(u)+x_{k+2}C_3(u)\\ y(u)&=y_{k-1}C_0(u)+y_kC_1(u)+y_{k+1}C_2(u)+y_{k+2}C_3(u)\\ z(u)&=z_{k-1}C_0(u)+z_kC_1(u)+ z_{k+1}C_2(u)+z_{k+2}C_3(u)\end{aligned}\tag{5-39}$$

四、Hermite 和 Cardinal 样条曲线的构图特点

Cardinal 曲线与 Hermite 曲线的比较.mp4

一个 Cardinal 样条曲线完全由四个连续的型值点决定。中间两个型值点是曲线段端点，另外两个点用来辅助计算端点斜率。只要给出一组型值点的坐标值，就可以分段计算出 Cardinal 样条曲线，并组合成一整条三次样条曲线。

Hermite 样条曲线对形状控制可以通过改变端点位置矢量 P_k，P_{k+1}、调节端点切矢量 D_k，D_{k+1} 的方向和大小来实现。

Hermite 样条曲线和 Cardinal 样条曲线均是插值曲线，限于作“点点通过”给定数据点的曲线，只适用于插值场合，如外形的数学放样，不适合于外形设计。

例题 2：给定 8 个型值点，(100, 300)，(120, 400)，(220, 400)，(270, 500)，(370, 500)，(420, 400)，(420, 300)，(100, 300)。起始点和终止点是同一个点，构成一个首尾相接的封闭多边形，模拟计算机用三次 Cardinal 插值方法绘制曲线的实现过程。

解：由 8 个型值点构成的封闭多边形如图 5-15 所示，控制着分段 Cardinal 曲线的形状。与 Hermite 样条曲线比较，本题并未给出各型值点的切向量。按照 Cardinal 曲线的构图思想，任意型值点的切向量由相邻点的矢量差决定。

取 $t=0$，则 $s=(1-t)/2=0.5$，三次 Cardinal 曲线的调和函数由式(5-38)可以确定为：

$$C_0(u)= -0.5u^3+u^2-0.5u$$

$$C_1(u)=1.5u^3-2.5u^2+1$$
$$C_2(u)=-1.5u^3+2u^2+0.5u$$
$$C_3(u)=0.5u^3-0.5u^2$$

从 P_0 出发根据边界条件每四个型值点构造一段三次 Cardinal 曲线。下面分别计算第一段，第二段的分段曲线。

(1) 第一段曲线的初始条件：型值点 $P_0(100,300)$，$P_1(120,400)$，$P_2(220,400)$，$P_3(270,500)$。用列向量表达点坐标则有：

$$P_0=\begin{bmatrix}100\\300\end{bmatrix}\quad P_1=\begin{bmatrix}120\\400\end{bmatrix}\quad P_2=\begin{bmatrix}220\\400\end{bmatrix}\quad P_3=\begin{bmatrix}270\\500\end{bmatrix}$$

以下计算参数 u=0.3，u=0.6 对应的样条曲线上的点。

① 当参数 u=0.3 时，Cardinal 曲线的调和函数对应的值分别为：

$$C_0(0.3)=-0.5\times0.3^3+0.3^2-0.5\times0.3=-0.0735$$
$$C_1(0.3)=1.5\times0.3^3-2.5\times0.3^2+1=0.8155$$
$$C_2(0.3)=-1.5\times0.3^3+2\times0.3^2+0.5\times0.3=0.2895$$
$$C_3(0.3)=0.5\times0.3^3-0.5\times0.3^2=-0.0315$$

由式(5-37)有：

$$P(0.3)=-0.0735\begin{bmatrix}100\\300\end{bmatrix}+0.8155\begin{bmatrix}120\\400\end{bmatrix}+0.2895\begin{bmatrix}220\\400\end{bmatrix}-0.0315\begin{bmatrix}270\\500\end{bmatrix}=\begin{bmatrix}146\\404\end{bmatrix}$$

② 当参数 u=0.6 时，Cardinal 曲线的调和函数对应的值分别为：

$$C_0(0.6)=-0.5\times0.6^3+0.6^2-0.5\times0.6=-0.048$$
$$C_1(0.6)=1.5\times0.6^3-2.5\times0.6^2+1=0.424$$
$$C_2(0.6)=-1.5\times0.6^3+2\times0.6^2+0.5\times0.6=0.696$$
$$C_3(0.6)=0.5\times0.6^3-0.5\times0.6^2=-0.072$$

由式(5-37)有：

$$P(0.6)=-0.048\begin{bmatrix}100\\300\end{bmatrix}+0.424\begin{bmatrix}120\\400\end{bmatrix}+0.696\begin{bmatrix}220\\400\end{bmatrix}-0.072\begin{bmatrix}270\\500\end{bmatrix}=\begin{bmatrix}180\\398\end{bmatrix}$$

(2) 第二段曲线的初始条件：型值点 $P_1(120,400)$，$P_2(220,400)$，$P_3(270,500)$，$P_4(370,500)$。用列向量表达点坐标则有：

$$P_1=\begin{bmatrix}120\\400\end{bmatrix}\quad P_2=\begin{bmatrix}220\\400\end{bmatrix}\quad P_3=\begin{bmatrix}270\\500\end{bmatrix}\quad P_4=\begin{bmatrix}370\\500\end{bmatrix}$$

计算参数 u=0.3，u=0.6 对应的样条曲线上的点。

① 当参数 u=0.3 时，

$$C_0(0.3)=-0.0735,\ C_1(0.3)=0.8155,\ C_2(0.3)=0.2895,\ C_3(0.3)=-0.0315$$

由式(5-37)有：

$$P(0.3)=-0.0735\begin{bmatrix}120\\400\end{bmatrix}+0.8155\begin{bmatrix}220\\400\end{bmatrix}+0.2895\begin{bmatrix}270\\500\end{bmatrix}-0.0315\begin{bmatrix}370\\500\end{bmatrix}=\begin{bmatrix}237\\426\end{bmatrix}$$

② 当参数 u=0.6 时，

$$C_0(0.6)=-0.048,\ C_1(0.6)=0.424,\ C_2(0.6)=0.696,\ C_3(0.6)=-0.072$$

由式(5-37)有：

$$P(0.6) = -0.048\begin{bmatrix}120\\400\end{bmatrix} + 0.424\begin{bmatrix}220\\400\end{bmatrix} + 0.696\begin{bmatrix}270\\500\end{bmatrix} - 0.072\begin{bmatrix}370\\500\end{bmatrix} = \begin{bmatrix}249\\462\end{bmatrix}$$

如图 5-15 所示以⊠为标识的位置是 Cardinal 样条曲线上的点，型值点 P_1、P_2 分别对应第一段曲线段参数 u=0、u=1 时位置，这是由 Cardinal 样条曲线的性质决定，没有进行数据计算。$P(0.3)$、$P(0.6)$对应的位置在图中进行了标注。当 u 的取值加密，例如步距设置为 0.01 计算所有曲线上的点，按顺序连接所有点将会得到一条足够光滑的 Cardinal 样条曲线，如图 5-15 中还示出了由型值点 P_2、P_3 之间的第二段曲线的 $P(0.3)$、$P(0.6)$点的位置。

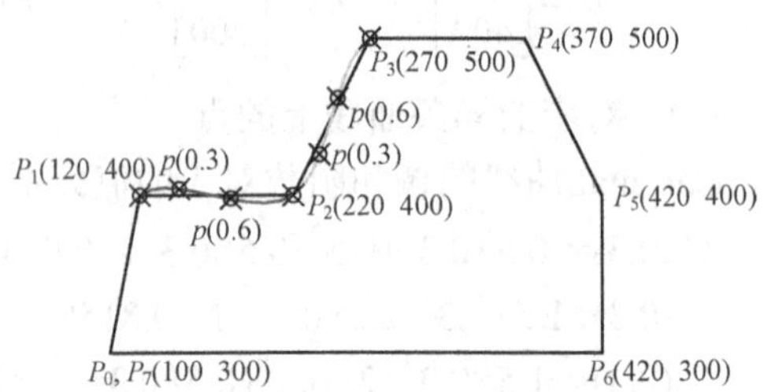

图 5-15　三次 Cardinal 样条分段曲线

以此类推，读者可以在计算机上实现由封闭多边形控制的分段三次 Cardinal 样条构成的完整曲线，其结果如图 5-16 所示。

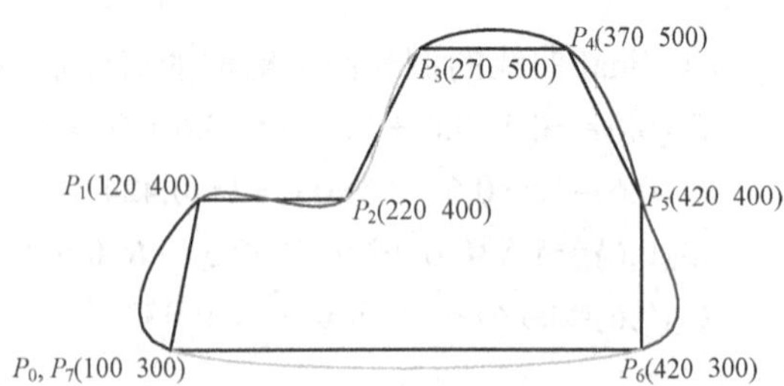

图 5-16　三次 Cardinal 样条完整曲线

第四节　Bézier 曲线

前面讨论的 Hermite 和 Cardinal 参数样条曲线通过给定的型值点，属于样条插值曲线，适合于已知曲线上的某些点而生成曲线的情形。但在外形设计时，初始给出的型值点有时并不精确，由给定的型值点生成的样条曲线并不能满足性能或美观的要求，需要加以修改。但多数插值样条曲线作为外形设计工具不能直观地表示出应该如何控制和修改曲线的形状，缺少灵活性和直观性。法国雷诺汽车公司工程师 P.E.Bézier 在 1962 年提出了一种新的参数曲线表示方法，称为 Bézier 曲线。这种方法的特点是所输入型值点与生成曲线之间的关系明确，能比较方便地通过修改输入参数来改变曲线的形状和阶次。

Bezier 曲线的实例演示.mp4

Bezier 曲线综合实例设计及演示——猫.mp4

一、Bézier 曲线的定义及数学表达式

Bezier 曲线的定义及数学表达.mp4

Bézier 曲线是由一组多边折线定义的，在多边折线的各顶点中，只有第一点和最后一点在曲线上，第一条和最后一条折线分别表示出曲线在起点和终点处切线方向。曲线的形状趋向于多边折线的形状，因此，多边折线又称为特征多边形，其顶点称为控制点。

Bézier 曲线次数严格依赖于确定该段曲线的控制点个数，通常由$(n+1)$个顶点定义一个 n 次多项式，曲线上各点参数方程式为：

$$p(u)=\sum_{k=0}^{n}P_k B_{k,n}(u) \qquad u\in[0\ \ 1] \tag{5-40}$$

式中参数 u 的取值范围为[0 1]，n 是多项式次数，也是曲线次数。P_k 为特征多边形第 k 个顶点的坐标值(x_k, y_k, z_k)，$P_0(x_0, y_0, z_0)$为起点，$P_n(x_n, y_n, z_n)$为终点。

$$B_{k,n}(u)=C_n^k u^k (1-u)^{n-k} \qquad (k=0,1,\dots,n) \tag{5-41}$$

$B_{k,n}(u)$称为 Bernstein 多项式，其中 $C_n^k=\dfrac{n!}{k!(n-k)!}$ 为组合公式。

图 5-17 是由 P_0，P_1，P_2，P_3，P_4，P_5，P_6，P_7 8 个点构成的特征多边形控制下生成 Bézier 曲线一个图例。

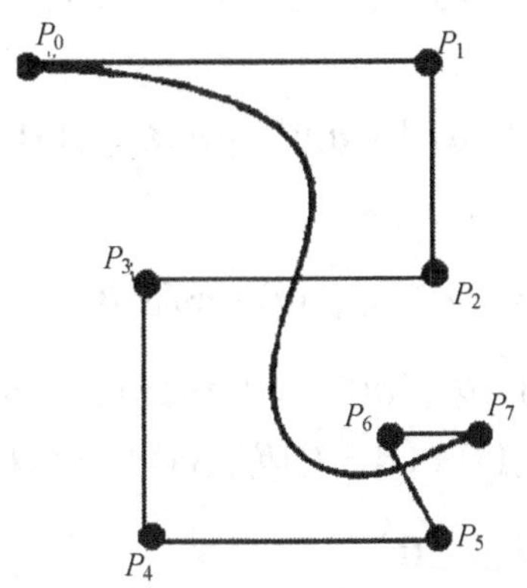

图 5-17 Bézier 曲线及其特征多边形

二、Bézier 曲线的性质

Bezier 曲线的性质.mp4

1) 曲线的起点和终点

将式(5-40)展开为：

$$P(u)=P_0B_{0,n}(u)+P_1B_{1,n}(u)+\dots\dots+P_nB_{n,n}(u) \tag{5-42}$$

其中 Bernstein 多项式，

$$B_{k,n}(u)=C_n^k u^k (1-u)^{n-k}$$

数学上规定：0！=1，$0^0=1$。当 $u=0$ 时，Bernstein 多项式中只有 $k=0$ 的项不为 0，其

他项都为 $u^k=0^k=0(k\neq 0)$，因此 Bézier 曲线起点为：

$$p(0)=\frac{n!}{0!(n-0)!}\cdot 0^0\cdot(1-0)^n\cdot P_0=P_0 \tag{5-43}$$

当 u=1 时，Bernstein 多项式中只有 k=n 的项不为 0，其他项为$(1-u)^{n-k}=0^{n-k}=0(k\neq n)$，因此 Bézier 曲线终点为：

$$p(1)=\frac{n!}{n!(n-n)!}\cdot 1^n\cdot(1-1)^0\cdot P_n=P_n \tag{5-44}$$

因此，Bézier 曲线的起点和终点同特征多边形的起点和终点重合。

2)　一阶导数

对 Bézier 曲线求导，首先是式(5-40)中 Bernstein 多项式对参数 u 求导($k\neq 0$)得：

$$\begin{aligned}B'_{k,n}(u)&=\frac{n!}{k!(n-k)!}(k\cdot u^{k-1}(1-u)^{n-k}-(n-k)(1-u)^{n-k-1}\cdot u^k)\\&=\frac{n(n-1)!}{(k-1)!((n-1)-(k-1))!}\cdot u^{k-1}\cdot(1-u)^{(n-1)-(k-1)}\\&\quad-\frac{n(n-1)!}{k!((n-1)-k)!}\cdot u^k\cdot(1-u)^{(n-1)-k}\\&=n(B_{k-1,n-1}(u)-B_{k,n-1}(u))\end{aligned} \tag{5-45}$$

当 k=0 时，

$$B'_{0,n}(u)=[C_n^0u^0(1-u)^n]'=-n(1-u)^{n-1}=-nB_{0,n-1}(u) \tag{5-46}$$

当 k=n 时，

$$B'_{n,n}(u)=[C_n^nu^n(1-u)^0]'=n\bullet u^{n-1}=n\bullet B_{n-1,n-1}(u) \tag{5-47}$$

所以有：

$$\begin{aligned}P'(u)&=\sum_{k=0}^{n}P_k\bullet B'_{k,n}(u)=-n\bullet P_0\bullet B_{0,n-1}(u)+n\bullet P_1\bullet(B_{0,n-1}(u)-B_{1,n-1}(u))+\\&\quad n\bullet P_2\bullet(B_{1,n-1}(u)-B_{2,n-1}(u))+\ldots+n\bullet P_n\bullet B_{n-1,n-1}(u)\\&=n((P_1-P_0)B_{0,n-1}(u)+(P_2-P_1)B_{1,n-1}(u)+\cdots+(P_n-P_{n-1})B_{n-1,n-1}(u))\\&=n\sum_{k=1}^{n}(P_k-P_{k-1})B_{k-1,n-1}(u)\end{aligned} \tag{5-48}$$

在起始点 u=0，只有 $B_{0,n-1}(0)=1$，其余 Bernstein 多项式均为 0，故有：

$$p'(0)=n(P_1-P_0) \tag{5-49}$$

在终止点 u=1，只有 $B_{n-1,n-1}(1)=1$，其余 Bernstein 多项式均为 0，故有：

$$p'(1)=n(P_n-P_{n-1}) \tag{5-50}$$

即 Bézier 曲线在端点处的一阶导数只同相近的两个控制点有关，其方向与两点的连线方向相同。

3)　二阶导数

与求一阶导数的过程一样，在起始点 u=0 处的二阶导数为：

$$p''(0)=n(n-1)(P_2-2P_1+P_0) \tag{5-51}$$

在终止点 u=1 处的二阶导数为：

$$p''(1)=n(n-1)(P_n-2P_{n-1}+P_{n-2}) \tag{5-52}$$

即 Bézier 曲线在端点处的二阶导数只同相近的三个控制点有关。

4)　凸包性

Bézier 曲线的另一个重要性质是它落在特征多边形顶点所形成的凸包内，如图 5-18 所示。即当特征多边形为凸时，Bézier 曲线也是凸的；当特征多边形有凹有凸时，其曲线的凸凹形状与之对应。Bézier 曲线的凸包性质保证了多项式曲线随控制点平稳前进而不会振荡。

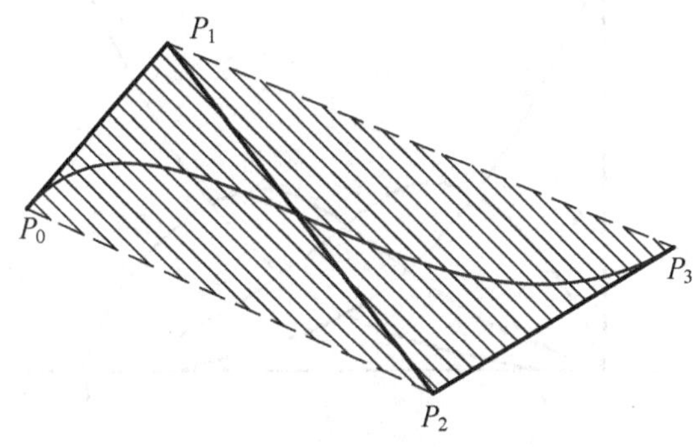

图 5-18　Bézier 曲线的凸包性

5)　几何不变性

由 Bézier 曲线的数学定义式(5-40)可知，曲线的形状由特征多边形的顶点 $P_k(k=0, 1, ..., n)$唯一确定，与坐标系的选取无关，这是其几何不变的性质。

三、三次 Bézier 曲线的调和函数与数学表达

三次 Bezier 曲线调和函数，矩阵表达和坐标表达.mp4

一般地说，可以用任何数目的控制点拟合出一条 Bézier 曲线，但这需要计算较高次的多项式。实际应用中复杂曲线可以由一些较低次数的 Bézier 曲线段连接而成，较小的曲线段连接也便于更好地控制小区域内的曲线形状，最常使用的是三次 Bézier 曲线。

三次 Bézier 曲线 n=3，由四个控制点 P_0、P_1、P_2、P_3 定义：

$$p(u)=\sum_{k=0}^{3} P_k B_{k,3}(u) \tag{5-53}$$

展开为：

$$p(u)=B_{0,3}(u)P_0+B_{1,3}(u)P_1+B_{2,3}(u)P_2+B_{3,3}(u)P_3 \tag{5-54}$$

其中，

$$\begin{aligned}
B_{0,3}(u)&=C_3^0u^0(1-u)^{3-0}=-u^3+3u^2-3u+1\\
B_{1,3}(u)&=C_3^1u^1(1-u)^{3-1}=3u^3-6u^2+3u\\
B_{2,3}(u)&=C_3^2u^2(1-u)^{3-2}=-3u^3+3u^2\\
B_{3,3}(u)&=C_3^3u^3(1-u)^{3-3}=u^3
\end{aligned} \tag{5-55}$$

式(5-54)展开后的表达式为：

$$p(u)=(-u^3+3u^2-3u+1)P_0+(3u^3-6u^2+3u)P_1+(-3u^3+3u^2)P_2+u^3P_3 \tag{5-56}$$

$B_{0,3}(u)$，$B_{1,3}(u)$，$B_{2,3}(u)$，$B_{3,3}(u)$称为三次 Bézier 曲线的调和函数，图 5-19 表示出三次 Bézier 调和函数的四条曲线。这四条曲线形成了三次 Bézier 曲线的一组基函数，任何三次 Bézier 曲线都是这四条曲线的线性组合。

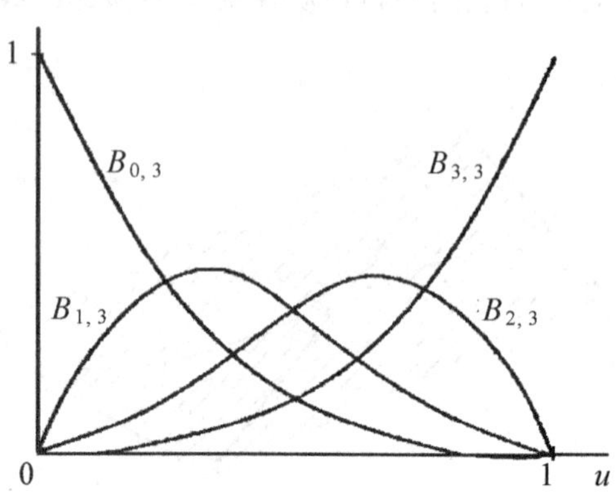

图 5-19　三次 Bézier 调和函数曲线

图 5-19 表示出 Bézier 曲线调和函数随参数 u 变化的曲线。从曲线上可以看出，当 u=0 时，$B_{0,3}(0)=1$，$B_{1,3}(0)=B_{2,3}(0)=B_{3,3}(0)=0$，因此由式(5-54)得 $p(0)=P_0$。当 u=1 时，$B_{3,3}(1)=1$，$B_{0,3}(1)=B_{1,3}(1)=B_{2,3}(1) = 0$，因此由式(5-54)得 $p(1)=P_3$。这说明三次 Bézier 曲线通过初始点和终止点，与 Bézier 曲线的性质吻合。

三次 Bézier 曲线函数式(5-56)用矩阵形表示为：

$$p(u)=\begin{bmatrix}u^3 & u^2 & u & 1\end{bmatrix}\cdot M_{be}\cdot\begin{bmatrix}P_0\\P_1\\P_2\\P_3\end{bmatrix} \tag{5-57}$$

式中，

$$M_{be}=\begin{bmatrix}-1 & 3 & -3 & 1\\3 & -6 & 3 & 0\\-3 & 3 & 0 & 0\\1 & 0 & 0 & 0\end{bmatrix} \tag{5-58}$$

称为三次 Bézier 系数矩阵。

三次 Bézier 曲线函数式写成坐标分量的形式如下：

$$\begin{aligned}x(u)&=(-u^3+3u^2-3u+1)x_0+(3u^3-6u^2+3u)x_1+(-3u^3+3u^2)x_2+u^3x_3\\y(u)&=(-u^3+3u^2-3u+1)y_0+(3u^3-6u^2+3u)y_1+(-3u^3+3u^2)y_2+u^3y_3\\z(u)&=(-u^3+3u^2-3u+1)z_0+(3u^3-6u^2+3u)z_1+(-3u^3+3u^2)z_2+u^3z_3\end{aligned} \tag{5-59}$$

实际生成曲线时取一合适的步长，控制 u 从 0 到 1 变化，求出一系列(x, y, z)坐标点，将其用小线段顺序连接起来，就可以得到一条满足精度要求的三次 Bézier 曲线。

四、Bézier 曲线的光滑连接

Bezier 曲线的光滑连接.mp4

复杂曲线可以由一些较低次数的 Bézier 曲线段连接而成，工程上通常使用分段三次 Bézier 曲线来描述。将分段的三次 Bézier 曲线连接起来构成光滑连接的三次 Bézier 曲线，其关键问题是如何保证连接处具有连续性。

根据式(5-49)、(5-50)可知由 P_0、P_1、P_2、P_3 控制的三次 Bézier 曲线在端点处的一阶导数为：

$$p'(0) = 3(P_1 - P_0) \tag{5-60}$$

$$p'(1) = 3(P_3 - P_2) \tag{5-61}$$

根据式(5-51)、(5-52)可知由 P_0、P_1、P_2、P_3 控制的三次 Bézier 曲线在端点处的二阶导数为：

$$p''(0) = 6(P_2 - 2P_1 + P_0) \tag{5-62}$$

$$p''(1) = 6(P_3 - 2P_2 + P_1) \tag{5-63}$$

设有两段三次 Bézier 曲线，其中一段曲线由控制点 P_0、P_1、P_2、P_3 生成，另一条曲线由控制点 Q_0、Q_1、Q_2、Q_3 生成，P_3 和 Q_0 是两段曲线的公共控制点，如图 5-20 所示。如果两段曲线要达到光滑连接，需要在连接点处一阶导数连续，甚至二阶导数连续。

由式(5-61)得出第一段曲线终点处的导数为：

$$p'(1) = 3(P_3 - P_2) \tag{5-64}$$

由式(5-60)得出第二段曲线起点处的导数为：

$$q'(0) = 3(Q_1 - Q_0) \tag{5-65}$$

两段 Bézier 曲线光滑连接的条件示意图如图 5-20 所示。

若保证 C^1 连续，即一阶导数在连接点处相等，则应有 $p'(1)=q'(0)$，即：

$$P_3 - P_2 = Q_1 - Q_0 \tag{5-66}$$

由此可见，三次 Bézier 曲线相邻段若达到 C^1 连续，则要求 $P_2P_3(Q_0)Q_1$ 三点共线，该线是两段曲线的公切线，而且 P_3 和 Q_0 为 Q_1P_2 的中点。

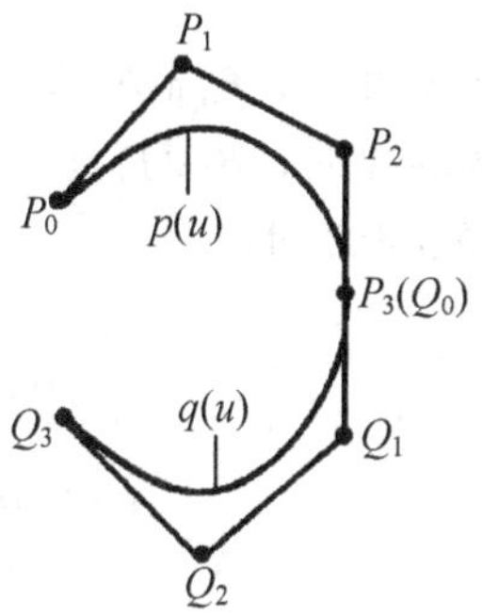

图 5-20　三次 Bézier 曲线的光滑连接

再来分析连接点处的二阶导数情况，由式(5-63)得出第一段曲线终点处的二阶导数为：

$$p''(1) = 6(P_3 - 2P_2 + P_1) \tag{5-67}$$

由式(5-62)得出第二段曲线起点处的二阶导数为：

$$q''(0) = 6(Q_2 - 2Q_1 + Q_0) \tag{5-68}$$

若保证 C^2 连续，即二阶导数在连接点处相等，则应有 $p''(1)=q''(0)$，即：

$$P_3 - 2P_2 + P_1 = Q_2 - 2Q_1 + Q_0 \tag{5-69}$$

整理后可得：

$$Q_2 - P_1 = 2(Q_1 - P_2) \tag{5-70}$$

由此可见，三次 Bézier 曲线相邻两段达到 C^2 连续的条件是连线 Q_2P_1 和 Q_1P_2 要平行，且 Q_2P_1 的长度为 Q_1P_2 的两倍。

五、Bézier 曲线的构图特点

Bezier 曲线的特点.mp4

Bézier 样条曲线为外形设计提供了灵活直观的方法，但对$(n+1)$个控制点，需要 n 阶 Bernstein 多项式，当 n 较大时，特征多边形对曲线控制减弱，曲线修改和使用都不方便。如果使用低次多项式分段实现，光滑连接所需要的条件要求比较高。另外，如果改变任一个控制点位置，整个曲线都受到影响，缺乏对曲线形状进行局部修改的灵活性。

例题 3：给定空间四个控制点 $P_0(0, 0, 0)$，$P_1(0, 300, 300)$，$P_2(300, 300, 150)$，$P_3(300, 0, 300)$，用其作为特征多边形来构造一条空间三次 Bézier 曲线，计算当参数为 0，0.3，0.7，1 时 Bézier 曲线上点的坐标。

解答：由四个点 P_0，P_1，P_2，P_3 控制的三次 Bézier 曲线参数方程为：

$$p(u) = B_{0,3}(u)P_0 + B_{1,3}(u)\mathrm{P}_1 + B_{2,3}(u)\mathrm{P}_2 + B_{3,3}(u)P_3 \quad u \in [0 \quad 1]$$

其中：

$$B_{0,3}(u) = -u^3 + 3u^2 - 3u + 1$$
$$B_{1,3}(u) = 3u^3 - 6u^2 + 3u$$
$$B_{2,3}(u) = -3u^3 + 3u^2$$
$$B_{3,3}(u) = u^3$$

当 $u=0$ 时，$B_{0,3}(0)=1$，$B_{1,3}(0)=B_{2,3}(0)=B_{3,3}(0)=0$，所以 $p(0)=P_0=(0, 0, 0)$。

当 $u=1$ 时，$B_{3,3}(1)=1$，$B_{0,3}(1)=B_{1,3}(1)=B_{2,3}(1)=0$，所以 $p(1)=P_3=(300, 0, 300)$。

当 $u=0.3$ 时，

$$B_{0,3}(0.3) = -(0.3)^3 + 3(0.3)^2 - 3(0.3) + 1 = 0.343$$
$$B_{1,3}(0.3) = 3(0.3)^3 - 6(0.3)^2 + 3(0.3) = 0.441$$
$$B_{2,3}(0.3) = -3(0.3)^3 + 3(0.3)^2 = 0.189$$
$$B_{3,3}(0.3) = (0.3)^3 = 0.027$$

所以，

$$p(0.3) = 0.343P_0 + 0.441P_1 + 0.189P_2 + 0.027P_3$$
$$= 0.343\begin{bmatrix}0\\0\\0\end{bmatrix} + 0.441\begin{bmatrix}0\\300\\300\end{bmatrix} + 0.189\begin{bmatrix}300\\300\\150\end{bmatrix} + 0.027\begin{bmatrix}300\\0\\300\end{bmatrix} = \begin{bmatrix}65\\189\\169\end{bmatrix}$$

当 $u=0.7$ 时，

$$B_{0,3}(0.7)=-(0.7)^3+3(0.7)^2-3(0.7)+1=0.027$$
$$B_{1,3}(0.7)=3(0.7)^3-6(0.7)^2+3(0.7)=0.189$$
$$B_{2,3}(0.7)=-3(0.7)^3+3(0.7)^2=0.441$$
$$B_{3,3}(0.7)=(0.7)^3=0.343$$

所以，

$$p(0.7)=0.027P_0+0.189P_1+0.441P_2+0.343P_3$$
$$=0.027\begin{bmatrix}0\\0\\0\end{bmatrix}+0.189\begin{bmatrix}0\\300\\300\end{bmatrix}+0.441\begin{bmatrix}300\\300\\150\end{bmatrix}+0.343\begin{bmatrix}300\\0\\300\end{bmatrix}=\begin{bmatrix}235\\189\\226\end{bmatrix}$$

本例题无论是控制多边形还是由其控制生成的三次 Bézier 曲线均为三维，为了便于形成空间概念，我们绘制了一个 300×300×300 的参照立体，如图 5-21 中虚线所示。图中绘制了由 P_0，P_1，P_2，P_3 控制的多边形，对应参数为 u=0，0.3，0.7，1 时 Bézier 曲线点在图中以⊠标示。

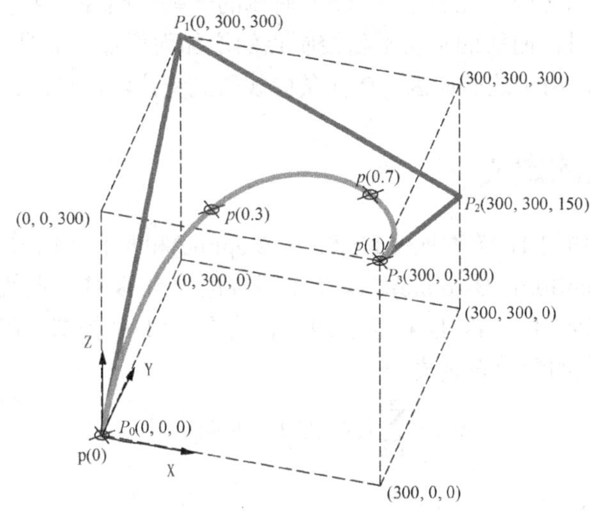

图 5-21　三次 Bézier 曲线实例

本例题中，经过程序计算各参数取值，u 的步长取值为 0.1，对应的基函数以及三次 Bézier 曲线点的坐标如表 5-1 所示。

表 5-1　Bézier 曲线实例数据

参数 u	$B_{03}(u)$, $B_{13}(u)$, $B_{23}(u)$, $B_{33}(u)$	Bézier 曲线点
0	1.0，0，0，0	(0.0　0.0　0.0)
0.1	0.729，0.243，0.027，0.001	(8.4　81.0　77.25)
0.2	0.512，0.384，0.096，0.008	(31.2　144.0　132.0)
0.3	0.343，0.441，0.189，0.027	(64.8　189.0　168.75)
0.4	0.216，0.432，0.288，0.064	(105.6　216.0　192.0)
0.5	0.125，0.375，0.375，0.125	(150.0　225.0　206.25)

续表

参数 u	$B_{03}(u), B_{13}(u), B_{23}(u), B_{33}(u)$	Bézier 曲线点
0.6	0.064，0.288，0.432，0.216	(194.4　216.0　216.0)
0.7	0.027，0.189，0.441，0.343	(235.2　189.0　225.75)
0.8	0.008，0.096，0.384，0.512	(268.8　144.0　240.0)
0.9	0.001，0.027，0.243，0.729	(291.6　81.0　263.25)
1.0	0，0，0，1	(300　0　300)

第五节　B 样条曲线

1972 年 de Boor 给出了 B 样条(Basic Spline，B-spline)的标准计算方法。1974 年，美国通用汽车公司的 Gordon 与 Riesenfeld 将 B 样条理论用于形状描述，提出了 B 样条曲线和曲面。B 样条曲线除保持了 Bézier 曲线的直观性和凸包性等优点之外，克服了 Bézier 曲线的一些局限性，多项式次数也独立于控制点数目，曲线的阶次不随控制点的增加而增加，而且 B 样条曲线允许局部调整。由于这些原因，B 样条曲线得到更广泛的应用。

B-spline 曲线综合实例设计及演示.mp4

一、B 样条曲线的定义

B-spline 曲线的定义.mp4

B 样条曲线分为均匀 B 样条曲线(Uniform B-spline)和一般非均匀 B 样条曲线(General Non-uniform B-spline)。本章主要讨论均匀 B 样条曲线，且重点讨论工程中应用较多的三次 B 样条曲线。设给定 n+1 个控制点用 P_k 表示(k=0, 1, ..., n)。n 次 B 样条曲线段的参数表达式为：

$$p(u)=\sum_{k=0}^{n} P_k F_{k,n}(u) \quad u\in[0\ \ 1] \tag{5-71}$$

式中

$$F_{k,n}(u)=\frac{1}{n!}\sum_{j=0}^{n-k}(-1)^j C_{n+1}^j (u+n-k-j)^n，\ u\in[0,1]，\ k=0,1,\dots,n。 \tag{5-72}$$

称为 B 样条基函数，它是由 k 从 0～n 共(n+1)个函数组成。

式(5-72)中，

$$C_{n+1}^j=\frac{(n+1)!}{j!(n+1-j)!} \tag{5-73}$$

二、三次 B 样条曲线调和函数及参数方程

三次 B-spline 曲线调和函数，矩阵表达和坐标表达.mp4

工程上最常使用的是三次 B 样条曲线。一段三次 B 样条曲线由四个控制点 P_0，P_1，P_2，P_3 构成，式(5-71)中 n=3，三次 B 样条曲线函数式为：

$$p(u)=\sum_{k=0}^{3} P_k F_{k,3}(u)，\quad u\in[0,1] \tag{5-74}$$

其中，$F_{k,3}(u)=\frac{1}{3!}\sum_{j=0}^{3-k}(-1)^j C_{3+1}^j(u+3-k-j)^3$ 展开分别有：

$$F_{0,3}(u)=\frac{1}{3!}\sum_{j=0}^{3}(-1)^j C_4^j(u+3-0-j)^3=\frac{1}{3!}[C_4^0(u+3)^3-C_4^1(u+2)^3+C_4^2(u+1)^3-C_4^3u^3]$$

$$=\frac{1}{3!}[(u+3)^3-4(u+2)^3+6(u+1)^3-4u^3]=\frac{1}{6}(-u^3+3u^2-3u+1)$$

$$F_{1,3}(u)=\frac{1}{3!}\sum_{j=0}^{2}(-1)^j C_4^j(u+3-1-j)^3=\frac{1}{3!}[C_4^0(u+2)^3-C_4^1(u+1)^3+C_4^2u^3]$$

$$=\frac{1}{3!}[(u+2)^3-4(u+1)^3+6u^3]=\frac{1}{6}(3u^3-6u^2+4)$$

$$F_{2,3}(u)=\frac{1}{3!}\sum_{j=0}^{1}(-1)^j C_4^j(u+3-2-j)^3=\frac{1}{3!}[C_4^0(u+1)^3-C_4^1(u+0)^3]=\frac{1}{6}(-3u^3+3u^2+3u+1)$$

$$F_{3,3}(u)=\frac{1}{3!}\sum_{j=0}^{0}(-1)^j C_4^j(u+3-3-j)^3=\frac{1}{6}u^3 \tag{5-75}$$

因此，式(5-74)的三次 B 样条曲线的表达式为：

$$p(u)=F_{0,3}(u)P_0+F_{1,3}(u)P_1+F_{2,3}(u)P_2+F_{3,3}(u)P_3$$

$$=\frac{1}{6}[(-u^3+3u^2-3u+1)P_0+(3u^3-6u^2+4)P_1+(-3u^3+3u^2+3u+1)P_2+u^3P_3] \tag{5-76}$$

将三次 B 样条参数方程用矩阵形式表示为：

$$p(u)=\begin{bmatrix}u^3 & u^2 & u & 1\end{bmatrix}\cdot M_{bs}\cdot\begin{bmatrix}P_0\\P_1\\P_2\\P_3\end{bmatrix} \tag{5-77}$$

其中

$$M_{bs}=\frac{1}{6}\begin{bmatrix}-1 & 3 & -3 & 1\\3 & -6 & 3 & 0\\-3 & 0 & 3 & 0\\1 & 4 & 1 & 0\end{bmatrix} \tag{5-78}$$

称为三次 B 样条曲线系数矩阵。

将式(5-74)写成坐标分量的形式如下：

$$\begin{aligned}x(u)&=1/6[(-u^3+3u^2-3u+1)x_0+(3u^3-6u^2+4)x_1+(-3u^3+3u^2+3u+1)x_2+u^3x_3]\\y(u)&=1/6[(-u^3+3u^2-3u+1)y_0+(3u^3-6u^2+4)y_1+(-3u^3+3u^2+3u+1)y_2+u^3y_3]\\z(u)&=1/6[(-u^3+3u^2-3u+1)z_0+(3u^3-6u^2+4)z_1+(-3u^3+3u^2+3u+1)z_2+u^3z_3]\end{aligned} \tag{5-79}$$

当 u 从 0～1 变化时，顺序地连接各参数对应的曲线上点形成一段 B 样条曲线。

如果给定控制点 P_k(k=0, 1, ..., n；$n\geqslant3$)，使用三次 B 样条函数生成整体 B 样条曲线需要计算(n−2)次。第一次计算使用 k=0～3 四个控制点生成第一段 B 样条曲线，然后顺次移动一个控制点，使用 k=1～4 四个控制点计算生成第二段 B 样条曲线，两段 B 样条曲线会自然形成光滑连接，这也是 B 样条曲线的主要优点之一，这是由 B 样条曲线的性质决定的。

三、B 样条曲线的性质

B-spline 曲线的性质.mp4.

以三次 B 样条曲线为例讨论 B 样条曲线的性质。

1. 端点性质

B 样条曲线是逼近曲线，一般情况下，曲线不经过控制点。

当 u=0 时，由式(5-75)得 $F_{0,3}(0)=1/6$，$F_{1,3}(0)=4/6$，$F_{2,3}(0)=1/6$，$F_{3,3}(0)=0$，所以由式(5-76)得，

$$p(0)=(P_0+4P_1+P_2)/6$$

当 u=1 时，由式(5-75)得 $F_{0,3}(1)=0$，$F_{1,3}(1)=1/6$，$F_{2,3}(1)=4/6$，$F_{3,3}(1)=1/6$，所以由式(5-76)得，

$$p(1)=(P_1+4P_2+P_3)/6$$

因此一般情况下，$p(0)\neq P_0$，$p(1)\neq P_1$。

我们得到三次 B 样条曲线的端点性质(性质 1)为，一般情况下控制多边形的起始点和终止点都不在曲线上。而且，三次 B 样条曲线，其起点只与前三个控制点有关，终点只与后三个控制点有关。

实际上，其他阶次的 B 样条曲线都具有这种控制点的邻近影响性，这正是 B 样条曲线具有较好的局部可调整性的原因。

2. 连续性

如图 5-22 所示，由 P_i，P_{i+1}，P_{i+2}，P_{i+3} 确定第 i 段三次 B 样条曲线，由 P_{i+1}，P_{i+2}，P_{i+3}，P_{i+4} 确定第 i+1 段三次 B 样条曲线。

首先计算两段曲线的端点坐标，判断是否具有共同的端点(连接点)。

根据端点性质，第 i 段曲线的终点值为：

$$p_i(1)=\frac{1}{6}(P_{i+1}+4P_{i+2}+P_{i+3})$$

第 i+1 段曲线的始点值为：

$$p_{i+1}(0)=\frac{1}{6}(P_{i+1}+4P_{i+2}+P_{i+3})$$

因为 $p_i(1)=p_{i+1}(0)$，所以两段 B 样条曲线在连接点处 C^0 连续。

其次计算两曲线段在连接点处的一阶导数。

对式(5-76)求一阶导数得：

$$p'(u)=F'_{0,3}(u)P_0+F'_{1,3}(u)P_1+F'_{2,3}(u)P_2+F'_{3,3}(u)P_3$$
$$p'(u)=P_0\bullet(-u^2+2u-1)/2+P_1\bullet(3u^2-4u)/2+P_2\bullet(-3u^2+2u+1)/2+P_3\bullet u^2/2 \quad (5\text{-}80)$$

因此，第 i 段曲线段终点(u=1)的一阶导数为：

$$\begin{aligned}p_i'(1)&=P_i\bullet(-1+2-1)/2+P_{i+1}\bullet(3-4)/2+P_{i+2}\bullet(-3+2+1)/2+P_{i+3}\bullet 1^2/2\\&=(P_{i+3}-P_{i+1})/2\end{aligned}$$

第 i+1 段曲线段始点(u=0)的一阶导数为：

$$p_{i+1}'(0) = P_{i+1} \bullet (0+0-1)/2 + P_{i+2} \bullet (0-0)/2 + P_{i+3} \bullet (0+0+1)/2 + P_{i+4} \bullet 0^2/2$$
$$= (P_{i+3} - P_{i+1})/2$$

因为 $p_i'(1)= p_{i+1}'(0)$，所以两段 B 样条曲线段在连接点处 C^1 连续。

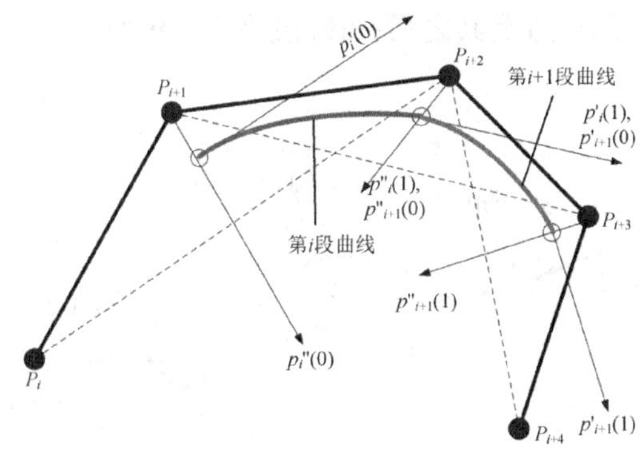

图 5-22　三次 B 样条曲线的光滑连接

最后计算两曲线段在连接点处的二阶导数。

对式(5-80)再求导数得：

$$p_{i+1}''(u) = P_0 \bullet (-u+1) + P_1 \bullet (3u-2) + P_2 \bullet (-3u+1) + P_3 \bullet u \tag{5-81}$$

第 i 段曲线段终点(u=1)的二阶导数：

$$p_i''(1) = P_i \bullet (-1+1) + P_{i+1} \bullet (3-2) + P_{i+2} \bullet (-3+1) + P_{i+3} \bullet 1 = P_{i+1} - 2P_{i+2} + P_{i+3}$$

第 i+1 段曲线段始点(u=0)的二阶导数：

$$p_{i+1}''(0) = P_{i+1} \bullet (0+1) + P_{i+2} \bullet (0-2) + P_{i+3} \bullet (0+1) + P_{i+4} \bullet 0 = P_{i+1} - 2P_{i+2} + P_{i+3}$$

因为 $p_i''(1)= p_{i+1}''(0)$，所以两段 B 样条曲线段在连接点处 C^2 连续。

通过上面的推导我们可以得到三次 B 样条曲线的性质 2：三次 B 样条曲线在连接处一阶导数，二阶导数连续。所以，三次 B 样条曲线段之间是自然光滑连接的。通过严格的数学证明，n 次 B 样条曲线具有 n−1 阶导数的连续性。

3. 局部性

在三次 B 样条曲线中每个 B 样条曲线段受四个控制点影响，改变一个控制点的位置，最多影响四个曲线段。因而，通过改变控制点的位置就可对 B 样条曲线进行局部修改，这是一个非常重要的性质。同时，B 样条曲线在端点处的一阶和二阶导数也具有只受邻近控制点影响的性质。

如图 5-23(a)所示，由 P_0~P_8 九个控制点可以生成六段三次 B 样条曲线，改变其中的控制点 P_4(365, 220)的位置到(440, 340)，将影响到第二、第三、第四和第五段曲线段如图 5-23(b)所示。第一段(及其之前)和第六段(及其之后)并没有受到影响。

4. 延展性

B 样条曲线是自然连续生成，增加一个控制点，相应地增加一段 B 样条曲线，波及到临近的 B 样条曲线段的形状，新增的曲线段与原曲线段的连接处具有一阶、二阶导数连续的特性。这一点是由 B 样条曲线本身的性质所保证的，不需要附加任何条件，因而原有的 B 样条曲线加以扩展是很方便的。

如图 5-24(a)所示，由 P_0～P_8 九个控制点可以生成六段三次 B 样条曲线，在控制点 P3 和 P_4 之间增加一个控制点 $P(310，130)$，生成的曲线如图 5-24(b)所示。原来的第三段曲线段被新生成的两段曲线段替代，实质相当于增加了一段 B 样条曲线段。原来的第二、第四和第五段曲线段形状受到影响发生变化，但是没有影响第二段的开始点和第五段的终止点。第一段(及其之前)和第六段(及其之后)曲线段将不受影响。

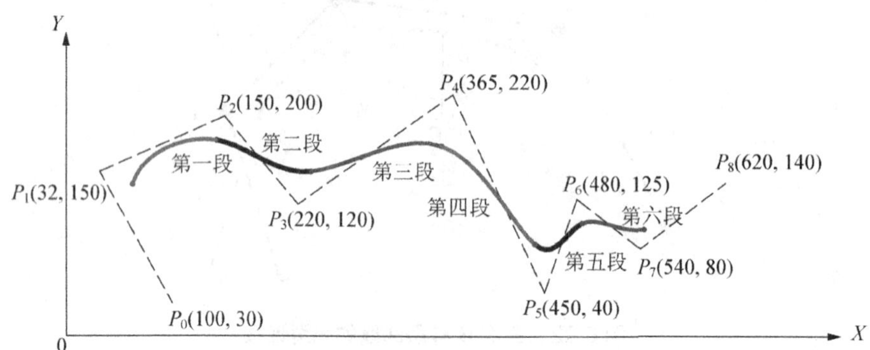

(a) 由 9 个控制点生成 6 段三次 B 样条曲线段

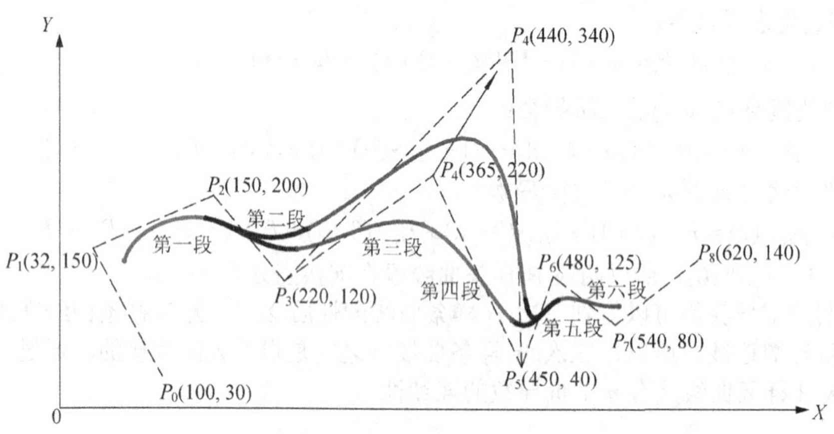

(b) 改变一点 P_4 位置影响局部曲线段

图 5-23　B 样条曲线的局部性

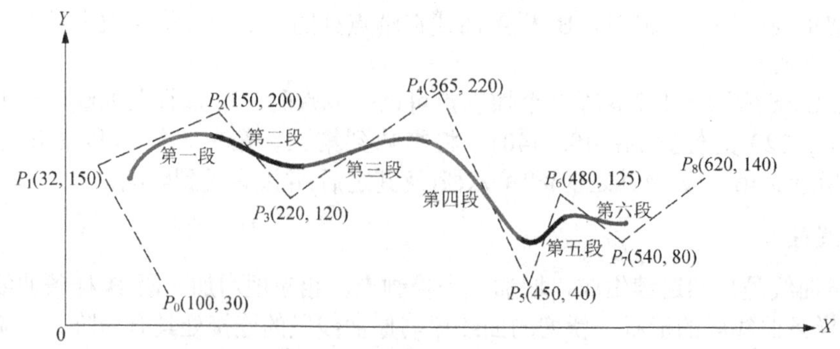

(a) 由 9 个控制点生成 6 段三次 B 样条曲线段

图 5-24　B 样条曲线的延展性

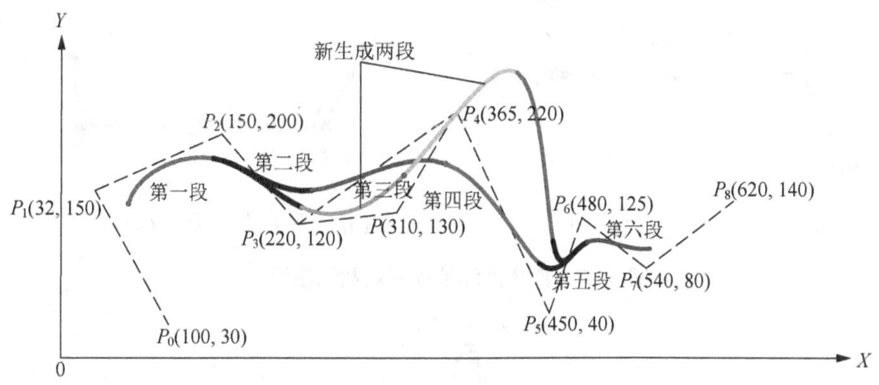

(b) 增加一个控制点 P 后对原曲线的影响

图 5-24　B 样条曲线的延展性(续)

三次 B-spline 曲线的几种特殊情况.mp4

四、三次 B 样条的几种特殊情况

1. 三个连续的控制点共线

如果三个连续的控制点共线连成一段直线，则曲线将过直线上的一点，且在此点处曲线直线化。适合处理连接两段弧。如图 5-25(a)、图 5-25(b)所示。

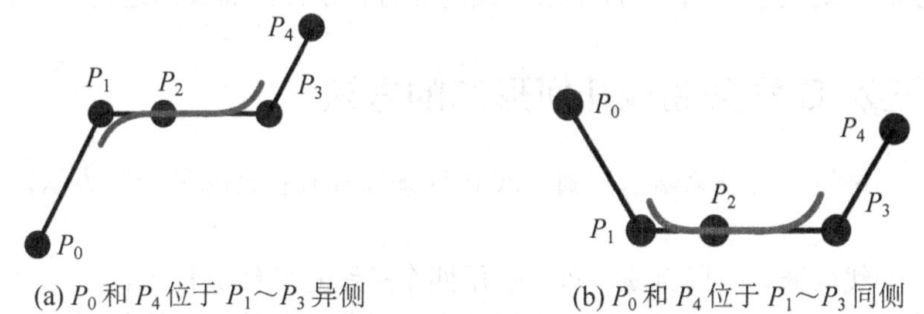

(a) P_0 和 P_4 位于 P_1～P_3 异侧　　(b) P_0 和 P_4 位于 P_1～P_3 同侧

图 5-25　三个连续的控制点共线

2. 四个连续的控制点共线

四个连续的控制点共线时，曲线变为直线，直线的长度小于四点构成的直线，如图 5-26 所示。

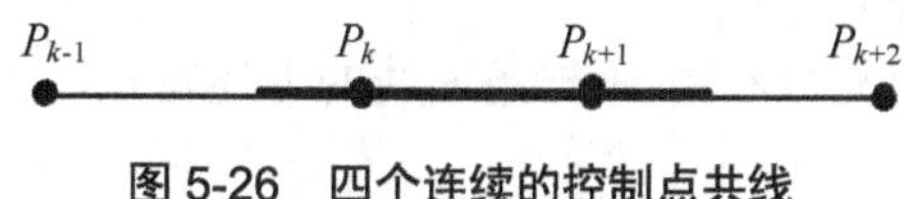

图 5-26　四个连续的控制点共线

四个连续的控制点共线可用于构图时接入一条直线段，如图 5-27 所示。

3. 三个连续的控制点重合

当三个连续的控制点重合时，形成尖点如图 5-28 所示。

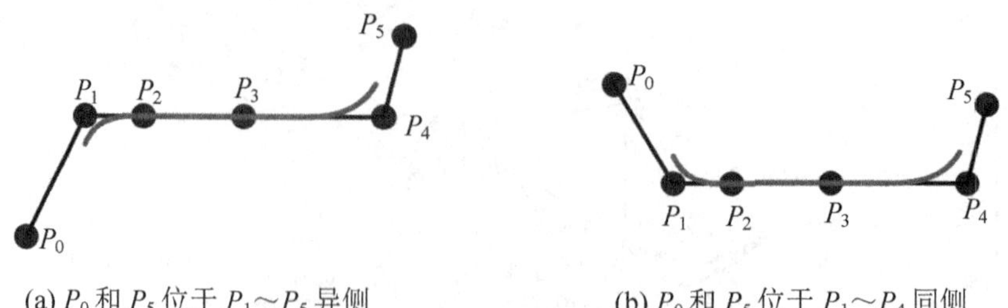

(a) P_0 和 P_5 位于 P_1～P_5 异侧　　(b) P_0 和 P_5 位于 P_1～P_4 同侧

图 5-27　四个连续的控制点共线应用

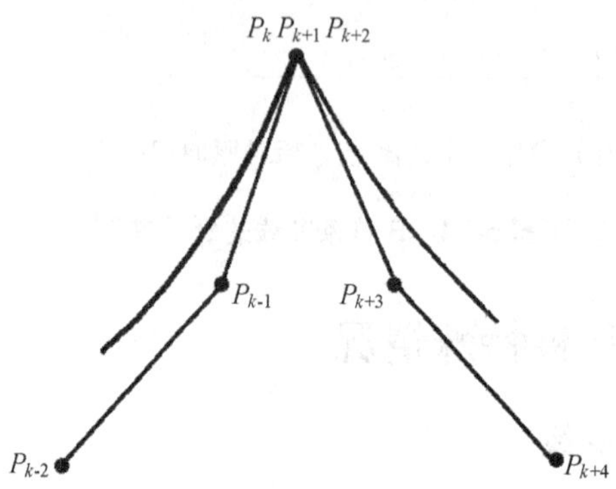

图 5-28　三个连续的控制点重合形成尖点

三个连续的控制点(坐标相同)位于起点或终点时，B 样条曲线通过起点或终点。

五、控制三次 B 样条曲线几何形态的方法

控制三次 B 样条曲线的几何形态.mp4

通过上面的讨论，可以总结出控制三次 B 样条曲线几何形态的一些方法，归纳如下。

(1) 为在曲线内嵌入一段直线，可以使用四个控制点共线的技巧。

(2) 为使曲线和特征多边形相切，可以使用三控制点共线或两控制点重合的技术。

(3) 为使曲线在某一控制点处形成尖角，可在该处使三个控制点相重合。

(4) 改变一个控制点，最多影响相邻四段曲线的形状。

(5) 用三重控制点或二重控制点控制曲线的端点。用三重控制点时，曲线通过端点，但开始段 B 样条曲线是一小段直线；用二重控制点时，曲线不通过端点，而在多边形首边上靠近二重控制点的某一点开始。

读者在构图设计时应该充分利用 B 样条曲线的上述特点，创作充满个性的富有内涵的艺术作品。

例题 4：设在平面上给定的 6 个控制点坐标分别为：$P_0(100, 30)$，$P_1(32, 150)$，$P_2(150, 200)$，$P_3(220, 120)$，$P_4(365, 220)$，$P_5(450, 40)$，用其作为特征多边形，如图 5-29 虚线所示来构造三次 B 样条曲线，计算当参数为 0，0.3，0.7，1 时各段 B 样条曲线点的值，并绘制

曲线。

解：由四个点 P_0，P_1，P_2，P_3 控制的三次 B 样条曲线参数方程为：

$$p(u) = F_{0,3}(u)P_0 + F_{1,3}(u)P_1 + F_{2,3}(u)P_2 + F_{3,3}(u)P_3 \qquad u \in [0 \ \ 1]$$

其中，

$$F_{0,3}(u) = (-u^3 + 3u^2 - 3u + 1)/6$$
$$F_{1,3}(u) = (3u^3 - 6u^2 + 4)/6$$
$$F_{2,3}(u) = (-3u^3 + 3u^2 + 3u + 1)/6$$
$$F_{3,3}(u) = u^3/6$$

对每一段 B 样条曲线，u 的取值范围均为[0 1]。

当 u=0 时，$F_{0,3}(0)$=1/6=0.167，$F_{1,3}(0)$=4/6=0.667，$F_{2,3}(0)$=1/6=0.167，$F_{3,3}(0)$=0；

当 u=1 时，$F_{0,3}(1)$=0，$F_{1,3}(1)$=1/6=0.167，$F_{2,3}(1)$=4/6=0.667，$F_{3,3}(1)$=1/6=0.167；

当 u=0.3 时，

$$F_{0,3}(0.3) = (-0.3^3 + 3\times0.3^2 - 3\times0.3 + 1)/6 = 0.057$$
$$F_{1,3}(0.3) = (3\times0.3^3 - 6\times0.3^2 + 4)/6 = 0.590$$
$$F_{2,3}(0.3) = (-3\times0.3^3 + 3\times0.3^2 + 3\times0.3 + 1)/6 = 0.348$$
$$F_{3,3}(0.3) = 0.3^3/6 = 0.005$$

当 u=0.7 时，

$$F_{0,3}(0.7) = (-0.7^3 + 3\times0.7^2 - 3\times0.7 + 1)/6 = 0.005$$
$$F_{1,3}(0.7) = (3\times0.7^3 - 6\times0.7^2 + 4)/6 = 0.348$$
$$F_{2,3}(0.7) = (-3\times0.7^3 + 3\times0.7^2 + 3\times0.7 + 1)/6 = 0.590$$
$$F_{3,3}(0.7) = 0.7^3/6 = 0.057$$

由六个控制点可以生成三段三次 B 样条曲线。

(1) 由 P_0、P_1、P_2、P_3 构造第一段 B 样条曲线。

$$p(0)=0.167P_0 + 0.667P_1 + 0.167P_2 + 0\times P_3$$
$$=0.167\begin{bmatrix}100\\30\end{bmatrix} + 0.667\begin{bmatrix}32\\150\end{bmatrix} + 0.167\begin{bmatrix}150\\200\end{bmatrix} = \begin{bmatrix}63\\138\end{bmatrix}$$

$$p(0.3)=0.057P_0 + 0.590P_1 + 0.348P_2 + 0.005\times P_3$$
$$=0.057\begin{bmatrix}100\\30\end{bmatrix} + 0.590\begin{bmatrix}32\\150\end{bmatrix} + 0.348\begin{bmatrix}150\\200\end{bmatrix} + 0.005\begin{bmatrix}220\\120\end{bmatrix} = \begin{bmatrix}78\\160\end{bmatrix}$$

$$p(0.7)=0.005P_0 + 0.348P_1 + 0.590P_2 + 0.057\times P_3$$
$$=0.005\begin{bmatrix}100\\30\end{bmatrix} + 0.348\begin{bmatrix}32\\150\end{bmatrix} + 0.590\begin{bmatrix}150\\200\end{bmatrix} + 0.057\begin{bmatrix}220\\120\end{bmatrix} = \begin{bmatrix}113\\177\end{bmatrix}$$

$$p(1)=0.0\times P_0 + 0.167P_1 + 0.667P_2 + 0.167\times P_3$$
$$=0.167\begin{bmatrix}32\\150\end{bmatrix} + 0.667\begin{bmatrix}150\\200\end{bmatrix} + 0.167\begin{bmatrix}220\\120\end{bmatrix} = \begin{bmatrix}142\\178\end{bmatrix}$$

图 5-29 绘制了由 P_0、P_1、P_2、P_3 构造的三次 B 样条曲线段，曲线段上对应参数 u 为

0，0.3，0.7，1.0 的点 $p(0)$，$p(0.3)$，$p(0.7)$，$p(1)$已经用实心圆点标注在图上。

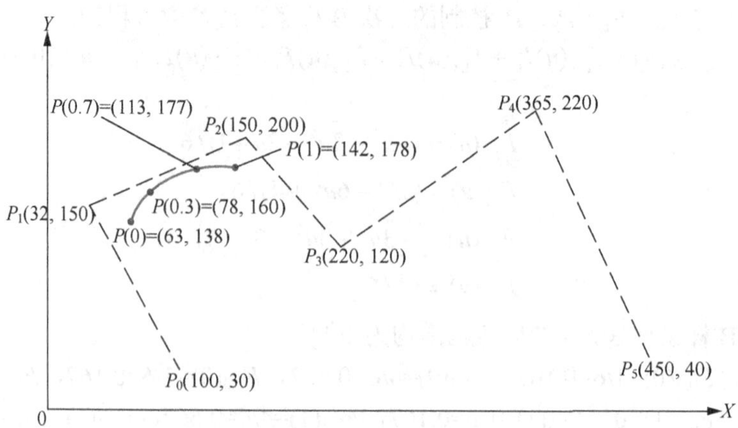

图 5-29 B 样条曲线实例(第一段生成)

(2) 由 P_1，P_2，P_3，P_4 构造第二段 B 样条曲线。

$$p(0)=0.167P_1+0.667P_2+0.167P_3+0\times P_4$$

$$=0.167\begin{bmatrix}32\\150\end{bmatrix}+0.667\begin{bmatrix}150\\200\end{bmatrix}+0.167\begin{bmatrix}220\\120\end{bmatrix}=\begin{bmatrix}142\\178\end{bmatrix}$$

$$p(0.3)=0.057P_1+0.590P_2+0.348P_3+0.005\times P_4$$

$$=0.057\begin{bmatrix}32\\150\end{bmatrix}+0.590\begin{bmatrix}150\\200\end{bmatrix}+0.348\begin{bmatrix}220\\120\end{bmatrix}+0.005\begin{bmatrix}365\\220\end{bmatrix}=\begin{bmatrix}169\\169\end{bmatrix}$$

$$p(0.7)=0.005P_1+0.348P_2+0.590P_3+0.057\times P_4$$

$$=0.005\begin{bmatrix}32\\150\end{bmatrix}+0.348\begin{bmatrix}150\\200\end{bmatrix}+0.590\begin{bmatrix}220\\120\end{bmatrix}+0.057\begin{bmatrix}365\\220\end{bmatrix}=\begin{bmatrix}203\\154\end{bmatrix}$$

$$p(1)=0.0\times P_1+0.167P_2+0.667P_3+0.167\times P_4$$

$$=0.167\begin{bmatrix}150\\200\end{bmatrix}+0.667\begin{bmatrix}220\\120\end{bmatrix}+0.167\begin{bmatrix}365\\220\end{bmatrix}=\begin{bmatrix}233\\150\end{bmatrix}$$

图 5-30 绘制了由 P_1，P_2，P_3，P_4 构造的三次 B 样条曲线段，即第二段曲线段。曲线段上对应参数 u 为 0，0.3，0.7，1.0 的点 $p(0)$，$p(0.3)$，$p(0.7)$，$p(1)$已经用实心圆点标注在图上。

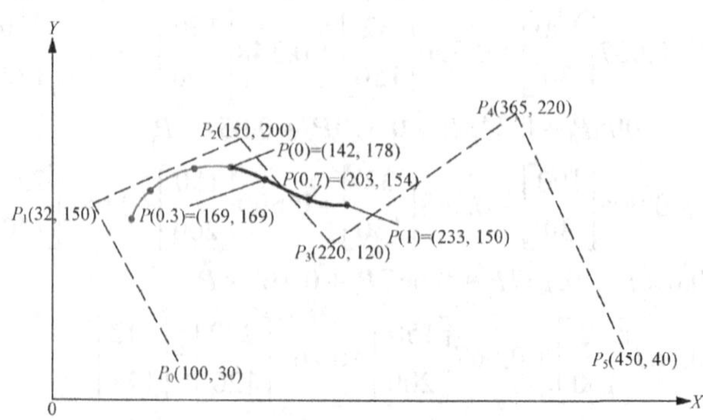

图 5-30 B 样条曲线实例(第二段生成)

(3) 由 P_2，P_3，P_4，P_5 构造第三段 B 样条曲线。

$$p(0)=0.167P_2+0.667P_3+0.167P_4+0\times P_5$$
$$=0.167\begin{bmatrix}150\\200\end{bmatrix}+0.667\begin{bmatrix}220\\120\end{bmatrix}+0.167\begin{bmatrix}365\\220\end{bmatrix}=\begin{bmatrix}233\\150\end{bmatrix}$$

$$p(0.3)=0.057P_2+0.590P_3+0.348P_4+0.005\times P_5$$
$$=0.057\begin{bmatrix}150\\200\end{bmatrix}+0.590\begin{bmatrix}220\\120\end{bmatrix}+0.348\begin{bmatrix}365\\220\end{bmatrix}+0.005\begin{bmatrix}450\\40\end{bmatrix}=\begin{bmatrix}268\\159\end{bmatrix}$$

$$p(0.7)=0.005P_2+0.348P_3+0.590P_4+0.057\times P_5$$
$$=0.005\begin{bmatrix}150\\200\end{bmatrix}+0.348\begin{bmatrix}220\\120\end{bmatrix}+0.590\begin{bmatrix}365\\220\end{bmatrix}+0.057\begin{bmatrix}450\\40\end{bmatrix}=\begin{bmatrix}318\\175\end{bmatrix}$$

$$p(1)=0.0\times P_2+0.167P_3+0.667P_4+0.167\times P_5$$
$$=0.167\begin{bmatrix}220\\120\end{bmatrix}+0.667\begin{bmatrix}365\\220\end{bmatrix}+0.167\begin{bmatrix}450\\40\end{bmatrix}=\begin{bmatrix}355\\173\end{bmatrix}$$

图 5-31 绘制了由 P_2，P_3，P_4，P_5 构造的三次 B 样条曲线段，即第三段曲线段。曲线段上对应参数 u 为 0，0.3，0.7，1.0 的点 $p(0)$，$p(0.3)$，$p(0.7)$，$p(1)$已经用实心圆点标注在图上。

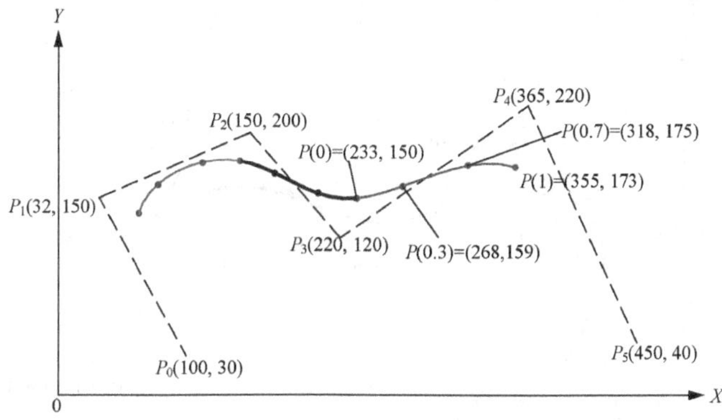

图 5-31　B 样条曲线实例(第三段生成)

本例题中，实际曲线生成是通过程序运行完成的。当 u 取值以 0.1 或 0.01 的间隔计算曲线上的点，依序连接所有点将会得到一条足够光滑的完整曲线。经过程序计算参数取值为 0.1，对应的 B 样条曲线点的坐标如表 5-2 所示。

表 5-2　B 样条曲线实例数据

参数 u	第一段曲线点	第二段曲线点	第三段曲线点
0	(63.0　138.333)	(142.0　178.333)	(232.5　150.0)
0.1	(66.391　146.473)	(151.18　176.235)	(243.602　151.823)
0.2	(71.408　153.853)	(160.004　173.147)	(255.32　154.987)
0.3	(77.817　160.413)	(168.594　169.378)	(267.517　159.03)
0.4	(85.384　166.093)	(177.072　165.24)	(280.06　163.493)

续表

参数 u	第一段曲线点	第二段曲线点	第三段曲线点
0.5	(93.875 170.833)	(185.563 161.042)	(292.813 167.917)
0.6	(103.056 174.573)	(194.188 157.093)	(305.64 171.84)
0.7	(112.693 177.253)	(203.071 153.705)	(318.408 174.803)
0.8	(122.552 178.813)	(212.336 151.187)	(330.98 176.347)
0.9	(132.399 179.193)	(222.104 149.848)	(343.222 176.01)
1.0	(142.0 178.333)	(232.5 150.0)	(355.0 173.333)

知识点延伸

延伸 1：使用重复点即三个连续的相同控制点构图，使 B 样条曲线的起点或终点通过控制多边形的起点或终点。

利用前例题 4 的数据，保留原来给定的 6 个控制点坐标 $P_0(100, 30)$，$P_1(32, 150)$，$P_2(150, 200)$，$P_3(220, 120)$，$P_4(365, 220)$，$P_5(450, 40)$，将首尾点 P_0 和 P_5 分别重复使用三次，构成新的控制点序列如 $P_0(100, 30)$，$P_0(100, 30)$，$P_0(100, 30)$，$P_1(32, 150)$，$P_2(150, 200)$，$P_3(220, 120)$，$P_4(365, 220)$，$P_5(450, 40)$，$P_5(450, 40)$，$P_5(450, 40)$，共 10 个控制点。以这 10 个控制点构造三次 B 样条曲线，结果如图 5-32 所示。

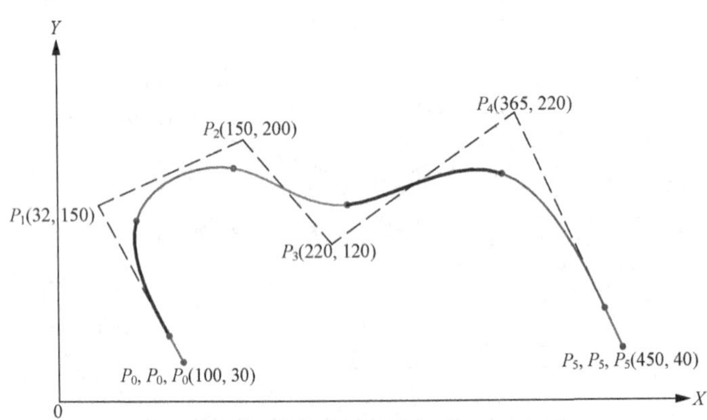

图 5-32　B 样条曲线与控制多边形端点重合

延伸 2：绘制封闭的三次 B 样条曲线。

仍使用前例题 4 的数据，6 个控制点坐标 $P_0(100, 30)$，$P_1(32, 150)$，$P_2(150, 200)$，$P_3(220, 120)$，$P_4(365, 220)$，$P_5(450, 40)$。当六个控制点未构成封闭多边形时可以生成三段三次 B 样条曲线，如图 5-33 中的第一段、第二段和第三段曲线。连接首尾两点 P_0 和 P_5 构成封闭多边形时，可以继续生成新的曲线段第四段、第五段和第六段，他们分别由控制点 P_3，P_4，P_5，P_0；P_4，P_5，P_0，P_1；P_5，P_0，P_1，P_2 生成。生成图形如图 5-33 所示，曲线段与控制点的关系如表 5-3 所示。

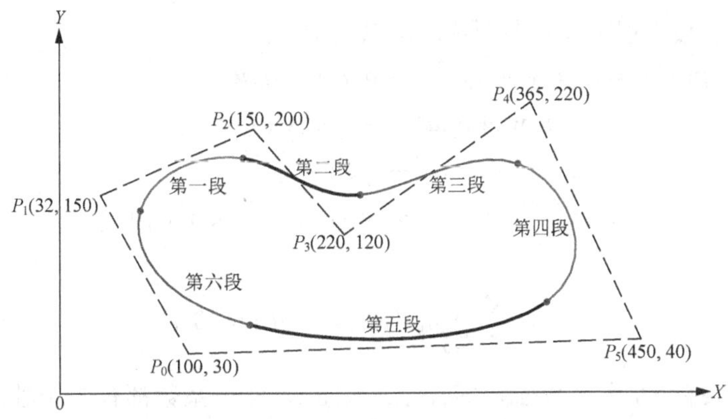

图 5-33　封闭的三次 B 样条曲线实例

表 5-3　B 样条曲线段与控制点的对应关系

曲线段	控制点	备注
第一段	P_0, P_1, P_2, P_3	
第二段	P_1, P_2, P_3 ,P_4	
第三段	P_2, P_3 ,P_4, P_5	
第四段	P_3 ,P_4, P_5, P_0	封闭循环
第五段	P_4, P_5, P_0, P_1	封闭循环
第六段	P_5, P_0, P_1, P_2	封闭循环

第六节　Coons 曲面

一些工程实际中应用的复杂自由曲面，如飞机、船舶、汽车等几何外形的描述，传统上是用人工作图法完成的。由于需要大量的试画和反复修正工作以保证整个曲面光顺，所以非常费时而繁琐。这些工作可以用样条的方法来设计与描述曲面，通过计算机、绘图仪及图形显示器去完成绘制工作。

自由曲面设计与生成重点介绍 Coons 曲面，双三次 Bezier 曲面，双三次 B 样条曲面的设计与实现。

Coons 曲面的设计与实现

一条自由曲线可以由一系列的曲线段连接而成，与此类似，自由曲面是由一系列的曲面片拼接而成。因此，曲面片是曲面的基础。一个曲面片是以曲线为边界的点的集合，由式(5-8)可知这些点的坐标(x,y,z)均可用双参数的单值函数表示如下：

$$x=x(u, w)$$
$$y=y(u, w)$$
$$z=z(u, w)$$

其中，u，w 为参数，$u,w\in[0,1]$，曲面上任一点的参数矢量表达式为：

$$p(u,w)=[x(u,w)\quad y(u,w)\quad z(u,w)]\qquad u,w\in[0\ 1]$$

如果用三次参数方程来表示曲面片，可以表示为：

$$\begin{aligned}p(u,w) &= a_{33}u^3w^3 + a_{32}u^3w^2 + a_{31}u^3w + a_{30}u^3 \\ &+ a_{23}u^2w^3 + a_{22}u^2w^2 + a_{21}u^2w + a_{20}u^2 \\ &+ a_{13}uw^3 + a_{12}uw^2 + a_{11}uw + a_{10}u \\ &+ a_{03}w^3 + a_{02}w^2 + a_{01}w + a_{00} \qquad u,w \in [0\ 1]\end{aligned} \tag{5-82}$$

或

$$p(u,w) = \sum_{i=0}^{3}\sum_{j=0}^{3} a_{ij}u^i w^j \qquad u,w \in [0\ 1] \tag{5-83}$$

此参数方程共有 16 个系数 a_{00}、a_{01}、……、a_{33}，每一系数都有 3 个独立的坐标分量。式(5-82)、式(5-83)所描述的曲面片称为双三次曲面片。

实际上如图 5-34 所示，一个双三次曲面片是由参数空间相互正交的两组曲线簇组成的，这两组曲线簇分别由参数 u 及 w 定义。一组曲线包括 u=0 及 u=1 这两条边界曲线及无穷多条由 $u=u_i$ 决定的中间曲线。另一组曲线包括 w=0 及 w=1 这两条边界曲线以及无穷多条由 $w=w_j$ 决定的中间曲线。

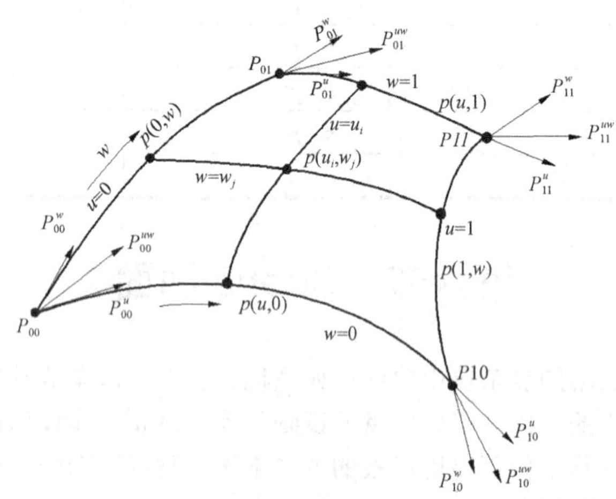

图 5-34 双三次曲面片构成与边界条件

Hermite 样条插值曲线使用两个端点的坐标值及端点处的导数来决定一条曲线段。与此类似，Coons 曲面是使用曲面片角点和角点处的偏导数来决定曲面。P_{00}，P_{01}，P_{10}，P_{11}，作为曲面片的角点位于曲面片上，分别对应参数 u=0，w=0；u=0，w=1；u=1，w=0；u=1，w=1 时曲面上的点。u、w 参数代入式(5-82)我们可以获得以下 4 个角点信息：

$$\begin{aligned}P_{00} &= p(0,0) = a_{00} \\ P_{01} &= p(0,1) = a_{03} + a_{02} + a_{01} + a_{00} \\ P_{10} &= p(1,0) = a_{30} + a_{20} + a_{10} + a_{00} \\ P_{11} &= p(1,1) = a_{33} + a_{32} + a_{31} + a_{30} + a_{23} + a_{22} + a_{21} + a_{20} + \\ &\quad a_{13} + a_{12} + a_{11} + a_{10} + a_{03} + a_{02} + a_{01} + a_{00}\end{aligned} \tag{5-84}$$

用 P_{00}^u，P_{00}^w 分别表示在角点 u=0，w=0 点处对 u 和 w 的偏导数，即：

$$P_{00}^{u}=\frac{\partial p(u,w)}{\partial u} \qquad P_{00}^{w}=\frac{\partial p(u,w)}{\partial w} \tag{5-85}$$

其他角点处的偏导数与此类似地表示，则有 P_{01}^{u}，P_{01}^{w}，P_{10}^{u}，P_{10}^{w}，P_{11}^{u}，P_{11}^{w}。

用 P_{00}^{uw} 表示在角点 u=0，w=0 点处的混合偏导数，即：

$$P_{00}^{uw}=\frac{\partial p(u,w)}{\partial u \partial w} \tag{5-86}$$

其他角点处的混合偏导数与此类似地表示，则有 P_{01}^{uw}，P_{10}^{uw}，P_{11}^{uw}。

由式(5-84)的 4 个角点坐标信息，式(5-85)的 4 个角点共 8 个偏导数信息，式(5-86)的 4 个角点混合偏导数信息，共 16 个信息构成角点信息矩阵，表示为：

$$[C]=\begin{bmatrix} P_{00} & P_{01} & P_{00}^{w} & P_{01}^{w} \\ P_{10} & P_{11} & P_{10}^{w} & P_{11}^{w} \\ P_{00}^{u} & P_{01}^{u} & P_{00}^{uw} & P_{01}^{uw} \\ P_{10}^{u} & P_{11}^{u} & P_{10}^{uw} & P_{11}^{uw} \end{bmatrix} \tag{5-87}$$

Hermite 样条曲线是利用 Hermite 样条调和函数对边界条件调和而生成，而 Coons 曲面是使用 Hermite 样条调和函数对角点信息矩阵进行调合生成曲面。Coons 双三次曲面的矩阵表达式如下：

$$P(u,w)=[H(u)][C][H(w)]^T=[U][M_h][C][M_h]^T[W]^T \tag{5-88}$$

其中，$M_h=\begin{bmatrix} 2 & -2 & 1 & 1 \\ -3 & 3 & -2 & -1 \\ 0 & 0 & 1 & 0 \\ 1 & 0 & 0 & 0 \end{bmatrix}$为 Hermite 矩阵。$[U]=[u^3\ u^2\ u\ 1]$，$[W]=[w^3\ w^2\ w\ 1]$为两个参数 u，w 的矩阵向量。

式(5-87)角点信息矩阵[C]可分成四组，左上角一组 2×2 子矩阵可以代表四个角点的位置坐标，右上角和左下角 2×2 子矩阵分别代表边界曲线在四个角点处的两组切线向量。右下角一组 2×2 子矩阵则为角点处的混合偏导，也称为扭矢量。整个曲面就是由四个角点的这四组十六个信息来控制的。其中前三组信息完全决定了四条边界曲线的位置和形状。第四组角点扭矢量则与边界形状没有关系，但它却影响边界曲线上中间各点的切线向量，从而影响整个曲面片的形状。

双三次 Coons 曲面的主要缺点是必须给定矩阵[C]中的 16 个向量，才能唯一确定曲面片的位置和形状，而要给定扭矢量是相当困难的，因而使用起来不太方便。另外，两个曲面片之间的光滑连接也需要两个角点信息矩阵中相应偏导和混合偏导满足一定的条件。

给定 4 个角点位置数据、4 个角点共 12 个偏导数及混合偏导数数据：(200, 100)，(200, 500)，(100, 100)，(100, 100)，(600, 50)，(600, 550)，(100, 100)，(100, 100)，(100, 100)，(100, 100)，(100, 100)，(100, 100)，(100, 100)，(100, 100)，(100, 100)，(100, 100)，生成 Coons 曲面的一个实例如图 5-35 所示。

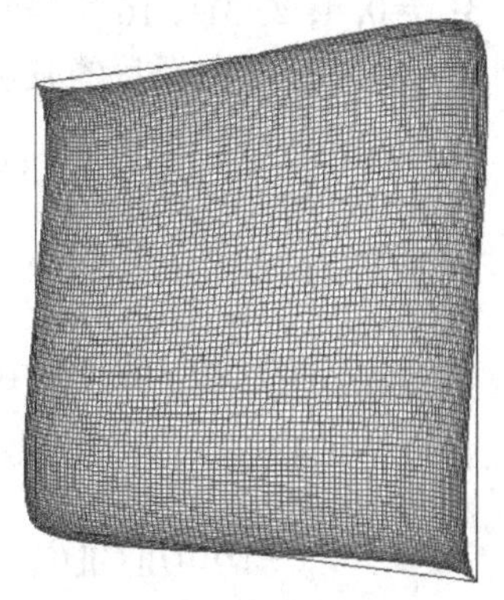

图 5-35　Coons 曲面的一个实例

第七节　Bézier 曲面

Bézier 曲面是由 Bézier 曲线拓广而来，它也是以 Bernstein 函数作为基函数，可以构造由空间网格的顶点位置控制的曲面。

空间曲面的参数表示.mp4

Coons 曲面的边界条件(角点矩阵).mp4

双三次 Coons 曲面的正交曲线簇形成与数学表达式.mp4

双三次 Coons 曲面的主要缺点.mp4

双三次 Coons 曲面设计实例与演示.mp4

一、Bézier 曲面的数学表示式

Bezier 曲面的表达式与特征网格.mp4

给定$(n+1)\times(m+1)$个空间点$P_{ij}(i=0,1,...,n;\ j=0,1,...,m)$，Bézier 曲面的数学表达式如下：

$$p(u,w)=\sum_{i=0}^{n}\sum_{j=0}^{m}P_{ij}B_{i,n}(u)B_{j,m}(w)\quad u,\ w\in[0\ \ 1]\qquad(5\text{-}89)$$

式(5-89)所描述的曲面称为 $n\times m$ 次 Bézier 曲面。P_{ij}是参数曲面 $p(u,\ w)$的控制顶点，$B_{i,n}(u)$和 $B_{j,m}(w)$为 Bernstein 基函数。

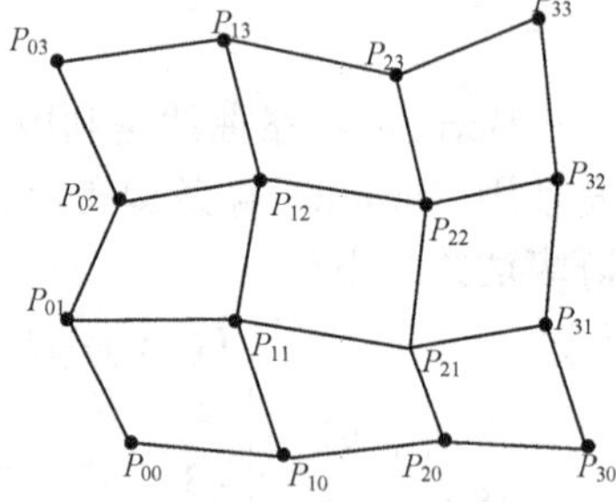

图 5-36　特征网格

如图 5-36 所示，依次用线段连接点列 $P_{ij}(i=0,\ 1,\ ...,\ n;\ j=0,\ 1,\ ...,\ m)$相邻两点所形成的空间网格称为特征网格，特征网格控制着曲面片的形状和位置。

二、双三次 Bézier 曲面

双三次 Bezier 曲面的矩阵表达.mp4

双三次 Bezier 曲面的代数表达.mp4

双三次 Bezier 曲面综合设计实例与演示.mp4

工程中常用的 Bézier 曲面是双三次 Bézier 曲面。当 $n=m=3$ 时，得到双三次 Bézier 曲面。给定 $P_{ij}(i=0,\ 1,\ 2,\ 3;\ j=0,\ 1,\ 2,\ 3)$共 16 个控制点，由式(5-89)可以得到双三次 Bézier 曲面片的表示式为：

$$p(u,w)=\sum_{i=0}^{3}\sum_{j=0}^{3}P_{ij}B_{i,3}(u)B_{j,3}(w)$$

$$=\begin{bmatrix}B_{0,3}(u) & B_{1,3}(u) & B_{2,3}(u) & B_{3,3}(u)\end{bmatrix}\times\begin{bmatrix}P_{00} & P_{01} & P_{02} & P_{03}\\ P_{10} & P_{11} & P_{12} & P_{13}\\ P_{20} & P_{21} & P_{22} & P_{23}\\ P_{30} & P_{31} & P_{32} & P_{33}\end{bmatrix}\times\begin{bmatrix}B_{0,3}(w)\\ B_{1,3}(w)\\ B_{2,3}(w)\\ B_{3,3}(w)\end{bmatrix}\qquad(5\text{-}90)$$

$$=[B(u)][P][B(w)]^T$$

$$=[U][M_{be}][P][M_{be}]^T[W]^T$$

式中$[U]=[u^3\ u^2\ u\ 1]$，$[W]=[w^3\ w^2\ w\ 1]$为两个参数 u，w 的矩阵向量。而
$M_{be}=\begin{bmatrix}-1 & 3 & -3 & 1\\ 3 & -6 & 3 & 0\\ -3 & 3 & 0 & 0\\ 1 & 0 & 0 & 0\end{bmatrix}$是三次 Bézier 系数矩阵。

Bézier 曲面是由 Bézier 曲线交织而成的曲面。曲面生成时可以通过固定 w，变化 u 得到一簇 Bézier 曲线；再固定 u，变化 w 得到另一簇 Bézier 曲线。Bézier 曲面与 Bézier 曲线具有相同的性质，不同曲面片之间的拼接需要满足一定的条件。对于 C^0 连续性只要边界上的控制点匹配就可获得，而 C^1 和 C^2 连续性的条件类似于我们在前面讨论过的 Bézier 曲线光滑连接时的条件要求。

将式(5-90)展开成代数形式为：

$$
\begin{aligned}
P(u,w) &= [U][M_{be}][P][M_{be}]^T[W]^T\\
&=\begin{bmatrix}u^3 & u^2 & u & 1\end{bmatrix}\times\begin{bmatrix}-1 & 3 & -3 & 1\\ 3 & -6 & 3 & 0\\ -3 & 3 & 0 & 0\\ 1 & 0 & 0 & 0\end{bmatrix}\times\begin{bmatrix}P_{00} & P_{01} & P_{02} & P_{03}\\ P_{10} & P_{11} & P_{12} & P_{13}\\ P_{20} & P_{21} & P_{22} & P_{23}\\ P_{30} & P_{31} & P_{32} & P_{33}\end{bmatrix}\times\begin{bmatrix}-1 & 3 & -3 & 1\\ 3 & -6 & 3 & 0\\ -3 & 3 & 0 & 0\\ 1 & 0 & 0 & 0\end{bmatrix}\times\begin{bmatrix}w^3\\ w^2\\ w\\ 1\end{bmatrix}\\
&=[-u^3+3u^2-3u+1\quad 3u^3-6u^2+3u\quad -3u^3+3u^2\quad u^3]\\
&\quad\times\begin{bmatrix}P_{00} & P_{01} & P_{02} & P_{03}\\ P_{10} & P_{11} & P_{12} & P_{13}\\ P_{20} & P_{21} & P_{22} & P_{23}\\ P_{30} & P_{31} & P_{32} & P_{33}\end{bmatrix}\times\begin{bmatrix}-w^3+3w^2-3w+1\\ 3w^3-6w^2+3w\\ -3w^3+3w^2\\ w^3\end{bmatrix}\\
&=[(-u^3+3u^2-3u+1)P_{00}+(3u^3-6u^2+3u)P_{10}+(-3u^3+3u^2)P_{20}+u^3P_{30},(-u^3+3u^2-3u\\
&\quad+1)P_{01}+(3u^3-6u^2+3u)P_{11}+(-3u^3+3u^2)P_{21}+u^3P_{31},(-u^3+3u^2-3u+1)P_{02}+(3u^3-\\
&\quad 6u^2+3u)P_{12}+(-3u^3+3u^2)P_{22}+u^3P_{32},(-u^3+3u^2-3u+1)P_{03}+(3u^3-6u^2+3u)P_{13}+\\
&\quad(-3u^3+3u^2)P_{23}+u^3P_{33}]\times\begin{bmatrix}-w^3+3w^2-3w+1\\ 3w^3-6w^2+3w\\ -3w^3+3w^2\\ w^3\end{bmatrix}\\
&=[(-u^3+3u^2-3u+1)P_{00}+(3u^3-6u^2+3u)P_{10}+(-3u^3+3u^2)P_{20}+u^3P_{30}](-w^3+3w^2-3w+1)\\
&\quad+[(-u^3+3u^2-3u+1)P_{01}+(3u^3-6u^2+3u)P_{11}+(-3u^3+3u^2)P_{21}+u^3P_{31}](3w^3-6w^2+3w)\\
&\quad+[(-u^3+3u^2-3u+1)P_{02}+(3u^3-6u^2+3u)P_{12}+(-3u^3+3u^2)P_{22}+u^3P_{32}](-3w^3+3w^2)\\
&\quad+[(-u^3+3u^2-3u+1)P_{03}+(3u^3-6u^2+3u)P_{13}+(-3u^3+3u^2)P_{23}+u^3P_{33}](w^3)
\end{aligned}
\tag{5-91}
$$

双三次 Bézier 曲面的代数表达式看起来很复杂，这恰恰是计算机最擅长的科学计算很容易实现的。只要表达式正确，通过程序运行一定能生成满足边界条件的 Bézier 曲面。

构成 4×4 网格的 16 个控制点 P_{00}，P_{01}，……，P_{33} 分别具有 x，y，z 三个坐标分量，

将式(5-91)写成坐标分量的形式为：

$$
\begin{aligned}
x(u,w)=&[(-u^3+3u^2-3u+1)x_{00}+(3u^3-6u^2+3u)x_{10}+(-3u^3+3u^2)x_{20}+u^3x_{30}](-w^3+3w^2-3w+1)\\
&+[(-u^3+3u^2-3u+1)x_{01}+(3u^3-6u^2+3u)x_{11}+(-3u^3+3u^2)x_{21}+u^3x_{31}](3w^3-6w^2+3w)\\
&+[(-u^3+3u^2-3u+1)x_{02}+(3u^3-6u^2+3u)x_{12}+(-3u^3+3u^2)x_{22}+u^3x_{32}](-3w^3+3w^2)\\
&+[(-u^3+3u^2-3u+1)x_{03}+(3u^3-6u^2+3u)x_{13}+(-3u^3+3u^2)x_{23}+u^3x_{33}](w^3)
\end{aligned}
\tag{5-92}
$$

$$
\begin{aligned}
y(u,w)=&[(-u^3+3u^2-3u+1)y_{00}+(3u^3-6u^2+3u)y_{10}+(-3u^3+3u^2)y_{20}+u^3y_{30}](-w^3+3w^2-3w+1)\\
&+[(-u^3+3u^2-3u+1)y_{01}+(3u^3-6u^2+3u)y_{11}+(-3u^3+3u^2)y_{21}+u^3y_{31}](3w^3-6w^2+3w)\\
&+[(-u^3+3u^2-3u+1)y_{02}+(3u^3-6u^2+3u)y_{12}+(-3u^3+3u^2)y_{22}+u^3y_{32}](-3w^3+3w^2)\\
&+[(-u^3+3u^2-3u+1)y_{03}+(3u^3-6u^2+3u)y_{13}+(-3u^3+3u^2)y_{23}+u^3y_{33}](w^3)
\end{aligned}
\tag{5-93}
$$

$$
\begin{aligned}
z(u,w)=&[(-u^3+3u^2-3u+1)z_{00}+(3u^3-6u^2+3u)z_{10}+(-3u^3+3u^2)z_{20}+u^3z_{30}](-w^3+3w^2-3w+1)\\
&+[(-u^3+3u^2-3u+1)z_{01}+(3u^3-6u^2+3u)z_{11}+(-3u^3+3u^2)z_{21}+u^3z_{31}](3w^3-6w^2+3w)\\
&+[(-u^3+3u^2-3u+1)z_{02}+(3u^3-6u^2+3u)z_{12}+(-3u^3+3u^2)z_{22}+u^3z_{32}](-3w^3+3w^2)\\
&+[(-u^3+3u^2-3u+1)z_{03}+(3u^3-6u^2+3u)z_{13}+(-3u^3+3u^2)z_{23}+u^3z_{33}](w^3)
\end{aligned}
\tag{5-94}
$$

因为数据量计算庞大，难以模拟计算机的计算过程，下面给出几个双三次 Bézier 曲面的实例、数据及图形结果。

例题 5：给定 16 个控制点坐标：

(100, 300)，(110, 180)，(120, 160)，(140, 230)，(180, 200)，(190, 130)，(200, 110)，(240, 170)，(310, 200)，(320, 130)，(330, 110)，(370, 170)，(420, 300)，(430, 180)，(450, 160)，(490, 240)。

绘制三次 Bézier 曲面如图 5-37(a)所示，其上的多边形为控制多边形，曲面为由控制多边形生成的三次 Bézier 曲面。5-37(b)为隐去控制多边形，只留下 Bézier 曲面的效果。

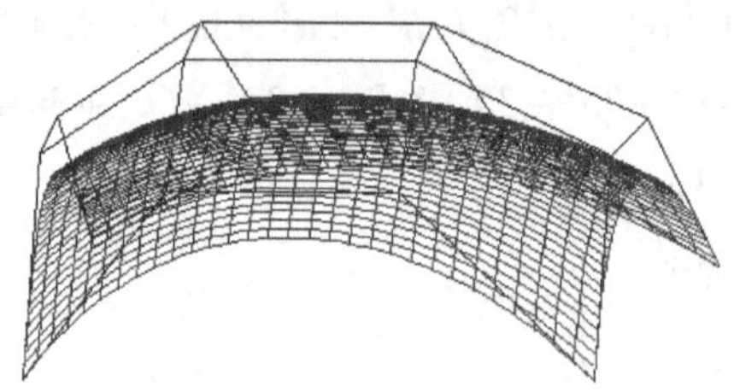

(a) 控制多边形及生成的 Bézier 曲面

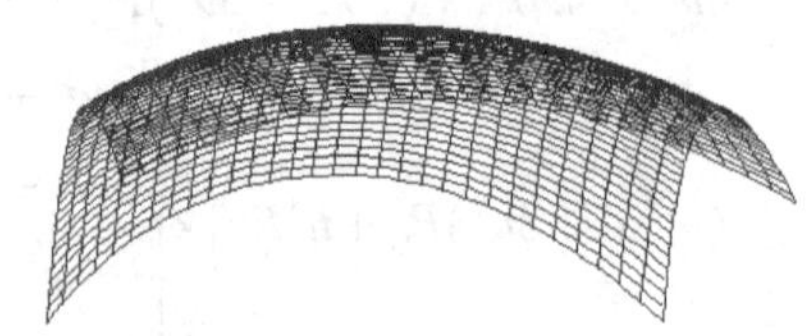

(b) 隐去控制多边形仅显示 Bézier 曲面

图 5-37　双三次 Bézier 曲面实例之一

例题 6：给定 16 个控制点坐标：

(100, 270)，(105, 180)，(110, 160)，(155, 100)，(180, 200)，(190, 130)，(200, 110)，(240, 70)，(310, 200)，(320, 130)，(330, 110)，(370, 70)，(420, 270)，(430, 180)，(440, 160)，(490, 120)。

绘制三次 Bézier 曲面如图 5-38 所示。

例题 7：给定 7×7=49 个点构成一凸特征多边形，其中相邻 3 点(下划线数据)共线且中间点在中点处，49 个给定点的坐标：

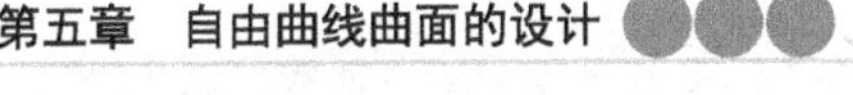

(100, 270)，(102, 225)，(105, 180)，(107, 170)，(110, 160)，(132, 130)，(155, 100)，(140, 235)，(141, 195)，(147, 155)，(151, 145)，(155, 135)，(176, 110)，(197, 85)，(180, 200)，(185, 165)，(190, 130)，(195, 120)，(200, 110)，(220, 90)，(240, 70)，(245, 200)，(250, 165)，(255, 130)，(260, 120)，(265, 110)，(285, 90)，(305, 70)，(310, 200)，(315, 165)，(320, 130)，(325, 120)，(330, 110)，(350, 90)，(370, 70)，(365, 235)，(370, 195)，(375, 155)，(380, 145)，(385, 135)，(407, 115)，(430, 95)，(420, 270)，(425, 225)，(430, 180)，(435, 170)，(440, 160)，(465, 140)，(490, 120)。生成四片 Bézier 曲面如图 5-39 所示。

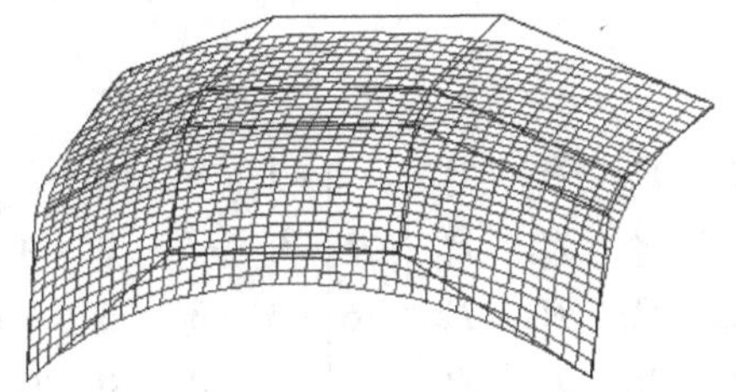

图 5-38　双三次 Bézier 曲面实例之二

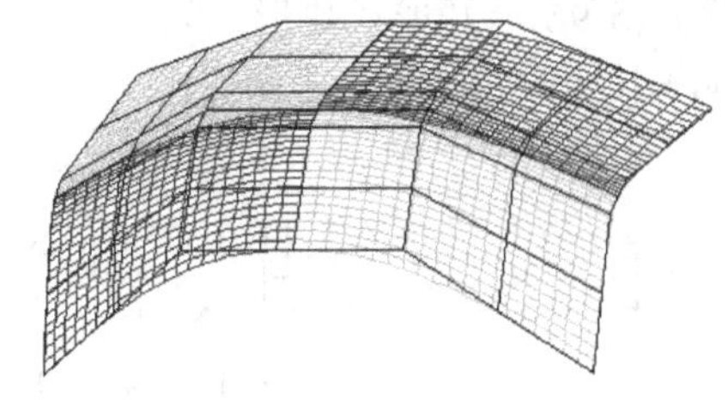

图 5-39　双三次 Bézier 曲面实例之三

第八节　B 样条曲面

B 样条曲面是 B 样条曲线的拓广。

样条曲面的数学表达式.mp4

一、B 样条曲面的数学表示式

给定$(n+1)\times(m+1)$个空间点$P_{ij}(i=0, 1, ..., n;\ j=0, 1, ..., m)$，B 样条曲面的数学表达式如下：

$$p(u,w)=\sum_{i=0}^{n}\sum_{j=0}^{m}P_{ij}F_{i,n}(u)F_{j,m}(w) \quad u,w\in[0\quad 1] \tag{5-95}$$

P_{ij}是$p(u, w)$的控制顶点，$F_{i,n}(u)$和$F_{j,m}(w)$为 B 样条基函数。如果$n=m=3$，则由 4×4 个控制点构成特征网格，其相应的曲面片称为双三次 B 样条曲面片。

二、双三次 B 样条曲面

双三次 B 样条曲面矩阵表达与性质.mp4

双三次B 样条曲面代数表达(坐标分量)_1.mp4

双三次 B 样条曲面综合设计实例与演示.mp4

双三次 B 样条曲面应用最广，其表示式为：

$$p(u,w)=\sum_{i=0}^{3}\sum_{j=0}^{3}P_{ij}F_{i,3}(u)F_{j,3}(w)$$

$$=\begin{bmatrix}F_{0,3}(u) & F_{1,3}(u) & F_{2,3}(u) & F_{3,3}(u)\end{bmatrix}\times\begin{bmatrix}P_{00} & P_{01} & P_{02} & P_{03}\\ P_{10} & P_{11} & P_{12} & P_{13}\\ P_{20} & P_{21} & P_{22} & P_{23}\\ P_{30} & P_{31} & P_{32} & P_{33}\end{bmatrix}\times\begin{bmatrix}F_{0,3}(w)\\ F_{1,3}(w)\\ F_{2,3}(w)\\ F_{3,3}(w)\end{bmatrix} \tag{5-96}$$

$$=[F(u)][P][F(w)]^T=[U][M_{bs}][P][M_{bs}]^T[W]^T$$

式中$[U]=[u^3\ u^2\ u\ 1]$，$[W]=[w^3\ w^2\ w\ 1]$为两个参数 u，w 的矩阵向量。而

$$M_{bs}=\frac{1}{6}\begin{bmatrix}-1 & 3 & -3 & 1\\ 3 & -6 & 3 & 0\\ -3 & 0 & 3 & 0\\ 1 & 4 & 1 & 0\end{bmatrix}$$

是三次 B 样条曲线系数矩阵。

B 样条曲面与 B 样条曲线具有相同的性质。一般情况下，双三次 B 样条曲面片四个角点不在特征网格的角点上。如果将网格向外扩展，曲面也相应延伸，而且由于三次 B 样条基函数是二阶连续的，所以双三次 B 样条曲面也达到二阶连续。

将式(5-96)展开成代数形式为：

$$P(u,w)=[U][M_{bs}][P][M_{bs}]^T[W]^T$$

$$=\begin{bmatrix}u^3 & u^2 & u & 1\end{bmatrix}\times\frac{1}{6}\begin{bmatrix}-1 & 3 & -3 & 1\\ 3 & -6 & 3 & 0\\ -3 & 0 & 3 & 0\\ 1 & 4 & 1 & 0\end{bmatrix}\times\begin{bmatrix}P_{00} & P_{01} & P_{02} & P_{03}\\ P_{10} & P_{11} & P_{12} & P_{13}\\ P_{20} & P_{21} & P_{22} & P_{23}\\ P_{30} & P_{31} & P_{32} & P_{33}\end{bmatrix}\times\frac{1}{6}\begin{bmatrix}-1 & 3 & -3 & 1\\ 3 & -6 & 0 & 4\\ -3 & 3 & 3 & 1\\ 1 & 0 & 0 & 0\end{bmatrix}\times\begin{bmatrix}w^3\\ w^2\\ w\\ 1\end{bmatrix}$$

$$=\frac{1}{36}[-u^3+3u^2-3u+3u^3-6u^2+4\ \ -3u^3+3u^2+3u+1\ \ u^3]\times\begin{bmatrix}P_{00} & P_{01} & P_{02} & P_{03}\\ P_{10} & P_{11} & P_{12} & P_{13}\\ P_{20} & P_{21} & P_{22} & P_{23}\\ P_{30} & P_{31} & P_{32} & P_{33}\end{bmatrix}$$

$$\times\begin{bmatrix}-w^3+3w^2-3w+1\\ 3w^3-6w^2+4\\ -3w^3+3w^2+3w+1\\ w^3\end{bmatrix}$$

$$=\frac{1}{36}[(-u^3+3u^2-3u+1)P_{00}+(3u^3-6u^2+4)P_{10}+(-3u^3+3u^2+3u+1)P_{20}+u^3P_{30},$$
$$(-u^3+3u^2-3u+1)P_{01}+(3u^3-6u^2+4)P_{11}+(-3u^3+3u^2+3u+1)P_{21}+u^3P_{31},$$
$$(-u^3+3u^2-3u+1)P_{02}+(3u^3-6u^2+4)P_{12}+(-3u^3+3u^2+3u+1)P_{22}+u^3P_{32},$$
$$(-u^3+3u^2-3u+1)P_{03}+(3u^3-6u^2+4)P_{13}+(-3u^3+3u^2+3u+1)P_{23}+u^3P_{33}]$$
$$\times\begin{bmatrix}-w^3+3w^2-3w+1\\ 3w^3-6w^2+4\\ -3w^3+3w^2+3w+1\\ w^3\end{bmatrix}\qquad(5\text{-}97)$$

$$=\frac{1}{36}\{((-u^3+3u^2-3u+1)P_{00}+(3u^3-6u^2+4)P_{10}+(-3u^3+3u^2+3u+1)P_{20}+u^3P_{30})$$
$$(-w^3+3w^2-3w+1)+((-u^3+3u^2-3u+1)P_{01}+(3u^3-6u^2+4)P_{11}+(-3u^3+3u^2$$
$$+3u+1)P_{21}+u^3P_{31})(3w^3-6w^2+4)+((-u^3+3u^2-3u+1)P_{02}+(3u^3-6u^2+4)P_{12}$$
$$+(-3u^3+3u^2+3u+1)P_{22}+u^3P_{32})(-3w^3+3w^2+3w+1)+((-u^3+3u^2-3u+1)P_{03}$$
$$+(3u^3-6u^2+4)P_{13}+(-3u^3+3u^2+3u+1)P_{23}+u^3P_{33})(w^3)\}$$

双三次 B 样条曲面与 Bézier 曲面一样。其代数表达式看起来都很复杂，这恰好能最大限度地发挥计算机强大的科学计算能力，生成各类复杂曲面。

16 个控制点 P_{00}，P_{01}，……，P_{33} 分别具有 x，y，z 三个坐标分量，将式(5-97)写成坐标分量的形式为：

$$\begin{aligned}x(u,w)=\frac{1}{36}&(((-u^3+3u^2-3u+1)x_{00}+(3u^3-6u^2+4)x_{10}+(-3u^3+3u^2+3u+1)x_{20}+u^3x_{30})\\&(-w^3+3w^2-3w+1)+((-u^3+3u^2-3u+1)x_{01}+(3u^3-6u^2+3u)x_{11}+(-3u^3+3u^2)x_{21}\\&+u^3x_{31})(3w^3-6w^2+4)+((-u^3+3u^2-3u+1)x_{02}+(3u^3-6u^2+3u)x_{12}+(-3u^3+3u^2)x_{22}\\&+u^3x_{32})(-3w^3+3w^2+3w+1)+((-u^3+3u^2-3u+1)x_{03}+(3u^3-6u^2+3u)x_{13}+(-3u^3\\&+3u^2)x_{23}+u^3x_{33})(w^3))\end{aligned} \tag{5-98}$$

$$\begin{aligned}y(u,w)=\frac{1}{36}&(((-u^3+3u^2-3u+1)y_{00}+(3u^3-6u^2+4)y_{10}+(-3u^3+3u^2+3u+1)y_{20}+u^3y_{30})\\&(-w^3+3w^2-3w+1)+((-u^3+3u^2-3u+1)y_{01}+(3u^3-6u^2+4)y_{11}+(-3u^3+3u^2+\\&3u+1)y_{21}+u^3y_{31})(3w^3-6w^2+4)+((-u^3+3u^2-3u+1)y_{02}+(3u^3-6u^2+4)y_{12}+\\&(-3u^3+3u^2+3u+1)y_{22}+u^3y_{32})(-3w^3+3w^2+3w+1)+((-u^3+3u^2-3u+1)y_{03}+\\&(3u^3-6u^2+4)y_{13}+(-3u^3+3u^2+3u+1)y_{23}+u^3y_{33})(w^3))\end{aligned} \tag{5-99}$$

$$\begin{aligned}z(u,w)=\frac{1}{36}&(((-u^3+3u^2-3u+1)z_{00}+(3u^3-6u^2+4)z_{10}+(-3u^3+3u^2+3u+1)z_{20}+u^3z_{30})\\&(-w^3+3w^2-3w+1)+((-u^3+3u^2-3u+1)z_{01}+(3u^3-6u^2+4)z_{11}+(-3u^3+3u^2+\\&3u+1)z_{21}+u^3z_{31})(3w^3-6w^2+4)+((-u^3+3u^2-3u+1)z_{02}+(3u^3-6u^2+4)z_{12}+\\&(-3u^3+3u^2+3u+1)z_{22}+u^3z_{32})(-3w^3+3w^2+3w+1)+((-u^3+3u^2-3u+1)z_{03}+\\&(3u^3-6u^2+4)z_{13}+(-3u^3+3u^2+3u+1)z_{23}+u^3z_{33})(w^3))\end{aligned} \tag{5-100}$$

下面给出几个双三次 B 样条曲面的原始数据及生成 B 样条曲面的结果。

例题 8：给定 16 个控制点坐标：

(100, 300)，(110, 180)，(120, 160)，(140, 230)，(180, 200)，(190, 130)，(200, 110)，(240, 170)，(310, 200)，(320, 130)，(330, 110)，(370, 170)，(420, 300)，(430, 180)，(450, 160)，(490, 240)，绘制双三次 B 样条曲面如图 5-40 所示。

例题 9：给定 16 个控制点坐标：

(100, 270)，(105, 180)，(110, 160)，(155, 100)，(180, 200)，(190, 130)，(200, 110)，(240, 70)，(310, 200)，(320, 130)，(330, 110)，(370, 70)，(420, 270)，(430, 180)，(440, 160)，(490, 120)。绘制的双三次 B 样条曲面如图 5-41 所示。

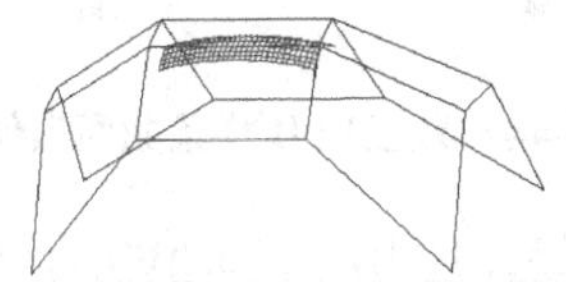

图 5-40　双三次 B 样条曲面实例之一

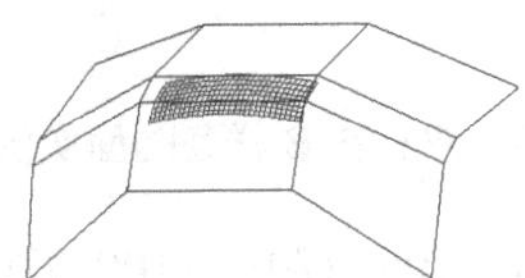

图 5-41　双三次 B 样条曲面实例之二

例题 10：给定 7×7=49 个点构成一凸特征多边形，其中相邻 3 点共线且中间点在中点处，生成 16 片 B 样条曲面片，构成完整 B 样条曲面。49 个给定点的坐标如下：

(100, 270)，(102, 225)，(105, 180)，(107, 170)，(110, 160)，(132, 130)，(155, 100)，
(140, 235)，(141, 195)，(147, 155)，(151, 145)，(155, 135)，(176, 110)，(197, 85)，
(180, 200)，(185, 165)，(190, 130)，(195, 120)，(200, 110)，(220, 90)，(240, 70)，
(245, 200)，(250, 165)，(255, 130)，(260, 120)，(265, 110)，(285, 90)，(305, 70)，
(310, 200)，(315, 165)，(320, 130)，(325, 120)，(330, 110)，(350, 90)，(370, 70)，
(365, 235)，(370, 195)，(375, 155)，(380, 145)，(385, 135)，(407, 115)，(430, 95)，
(420, 270)，(425, 225)，(430, 180)，(435, 170)，(440, 160)，(465, 140)，(490, 120)。

如图 5-42(a)中的多边形为控制多边形，曲面为由控制多边形生成的双三次 B 样条曲面。图 5-42(b)为隐去控制多边形，只留下 B 样条曲面的效果。

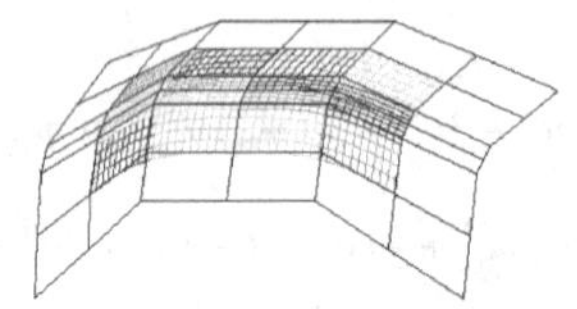
(a) 控制多边形及生成的 B 样条曲面

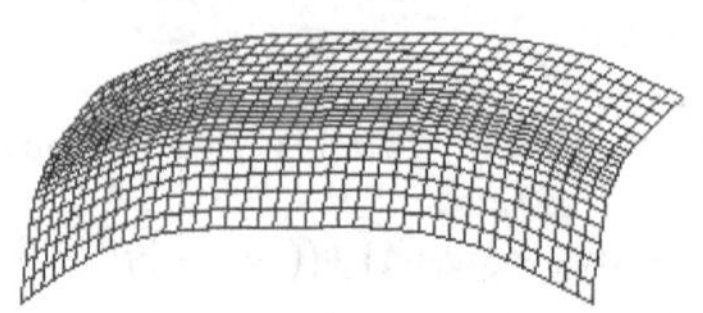
(b) 隐去控制多边形仅显示 B 样条曲面

图 5-42　双三次 B 样条曲面实例之三

例题 11：给定 7×7=49 个点构成一凸特征多边形，其中边界上相邻 3 点相重并不能使 B 样条曲面过顶点，如图 5-43 所示，共生成 16 片双三次 B 样条曲面片，构成完整 B 样条曲面。

49 个给定点的坐标如下：

(100, 270)，(100, 270)，(100, 270)，(107, 170)，(155, 100)，(155, 100)，(155, 100)，
(100, 270)，(141, 195)，(147, 155)，(151, 145)，(155, 135)，(176, 110)，(155, 100)，
(100, 270)，(185, 165)，(190, 130)，(195, 120)，(200, 110)，(220, 90)，(155, 100)，
(245, 200)，(250, 165)，(255, 130)，(260, 120)，(265, 110)，(285, 90)，(305, 70)，
(420, 270)，(315, 165)，(320, 130)，(325, 120)，(330, 110)，(350, 90)，(490, 120)，
(420, 270)，(370, 195)，(375, 155)，(380, 145)，(385, 135)，(407, 115)，(490, 120)，
(420, 270)，(420, 270)，(420, 270)，(435, 170)，(490, 120)，(490, 120)，(490, 120)。

例题 12：给定 7×7=49 个点构成一凸特征多边形，其中边界顶点处相邻 9 点相重，生成过顶点的 B 样条曲面，如图 5-44 所示。49 个给定点的坐标如下：

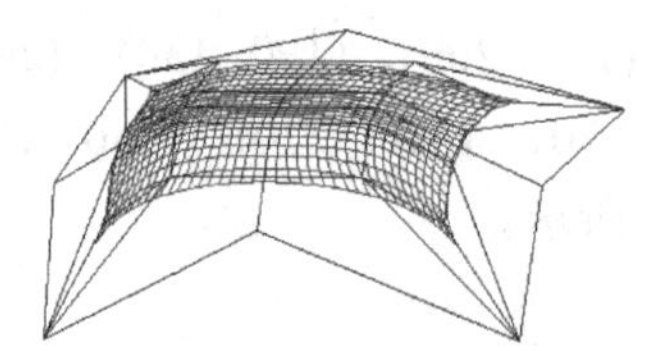
图 5-43　双三次 B 样条曲面实例之四

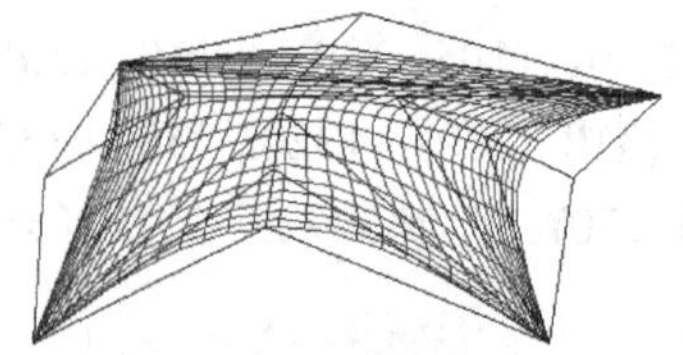
图 5-44　双三次 B 样条曲面实例之五

(100, 270)，(100, 270)，(100, 270)，(107, 170)，(155, 100)，(155, 100)，(155,100)，
(100, 270)，(100, 270)，(100, 270)，(151, 145)，(155, 100)，(155, 100)，(155,100)，
(100, 270)，(100, 270)，(100, 270)，(195, 120)，(155, 100)，(155, 100)，(155, 100)，
(245, 200)，(250, 165)，(255, 130)，(260, 120)，(265, 110)，(285, 90)，(305, 70)，

(420, 270)，(420, 270)，(420, 270)，(325, 120)，(490, 120)，(490, 120)，(490, 120)，(420, 270)，(420, 270)，(420, 270)，(380, 145)，(490, 120)，(490, 120)，(490, 120)，(420, 270)，(420, 270)，(420, 270)，(435, 170)，(490, 120)，(465, 140)，(490, 120)。

本章知识结构图

本章主要阐述自由曲线和曲面的设计与生成。各部分内容的相互关系如图 5-45 所示。自由曲线的设计是自由曲面的设计基础，无论是自由曲线还是自由曲面均离不开参数表达、矩阵运算、导数、连续性等相应的数学基础。

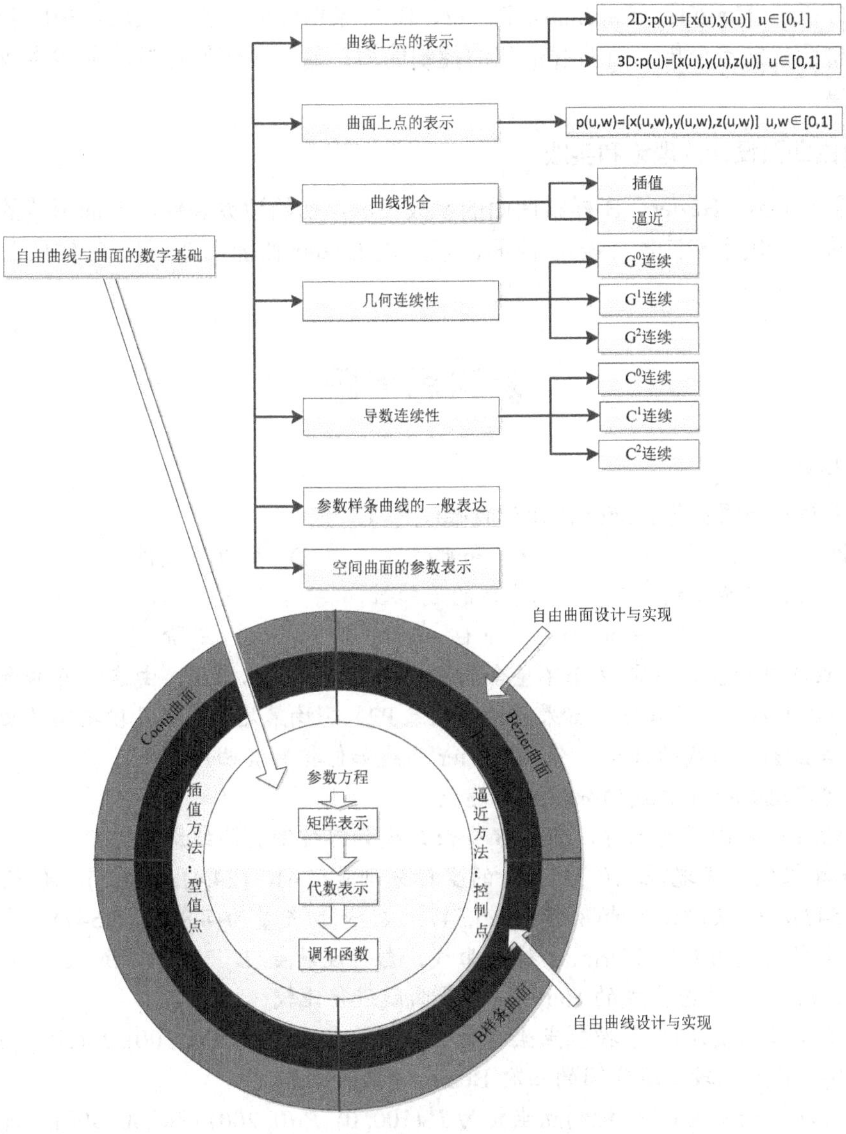

图 5-45　自由曲线与曲面的知识结构

本章小结

本章详细介绍了自由曲线与曲面的设计理论和实践。包括如下内容：

1. 曲线曲面的数学基础

曲线曲面的三种表示方式：显式、隐式和参数表示。曲线曲面拟合的插值和逼近方法。参数连续性和几何连续性的区别与联系。调和函数(基函数)的作用。

2. 自由曲线设计的理论和实践

详细分析了 Hermite，Cardinal，Bézier，B 样条曲线的定义、性质，矩阵表达式。各类曲线的构图优缺点分析，对曲线形状的控制能力。通过实例设计推演曲线生成过程，给出绘图结果。

3. 自由曲面设计的理论和实践

阐述了 Coons、Bézier、B 样条曲面的参数表示，初始边界条件，曲面形状的控制，曲面片的拼接。给出了双三次 Coons 曲面，双三次 Bézier 曲面，双三次 B 样条曲面的绘制实例。

复习思考题

1. 选择题

(1) 下面哪一项不是 Bézier 曲线的特性(　　)。

A. 对称性　　B. 凸包性　　C. 局部性　　D. 几何不变性

(2) 三次 B 样条曲线具有(　　)导数的连续性。

A. 0 阶　　B. 一阶　　C. 二阶　　D. 三阶

2. 在 *XOY* 平面上，给定 7 个不重合的控制点 P_0，P_1，…，P_6，由这 7 个控制点所确定的三次 B 样条曲线应分为 4 段，如果移动控制点 P2，影响第几段到第几段之间的曲线形状？

3. 总结 Bézier 曲线的性质，分析 Bézier 曲线如何控制其曲线形状。

4. 如何实现 Bézier 曲线的分段光滑连接。

5. 总结 *B* 样条曲线的性质，分析 *B* 样条曲线如何控制其曲线形状。

6. (计算机偏论实现)点 *A*，*B*，*C* 的坐标分别是(4,4)，(24,4)，(36,3)，*A* 点切矢量为(8.832，5.547)，*B* 点切矢量为(8.832，−5.547)，*C* 点切矢量为(8.832，5.547)，绘制通过点 *A*、*B*、*C* 生成两段相邻的 Hermite 样条曲线。自行设计点 *D*，由 *A*，*B*，*C*，*D* 生成一段 Cardinal 曲线，并与已经生成的 Hermite 样条曲线进行比较。

7. (计算机偏论实现)四个控制点坐标为 $P_1(0, 0, 0)$, $P_2(100, 100, 100)$, $P_3(200, -100, -100)$, $P_4(300, 0, 0)$，构造一段三维空间的三次 Bézier 曲线并绘制。

8. (计算机偏论实现)五个控制点坐标为 $P_0(100, 0)$, $P_1(0, 200)$, $P_2(200, 300)$, $P_3(500, 250)$, $P_4(600, 100)$，构造两段三次 *B* 样条曲线并绘制。

第六章　图 形 变 换

学习要点

(1) 二维/三维图形几何变换：平移变换、比例变换、旋转变换、对称变换、错切变换和复合变换，图形变换的实现及其变换矩阵。

(2) 各种图形变换对图形位置、图形形状和图形大小的影响。

(3) 复合变换对图形变换的综合影响。

(4) 平行投影变换和透视变换，对应的变换矩阵。

核心概念

几何变换、平移变换、比例变换、旋转变换、对称变换、错切变换、复合变换、平行投影、透视投影

引导案例

工程图纸中的二维图形变换

二维图形几何变换在工程图纸中无处不在。冷凝器为制冷系统设备，属于换热器的一种。环形折流板是冷凝器中一个主要零件，图 6-1 为 II 管程冷凝器环形折流板的一个实际零件图。整个图形呈对称结构，Φ695.5mm 所在的圆周内部粗实线包围区域是布管区域，共四个区域。布管区边界和区域内细实线的任何交点均代表钻孔的圆心位置，孔径为Φ19.6mm。布管区域外均布 8 个Φ14mm 的拉杆孔。管板的中心位置被Φ350mm 的圆切割，形成大小不一的若干被切割的圆弧。该图中存在明显的二维几何变换中的对称变换(对称结构)。二维图形变换中的其他变换如平移、比例、旋转、错切等也可以在这个例子中找到。

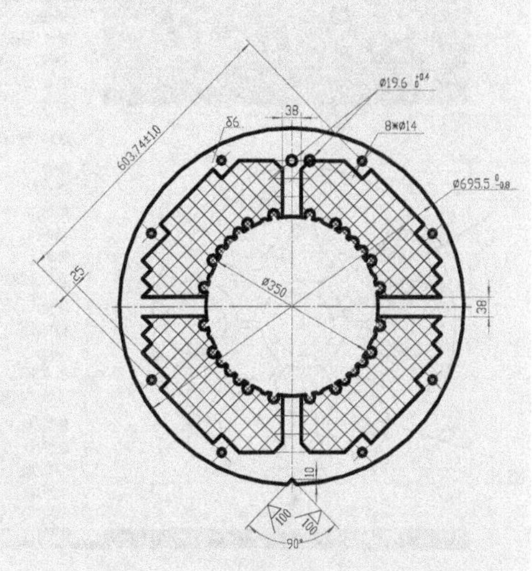

图 6-1　环形折流板零件图

案例导学

由本案例可以看出，机械零件图纸上经常有相同的几何结构。一般可以先绘制一个独

立结构，通过平移、比例(放大或缩小)、对称(镜像)、复制等方法叠加获得完整结构。本章我们学习如何获得一个已知二维图形或三维图形经过平移、比例、旋转、对称、错切等变换后的几何数据，据此绘制变换后的图形，并与原始图形进行比较。

第一节　AutoCAD 中的图形变换

AutoCAD 是由美国 Autodesk 公司于 20 世纪 80 年代初为微机上应用 CAD 技术而开发的绘图程序软件包，经过不断的完善，现已经成为国际上广为流行的绘图工具。AutoCAD 可以绘制任意二维和三维图形，并且同传统的手工绘图相比，用 AutoCAD 绘图速度更快、精度更高、而且便于个性化，它已经在航空航天、造船、建筑、机械、电子、化工、美工、轻纺等很多领域得到了广泛应用，并取得了丰硕的成果和巨大的经济效益。计算机图形学的绝大多数算法正是 AutoCAD 软件开发的理论基础，在图形变换方面，我们首先看看 AutoCAD 给我们提供了哪些图形变换功能。

图 6-2 为在 AutoCAD 环境下绘制的喷油嘴二维平面图，该图圆周均布 6 个Φ20mm 的圆孔，6 个均布的空腔。空腔结构本身也很复杂，且自身就是对称结构。AutoCAD 为我们提供了平移、镜像、复制、阵列、剪切等功能、喷油嘴二维平面图是综合运用这些功能绘制完成的。由喷油嘴的二维平面图生成三维实体图如图 6-3 所示，其绘制过程请读者扫描本章末二维码观看。

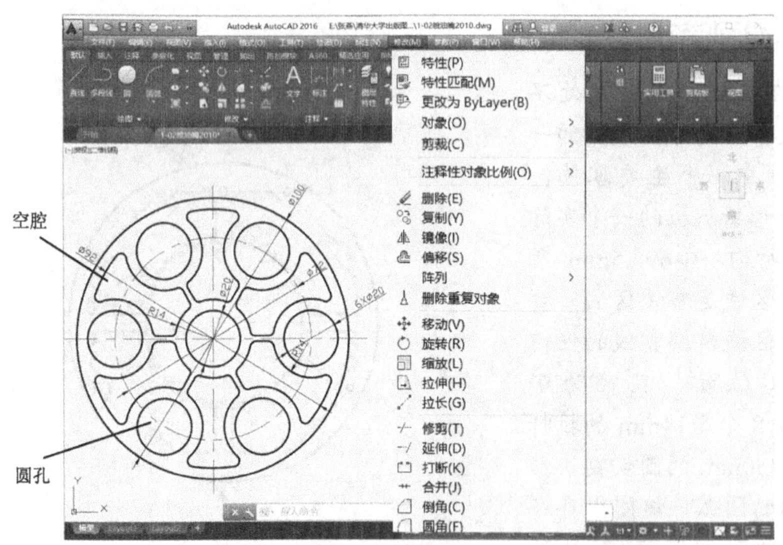

图 6-2　AutoCAD 中喷油嘴平面图绘制

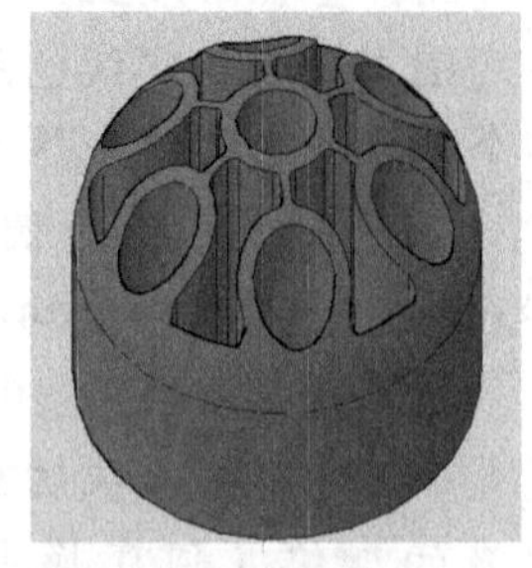

图 6-3　喷油嘴的三维实体图

由此可见，喷油嘴的二维绘制大量使用了 AutoCAD 提供的图形变换功能，本章从理论和实践上逐一介绍，这些功能在计算机图形学中是如何实现的。

第二节　几何变换的基本原理

在计算机绘图应用中经常要进行从一个几何图形到另一个几何图形的变换。例如，将图形向某一方向平移一段距离，将图形旋转一定的角度，或将图形放大或缩小等，这种变换过程称为几何变换。图形的几何变换是计算机绘图中极为重要的内容，利用图形几何变换还可以实现二维图形和三维图形之间转换，甚至还可以把静态图形变为动态图形，从而实现景物画面的动态显示。

图 6-4 中图形(1)是中国地图原始轮廓，图形(2)、图形(3)、图形(4)分别是由图形(1)经过平移，旋转，缩小获得。

二维图形几何变换的基本原理是二维平面图形在不改变图形连线次序的情况下，对一个平面点集进行的线性变换。实际上，二维平面图形不论是由直线段组成，还是由曲线段组成，都可以用它的轮廓线上顺序排列的平面点集来描述。因此可以说，对图形作几何变换，其实质是对点的几何变换，通过讨论点的几何变换，就可以理解图形几何变换的基本原理。

例如，如果要对图 6-5 中的四边形 ABCD 进行平移变换，只需要对四个顶点 *A*、*B*、*C*、*D* 做平移变换，连接平移后的四个顶点 *A′B′C′D′* 即可得到四边形平移变换的结果。

图 6-4　平面图形的平移，旋转，缩小

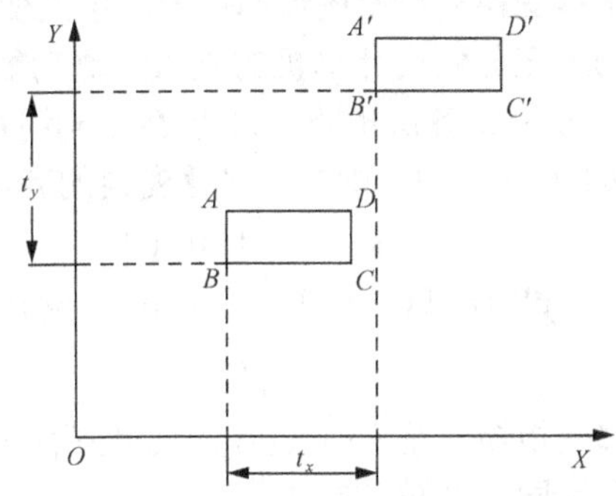

图 6-5　四边形 ABCD 的平移变换

对二维图形进行几何变换有五种基本变换形式，平移、旋转、比例、对称和错切，这些图形变换的规则可以用函数来表示或采用齐次变换矩阵表达。三维几何变换也主要有平移、旋转、比例、对称和错切这五种变换。与二维图形变换不同的是增加了 *Z* 坐标。无论是二维变换还是三维变换都有两种不同的变换形式：一种是图形不动，而坐标系变动，即变换前与变换后的图形是针对不同坐标而言的，称之为坐标模式变换；另一种是坐标系不动，而图形改变，即变换前与变换后的坐标值是针对同一坐标系而言的，称之为图形模式变换。本书中讨论的图形变换主要是后一种变换。

第三节　平移变换与实例设计

一、二维平移变换

平移变换是指将图形从一个坐标位置移到另一个坐标位置的重定位变换。已知一点的坐标是 $P(x, y)$，沿 X，Y 方向的平移量分别为 t_x 和 t_y，平移此点到新坐标 $P'(x', y')$，如图 6-6 所示，则新坐标的代数表达式为，

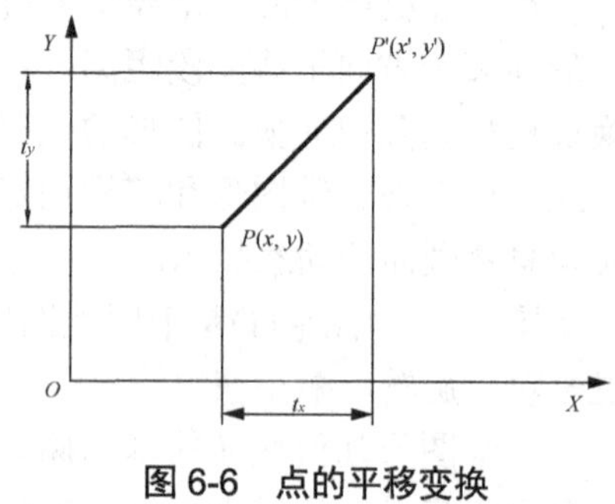

图 6-6　点的平移变换

$$\begin{cases} x' = x + t_x \\ y' = y + t_y \end{cases} \tag{6-1}$$

t_x，t_y 取正值，表示沿 X 或 Y 坐标轴正方向移动；取负值，表示沿 X 或 Y 坐标轴负方向移动。

如果对一图形的每个点都进行上述变换，即可得到平移变换后的图形。实际上，线段是通过对其两端点进行平移变换，多边形的平移是平移每个顶点的坐标位置，曲线可以通过平移定义曲线的控制点位置，用平移后的控制点重构曲线实现。

平移变换只改变图形的位置，不改变图形的大小和形状。

为了充分利用计算机的强大计算功能，图形变换通常引用齐次矩阵来表示，二维图形变换引入 3×3 齐次矩阵。设点 $P(x, y)$用行向量表示为$[x \quad y \quad 1]$，平移后新点位置 $P'(x', y')$表示为$[x' \quad y' \quad 1]$，则二维平移变换的齐次矩阵表达式为：

$[x' \quad y' \quad 1] = [x \quad y \quad 1] \times \begin{bmatrix} 1 & 0 & 0 \\ 0 & 1 & 0 \\ t_x & t_y & 1 \end{bmatrix}$，其中 $\boldsymbol{T} = \begin{bmatrix} 1 & 0 & 0 \\ 0 & 1 & 0 \\ t_x & t_y & 1 \end{bmatrix}$ 称为平移变换矩阵。由此可见，二维平移变换矩阵是 3×3 矩阵，其第三行第一，二元素分别为图形沿 X 轴，Y 轴的平移量，其余元素同 3×3 单位矩阵。

连续的平移变换可以通过连续的矩阵乘法来实现。例如，点 $P(x, y)$经平移变换 $T_1(t_{x1},t_{y1})$后，再经平移变换 $T_2(t_{x2}, t_{y2})$，则最终的平移变换矩阵 $\boldsymbol{T}$ 为：

$$\boldsymbol{T}=T_1 \times T_2 = \begin{bmatrix} 1 & 0 & 0 \\ 0 & 1 & 0 \\ t_{x1} & t_{y1} & 1 \end{bmatrix} \times \begin{bmatrix} 1 & 0 & 0 \\ 0 & 1 & 0 \\ t_{x2} & t_{y2} & 1 \end{bmatrix} = \begin{bmatrix} 1 & 0 & 0 \\ 0 & 1 & 0 \\ t_{x1}+t_{x2} & t_{y1}+t_{y2} & 1 \end{bmatrix} \tag{6-2}$$

二、三维平移变换

三维平移变换
及实例.mp4

三维图形变换可以在二维图形变换基础上增加对 Z 坐标的考虑而得到。在二维图形变换中其变换矩阵是 3×3 矩阵，对于三维空间变换矩阵需要 4×4 矩阵，变换一般是在右手坐标系下进行。

三维平移变换是使三维图形在空间平移一段距离而图形形状和大小保持不变。

点 $P(x, y, z)$沿 X、Y 及 Z 轴方向分别平移 t_x，t_y，t_z 后，新坐标 $P'(x', y', z')$的表达式为：

$$\begin{cases} x' = x + t_x \\ y' = y + t_y \\ z' = z + t_z \end{cases} \tag{6-3}$$

写成齐次矩阵表达式为，

$$[x' \quad y' \quad z' \quad 1] = [x \quad y \quad z \quad 1] \times \begin{bmatrix} 1 & 0 & 0 & 0 \\ 0 & 1 & 0 & 0 \\ 0 & 0 & 1 & 0 \\ t_x & t_y & t_z & 1 \end{bmatrix} \tag{6-4}$$

其中 $\boldsymbol{T}=\begin{bmatrix} 1 & 0 & 0 & 0 \\ 0 & 1 & 0 & 0 \\ 0 & 0 & 1 & 0 \\ t_x & t_y & t_z & 1 \end{bmatrix}$ 为三维平移变换矩阵。三维平移变换矩阵是 4×4 矩阵，其第四行第一、二、三元素分别是沿 X、Y、Z 轴的平移量，其余元素同 4×4 单位矩阵。

例题与解答

例题 1： 四棱锥四个顶点坐标分别为 $A(200, 0, 0)$，$B(0, 200, 0)$，$C(0, 0, 0)$，$D(100, 200, 200)$，如图 6-7 所示。对四棱锥作平移变换，沿 X，Y，Z 方向的平移量分别为 300，150，300，求变换后的坐标位置。

解： 利用齐次变换矩阵，本题平移变换可以表达为：

$$\begin{bmatrix} x_A' & y_A' & z_A' & 1 \\ x_B' & y_B' & z_B' & 1 \\ x_C' & y_C' & z_C' & 1 \\ x_D' & y_D' & z_D' & 1 \end{bmatrix} = \begin{bmatrix} x_A & y_A & z_A & 1 \\ x_B & y_B & z_B & 1 \\ x_C & y_C & z_C & 1 \\ x_D & y_D & z_D & 1 \end{bmatrix} \times \begin{bmatrix} 1 & 0 & 0 & 0 \\ 0 & 1 & 0 & 0 \\ 0 & 0 & 1 & 0 \\ t_x & t_y & t_z & 1 \end{bmatrix}$$

$$= \begin{bmatrix} 200 & 0 & 0 & 1 \\ 0 & 200 & 0 & 1 \\ 0 & 0 & 0 & 1 \\ 100 & 200 & 200 & 1 \end{bmatrix} \times \begin{bmatrix} 1 & 0 & 0 & 0 \\ 0 & 1 & 0 & 0 \\ 0 & 0 & 1 & 0 \\ 300 & 150 & 300 & 1 \end{bmatrix} = \begin{bmatrix} 500 & 150 & 300 & 1 \\ 300 & 350 & 300 & 1 \\ 300 & 150 & 300 & 1 \\ 400 & 350 & 500 & 1 \end{bmatrix}$$

平移变换前后的图形如图 6-7 所示。

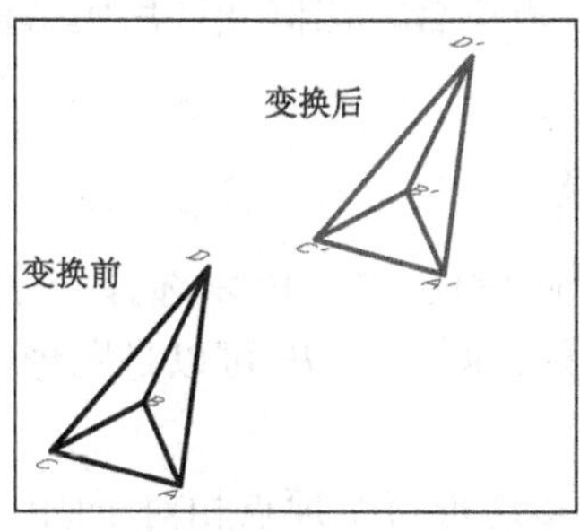

图 6-7　四棱锥三维平移变换

二维比例变换（相对于给定点）.mp4

第四节　比例变换与实例设计

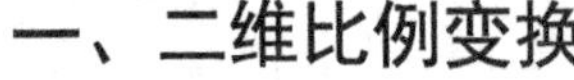

一、二维比例变换

二维比例变换实例设计.mp4

比例变换改变图形的大小。比例变换可以细分为相对坐标原点的比例变换和相对于固定点的比例变换。

1. 相对于坐标原点的比例变换

一个图形中的坐标点 $P(x, y)$若在 X 轴方向变化一个比例系数 s_x，在 Y 轴方向变化一个比例系数 s_y，则新坐标点 $P'(x', y')$的表达式为：

$$\begin{cases} x' = x \cdot s_x \\ y' = y \cdot s_y \end{cases} \tag{6-5}$$

写成齐次坐标矩阵形式为：

$$\begin{bmatrix} x' & y' & 1 \end{bmatrix} = \begin{bmatrix} x & y & 1 \end{bmatrix} \times \begin{bmatrix} s_x & 0 & 0 \\ 0 & s_y & 0 \\ 0 & 0 & 1 \end{bmatrix} \tag{6-6}$$

其中 $\boldsymbol{T} = \begin{bmatrix} s_x & 0 & 0 \\ 0 & s_y & 0 \\ 0 & 0 & 1 \end{bmatrix}$为相对坐标原点的比例变换矩阵。由此可见，相对于坐标原点的比例变换，变换矩阵是 3×3 单位阵的主对角线第一行第一列元素为 s_x，第二行第二列元素为 s_y。

s_x 和 s_y 是比例变换系数，可赋予任何正数：

(1) 当 s_x，$s_y<1$ 时，图形缩小；

(2) 当 s_x，$s_y>1$ 时，图形放大；

(3) 当 $s_x=s_y=1$ 时，图形大小保持不变；

(4) 当 $s_x=s_y$ 时，x，y 方向按同一比例变换；

(5) 当 $s_x \neq s_y$ 时，x，y 方向按不同的比例变换。

图形相对于坐标原点的比例变换，有可能既改变图形的大小，也改变图形的位置。图 6-8 是图形的一个顶点位于坐标原点的比例变换，只改变图形大小不改变图形位置。图 6-9 四边形 $ABCD$ 中没有顶点与坐标原点重合，比例变换后图形的大小发生变化，图形的位置也改变了。

2. 相对于固定点的比例变换

如果比例变换后不想改变图形的位置，可以选择一个在变换后不改变位置的固定点 $P_c(x_c, y_c)$来控制图形变换后的位置。固定点 P_c 可以是图形的某个顶点、图形的中心点或图形中的任何其他位置。

变换后固定点坐标不改变，多边形每个顶点相对于固定点缩放。

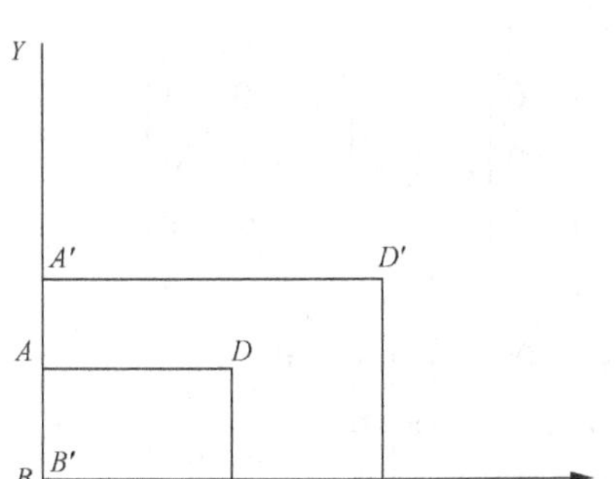

图 6-8　图形位置不变，大小改变的比例变换

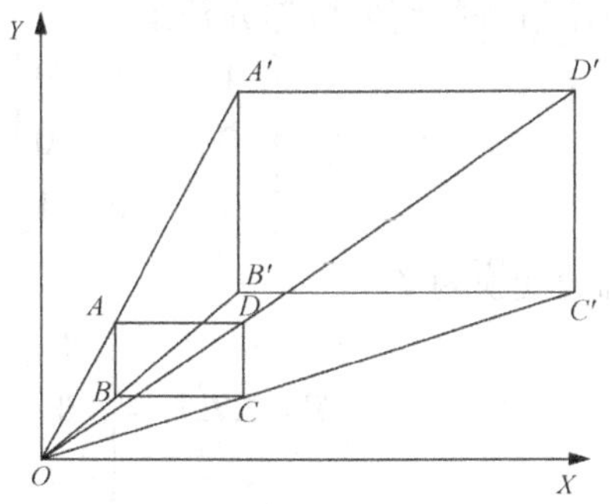

图 6-9　图形位置和大小均改变的比例变换

已知点 $P(x, y)$，固定点 $P_c(x_c, y_c)$，变换后的坐标为 $P'(x', y')$，比例系数分别为 s_x 和 s_y，则点 P 相对于固定点 P_c 的比例变换后生成新点 P'的坐标关系代数表达式为：

$$\begin{cases} x' = (x - x_c) \cdot s_x + x_c = x \cdot s_x + x_c(1 - s_x) \\ y' = (y - y_c) \cdot s_y + y_c = y \cdot s_y + y_c(1 - s_y) \end{cases} \tag{6-7}$$

写成齐次矩阵表达式为：

$$\begin{bmatrix} x' & y' & 1 \end{bmatrix} = \begin{bmatrix} x & y & 1 \end{bmatrix} \times \begin{bmatrix} s_x & 0 & 0 \\ 0 & s_y & 0 \\ x_c(1 - s_x) & y_c(1 - s_y) & 1 \end{bmatrix} \tag{6-8}$$

其中变换矩阵 $\boldsymbol{T} = \begin{bmatrix} s_x & 0 & 0 \\ 0 & s_y & 0 \\ x_c(1 - s_x) & y_c(1 - s_y) & 1 \end{bmatrix}$ 为相对固定点 $P_c(x_c, y_c)$的比例变换矩阵。

从矩阵变换角度来分析这个问题，图形相对于固定点 $P_c(x_c, y_c)$的比例变换可以分解为三步实现：

(1) 先平移 $P_c(x_c, y_c)$连同其上图形到原点(0, 0)；

(2) 相对于坐标原点的比例变换；

(3) 反向平移至 $P_c(x_c, y_c)$。

图 6-10 所示表达了上述比例变换步骤。图 6-10(a)表示箭头图形原始位置及固定点 P_c 位置，点 P_c 与箭头图形的顶点重合；图 6-10(b)表示固定点 P_c 连同箭头图形平移至坐标原点；图 6-10(c)表示箭头图形相对坐标原点进行比例变换，比例系数为 s_x 和 s_y；图 6-10(d)表示箭头图形反向平移回 P_c 位置，该图上同时显示了原始箭头图形进行对比。

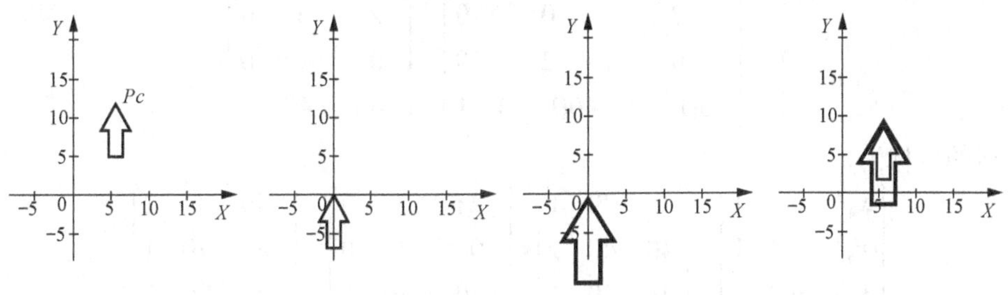

(a) 原始图形　(b) 平移变换　(c) 比例变换　(d) 反向平移并与原始图形比较

图 6-10　相对于固定点 P_c 的比例变换过程

三个过程的变换矩阵分别是：

$$\boldsymbol{T}_1=\begin{bmatrix}1&0&0\\0&1&0\\-x_c&-y_c&1\end{bmatrix},\quad \boldsymbol{T}_2=\begin{bmatrix}s_x&0&0\\0&s_y&0\\0&0&1\end{bmatrix},\quad \boldsymbol{T}_3=\begin{bmatrix}1&0&0\\0&1&0\\x_c&y_c&1\end{bmatrix} \tag{6-9}$$

总的变换为 $\boldsymbol{T}$，

$$\begin{aligned}\boldsymbol{T}=\boldsymbol{T}_1\boldsymbol{T}_2\boldsymbol{T}_3&=\begin{bmatrix}1&0&0\\0&1&0\\-x_c&-y_c&1\end{bmatrix}\times\begin{bmatrix}s_x&0&0\\0&s_y&0\\0&0&1\end{bmatrix}\times\begin{bmatrix}1&0&0\\0&1&0\\x_c&y_c&1\end{bmatrix}\\&=\begin{bmatrix}s_x&0&0\\0&s_y&0\\x_c(1-s_x)&y_c(1-s_y)&1\end{bmatrix}\end{aligned} \tag{6-10}$$

由此可见，相对某一固定点的比例变换，3×3 单位矩阵的主对角线第一行第一列，第二行第二列元素仍为比例系数 s_x，s_y，第三行第一列，第三行第二列元素分别是沿 X、Y 方向平移量。因此，相对于固定点的比例变换是相对于坐标原点的比例变换和平移变换的组合变换。

例题 2：给定三角形的三个顶点分别为：$A(0, 20)$，$B(40, 40)$和 $C(0, 60)$。(1)将三角形相对于坐标原点放大至 2 倍后，求各个顶点的坐标，并画出图形。(2)三角形相对于坐标(40, 40)放大至原图 2 倍，求各个顶点的坐标，并画出图形。

解：

(1) 比例系数 $S_x=S_y=2$，则

$$\begin{bmatrix}x_A'&y_A'&1\\x_B'&y_B'&1\\x_C'&y_C'&1\end{bmatrix}=\begin{bmatrix}0&20&1\\40&40&1\\0&60&1\end{bmatrix}\bullet\begin{bmatrix}2&0&0\\0&2&0\\0&0&1\end{bmatrix}=\begin{bmatrix}0&40&1\\80&80&1\\0&120&1\end{bmatrix}$$

其对应的原始图形及变换后的图形如图 6-11(a)所示。

(2) 三角形相对于坐标(40, 40)放大至原图 2 倍，比例系数 $S_x=S_y=2$，$x_c=40$，$y_c=40$，比例变换矩阵为，

$$T=\begin{bmatrix}2&0&0\\0&2&0\\40(1-2)&40(1-2)&1\end{bmatrix}=\begin{bmatrix}2&0&0\\0&2&0\\-40&-40&1\end{bmatrix}$$

变换后的坐标为，

$$\begin{bmatrix}x_A'&y_A'&1\\x_B'&y_B'&1\\x_C'&y_C'&1\end{bmatrix}=\begin{bmatrix}0&20&1\\40&40&1\\0&60&1\end{bmatrix}\bullet\begin{bmatrix}2&0&0\\0&2&0\\-40&-40&1\end{bmatrix}=\begin{bmatrix}-40&0&1\\40&40&1\\-40&80&1\end{bmatrix}$$

其对应的原始图形及变换后的图形如图 6-11(b)所示。

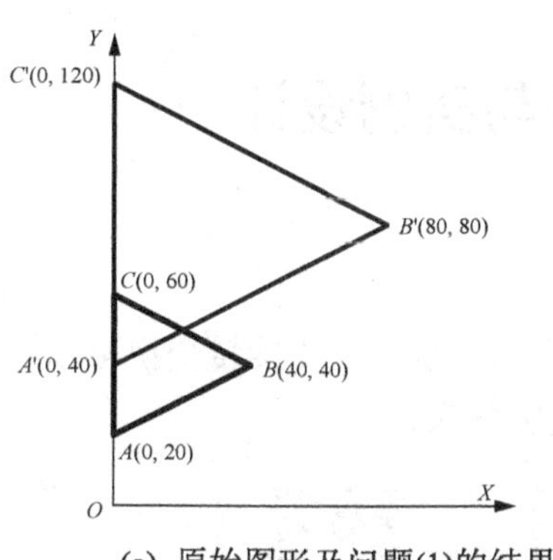

(a) 原始图形及问题(1)的结果

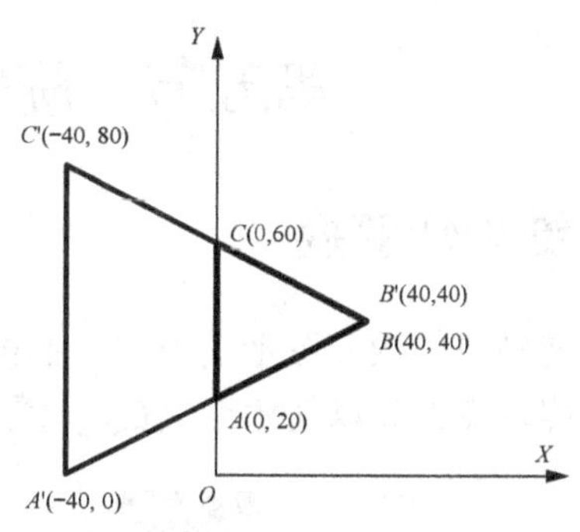

(b) 原始图形及问题(2)的结果

图 6-11 三角形比例变换

二、三维比例变换

三维比例变换及实例.mp4

与二维比例变换类似，三维比例变换也可以细分为相对坐标原点的比例变换和相对于固定点的比例变换。

1. 相对于坐标原点的三维比例变换

相对于原点的比例变换的表达式为：

$$\begin{cases} x' = x \cdot s_x \\ y' = y \cdot s_y \\ z' = z \cdot s_z \end{cases} \tag{6-11}$$

矩阵表示是：

$$\begin{bmatrix} x' & y' & z' & 1 \end{bmatrix} = \begin{bmatrix} x & y & z & 1 \end{bmatrix} \times \begin{bmatrix} s_x & 0 & 0 & 0 \\ 0 & s_y & 0 & 0 \\ 0 & 0 & s_z & 0 \\ 0 & 0 & 0 & 1 \end{bmatrix} \tag{6-12}$$

其中 s_x、s_y，s_z>0 且分别为沿 X、Y 及 Z 轴方向比例变换系数。当 s_x，s_y，s_z<1 时，变换后的图形在 x，y，z 方向同时缩小；当 s_x，s_y，s_z>1 时，变换后的图形在 x，y，z 方向同时放大；当 s_x=s_y=s_z 时，变换后的图形在 x，y，z 方向同比例变化。

2. 相对于给定点的比例变换

参照式(6-8)可得出相对于给定点 $P_c(x_c, y_c, z_c)$的比例变换的矩阵表示为：

$$\begin{bmatrix} x' & y' & z' & 1 \end{bmatrix} = \begin{bmatrix} x & y & z & 1 \end{bmatrix} \times \begin{bmatrix} s_x & 0 & 0 & 0 \\ 0 & s_y & 0 & 0 \\ 0 & 0 & s_z & 0 \\ x_c(1-s_x) & y_c(1-s_y) & z_c(1-s_z) & 1 \end{bmatrix} \tag{6-13}$$

第五节　旋转变换与实例设计

一、二维旋转变换

旋转变换只能改变图形的方位，而图形的大小和形状不变。旋转变换可以细分为绕坐标原点的旋转变换和以任意点 $P_c(x_c, y_c)$为中心的旋转变换。

二维旋转变换(相对于坐标原点).mp4

二维旋转变换(相对于任意点).mp4

二维旋转变换实例.mp4

1. 绕坐标原点的旋转变换

如图 6-12 所示，点 $P(x, y)$绕坐标原点逆时针旋转一个角度θ，由初等解析几何得到新坐标点 $P'(x', y')$的表达式为：

$$\begin{cases} x' = R\cos(\theta+\alpha) = R(\cos\alpha\cos\theta - \sin\alpha\sin\theta) = x\cos\theta - y\sin\theta \\ y' = R\sin(\theta+\alpha) = R(\cos\alpha\sin\theta + \sin\alpha\cos\theta) = x\sin\theta + y\cos\theta \end{cases}$$

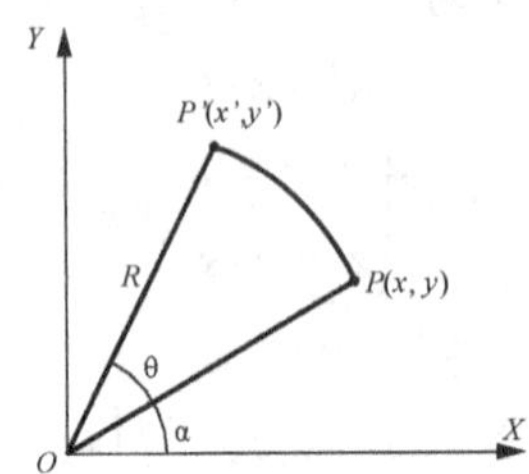

图 6-12　点 P 绕坐标原点旋转至点 P'

即，

$$\begin{cases} x' = x\cos\theta - y\sin\theta \\ y' = x\sin\theta + y\cos\theta \end{cases} \tag{6-14}$$

写成齐次坐标矩阵形式为：

$$\begin{bmatrix} x' & y' & 1 \end{bmatrix} = \begin{bmatrix} x & y & 1 \end{bmatrix} \times \begin{bmatrix} \cos\theta & \sin\theta & 0 \\ -\sin\theta & \cos\theta & 0 \\ 0 & 0 & 1 \end{bmatrix} \tag{6-15}$$

其中变换矩阵 $\boldsymbol{T} = \begin{bmatrix} \cos\theta & \sin\theta & 0 \\ -\sin\theta & \cos\theta & 0 \\ 0 & 0 & 1 \end{bmatrix}$ 为二维旋转变换矩阵。一般规定，旋转角度逆时针为正，顺时针为负。

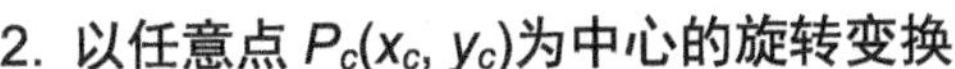

2. 以任意点 $P_c(x_c, y_c)$为中心的旋转变换

点 P 以任意点 $P_c(x_c, y_c)$为中心做旋转变换，其变换公式为：

$$\begin{cases} x' = (x - x_c)\cos\theta - (y - y_c)\sin\theta + x_c = x\cos\theta - y\sin\theta + x_c(1-\cos\theta) + y_c\sin\theta \\ y' = (x - x_c)\sin\theta + (y - y_c)\cos\theta + y_c = x\sin\theta + y\cos\theta + y_c(1-\cos\theta) - x_c\sin\theta \end{cases} \tag{6-16}$$

写成齐次矩阵表达式为：

$$\begin{bmatrix} x' & y' & 1 \end{bmatrix} = \begin{bmatrix} x & y & 1 \end{bmatrix} \times \begin{bmatrix} \cos\theta & \sin\theta & 0 \\ -\sin\theta & \cos\theta & 0 \\ x_c(1-\cos\theta) + y_c\sin\theta & y_c(1-\cos\theta) - x_c\sin\theta & 1 \end{bmatrix} \tag{6-17}$$

从矩阵变换角度来分析这个问题，以任意点 $P_c(x_c, y_c)$为中心的旋转变换可以通过以下三步实现。

(1) 先平移 $P_c(x_c, y_c)$连同其上图形到原点(0, 0)。

(2) 相对于坐标原点的旋转变换。

(3) 反向平移至 $P_c(x_c, y_c)$。

图 6-13 表示了这个旋转变换过程。图 6-13(a)表示箭头图形原始位置及固定点 P_c 位置，P_c 与箭头图形的顶点重合；图 6-13(b)表示固定点 P_c 连同其上箭头图形平移至坐标原点；图 6-13(c)表示箭头图形绕坐标原点逆时针旋转 θ 角(本例中恰好是 90°)；图 6-13(d)表示箭头图形反向平移回 P_c 位置，该图上同时显示了原始图形进行对比。

三个步骤的变换矩阵分别是：

$$\boldsymbol{T}_1 = \begin{bmatrix} 1 & 0 & 0 \\ 0 & 1 & 0 \\ -x_c & -y_c & 1 \end{bmatrix}, \quad \boldsymbol{T}_2 = \begin{bmatrix} \cos\theta & \sin\theta & 0 \\ -\sin\theta & \cos\theta & 0 \\ 0 & 0 & 1 \end{bmatrix}, \quad \boldsymbol{T}_3 = \begin{bmatrix} 1 & 0 & 0 \\ 0 & 1 & 0 \\ x_c & y_c & 1 \end{bmatrix} \tag{6-18}$$

因此总的变换矩阵为，

$$\begin{aligned} \boldsymbol{T} = \boldsymbol{T}_1\boldsymbol{T}_2\boldsymbol{T}_3 &= \begin{bmatrix} 1 & 0 & 0 \\ 0 & 1 & 0 \\ -x_c & -y_c & 1 \end{bmatrix} \times \begin{bmatrix} \cos\theta & \sin\theta & 0 \\ -\sin\theta & \cos\theta & 0 \\ 0 & 0 & 1 \end{bmatrix} \times \begin{bmatrix} 1 & 0 & 0 \\ 0 & 1 & 0 \\ x_c & y_c & 1 \end{bmatrix} \\ &= \begin{bmatrix} \cos\theta & \sin\theta & 0 \\ -\sin\theta & \cos\theta & 0 \\ x_c(1-\cos\theta) + y_c\sin\theta & y_c(1-\cos\theta) - x_c\sin\theta & 1 \end{bmatrix} \end{aligned} \tag{6-19}$$

以任意点 P_c 为中心的旋转变换写成齐次矩阵表达式同式(6-17)。

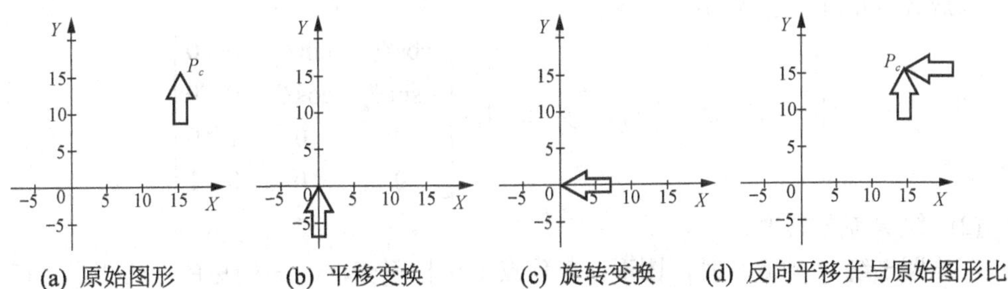

图 6-13　以任意点 $P_c(x_c, y_c)$为中心的旋转变换过程

例题与解答

例题 3：三角形的端点 $A(0, 0)$，$B(60, 0)$，$C(30, 60)$，绕坐标原点逆时针旋转 30° 后，求各顶点的坐标，绘制变化前后的图形。

解：

$$\begin{bmatrix} x_A' & y_A' & 1 \\ x_B' & y_B' & 1 \\ x_C' & y_C' & 1 \end{bmatrix} = \begin{bmatrix} 0 & 0 & 1 \\ 60 & 0 & 1 \\ 30 & 60 & 1 \end{bmatrix} \bullet \begin{bmatrix} \cos 30° & \sin 30° & 0 \\ -\sin 30° & \cos 30° & 0 \\ 0 & 0 & 1 \end{bmatrix}$$

$$= \begin{bmatrix} 0 & 0 & 1 \\ 52 & 30 & 1 \\ -4 & 67 & 1 \end{bmatrix}$$

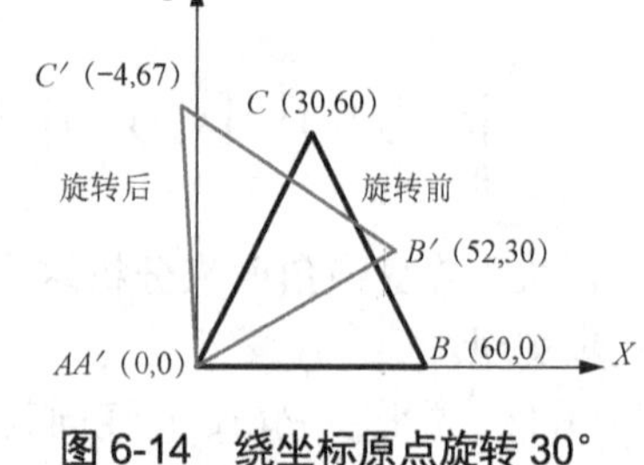

图 6-14　绕坐标原点旋转 30° 的三角形

变换前后的图形如图 6-14 所示。

二、三维旋转变换

三维旋转变换及实例.mp4

与二维图形旋转变换类似，旋转变换前后三维图形的大小和形状不发生变化，只是空间位置发生了变化。

绕坐标轴的旋转变换是最简单的旋转变换，当三维图形绕某一坐标轴旋转时，图形上各点在此轴的坐标值不变，而在另两坐标轴所组成的坐标面上的坐标值相当于一个二维的旋转变换。

1. 绕坐标轴的旋转变换

(1)　绕 Z 轴旋转变换。

三维图形绕 Z 轴旋转时，图形上各顶点 z 坐标不变，x、y 坐标的变化相当于在 XY 二维平面内绕原点旋转。θ_z 是点(x,y,z)在 XY 平面上与 X 轴的夹角，所以绕 Z 轴旋转变换的表达式为：

$$\begin{cases} x' = x\cos\theta_z - y\sin\theta_z \\ y' = x\sin\theta_z + y\cos\theta_z \\ z' = z \end{cases} \tag{6-20}$$

写成齐次矩阵表达式为：

$$[x' \quad y' \quad z' \quad 1] = [x \quad y \quad z \quad 1] \times \begin{bmatrix} \cos\theta_z & \sin\theta_z & 0 & 0 \\ -\sin\theta_z & \cos\theta_z & 0 & 0 \\ 0 & 0 & 1 & 0 \\ 0 & 0 & 0 & 1 \end{bmatrix} \tag{6-21}$$

(2)　绕 X 轴旋转变换。

三维图形绕 X 轴旋转时，图形上各顶点 x 坐标不变，y、z 坐标的变化相当于在 YZ 二维平面内绕原点旋转。θ_x 是点(x,y,z)在 YZ 平面上与 Y 轴的夹角，所以绕 X 轴旋转变换的表达式为：

$$\begin{cases} x' = x \\ y' = y\cos\theta_x - z\sin\theta_x \\ z' = y\sin\theta_x + z\cos\theta_x \end{cases} \tag{6-22}$$

写成齐次矩阵表达式为：

$$\begin{bmatrix} x' & y' & z' & 1 \end{bmatrix} = \begin{bmatrix} x & y & z & 1 \end{bmatrix} \times \begin{bmatrix} 1 & 0 & 0 & 0 \\ 0 & \cos\theta_x & \sin\theta_x & 0 \\ 0 & -\sin\theta_x & \cos\theta_x & 0 \\ 0 & 0 & 0 & 1 \end{bmatrix} \tag{6-23}$$

(3) 绕 Y 轴旋转变换。

三维图形绕 Y 轴旋转时，图形上各顶点 y 坐标不变，x、z 坐标的变化相当于在 XZ 二维平面内绕原点旋转。θ_y 是点(x,y,z)在 XZ 平面上与 Z 轴的夹角，所以绕 Y 轴旋转变换的表达式为：

$$\begin{cases} x' = x\cos\theta_y + z\sin\theta_y \\ y' = y \\ z' = -x\sin\theta_y + z\cos\theta_y \end{cases} \tag{6-24}$$

写成齐次矩阵表达式为：

$$\begin{bmatrix} x' & y' & z' & 1 \end{bmatrix} = \begin{bmatrix} x & y & z & 1 \end{bmatrix} \times \begin{bmatrix} \cos\theta_y & 0 & -\sin\theta_y & 0 \\ 0 & 1 & 0 & 0 \\ \sin\theta_y & 0 & \cos\theta_y & 0 \\ 0 & 0 & 0 & 1 \end{bmatrix} \tag{6-25}$$

(4) 绕三个坐标轴的旋转变换。

如果做多绕于一个坐标轴的旋转变换，则需要考虑旋转顺序。因为不同的旋转顺序会得到不同的结果。

一般情况下 $T_{xy}=T_xT_y$ 与 $T_{yx}=T_yT_x$ 是不相等的。例如，

$$T_{xy} = \begin{bmatrix} 1 & 0 & 0 & 0 \\ 0 & \cos\theta_x & \sin\theta_x & 0 \\ 0 & -\sin\theta_x & \cos\theta_x & 0 \\ 0 & 0 & 0 & 1 \end{bmatrix} \times \begin{bmatrix} \cos\theta_y & 0 & -\sin\theta_y & 0 \\ 0 & 1 & 0 & 0 \\ \sin\theta_y & 0 & \cos\theta_y & 0 \\ 0 & 0 & 0 & 1 \end{bmatrix} = \begin{bmatrix} \cos\theta_y & 0 & -\sin\theta_y & 0 \\ \sin\theta_x\sin\theta_y & \cos\theta_x & \sin\theta_x\cos\theta_y & 0 \\ \cos\theta_x\sin\theta_y & -\sin\theta_x & \cos\theta_x\cos\theta_y & 0 \\ 0 & 0 & 0 & 1 \end{bmatrix}$$

$$T_{yx} = \begin{bmatrix} \cos\theta_y & 0 & -\sin\theta_y & 0 \\ 0 & 1 & 0 & 0 \\ \sin\theta_y & 0 & \cos\theta_y & 0 \\ 0 & 0 & 0 & 1 \end{bmatrix} \times \begin{bmatrix} 1 & 0 & 0 & 0 \\ 0 & \cos\theta_x & \sin\theta_x & 0 \\ 0 & -\sin\theta_x & \cos\theta_x & 0 \\ 0 & 0 & 0 & 1 \end{bmatrix} = \begin{bmatrix} \cos\theta_y & \sin\theta_x\sin\theta_y & -\cos\theta_x\sin\theta_y & 0 \\ 0 & \cos\theta_x & \sin\theta_x & 0 \\ \sin\theta_y & -\sin\theta_x\cos\theta_y & \cos\theta_x\cos\theta_y & 0 \\ 0 & 0 & 0 & 1 \end{bmatrix}$$

所以，$T_{xy} \neq T_{yx}$。

多绕于一个坐标轴的旋转变换时，一般采用 Y 轴-X 轴-Z 轴的顺序进行变换，这同日常生活中人们观察物体的习惯顺序相似。

其变换矩阵为：　　$T=T_yT_xT_z$

2. 一般三维旋转变换

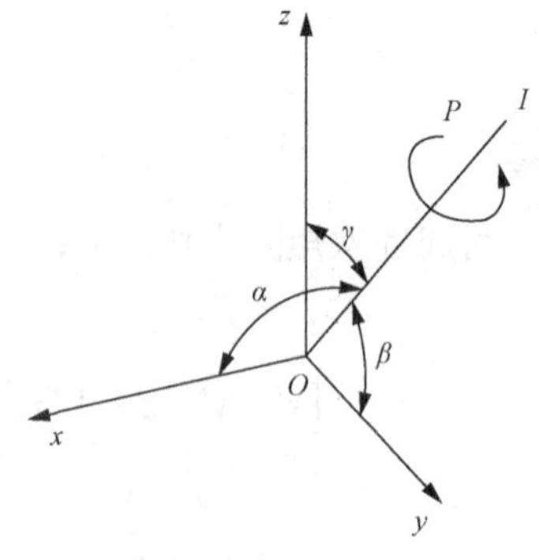

图 6-15　方向余弦

更一般的旋转变换是绕空间任意轴作旋转变换。可以用平移变换与绕坐标轴旋转变换的复合变换得到其变换公式。如果给定旋转轴和旋转角，可以通过平移及旋转给定轴使其与某一坐标轴重合，绕坐标轴完成指定的旋转，然后再用逆变换使给定轴回到其原始位置。所有变换矩阵相乘即形成复合变换。

已知空间一点的坐标是 $P(x, y, z)$，设给定的旋转轴为 I (参见图 6-15)，它对三个坐标轴的方向余弦分别为：

$$\begin{cases} n_1 = \cos\alpha \\ n_2 = \cos\beta \\ n_3 = \cos\gamma \end{cases} \tag{6-26}$$

设旋转角为 θ，轴上任一点 $P_c(x_c,y_c,z_c)$为旋转的中心点。则复合变换的过程如下。

(1)将 $P_c(x_c, y_c, z_c)$平移到坐标原点，变换矩阵为：

$$T_1 = \begin{bmatrix} 1 & 0 & 0 & 0 \\ 0 & 1 & 0 & 0 \\ 0 & 0 & 1 & 0 \\ -x_c & -y_c & -z_c & 1 \end{bmatrix}$$

(2) 将 I 轴绕 Y 轴旋转θ_y角，同 YZ 平面重合，其变换矩阵为：

$$T_2 = \begin{bmatrix} \cos\theta_y & 0 & -\sin\theta_y & 0 \\ 0 & 1 & 0 & 0 \\ \sin\theta_y & 0 & \cos\theta_y & 0 \\ 0 & 0 & 0 & 1 \end{bmatrix}$$

(3) 将 I 轴绕 X 轴旋转θ_x角，同 Y 轴重合，其变换矩阵为：

$$T_3 = \begin{bmatrix} 1 & 0 & 0 & 0 \\ 0 & \cos\theta_x & \sin\theta_x & 0 \\ 0 & -\sin\theta_x & \cos\theta_x & 0 \\ 0 & 0 & 0 & 1 \end{bmatrix}$$

(4) 将 $P(x,y,z)$点绕 Y 轴旋转 θ 角，其变换矩阵为：

$$T_4 = \begin{bmatrix} \cos\theta & 0 & -\sin\theta & 0 \\ 0 & 1 & 0 & 0 \\ \sin\theta & 0 & \cos\theta & 0 \\ 0 & 0 & 0 & 1 \end{bmatrix}$$

(5) 绕 X 轴旋转$-\theta_x$角，其变换矩阵为：

$$T_5 = \begin{bmatrix} 1 & 0 & 0 & 0 \\ 0 & \cos\theta_x & -\sin\theta_x & 0 \\ 0 & \sin\theta_x & \cos\theta_x & 0 \\ 0 & 0 & 0 & 1 \end{bmatrix}$$

(6)　绕 Y 轴旋转 $-\theta_y$ 角，其变换矩阵为：

$$T_6=\begin{bmatrix}\cos\theta_y & 0 & \sin\theta_y & 0\\ 0 & 1 & 0 & 0\\ -\sin\theta_y & 0 & \cos\theta_y & 0\\ 0 & 0 & 0 & 1\end{bmatrix}$$

(7)　将 $P_c(x_c,y_c,z_c)$ 平移回原位置，其变换矩阵为：

$$T_7=\begin{bmatrix}1 & 0 & 0 & 0\\ 0 & 1 & 0 & 0\\ 0 & 0 & 1 & 0\\ x_c & y_c & z_c & 1\end{bmatrix}$$

综上复合变换矩阵为：$\boldsymbol{T}=\boldsymbol{T}_1\boldsymbol{T}_2\boldsymbol{T}_3\boldsymbol{T}_4\boldsymbol{T}_5\boldsymbol{T}_6\boldsymbol{T}_7$

变换过程式中，$\sin\theta_x$、$\sin\theta_y$、$\cos\theta_x$、$\cos\theta_y$ 为中间变量，应使用已知量 n_1、n_2、n_3 表示出来。考虑 I 轴上的单位向量 $\vec{n}$，它在三个坐标轴上的投影值即为 n_1、n_2、n_3。取 Y 轴上一单位向量将其绕 X 轴旋转 $-\theta_x$ 角，再绕 Y 轴旋转 $-\theta_y$ 角，则此单位向量将同单位向量 $\vec{n}$ 重合，其变换过程为：

$$\begin{bmatrix}n_1 & n_2 & n_3 & 1\end{bmatrix}=\begin{bmatrix}0 & 1 & 0 & 1\end{bmatrix}\times\begin{bmatrix}1 & 0 & 0 & 0\\ 0 & \cos\theta_x & -\sin\theta_x & 0\\ 0 & \sin\theta_x & \cos\theta_x & 0\\ 0 & 0 & 0 & 1\end{bmatrix}\times\begin{bmatrix}\cos\theta_y & 0 & \sin\theta_y & 0\\ 0 & 1 & 0 & 0\\ -\sin\theta_y & 0 & \cos\theta_y & 0\\ 0 & 0 & 0 & 1\end{bmatrix}$$

$$=\begin{bmatrix}\sin\theta_x\sin\theta_y & \cos\theta_x & -\sin\theta_x\cos\theta_y & 1\end{bmatrix} \tag{6-27}$$

即 $n_1=\sin\theta_x\sin\theta_y$，$n_2=\cos\theta_x$，$n_3=-\sin\theta_x\cos\theta_y$。同时考虑到 $n_1^2+n_2^2+n_3^2=1$，可解得：

$$\cos\theta_x=n_2 \qquad \sin\theta_x=\sqrt{1-\cos\theta_x^2}=\sqrt{n_1^2+n_3^2}$$

$$\cos\theta_y=\frac{-n_3}{\sin\theta_x}=\frac{-n_3}{\sqrt{n_1^2+n_3^2}} \qquad \sin\theta_y=\frac{n_1}{\sin\theta_x}=\frac{n_1}{\sqrt{n_1^2+n_3^2}} \tag{6-28}$$

将矩阵相乘后并将中间变量替换掉可得复合变换矩阵，展开成代数方程为：

$$\begin{aligned}x'&=(x-x_c)(n_1^2+(1-n_1^2)\cos\theta)+(y-y_c)(n_1n_2(1-\cos\theta)+n_3\sin\theta)+\\&\quad(z-z_c)(n_1n_3(1-\cos\theta)-n_2\sin\theta)+x_c\\y'&=(x-x_c)(n_1n_2(1-\cos\theta)-n_3\sin\theta)+(y-y_c)(n_2^2+(1-n_2^2)\cos\theta)+(z-z_c)\\&\quad(n_2n_3(1-\cos\theta)+n_1\sin\theta)+y_c\\z'&=(x-x_c)(n_1n_3(1-\cos\theta)+n_2\sin\theta)+(y-y_c)(n_2n_3(1-\cos\theta)-n_1\sin\theta)+\\&\quad(z-z_c)(n_3^2+(1-n_3^2)\cos\theta)+z_c\end{aligned} \tag{6-29}$$

至此，绕空间任意轴旋转的复杂问题得以全部解决。如果设 $\alpha=0°$，$\beta=\gamma=90°$，$x_c=y_c=z_c=0$，此时 $n_1=1$，$n_2=n_3=0$，是绕 X 轴以原点为中心的旋转变换，同前面推导出的绕 X 轴旋转变换的公式相同。

第六节　对称变换与实例设计

对称变换只改变图形方位，不改变图形大小和形状。

对称变换是产生图形镜像的一种变换，也称镜像变换或反射变换。将图形绕对称轴旋转 180° 也可以生成镜像图形。图 6-16 是实际拍照具有镜像效果的图片，对称变换在工程中应用也非常广泛。

(a)

(b)

图 6-16　实景中的镜像效果

一、二维对称变换

二维对称变换可以细分为对称于任意直线(包含常用的对称于坐标轴和对称平行于坐标轴的直线)和对称于坐标点(包含原点和平面上任意一点)的变换。

二维对称变换(对称于坐标轴、平行于坐标轴的直线).mp4

二维对称变换(对称于坐标原点、任意点).mp4

二维对称变换(对称于任意轴).mp4

1. 对称于坐标轴

(1) 对称于 X 轴。

如图 6-17 所示，当变换对称于 X 轴时，则坐标点 $P(x, y)$经对称变换后，新坐标点 $P'(x', y')$的表达式为：

$$\begin{cases} x' = x \\ y' = -y \end{cases} \tag{6-30}$$

写成齐次矩阵表达式为：

$$\begin{bmatrix} x' & y' & 1 \end{bmatrix} = \begin{bmatrix} x & y & 1 \end{bmatrix} \times \begin{bmatrix} 1 & 0 & 0 \\ 0 & -1 & 0 \\ 0 & 0 & 1 \end{bmatrix} \tag{6-31}$$

(2)　对称于 Y 轴。

如图 6-18 所示，当变换对称于 Y 轴时，则坐标点 $P(x, y)$经对称变换后，新坐标点 $P'(x', y')$的表达式为：

$$\begin{cases} x' = -x \\ y' = y \end{cases} \tag{6-32}$$

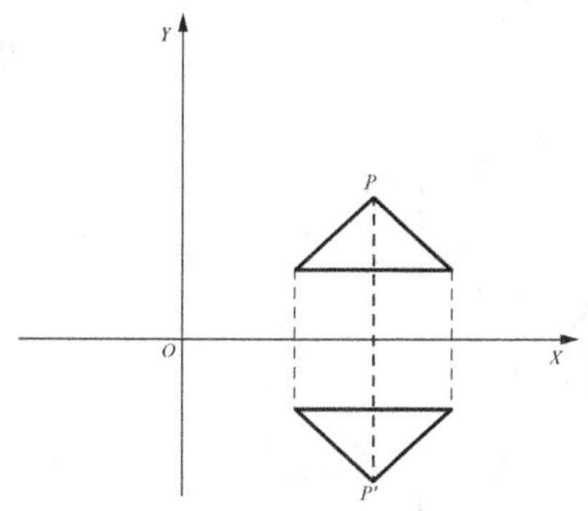

图 6-17　相对于 X 轴的对称变换

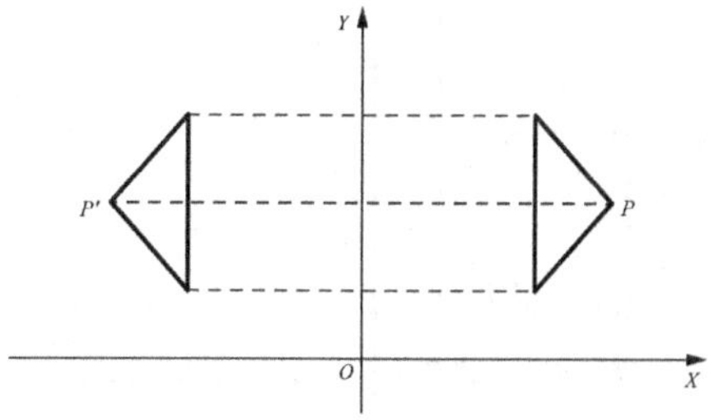

图 6-18　相对于 Y 轴的对称变换

写成齐次矩阵表达式为：

$$\begin{bmatrix} x' & y' & 1 \end{bmatrix} = \begin{bmatrix} x & y & 1 \end{bmatrix} \times \begin{bmatrix} -1 & 0 & 0 \\ 0 & 1 & 0 \\ 0 & 0 & 1 \end{bmatrix} \tag{6-33}$$

由此，我们得出，对称于 X 轴的变换矩阵为：

$\boldsymbol{T} = \begin{bmatrix} 1 & 0 & 0 \\ 0 & -1 & 0 \\ 0 & 0 & 1 \end{bmatrix}$，该矩阵是 3×3 单位矩阵的主对角线第二个元素为−1。

对称于 Y 轴的变换矩阵为：

$\boldsymbol{T} = \begin{bmatrix} -1 & 0 & 0 \\ 0 & 1 & 0 \\ 0 & 0 & 1 \end{bmatrix}$，该矩阵是 3×3 单位矩阵的主对角线第一个元素为−1。

2. 对称平行于坐标轴的直线

(1)　对称平行于 X 轴的直线。

如图 6-19 所示，当对称轴是平行于 X 轴的直线 $y=y_c$ 时，变换前后点的坐标之间的关系为：

$$\begin{cases} x' = x \\ y' = -(y - y_c) + y_c = -y + 2y_c \end{cases} \tag{6-34}$$

写成齐次矩阵表达式为：

$$\begin{bmatrix} x' & y' & 1 \end{bmatrix} = \begin{bmatrix} x & y & 1 \end{bmatrix} \times \begin{bmatrix} 1 & 0 & 0 \\ 0 & -1 & 0 \\ 0 & 2y_c & 1 \end{bmatrix} \tag{6-35}$$

其中矩阵 $\boldsymbol{T}=\begin{bmatrix}1 & 0 & 0\\0 & -1 & 0\\0 & 2y_c & 1\end{bmatrix}$ 为对称变换矩阵，对称轴为平行于 X 轴的直线 $y=y_c$。

(2) 对称平行于 Y 轴的直线。

如图 6-20 所示，当对称轴是平行于 Y 轴的直线 $x=x_c$ 时，变换前后点的坐标之间的关系为：

$$\begin{cases}x'=-(x-x_c)+x_c=-x+2x_c\\y'=y\end{cases} \tag{6-36}$$

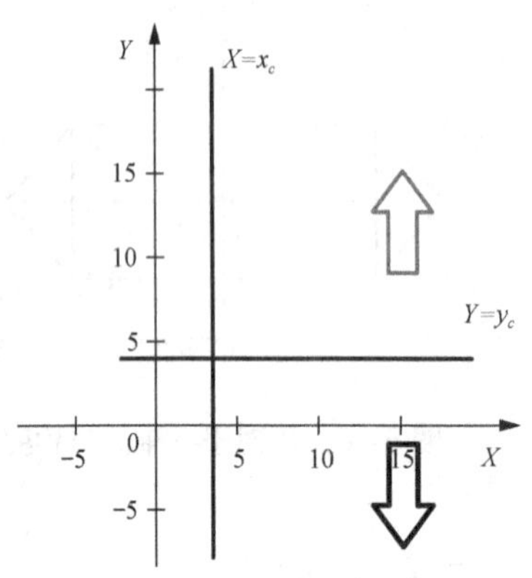

图 6-19 对称平行于 X 轴的直线

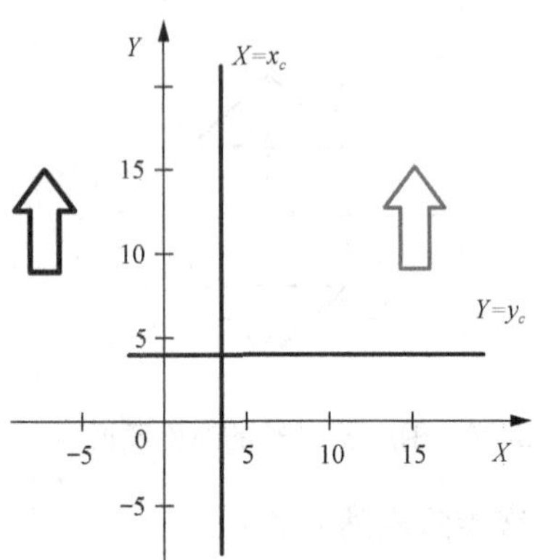

图 6-20 对称平行于 Y 轴的直线

写成齐次矩阵表达式为：

$$\begin{bmatrix}x' & y' & 1\end{bmatrix}=\begin{bmatrix}x & y & 1\end{bmatrix}\times\begin{bmatrix}-1 & 0 & 0\\0 & 1 & 0\\2x_c & 0 & 1\end{bmatrix} \tag{6-37}$$

其中矩阵 $\boldsymbol{T}=\begin{bmatrix}-1 & 0 & 0\\0 & 1 & 0\\2x_c & 0 & 1\end{bmatrix}$ 为对称变换矩阵，对称轴为平行于 Y 轴的直线 $x=x_c$。

3. 对称于坐标原点

如图 6-21 所示，当图形对 X 轴和 Y 轴都进行对称变换时，即得相对于坐标原点的对称变换。点 $P(x, y)$关于原点对称的点 $P'(x', y')$，其代数表达式为：

$$\begin{cases}x'=-x\\y'=-y\end{cases} \tag{6-38}$$

写成齐次矩阵表达式为：

$$\begin{bmatrix}x' & y' & 1\end{bmatrix}=\begin{bmatrix}x & y & 1\end{bmatrix}\times\begin{bmatrix}-1 & 0 & 0\\0 & -1 & 0\\0 & 0 & 1\end{bmatrix} \tag{6-39}$$

其中矩阵 $T=\begin{bmatrix}-1 & 0 & 0\\0 & -1 & 0\\0 & 0 & 1\end{bmatrix}$ 为相对于原点的对称变换矩阵，是 3×3 单位矩阵的前两个主

对角线元素均为-1。

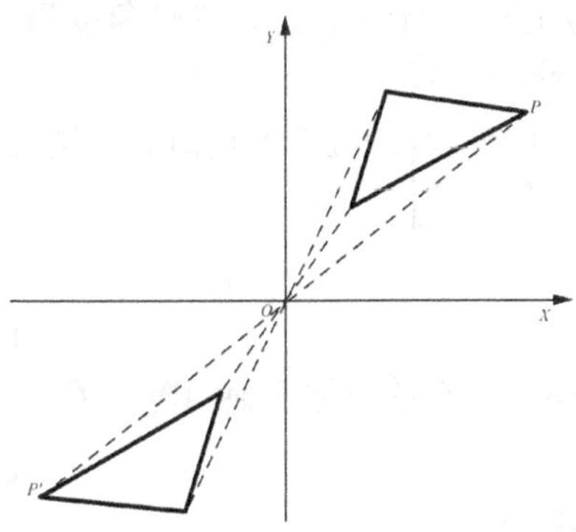

图 6-21　相对于原点的对称变换

4. 对称于任一点(x_c, y_c)的变换

对称于任一点(x_c, y_c)的变换，相当于分别做相对于 $x=x_c$ 和 $y=y_c$ 的两次对称变换，故变换矩阵为，

$$T=\begin{bmatrix}-1 & 0 & 0\\ 0 & 1 & 0\\ 2x_c & 0 & 1\end{bmatrix}\begin{bmatrix}1 & 0 & 0\\ 0 & -1 & 0\\ 0 & 2y_c & 1\end{bmatrix}=\begin{bmatrix}-1 & 0 & 0\\ 0 & -1 & 0\\ 2x_c & 2y_c & 1\end{bmatrix} \tag{6-40}$$

写成齐次矩阵表达式为：

$$\begin{bmatrix}x' & y' & 1\end{bmatrix}=\begin{bmatrix}x & y & 1\end{bmatrix}\times\begin{bmatrix}-1 & 0 & 0\\ 0 & -1 & 0\\ 2x_c & 2y_c & 1\end{bmatrix} \tag{6-41}$$

对应的代数表达式为：

$$\begin{cases}x'=-x+2x_c\\ y'=-y+2y_c\end{cases} \tag{6-42}$$

5. 对称于任一直线的变换

关于 XY 平面内任一直线 $y=mx+b$ 为对称轴，参见图 6-22 所示的变换，可以分解为平移、旋转、对称于坐标轴等变换的组合。如图 6-23(a)所示 XY 平面内的一片树叶，相对于任意直线 $y=mx+b$ 对称变换，其结果如图 6-23(f)所示。图 6-23(a)～图 6-23 (f)描述了这一变换过程，其变换步骤及对应的变换矩阵如下：

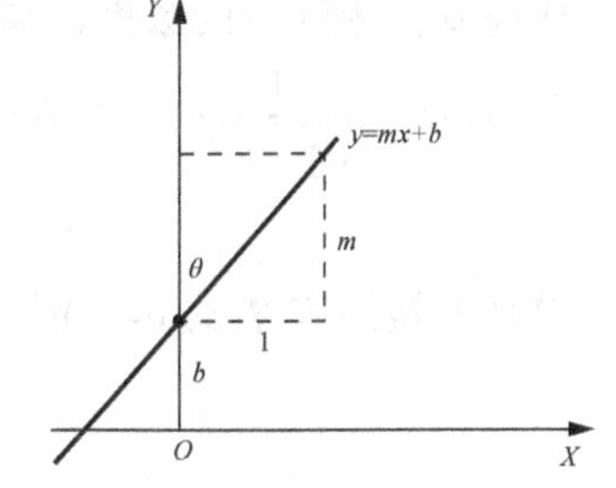

图 6-22　XY 平面内任一直线 $y=mx+b$

(1)　平移变换。

平移对称直线(连同树叶，以下均设定对称直线与树叶刚性连接)经过坐标原点，需要在 Y 轴方向移动距离$-b$，对应的平移变换矩阵 $T_1=\begin{bmatrix}1 & 0 & 0\\ 0 & 1 & 0\\ 0 & -b & 1\end{bmatrix}$。平移变换前后的结果对应图 6-23(a)、图 6-23(b)。

(2) 旋转变换。

对称直线绕坐标原点旋转至同 Y 轴重合，设旋转角度为θ(参见图 6-22 所示)，对应的旋转变换矩阵为$\boldsymbol{T}_2=\begin{bmatrix}\cos\theta & \sin\theta & 0\\ -\sin\theta & \cos\theta & 0\\ 0 & 0 & 1\end{bmatrix}$。旋转变换前后的结果对应图 6-23(b)、图 6-23(c)。

(3) 对称变换。

做对称于 Y 轴的对称变换，对应的对称变换矩阵为$\boldsymbol{T}_3=\begin{bmatrix}-1 & 0 & 0\\ 0 & 1 & 0\\ 0 & 0 & 1\end{bmatrix}$。对称变换前后的结果对应图 6-23(c)、图 6-23(d)。

(4) 旋转变换。

对称直线做反向旋转θ，对应的旋转变换矩阵为

$\boldsymbol{T}_4=\begin{bmatrix}\cos(-\theta) & \sin(-\theta) & 0\\ -\sin(-\theta) & \cos(-\theta) & 0\\ 0 & 0 & 1\end{bmatrix}=\begin{bmatrix}\cos\theta & -\sin\theta & 0\\ \sin\theta & \cos\theta & 0\\ 0 & 0 & 1\end{bmatrix}$。反向旋转变换前后的结果对应图 6-23(d)、图 6-23(e)。

(5) 平移变换。

对称直线做反向平移 b，对应的平移变换矩阵为$T_5=\begin{bmatrix}1 & 0 & 0\\ 0 & 1 & 0\\ 0 & b & 1\end{bmatrix}$。反向平移变换前后的结果对应图 6-23(e)、图 6-23(f)。

根据上述(1)至(5)的变换过程，可得出对称于任一直线 $y=mx+b$ 的总变换矩阵为：

$$\boldsymbol{T}=\boldsymbol{T}_1\boldsymbol{T}_2\boldsymbol{T}_3\boldsymbol{T}_4\boldsymbol{T}_5=\begin{bmatrix}\sin^2\theta-\cos^2\theta & 2\sin\theta\cos\theta & 0\\ 2\sin\theta\cos\theta & \cos^2\theta-\sin^2\theta & 0\\ -2b\sin\theta\cos\theta & -b(\cos^2\theta-\sin^2\theta)+b & 1\end{bmatrix} \tag{6-43}$$

化简变换矩阵中的数据。如图 6-22 所示 m 为直线斜率，b 为截距，由此可得

$$\sin\theta=\frac{1}{\sqrt{1+m^2}},\quad \cos\theta=\frac{m}{\sqrt{1+m^2}},\quad \cos^2\theta-\sin^2\theta=\frac{m^2-1}{1+m^2},\quad \sin\theta\cos\theta=\frac{m}{1+m^2} \tag{6-44}$$

替换变换矩阵 $\boldsymbol{T}$(式 6-43)中的相应数据项得：

$$\boldsymbol{T}=\begin{bmatrix}\frac{1-\mathrm{m}^2}{1+\mathrm{m}^2} & \frac{2m}{1+m^2} & 0\\ \frac{2m}{1+m^2} & \frac{\mathrm{m}^2-1}{1+m^2} & 0\\ \frac{-2bm}{1+m^2} & \frac{2b}{1+m^2} & 1\end{bmatrix} \tag{6-45}$$

用代数方程表示为：

$$\begin{cases} x' = \dfrac{1-m^2}{1+m^2}x + \dfrac{2m}{1+m^2}\ y - \dfrac{2bm}{1+m^2} \\ y' = \dfrac{2m}{1+m^2}x + \dfrac{m^2-1}{1+m^2}\ y + \dfrac{2b}{1+m^2} \end{cases} \tag{6-46}$$

图 6-23(g)是将图 6-23(a)和图 6-23(f)合并表达在一个坐标系中的结果。

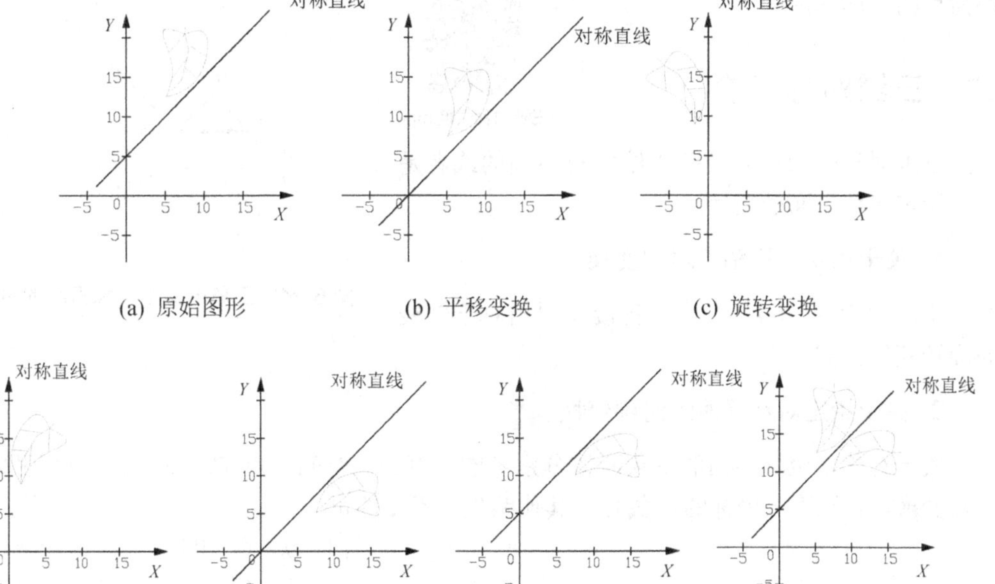

图 6-23 树叶关于任意一直线的对称变换过程及结果

例题与解答

例题 4：三角形 *ABC*，*A*(10, 10)，*B*(30, 10)，*C*(20, 20)，求该三角形对称于 $y=x-20$ 直线的新三角形，绘制变换前后的图形。

解：

对称直线为 $y=x-20$，由此得 m=1，b=−20，由式(6-45)计算变换矩阵 ***T***，

$$\boldsymbol{T} = \begin{bmatrix} \dfrac{1-m^2}{1+m^2} & \dfrac{2m}{1+m^2} & 0 \\ \dfrac{2m}{1+m^2} & \dfrac{m^2-1}{1+m^2} & 0 \\ \dfrac{-2bm}{1+m^2} & \dfrac{2b}{1+m^2} & 1 \end{bmatrix} = \begin{bmatrix} 0 & 1 & 0 \\ 1 & 0 & 0 \\ 20 & -20 & 1 \end{bmatrix}$$

变换后的三角形坐标为，

$$\begin{bmatrix} x_A' & y_A' & 1 \\ x_B' & y_B' & 1 \\ x_C' & y_C' & 1 \end{bmatrix} = \begin{bmatrix} 10 & 10 & 1 \\ 30 & 10 & 1 \\ 20 & 20 & 1 \end{bmatrix} \bullet \begin{bmatrix} 0 & 1 & 0 \\ 1 & 0 & 0 \\ 20 & -20 & 1 \end{bmatrix} = \begin{bmatrix} 30 & -10 & 1 \\ 30 & 10 & 1 \\ 40 & 0 & 1 \end{bmatrix}$$

变换前后的图形结果如图 6-24 所示。直线 $y=x-20$ 上方的三角形为原始图形，图中示出对称变换前后的对比图形。

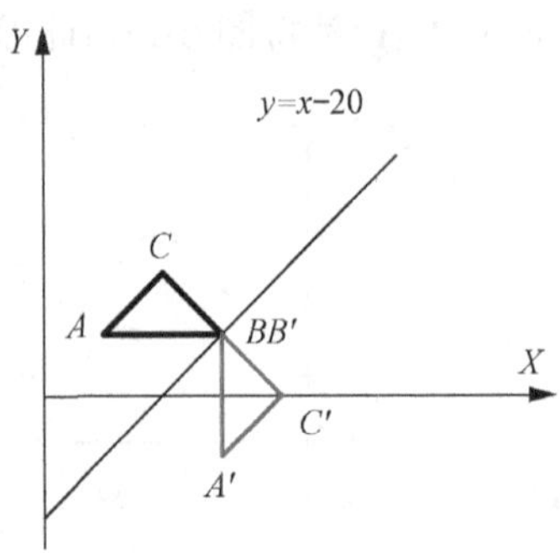

图 6-24　三角形关于任意直线的对称变换

三维对称变换.mp4

二、三维对称变换

三维对称变换可以是关于给定对称轴的或者是关于给定对称平面的变换。

1. 关于给定对称轴的对称变换

绕此轴旋转 180°，可以直接使用相对于轴线的旋转变换公式。

2. 关于给定对称平面的对称变换

关于对称于坐标平面的变换应该分别考虑。例如，空间一点 $P(x, y, z)$对 XY 坐标平面对称变换时，改变 z 坐标的正负号，其他两坐标不变即可。

$$[x' \quad y' \quad z' \quad 1] = [x \quad y \quad z \quad 1] \times \begin{bmatrix} 1 & 0 & 0 & 0 \\ 0 & 1 & 0 & 0 \\ 0 & 0 & -1 & 0 \\ 0 & 0 & 0 & 1 \end{bmatrix} \tag{6-47}$$

相对于 XZ 平面的对称变换只需改变 y 坐标的正负号，其变换的齐次矩阵表示为：

$$[x' \quad y' \quad z' \quad 1] = [x \quad y \quad z \quad 1] \times \begin{bmatrix} 1 & 0 & 0 & 0 \\ 0 & -1 & 0 & 0 \\ 0 & 0 & 1 & 0 \\ 0 & 0 & 0 & 1 \end{bmatrix} \tag{6-48}$$

相对于 YZ 平面的对称变换只需改变 x 坐标的正负号，其变换的齐次矩阵表示为：

$$[x' \quad y' \quad z' \quad 1] = [x \quad y \quad z \quad 1] \times \begin{bmatrix} -1 & 0 & 0 & 0 \\ 0 & 1 & 0 & 0 \\ 0 & 0 & 1 & 0 \\ 0 & 0 & 0 & 1 \end{bmatrix} \tag{6-49}$$

3. 关于空间任意一平面的对称变换

如果需要相对于任一平面作对称变换时，可以将此平面转换成与某一坐标平面相重合，并运用关于坐标面的对称变换，然后再将平面反向变换回原来的位置即可。其变换过程相当于二维对称变换的相对于任意一直线的变换过程。

第七节 错切变换与实例设计

错切变换不仅改变图形的形状，而且改变图形的方位，还可能使图形发生畸变。

一、二维错切变换

二维错切变换(沿 X 轴、Y 轴方向).mp4

二维错切变换实例.mp4

在计算机图形学应用中，有时候需要产生弹性物体的变形处理，这需要用到错切变换。错切变换保持图形上各点的某一坐标值不变，而另一坐标值关于该坐标值呈线性变换。错切变换也称为剪切、错位或错移变换。常用的二维错切变换有两种：改变 x 坐标值和改变 y 坐标值。

1. 沿 X 轴方向错切

图 6-25(a)为原始图形，沿 X 轴方向错切如图 6-25(b)所示，各点 y 方向的坐标不变，x 方向的错切随 y 坐标值呈线性变化。用代数方程可以表示为，

$$\begin{cases} x' = x + cy \\ y' = y \end{cases} \tag{6-50}$$

其中(x, y)表示错切变换之前点的坐标，(x', y')表示错切变换之后点的坐标。c 为错切系数。若 $c>0$，则沿$+X$方向错切，若 $c<0$，则沿$-X$方向错切。写成齐次矩阵表达式为：

$$\begin{bmatrix} x' & y' & 1 \end{bmatrix} = \begin{bmatrix} x & y & 1 \end{bmatrix} \times \begin{bmatrix} 1 & 0 & 0 \\ c & 1 & 0 \\ 0 & 0 & 1 \end{bmatrix} \tag{6-51}$$

矩阵 $T = \begin{bmatrix} 1 & 0 & 0 \\ c & 1 & 0 \\ 0 & 0 & 1 \end{bmatrix}$为沿 X 轴方向错切变换矩阵。

2. 沿 Y 轴方向错切

图 6-25(a)为原始图形，沿 Y 轴方向错切如图 6-25(c)所示，x 方向的坐标不变，y 方向的错切随 x 坐标值呈线性变化。用代数方程可以表示为，

$$\begin{cases} x' = x \\ y' = dx + y \end{cases} \tag{6-52}$$

其中 d 为错切系数。若 $d>0$，则沿$+Y$方向错切，若 $d<0$，则沿$-Y$方向错切。写成齐次矩阵表达式为：

$$\begin{bmatrix} x' & y' & 1 \end{bmatrix} = \begin{bmatrix} x & y & 1 \end{bmatrix} \times \begin{bmatrix} 1 & d & 0 \\ 0 & 1 & 0 \\ 0 & 0 & 1 \end{bmatrix} \tag{6-53}$$

矩阵 $\boldsymbol{T} = \begin{bmatrix} 1 & d & 0 \\ 0 & 1 & 0 \\ 0 & 0 & 1 \end{bmatrix}$为沿 Y 轴方向错切变换矩阵。

如果沿平行于 X 轴，Y 轴或任意直线的错切变换，可通过先平移，旋转轴线(或直线)，转化为沿 X 轴方向或沿 Y 轴方向的错切变换，然后反向旋转，反向平移获得目标图形。

例题 5：已知正六边形的端点坐标 $A(0, -20)$，$B(17.3, -10)$，$C(17.3, 10)$，$D(0, 20)$，$E(-17.3, 10)$，$F(-17.3, -10)$。(1)沿 x 正方向的错切系数为 0.5；(2)沿 y 正方向的错切系数为 0.5。求分别在上述两种情况下错切变换前后的六边形，图示之。

解：

(1) 由题目所给条件，其错切变换矩阵为：

$$\begin{bmatrix} 1 & 0 & 0 \\ 0.5 & 1 & 0 \\ 0 & 0 & 1 \end{bmatrix}$$

由此可得变换后的各点坐标为：

$$\begin{bmatrix} x_A' & y_A' & 1 \\ x_B' & y_B' & 1 \\ x_C' & y_C' & 1 \\ x_D' & y_D' & 1 \\ x_E' & x_E' & 1 \\ x_F' & x_F' & 1 \end{bmatrix} = \begin{bmatrix} 0 & -20 & 1 \\ 17.3 & -10 & 1 \\ 17.3 & 10 & 1 \\ 0 & 20 & 1 \\ -17.3 & 10 & 1 \\ -17.3 & -10 & 1 \end{bmatrix} \bullet \begin{bmatrix} 1 & 0 & 0 \\ 0.5 & 1 & 0 \\ 0 & 0 & 1 \end{bmatrix} = \begin{bmatrix} -10 & -20 & 1 \\ 12.3 & -10 & 1 \\ 22.3 & 10 & 1 \\ 10 & 20 & 1 \\ -12.3 & 10 & 1 \\ -22.3 & -10 & 1 \end{bmatrix}$$

因此沿 X 方向错切变换后的新坐标为(−10, −20)，(12.3, −10)，(22.3, 10)，(10, 20)，(−12.3, 10)，(−22.3, −10)，如图 6-25(b)所示。

(2) 沿 Y 方向错切变换后的新坐标为(0, −20)，(17.3, −1.35)，(17.3, 18.65)，(0, 20)，(−17.3, 1.35)，(−17.3, −18.65)，计算过程略，如图 6-25(c)所示。

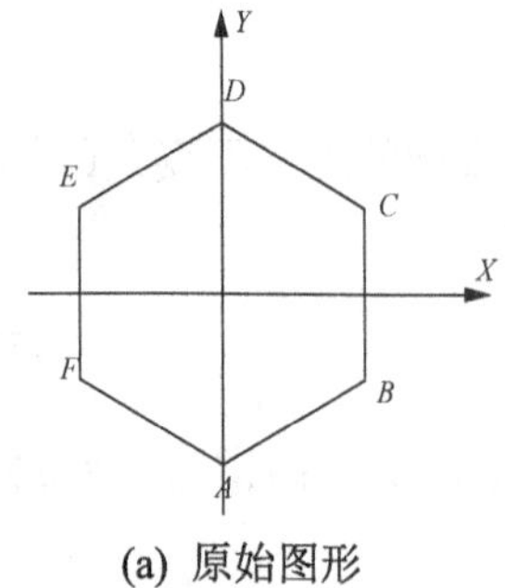

(a) 原始图形

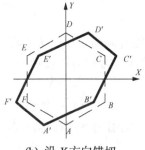

(b) 沿 X 方向错切

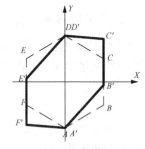

(c) 沿 Y 方向错切

图 6-25 正六边形的错切变换

二、三维错切变换

与二维错切变换相类似，沿 X 轴错切有

三维错切变换.mp4

$$\begin{cases} x' = x + dy + gz \\ y' = y \\ z' = \mathrm{z} \end{cases} \tag{6-54}$$

其中 d，g 是错切系数，写成齐次矩阵表达式为：

$$[x' \quad y' \quad z' \quad 1] = [x \quad y \quad z \quad 1] \times \begin{bmatrix} 1 & 0 & 0 & 0 \\ \mathrm{d} & 1 & 0 & 0 \\ \mathrm{g} & 0 & 1 & 0 \\ 0 & 0 & 0 & 1 \end{bmatrix} \tag{6-55}$$

沿 Y 轴错切有

$$\begin{cases} x' = x \\ y' = bx + y + hz \\ z' = z \end{cases} \tag{6-56}$$

其中 b，h 是错切系数，写成齐次矩阵表达式为：

$$[x' \quad y' \quad z' \quad 1] = [x \quad y \quad z \quad 1] \times \begin{bmatrix} 1 & b & 0 & 0 \\ 0 & 1 & 0 & 0 \\ 0 & h & 1 & 0 \\ 0 & 0 & 0 & 1 \end{bmatrix} \tag{6-57}$$

沿 Z 轴错切有

$$\begin{cases} x' = x \\ y' = \mathrm{y} \\ z' = cx + fy + z \end{cases} \tag{6-58}$$

其中 c，f 是错切系数，写成齐次矩阵表达式为：

$$[x' \quad y' \quad z' \quad 1] = [x \quad y \quad z \quad 1] \times \begin{bmatrix} 1 & 0 & c & 0 \\ 0 & 1 & f & 0 \\ 0 & 0 & 1 & 0 \\ 0 & 0 & 0 & 1 \end{bmatrix} \tag{6-59}$$

图 6-26 是关于三维错切的实例，分别是正方体沿 Y 轴、Z 轴、X 轴错切变换及结果。

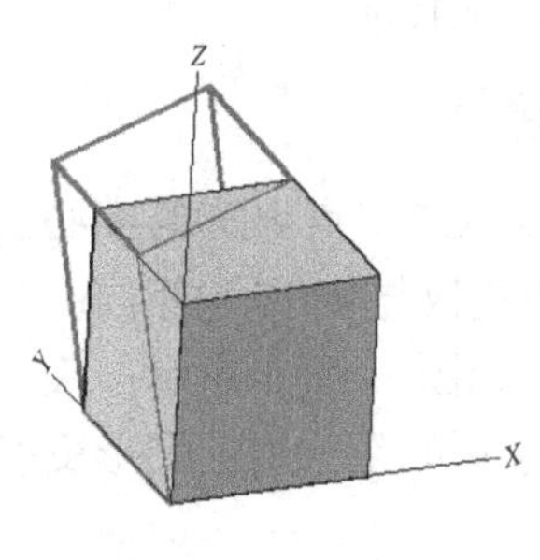

(a) 沿 Y 轴错切

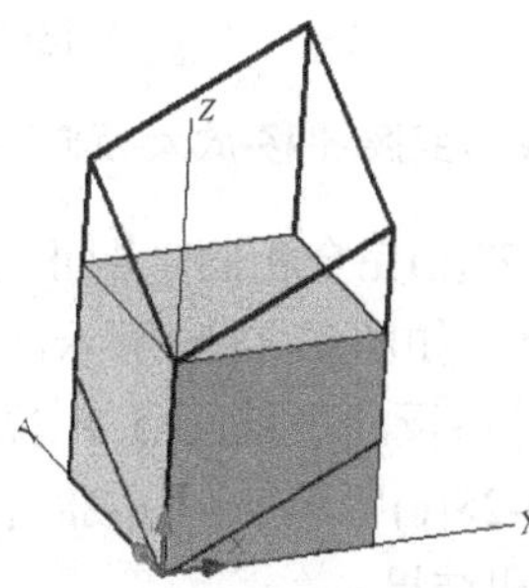

(b) 沿 Z 轴错切

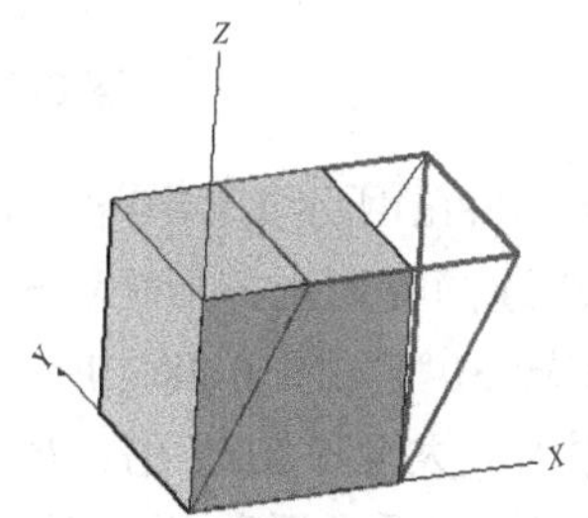

(c) 沿 X 轴错切

图 6-26 三维错切变换实例

第八节　复合变换与仿射变换

一、复合变换

对一个已定义的图形，复合变换是按一定顺序进行多次变换而得到新的图形。一般把前面几节讨论的平移变换、比例变换、旋转变换、对称变换、错切变换五种变换称为基本图形变换，绝大部分复杂的图形变换都可以通过这些基本变换的组合来实现。利用各种基本变换的矩阵表示，通过矩阵运算，按任意顺序变换的矩阵乘积定义为复合变换矩阵，复合变换矩阵作用到原始图形的各坐标点上，即可获得新的图形。

特别提示，构成复合变换的各基本变换的顺序不同，对复合变换的结果有不同的影响。

图 6-27(a)所示为正方形 *ABCD*，点 *P* 为其中心点。首先点 *P* 连同其上正方形平移至原点，如图 6-27(b)所示；然后相对于原点放大至原图 2 倍，如图 6-27(c)所示；之后反向平移回点 *P* 位置，如图 6-27(d)所示；最后绕原点旋转 30°，如图 6-27(e)所示；图 6-27(a)至(e)表示了原始正方形的图形变换经过了平移-放大-反向平移-旋转的过程和结果。

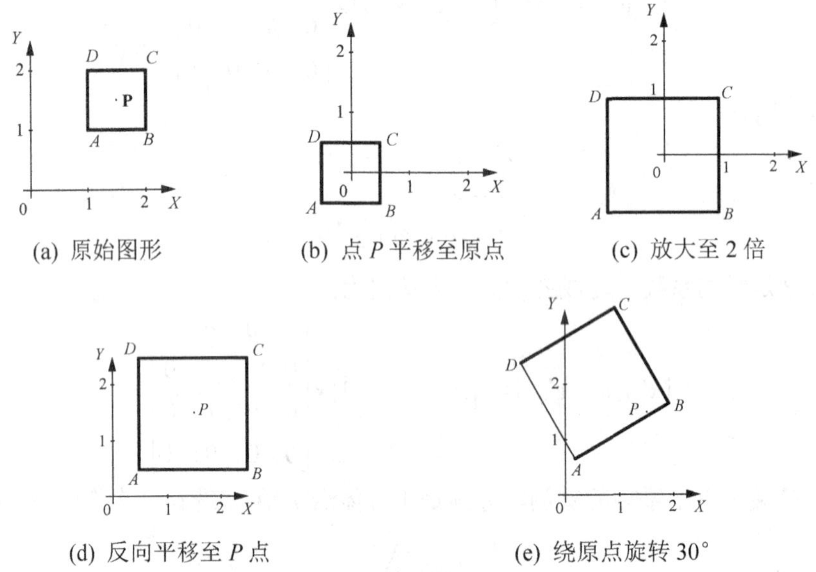

图 6-27　复合变换(平移-放大-反向平移-旋转)

图 6-28(a)所示原始图形与图 6-27(a)完全相同，即正方形 *ABCD*，点 *P* 为其中心点。首先点 *P* 连同其上正方形平移至原点，如图 6-28(b)所示，这步变换与 6-27(b)相同；其次绕原点旋转 30° 如图 6-28(c)所示；之后反向平移回点 *P* 位置，如图 6-28(d)所示；最后，相对于原点放大至原图 2 倍，如图 6-28(e)所示。图 6-28 表示了原始正方形的图形变换经过了平移-旋转-反向平移-放大的过程和结果。

对比图 6-27、图 6-28 的变换过程，原始图形相同，变换顺序不同，最终的图形变换结果不同。所以，图形变换在实际应用中要特别注意变换的顺序对结果的影响。

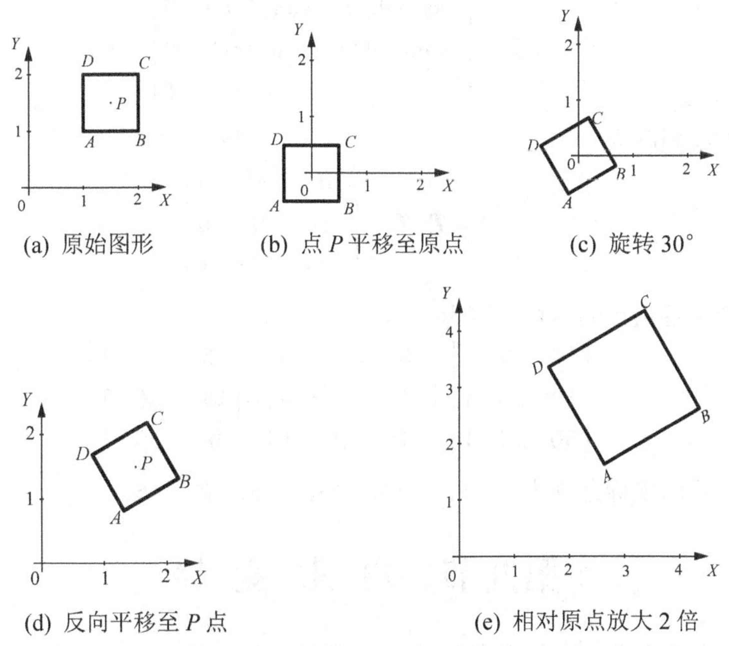

图 6-28　复合变换(平移-旋转-反向平移-放大)

二、仿射变换

数学上满足

$$\begin{cases} x' = a_{11}x + a_{12}y + a_{13} \\ y' = a_{21}x + a_{22}y + a_{23} \end{cases} \tag{6-60}$$

的坐标变换称为二维仿射变换。变换后的坐标 x' 和 y' 是原始坐标 x 和 y 的线性函数。参数 a_{ij} 是由变换类型确定的常数。仿射变换具有平行线转换成平行线和有限点映射到有限点的一般特性。仿射变换在基于迭代函数系统的自然景物构建中得到广泛应用。

例题与解答

例题 6：已知三角形各顶点坐标为(10, 10)，(10, 30)，(30, 15)，试对其进行二维图形复合变换。变换分别为沿 X 正方向平移 25°，沿 Y 负方向平移 15°，再绕原点顺时针旋转 90°。写出变换矩阵，计算变换后坐标值。

解：

平移变换矩阵为：

$$\boldsymbol{T}_1 = \begin{bmatrix} 1 & 0 & 0 \\ 0 & 1 & 0 \\ 25 & -15 & 1 \end{bmatrix}$$

旋转变换矩阵为：

$$T_2 = \begin{bmatrix} \cos(-90°) & \sin(-90°) & 0 \\ -\sin(-90°) & \cos(-90°) & 0 \\ 0 & 0 & 1 \end{bmatrix}$$

得到复合变换矩阵为：

$$T = T_1 \cdot T_2 = \begin{bmatrix} 0 & -1 & 0 \\ 1 & 0 & 0 \\ -15 & -25 & 1 \end{bmatrix}$$

变换后三角形各顶点的坐标计算为：

$$\begin{bmatrix} 10 & 10 & 1 \\ 10 & 30 & 1 \\ 30 & 15 & 1 \end{bmatrix} \cdot \begin{bmatrix} 0 & -1 & 0 \\ 1 & 0 & 0 \\ -15 & -25 & 1 \end{bmatrix} = \begin{bmatrix} -5 & -35 & 1 \\ 15 & -35 & 1 \\ 0 & -55 & 1 \end{bmatrix}$$

因此，变换后的坐标分别为：(−5，−35)，(15，−35)，(0，−55)。

第九节　投 影 变 换

人们观察自然界的物体时，所得视觉映像同观察点、观察方向有关。同样，要用计算机生成一幅三维视图，也需要确定观察点、观察方向，还需要将观察范围以外的部分图形裁剪掉。而且，由于图形输出设备通常都是二维的，还必须将三维图形转换到输出设备的观察平面上，这一转换过程称为投影变换。

一、投影变换的分类

在投影变换中，观察平面称为投影面。将三维图形投影到投影面上，有两种基本的投影方式，即平行投影和透视投影。在平行投影中，图形沿平行线变换到投影面上；透视投影，图形是沿收敛于某一点的直线变换到投影面上，此点称为投影中心，相当于观察点，也称为视点。投影线与投影面相交在投影面上形成的图像即为三维图形的投影。图 6-29(a)为透视投影(中心投影)，图 6-29(b)、图 6-29(c)均为平行投影。

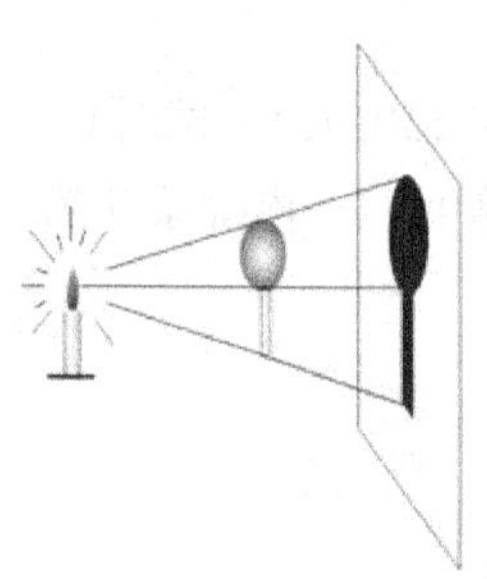

(a) 透视投影(中心投影)

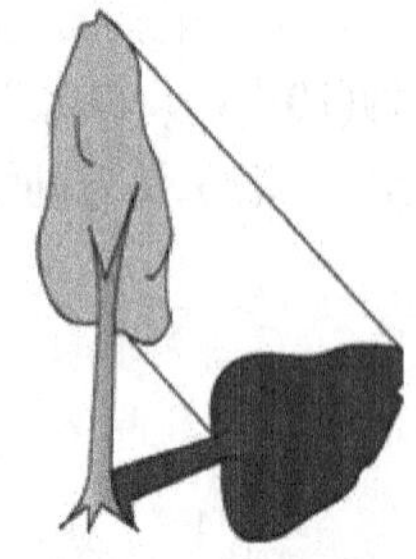

(b) 平行投影(斜投影)

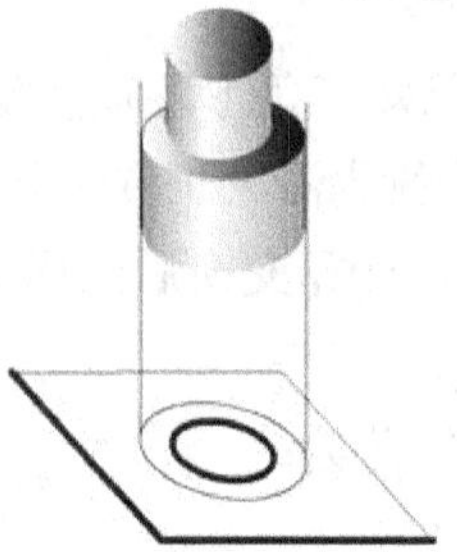

(c) 平行投影(正投影)

图 6-29　投影图例

平行投影和透视投影的区别在于透视投影的投影中心到投影面之间的距离是有限的，而平行投影的投影中心到投影面之间的距离是无限的，投影线互相平行，所以定义平行投影时，只给出投影线的方向，而定义透视投影时，需要指定投影中心的具体位置。

图 6-29 是平行投影和透视投影(中心投影)的图例，平行投影中当投影线倾斜于投影面时为斜投影，垂直于投影面时为正投影。

平行投影是三维绘图中产生比例图画的方法，能保持物体的比例不变，物体的各个面的精确视图可以由平行投影得到；透视投影不能保持相关比例，但能够生成真实感视图，对同样大小的物体，离投影面较远的物体比离投影面较近物体的投影图像要小，产生近大远小的效果，符合人们的视觉习惯。

根据不同的投影需要，平行投影和透视投影还可以再分类，其关系所图 6-30 所示。

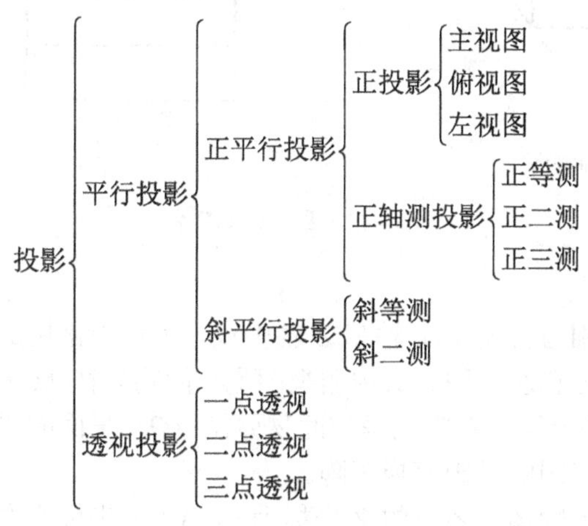

图 6-30　投影变换分类

二、平行投影

平行投影可根据投影方向与投影面的夹角分成两类：正(平行)投影和斜(平行)投影。当投影方向与投影面的夹角为 90° 时，得到的投影为正平行投影，否则为斜平行投影，如图 6-31 所示。

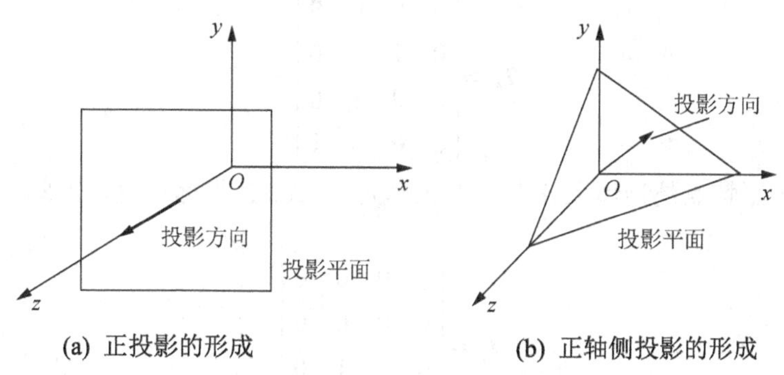

图 6-31　正投影和正轴侧投影

1. 正平行投影

正平行投影根据投影面与坐标轴的夹角可分成两类：正投影和正轴测投影。当投影面与某一坐标轴垂直时，得到的投影为三视图之一(主视图，俯视图，左视图)，这时投影方向与这个坐标轴的方向一致。否则，得到的投影为正轴测投影，如图 6-32(a)为轴测图，图 6-32(b)为三视图。

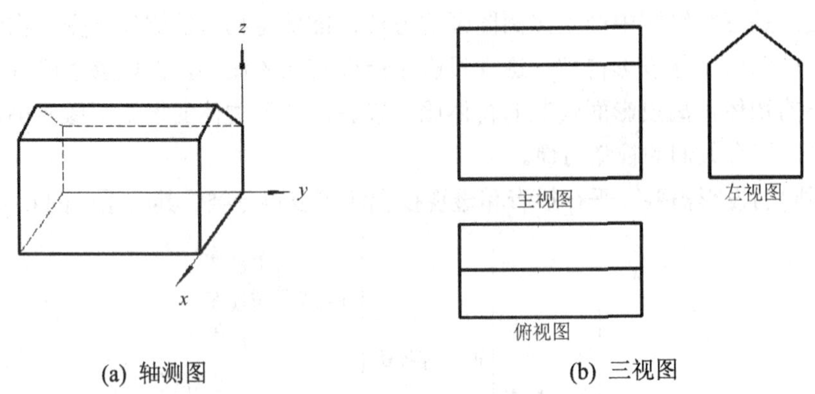

图 6-32　平行投影实例

1)　正投影

正投影的投影面分别与 X 轴、Y 轴和 Z 轴垂直。工程中常用的三视图就是正投影图。三视图指主视图、俯视图和左视图。其中俯视图是空间物体在 XOY 平面的投影。主视图是空间物体在 YOZ 平面的投影。左视图是空间物体在 XOZ 平面的投影。根据三视图的成图特点，我们可以获得各视图的投影变换矩阵。

俯视图的投影特点是物体上各点的 Z 坐标为 0，X、Y 坐标不变，因此，俯视图的投影变换矩阵为：

$$\boldsymbol{T}_h=\begin{bmatrix}1&0&0&0\\0&1&0&0\\0&0&0&0\\0&0&0&1\end{bmatrix} \tag{6-61}$$

主视图的投影特点是物体上各点的 X 坐标为 0，Y、Z 坐标不变，因此，主视图的投影变换矩阵为：

$$\boldsymbol{T}_V=\begin{bmatrix}0&0&0&0\\0&1&0&0\\0&0&1&0\\0&0&0&1\end{bmatrix} \tag{6-62}$$

左视图的投影特点是物体上各点的 Y 坐标为 0，X、Z 坐标不变，因此，左视图的投影变换矩阵为：

$$\boldsymbol{T}_w=\begin{bmatrix}1&0&0&0\\0&0&0&0\\0&0&1&0\\0&0&0&1\end{bmatrix} \tag{6-63}$$

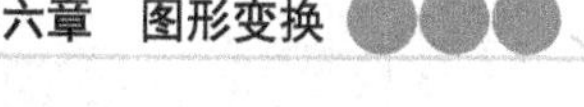

由于在三视图上保持了有关比例的不变性，与投影面平行的直线和平面分别反映实长和实形，可以精确地测量长度、角度、面积等几何量，因此常用于工程制图。图 6-32(b)是一个三视图投影的实例。

2)　正轴测投影

正轴测投影是能够显示形体多个侧面的投影变换，如果投影平面不与任一坐标轴垂直，就形成正轴测投影。正轴测投影有正等测、正二测和正三测三种。当投影面与三个坐标轴之间的夹角都相等时为正等测；当投影面与两个坐标轴之间的夹角相等时为正二测；当投影面与三个坐标轴之间的夹角都不相等时为正三测。正等测投影中三个坐标分量保持相同的变化比例；正二测投影中三个坐标分量中的两个保持相同的变化比例；正三测投影中三个坐标分量的变化比例各不相同。

三、透视投影

在平行投影中，物体投影的大小与物体距投影面的距离无关，这与人的视觉成像不符。而透视投影采用中心投影法，与人们观察物体的情况比较相似。投影中心又称视点，相当于观察者的眼睛。投影面位于视点与物体之间。投影线为视点与物体上点的连线，投影线与投影平面的交点即为投影变换后的坐标点。如图 6-33 所示，点 O 为投影中心，物体 AB 位于投影面的前面，OA 和 OB 为投影线，AB 在投影面上的投影为 A_1B_1，当物体 AB 远离投影面移动一段距离，在投影面的投影将变为 A_2B_2，由图 6-33 可以看出，$A_1B_1>A_2B_2$，表现出近大远小的特性。

透视投影具有如下特性：

(1)　平行于投影面的一组互相平行的直线，其透视投影也互相平行；

(2)　空间相交直线的透视投影仍然相交；

(3)　空间线段的透视投影随着线段与投影面距离的增大而缩短，近大远小，符合人的视觉系统，深度感更强，看上去更真实；

(4)　不平行于投影面的任何一束平行线，其透视投影将汇聚于灭点；

(5)　不能真实反映物体的精确尺寸和形状。

图 6-34 反映了一个透视投影的实例，由此图例可以看出透视投影的上述特性。

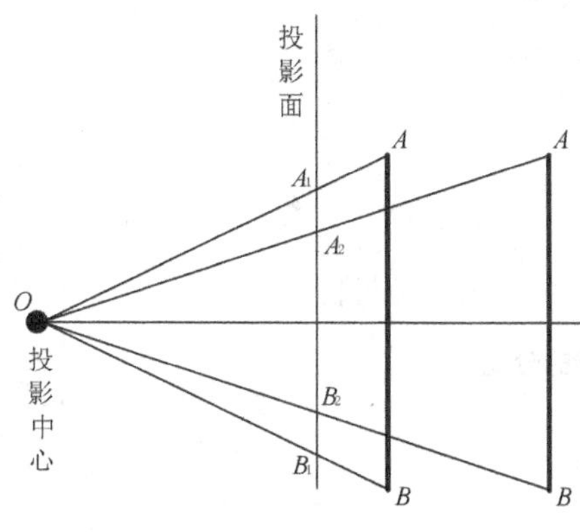

图 6-33　透视投影

图 6-34　透视投影实例

如图 6-35 所示，若视点 $V(0，0，d)$在 Z 坐标轴上，投影平面为 xoy 平面，空间点 $P(x,y,z)$，视线 PV 上任意一点 $P'(x',y',z')$，则有空间直线 PV 的参数方程为，

$$\frac{x'-0}{x-0}=\frac{y'-0}{y-0}=\frac{z'-d}{z-d}=u$$

其中，u 为参数，$u\in[0,1]$，进一步化简，我们可以得到：

$$\begin{cases} x' = ux \\ y' = uy \\ z' = u(z-d)+d \end{cases} \tag{6-64}$$

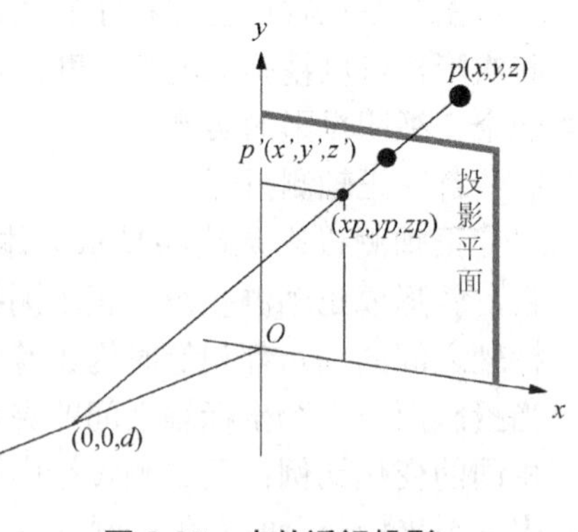

图 6-35　点的透视投影

设空间点 $P(x,y,z)$经过透视投影后在投影平面上的投影点为(x_p,y_p,z_p)，该点实际上是投影线 PV 与 XOY 平面的交点，故 $z'=z_p=0$ 得 $z_p = z' = u(z-d)+d = 0$，所以$u=\dfrac{d}{d-z}$，可以得到：

$$\begin{cases} x_p = x\left(\dfrac{d}{d-z}\right) = x\left(\dfrac{1}{1-z/d}\right) \\ y_p = y\left(\dfrac{d}{d-z}\right) = y\left(\dfrac{1}{1-z/d}\right) \\ z_p = 0 \end{cases} \tag{6-65}$$

在透视投影的特性中提到，任何一束不平行于投影平面的平行线的透视变换将汇聚一点，这一点称为灭点。根据灭点的个数不同，透视投影可以分为一点透视、两点透视和三点透视，如图 6-36 所示。

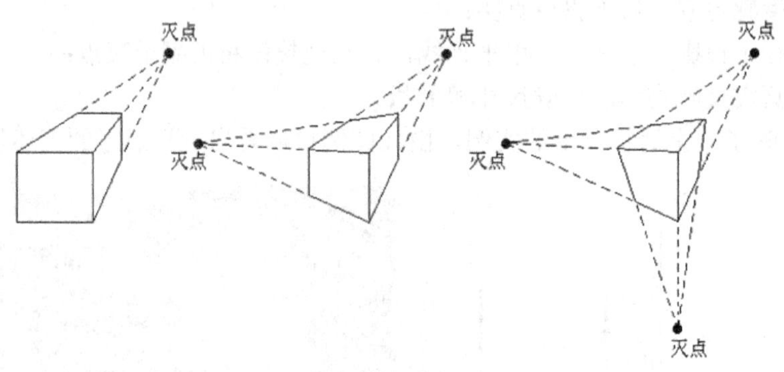

(a) 一点透视　　(b) 两点透视　　(c) 三点透视

图 6-36　透视投影的分类

本章知识结构图

本章知识由三部分组成——二维几何变换、三维几何变换和投影变换。二维几何变换的知识结构如图 6-37 所示。从功能上说，二维几何变换改变图形位置、形状或大小。从分类上说，二维几何变换包括平移变换、比例变换、旋转变换、对称变换、错切变换和复合变换。所有这些变换都改变图形的位置。比例变换、错切变换和复合变换还改变图形的形状或大小。三维几何变换的知识结构图如图 6-38 所示，读者可以自己分析知识点之间的内在联系。投影变换包括中心投影和平行投影。

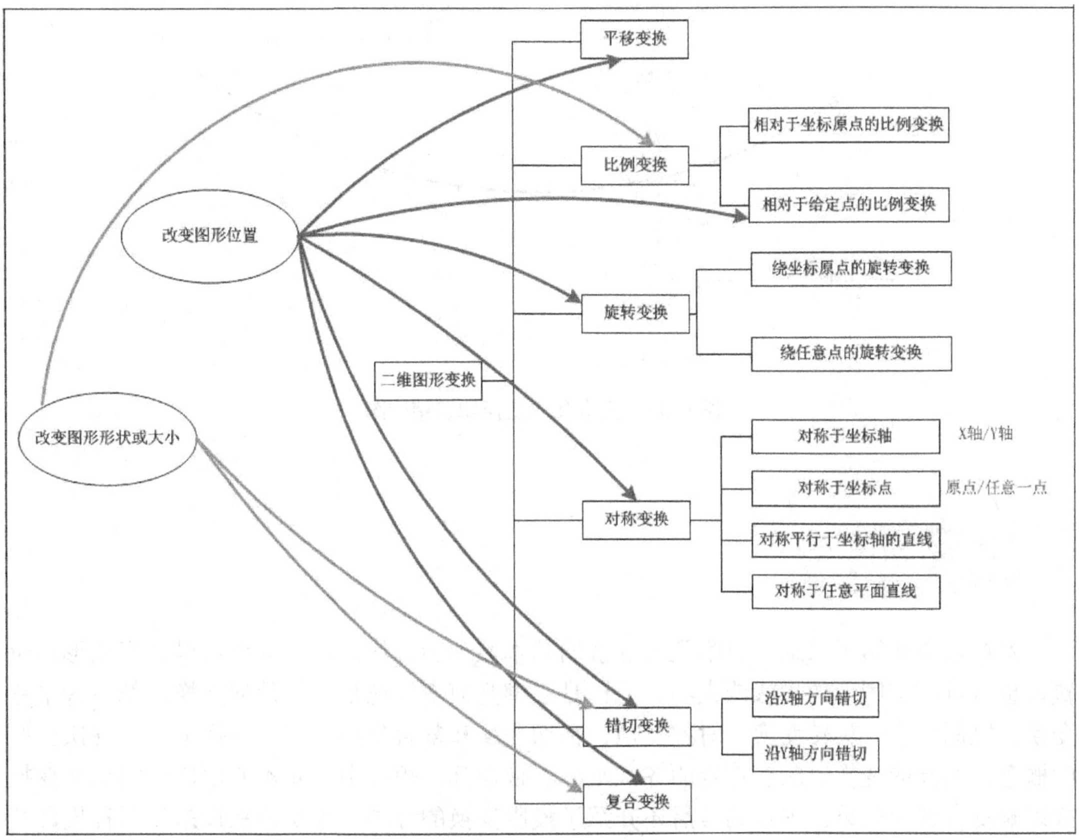

图 6-37　二维几何变换知识结构图

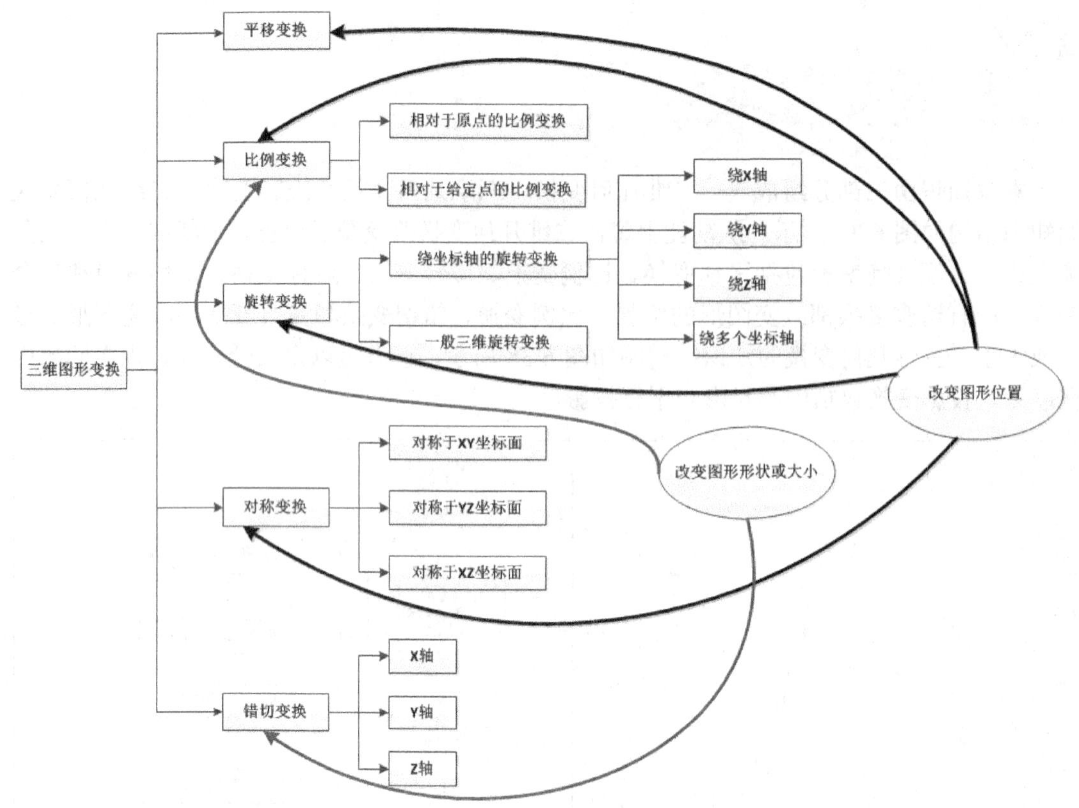

图 6-38　三维几何变换知识结构图

本章重点介绍了二维、三维几何变换的基本原理和方法，图形变换可以改变图形的位置，也可以改变图形的形状或大小。无论是二维几何变换还是三维几何变换，都包含平移变换、比例变换、旋转变换、对称变换、错切变换和复合变换。几何变换中引入齐次坐标的概念，不同的变换对应着特定的齐次坐标变换矩阵。矩阵中各元素的数值影响单一变换或影响复合变换效果。本章的最后还介绍了投影变换的分类，以及透视投影和平行投影的基本概念。

复习思考题

1. 给定四边形的顶点分别为：$A(20, 20)$，$B(40, 20)$，$C(40, 40)$和 $D(20, 40)$。将四边形沿 X 方向平移 30°，沿 Y 方向平移 50°，计算新的四边形顶点坐标并画出图形。

2. 将三角形 $A(0, 0)$，$B(1, 1)$，$C(5, 2)$放大两倍，保持 $C(5, 2)$不变，求变换后的各顶点

坐标。

3. 将三角形 ABC，$A(0, 0)$，$B(60, 60)$，$C(30, 60)$绕坐标原点逆时针旋转 30° 后，求变换后各顶点的坐标。

4. 已知三角形 ABC，$A(1, 1)$，$B(3, 1)$，$C(2, 2)$，求作对称于直线 $y=x-2$ 的三角形。

5. 已知三角形 ABC，$A(1, 1)$，$B(3, 1)$，$C(2, 2)$，求作沿 y 方向错切系数 $d=-0.5$ 的三角形。

6. 写出下列关于原点的比例变换矩阵:

(a) 沿 X 轴方向缩放 a 单位;

(b) 沿 Y 轴方向缩放 b 单位;

(c) 沿 X 轴方向缩放 a 单位，且沿 Y 轴方向缩放 b 单位。

7. 已知长方形的四个顶点：(1, 1)，(4, 1)，(4, 3)，(1, 3)，分别求

(a) 沿+X 方向平移两个单位，沿+Y 方向平移 1 个单位，求平移变换矩阵及变换后各点坐标;

(b) X 方向放大 2 倍，Y 方向缩小 0.5 倍，求比例变换矩阵及变换后各点坐标;

(c) 绕坐标原点旋转 30°，求旋转变换矩阵及变换后各点坐标。

8. 求三角形 $A(0, 0)$，$B(1, 1)$，$C(5, 2)$按以下条件旋转 45° 的顶点坐标。

(a) 绕原点;

(b) 绕 $P(-1, -1)$。

9. 将多边形 $A(-1, 0)$，$B(0, 2)$，$C(1, 0)$，$D(0, 2)$进行如下的对称变换，求顶点坐标。

(a) 水平线 $y=2$;

(b) 垂直线 $x=2$;

(c) 一般直线 $y=x+2$。

第七章　图形裁剪

学习要点

(1) 与图形表达相关的不同坐标系及其坐标系之间的关系。

(2) 窗口区与视图区之间的坐标变换。

(3) 直线段裁剪的编码裁剪算法、中点分割裁剪算法和参数化线段裁剪算法。

(4) 多边形裁剪的逐边裁剪法和双边裁剪算法。非矩形裁剪窗口的线段裁剪、曲线的裁剪和字符裁剪。

(5) 三维编码裁剪算法。

核心概念

世界坐标系、局部坐标系、观察坐标系、设备坐标系、规范化设备坐标系、二维观察流程、窗口区、视图区、窗口—视区变换、图形畸变、图形裁剪、二维裁剪、三维裁剪、点的裁剪、线段裁剪、多边形裁剪、线段(端点)编码

引导案例

自由切换的全局和局部电子图

随着物质生活水平的提高，人们更注重追求精神生活的品质。节假日长短途旅行早已成为常态化生活模式。出行依赖地图搜索工具，百度地图是百度提供的一项网络地图搜索服务，覆盖了国内近 400 个城市、数千个区县。在百度地图里，用户可以查询街道、商场、楼盘的地理位置，也可以找到离你最近的所有餐馆、学校、银行、公园等。图 7-1 所示是从百度地图上搜索的上海外滩地图中的部分画面。图中为我们提供大量而复杂的信息，而输出设备中显示屏幕的尺寸及其分辨率却是有限的，为了能够清晰地观察某一部分或对其进行某些绘图操作，需要将所关心的某一局部区域的图形从整个图形中区分出来，如图 7-2 所示是将上海外滩的标志性建筑东方明珠从外滩中分离出来，可以了解东方明珠周边的环境，这个区分指定区域内和区域外的图形过程可以理解为裁剪。2010 年以后在使用百度地图服务时，除普通的电子地图功能之外，新增加了三维地图功能，可以更直观地观察任意地理位置周边的真实环境。

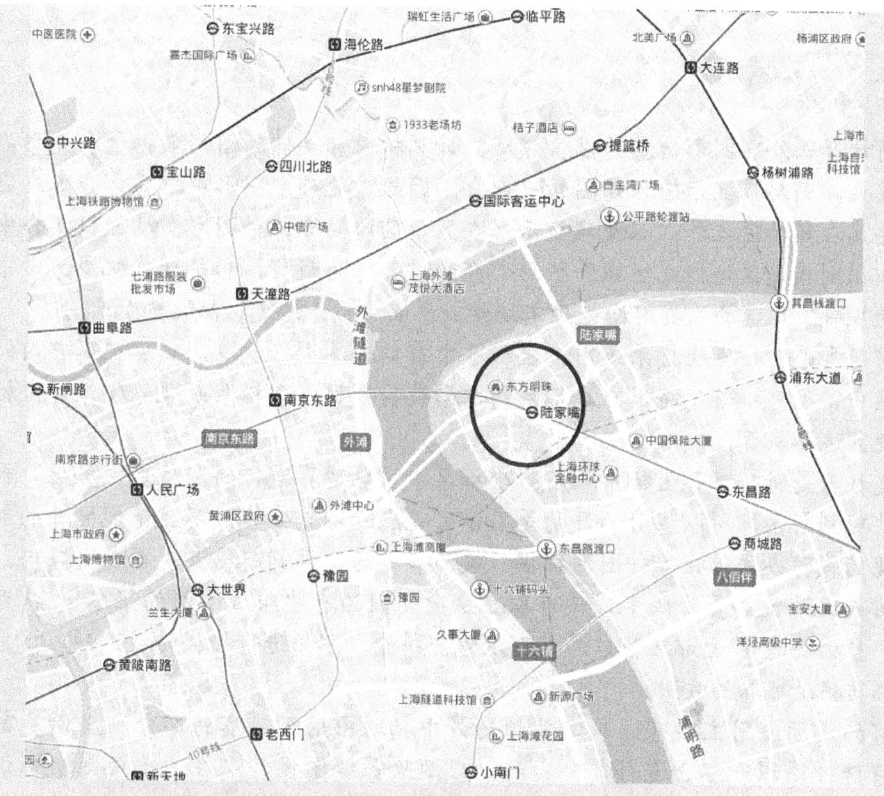

图 7-1 百度地图搜索的上海外滩部分画面

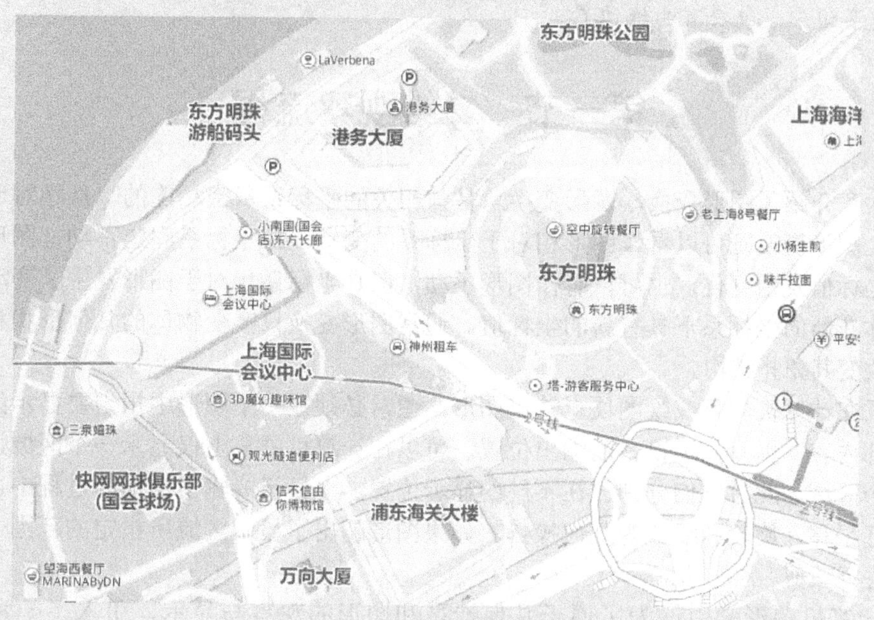

图 7-2 观察东方明珠局部环境

现实世界中，设计和修改机械、建筑、电子、化工等工程图纸时，也经常需要在电子图纸的全局和局部进行自由切换，这些应用均涉及计算机图形学中一个重要的研究内容：图形裁剪。

案例导学

使用计算机处理图形信息的很多领域，计算机内部存储的图形数据量和图形显示范围往往比较大，而屏幕显示的只是图的一部分。因此需要确定图形中哪些部分落在显示区之内，哪些落在显示区之外，以便只显示落在显示区内的那部分图形。从数据集合中抽取所需信息即识别指定区域内或区域外图形部分的过程称为裁剪，它是计算机图形学中许多重要问题的基础。裁剪的主要用途是确定场景或画面中位于给定区域之内的部分。

裁剪通常是对世界坐标系或用户坐标系中窗口边界进行裁剪，然后把窗口内的部分映射到视区中，也可以首先将用户坐标系的图形映射到设备坐标系或规范化设备坐标系中，然后用视区边界裁剪。

假定裁剪是针对世界坐标系或用户坐标系中窗口边界进行的，裁剪完成后，再把窗口内图形映射到视区，所以裁剪的目的是显示可见点和可见部分，不显示视区外的部分。最容易实现的裁剪办法是把各种图形扫描转换为点之后，再判断各点是否在窗口内。但那样因太费时而无法提高算法效率，不可取。主要是因为有些组成图形的基本图素(直线、圆弧、圆、自由曲线等)全部在窗口外，可以完全排除，不必进行扫描转换。所以，采用先裁剪再扫描转换是可取的方法。

裁剪的实际应用主要有：从定义的场景中抽取出用于观察的部分；显示多窗口的环境；允许选择图形一部分进行复制、移动或删除等绘图操作；在三维视图中标识出可见面；防止线段或对象的边界混淆；使用实体造型来创建对象等。对于不同的应用，裁剪窗口可以是多边形或包含有曲线边界。

第一节　二维观察流程

第六章介绍了图形变换，图形变换总是与相关的坐标系紧密相连的。从相对运动的观点来看，图形变换既可以看作图形相对于坐标系的变动，即坐标系固定不动，图形在坐标系中的坐标值发生变化；也可以看作图形不动，但是坐标系相对于图形发生了变动，从而使得物体在新的坐标系下具有新的坐标值。通常图形变换只改变物体的几何形状和大小，但是不改变其拓扑结构。

为了在计算机屏幕或绘图仪上输出图形，通常必须在一个图形中指定要显示的部分内容或全部内容，以及显示设备的输出位置。可以在计算机屏幕上仅显示一个区域，也可以显示几个区域，此时它们分别放在不同的显示位置。在显示或输出图形的过程中，可以对图形进行平移、旋转和缩放等几何操作。如果图形超出了显示区域所指定的范围，还必须对图形进行裁剪。

在计算机图形学中，为了便于几何造型和图形的观察与显示，引入了一系列的坐标系。

1. 世界坐标系

世界坐标系(World Coordinate System，WCS)，通常是一个三维笛卡尔坐标系。它是一

个全局坐标系统，一般为右手坐标系。该坐标系主要用于计算机图形场景中的所有图形对象的空间定位、观察者(视点)位置和视线的定义等。计算机图形系统中所涉及的其他坐标系基本上都是参照它进行定义的。

2. 局部坐标系

局部坐标系(Local Coordinate System，LCS)，是为了便于几何造型和观察物体，独立于世界坐标系定义的二维或三维笛卡尔坐标系。对于在局部坐标系中定义的“局部”物体，通过指定局部坐标系在世界坐标系中的方位，利用几何变换可以将“局部”定义的物体变换到世界坐标系内，使之成为世界坐标系中的物体。局部坐标系有时也称为建模坐标系(Modeling Coordinate System，MCS)。AutoCAD 中的用户坐标系(User Coordinate System，UCS)本质上是局部坐标系。

3. 观察坐标系

观察坐标系(Viewing Coordinate System，VCS)，通常是以视点位置为原点，通过用户指定的一个向上的观察向量来定义的一个坐标系，默认为左手坐标系。观察坐标系主要用于从观察者的角度对整个世界坐标系内的图形对象进行观察，以便简化几何物体在视平面(又称为成像面或投影面)成像的数学演算。

4. 设备坐标系

图形输出设备(如显示器、绘图仪)自身都有一个坐标系，称为设备坐标系(Device Coordinate System，DCS)或物理坐标系。设备坐标系是在图形设备上定义的坐标系，是一个二维平面坐标系，它的度量单位是步长(绘图仪)或像素(显示器)，由于计算机生成的图形在屏幕上显示或绘图仪上绘制时，都是在设备坐标系下进行的，受设备大小和技术的限制，显示器等图形输出设备都是有界的，输出的图形多为点阵(光栅)图形，因此，设备坐标系的定义域是整数定义域且是有界的。例如，对显示器而言，分辨率就是设备坐标的界限范围。需要注意的是，显示器等图形输出设备都有自己相对独立的坐标系，通常使用左手直角坐标系，坐标系的原点在显示器的左上角。

5. 规格化设备坐标系

计算机绘图过程实质上可以看成在世界坐标系下定义的图形(图形数据)经计算机图形系统处理后转换到设备坐标系下输出，当输出设备不同时，设备坐标系也不同，且不同设备的坐标范围也不尽相同。例如，分辨率为 1024×768 像素的显示器，其设备坐标系的坐标范围为 x 轴方向为 0～1023，y 轴方向为 0～767；而分辨率为 640×480 像素的显示器，其设备坐标系的坐标范围 x 轴方向为 0～639，y 轴方向为 0～479。显然这使得应用程序与具体的图形输出设备有关，给图形处理及应用程序的移植带来极大的不便。当程序员希望把图形输出到不同的设备时，不得不修改图形软件，变换坐标系使之适合于相应的图形输出设备。为便于图形处理，有必要定义一个标准设备，引入与设备无关的规格化设备坐标系(Normalized Device Coordinate System，NDCS)。采用一种无量纲的单位代替设备坐标，当输出图形时再转换为具体的设备坐标。规格化设备坐标系的取值范围为[0, 1](即 $0 \leqslant x \leqslant 1$，$0 \leqslant y \leqslant 1$)的直角坐标系。用户的图形数据转换成规格化设备坐标系中的值，使应用程序与图形设备隔离，增强了应用程序的可移植性。

进行图形处理时，首先要将在世界坐标系中定义的数据转换到规格化设备坐标系，具体转换方法是：用户在世界坐标系中定义的图形，由图形软件将欲输出图形上的各点坐标值乘以一系数 K，使图形的各个坐标值变换到[0, 1]的规格化坐标值的数值范围内(规格化坐标)。

定义了世界坐标系、局部坐标系、观察坐标系、设备坐标系和规格化设备坐标系后，二维观察流程可以简单地描述为：通过局部坐标系建立模型，然后使用局部坐标变换将模型置于世界坐标系中并构造场景，通过世界坐标系到观察坐标系间的变换将世界坐标系转换为观察坐标，接着进行坐标规范，使之转为规格化设备坐标，再通过从规格化设备坐标系到设备坐标系的变换将规格化设备坐标映射到设备坐标，完成在指定图形设备上的输出，如图 7-3 所示。

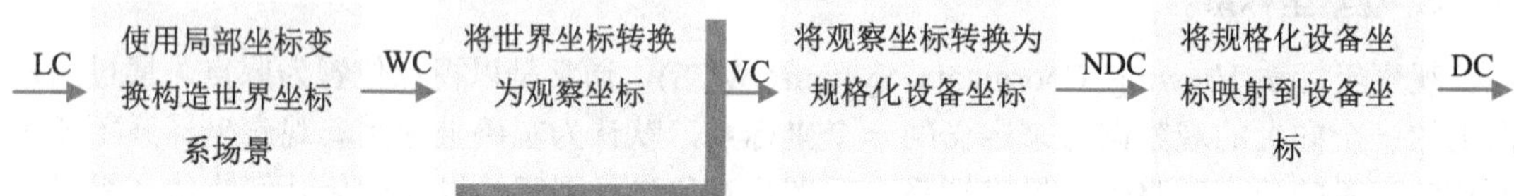

图 7-3　二维观察流程

第二节　窗口—视区的变换

用户可以在世界坐标系中指定感兴趣的任意区域，把这部分区域内的图形输出到屏幕上，这个指定区域称为窗口区，它是在世界坐标系中需要进行观察和处理的一个坐标区域。窗口区一般是矩形区域，可以用左下角和右上角两点坐标来定义其大小和位置。在计算机图形学术语中，窗口最初是指要观察的图形区域，但是目前窗口常用于指窗口管理系统。在本章中，我们仍将窗口理解为在世界坐标系中要显示的图形区域。

窗口区，视图区及窗口-视图变换.mp4

窗口映射到显示设备上的坐标区域称为视区。图形设备上用来输出图形的最大区域称之为屏幕域，它是有限的整数域，大小随具体设备而异。任何小于或等于屏幕域的区域都可定义为视区。视区由用户在屏幕域中用设备坐标定义，一般定义成矩形，由其左下角和右上角两点坐标来定义。所以，用户可以利用窗口来选择需要观察哪一部分图形，而利用视区来指定这一部分图形在屏幕上显示的位置。在一个屏幕上可以设置多个视区，分别作不同的应用。简而言之，窗口定义了要显示什么，而视区定义在何处显示。

图 7-4(a)是世界坐标系下的窗口，图 7-4(b)是与窗口对应的图形显示在视区中。

在世界坐标系下可以任意设计和绘制图形，不同的窗口所生成的视区不同。图 7-5 表示自行车图纸开设窗口 1 和窗口 2 所得到的不同视区效果。图 7-5(a)中的窗口 1 的位置是链条罩，对应图 7-5(b)中的视区 1。图 7-5(a)中的窗口 2 的位置是前轮，对应图 7-5(b)中的视区 3。

当窗口与视区的大小相等时，窗口内的图形 1∶1 显示在视区中，如图 7-5(b)所示。当窗口和视区的大小不同或长宽比不同时，窗口内的图形变换到视区后会产生图形的放大、缩小或畸变。

(a) 窗口

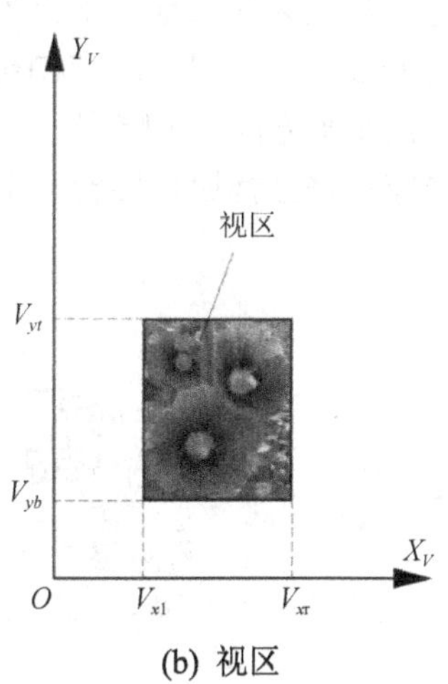

(b) 视区

图 7-4 窗口与视区

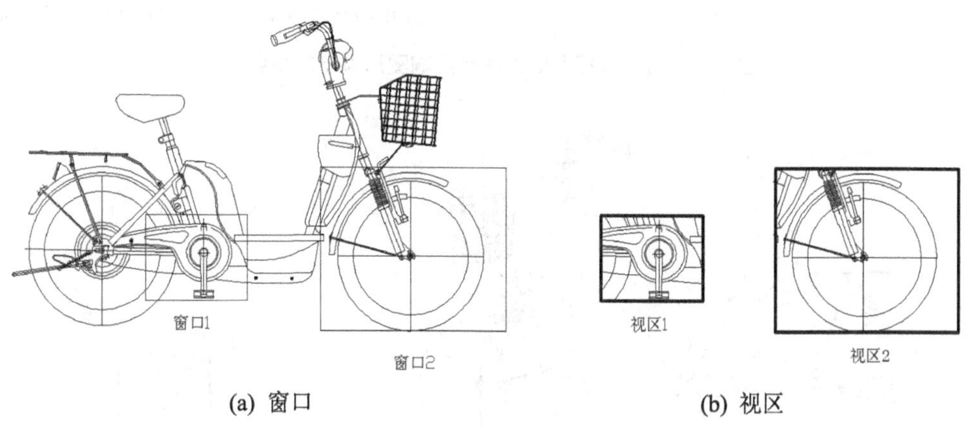

(a) 窗口 (b) 视区

图 7-5 窗口与视区图形显示

(1) 窗口与视区的长宽比相同，变换后视区中的图形是均匀缩小或均匀放大的。图 7-6(a)表示从自行车的前轮开设一个窗口，图 7-6(b)表示视区产生缩小的图形效果，图 7-6(c)表示视区产生放大的图形效果。

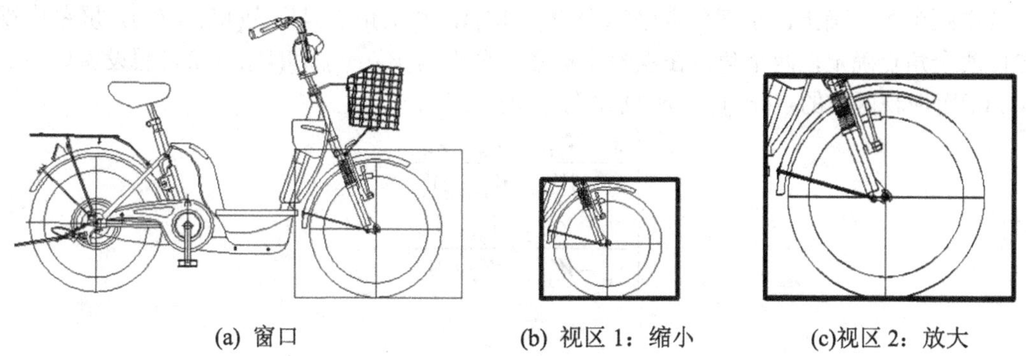

(a) 窗口 (b) 视区 1：缩小 (c)视区 2：放大

图 7-6 窗口与视区的长宽比影响图形显示的放大与缩小

(2) 窗口与视区的长宽比不相等，变换后在视区产生畸变的图形。图 7-7(a)表示从自行车的前轮开设一个窗口，图 7-7(b)表示窗口内图形沿垂直方向发生畸变，图 7-7(c)表示窗口内图形沿水平方向发生畸变。

(3) 当窗口绕坐标原点旋转一个角度，变换后视区的图形也相应地旋转一个角度，如图 7-8 所示。

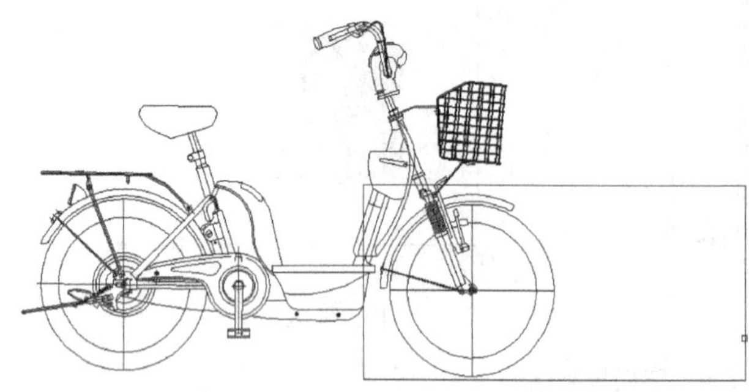

(a) 窗口

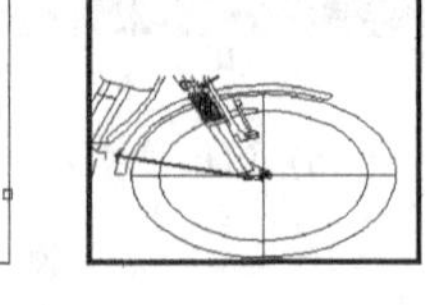

(b) 视区 1:垂直畸变

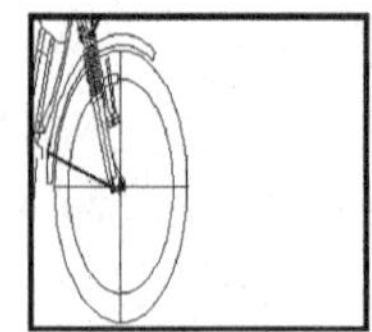

(c) 视区 2:水平畸变

图 7-7 窗口与视区的长宽比影响图形显示的畸变

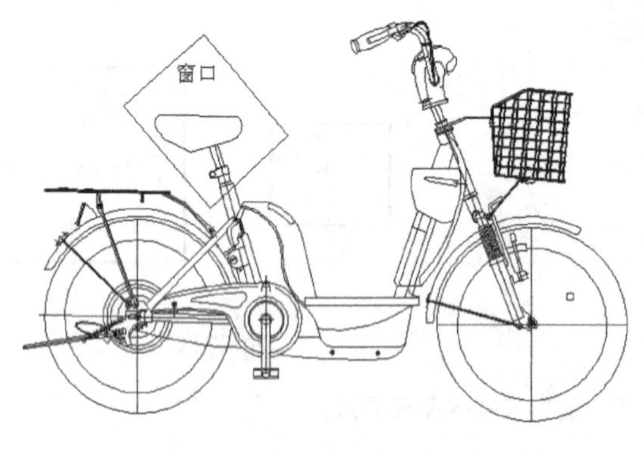

(a) 窗口

(b) 视区

图 7-8 窗口斜置

窗口的图形映射到视区需要进行坐标变换。如图 7-9 所示，矩形窗口在世界坐标系中的位置由两个角点确定，左下角点坐标为(W_{xl}, W_{yb})，右上角点坐标为(W_{xr}, W_{yt})。屏幕中视区也由两个角点确定，两个角点在观察坐标系下分别为(V_{xl}, V_{yb})和(V_{xr}, V_{yt})。假设窗口中的点(x_w, y_w)对应视区中的点(x_v, y_v)。根据比例变换关系有：

$$\begin{cases} \dfrac{x_v - V_{xl}}{x_w - W_{xl}} = \dfrac{V_{xr} - V_{xl}}{W_{xr} - W_{xl}} \\ \dfrac{y_v - V_{yb}}{y_w - W_{yb}} = \dfrac{V_{yt} - V_{yb}}{W_{yt} - W_{yb}} \end{cases} \tag{7-1}$$

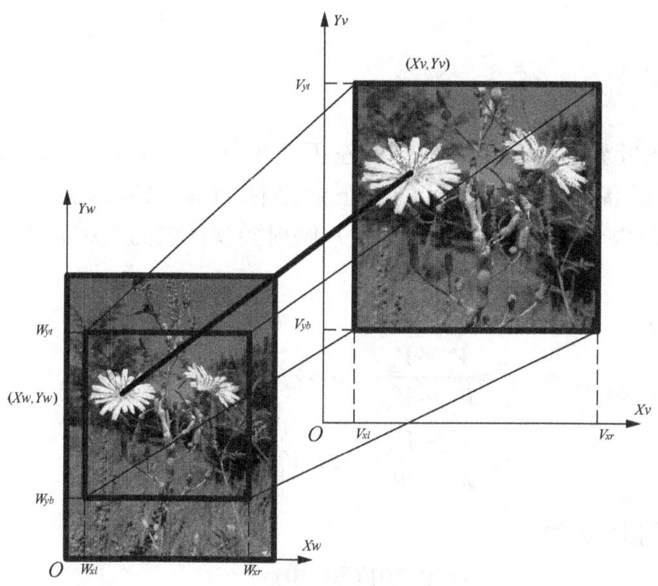

图 7-9　从窗口到视区的变换

整理后，得：

$$\begin{cases} x_v = \dfrac{V_{xr} - V_{xl}}{W_{xr} - W_{xl}}(x_w - W_{xl}) + V_{xl} \\ y_v = \dfrac{V_{yt} - V_{yb}}{W_{yt} - W_{yb}}(y_w - W_{yb}) + V_{yb} \end{cases} \tag{7-2}$$

记:

$$a = \frac{V_{xr} - V_{xl}}{W_{xr} - W_{xl}} \qquad b = V_{xl} - \frac{V_{xr} - V_{xl}}{W_{xr} - W_{xl}} \cdot W_{xl}$$

$$c = \frac{V_{yt} - V_{yb}}{W_{yt} - W_{yb}} \qquad d = V_{yb} - \frac{V_{yt} - V_{yb}}{W_{yt} - W_{yb}} \cdot W_{yb} \tag{7-3}$$

式(7-2)可以化简为：

$$\begin{cases} x_v = ax_w + b \\ y_v = cy_w + d \end{cases} \tag{7-4}$$

写成矩阵变换的形式为：

$$\begin{bmatrix} x_v & y_v & 1 \end{bmatrix} = \begin{bmatrix} X_w & Y_w & 1 \end{bmatrix} \times \begin{bmatrix} a & 0 & 0 \\ 0 & c & 0 \\ b & d & 1 \end{bmatrix} \tag{7-5}$$

式(7-5)说明从窗口到视区的变换是二维变换中比例变换和平移变换的组合变换。通过变换可以实现将世界坐标系中窗口区中任意一点转换成观察(设备)坐标系下视区中的对应点，从而可以把实际图形转换到具体输出设备的显示区。

例题与解答

例题：假设在世界坐标系下窗口区的左下角坐标为 w_{xl}=10，w_{yb}=10，右上角坐标为 w_{xr}=50，w_{yt}=50。设备坐标系中视区的左下角坐标为 v_{xl}=10，v_{yb}=30，右上角 v_{xr}=50，v_{yt}=90。已知在窗口内一点 P(20, 30)，要将 P 映射到视区内的点 P'，求 P'在设备坐标系中的坐标。

解：由式(7-3)：

$$a=\frac{V_{xr}-V_{xl}}{W_{xr}-W_{xl}}\quad b=V_{xl}-\frac{V_{xr}-V_{xl}}{W_{xr}-W_{xl}}\cdot W_{xl}$$

$$c=\frac{V_{yt}-V_{yb}}{W_{yt}-W_{yb}}\quad d=V_{yb}-\frac{V_{yt}-V_{yb}}{W_{yt}-W_{yb}}\cdot W_{yb}$$

将题目所给数据代入得：

a=(50−10)/(50−10)=1

b=10−10×(50−10)/(50−10)=0

c=(90−30)/(50−10)=1.5

d=30−10×(90−30)/(50−10)=15

窗口—视区变换矩阵为：

$$T=\begin{bmatrix}a & 0 & 0\\ 0 & c & 0\\ b & d & 1\end{bmatrix}=\begin{bmatrix}1 & 0 & 0\\ 0 & 1.5 & 0\\ 0 & 15 & 1\end{bmatrix}$$

P'在设备坐标系中的坐标为：

$$P'=[x\ \ y\ \ 1]\begin{bmatrix}1 & 0 & 0\\ 0 & 1.5 & 0\\ 0 & 15 & 1\end{bmatrix}=[20\ \ 30\ \ 1]\begin{bmatrix}1 & 0 & 0\\ 0 & 1.5 & 0\\ 0 & 15 & 1\end{bmatrix}=[20\ \ 60\ \ 1]$$

P'在设备坐标系中的坐标是(20, 60)。

第三节　图形裁剪的基本概念

使用计算机处理图形信息时，计算机内部存储的图形往往比较大，而屏幕显示的只是图的一部分。为了能看到复杂图形的局部细节，在放大显示一幅图形的部分区域时，必须确定图形中哪些部分落在显示区之内，哪些落在显示区之外，这个选择过程就是裁剪过程。裁剪可以相对于窗口进行，也可以相对于视区进行，但一般都相对于窗口进行裁剪。窗口可以是多边形或者包含曲线边界，一般情况下把窗口定义为矩形，由左下角和右上角坐标确定。裁剪的实质是决定图形中哪些点、线段、文字以及多边形等落在窗口之内。

图形裁剪的含义、实质与点的裁剪.mp4

裁剪可用于世界坐标系或观察坐标系中，只有窗口内的部分映射到设备坐标系中，不必将窗口外的图形部分变换到设备坐标系。也可以先将世界坐标系的图形映射到设备坐标

系或规范化设备坐标系中，然后用视区边界裁剪。

一、点的裁剪

裁剪算法中最基本最简单的是点的裁剪。如图 7-10 所示，设裁剪窗口是一个标准矩形，窗口左下角点坐标为(W_{xl},W_{yb})，右上角点坐标为(W_{xr},W_{yt})，若点 $P(x,y)$同时满足下列不等式：

$$W_{xl} \leqslant x \leqslant W_{xr} \tag{7-6}$$

$$W_{yb} \leqslant y \leqslant W_{yt} \tag{7-7}$$

则该点在窗口内，其中等号表示点位于窗口边界上。这样的点属于可见点，应予保留，如果这四个不等式中有任何一个不满足，则该点在窗口外，应该被裁剪掉。

二、直线段和窗口的关系

直线段和窗口的关系可以分为四种情况，如图 7-11 所示。

(1) 两端点均位于窗口内，线段可见，如 P_1P_2。

(2) 两端点均位于窗口外且位于窗口同一侧，线段不可见，如 P_3P_4 。

(3) 两端点均位于窗口外且不位于窗口同一侧，存在两种情况。

① 线段完全在窗口外，不可见，如 P_9P_{10}。

② 线段不完全在窗口外，部分可见，如 P_7P_8。

(4) 一个端点位于窗口之内，一个端点位于窗口之外，线段部分可见，如 P_5P_6。

后两种情况涉及线段裁剪时，需要计算线段与裁剪窗口的交点，确定需要保留的部分线段，舍弃位于窗口外的部分。

线段裁剪之线段与裁剪窗口的关系.mp4

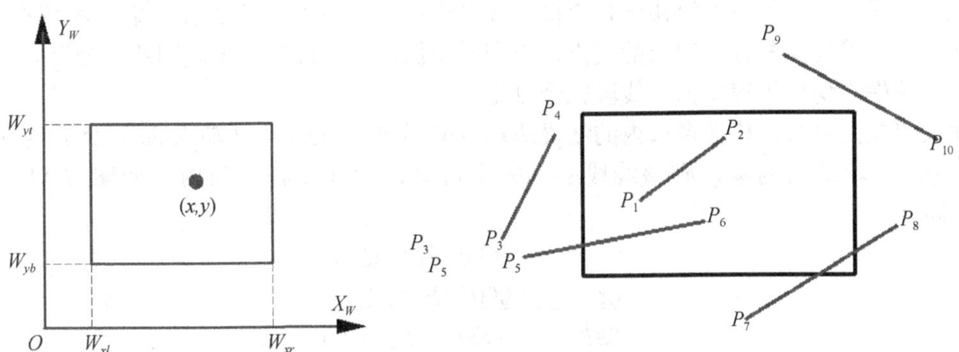

图 7-10　点和窗口的关系

图 7-11　直线段和窗口的关系

第四节　直线段裁剪

直线段是组成其他图形的基本图元，任何图形一般都能用不同直线段或近似直线段组合形成。直线段裁剪是其他裁剪的基础，直线段裁剪通常有三种方法：编码裁剪算法(Cohen-Sutherland 算法)、中点分割裁剪算法和参数化线段裁剪算法(梁友栋-Barsky 算法)。

一、编码裁剪算法

编码裁剪算法(Cohen-Sutherland算法).mp4

编码裁剪算法实例解析.mp4

这是一个早期较流行的线段裁剪算法，是由 Dan Cohen 和 Ivan Sutherland 提出的，也称为 Cohen-Sutherland 线段裁剪算法。该算法通过初始测试来减少需要计算的交点数目，从而加快线段裁剪算法的速度。

1. 端点编码

将构成矩形窗口的四条边线延长，整个平面被分成九个区域，如图 7-12 所示。用四位二进制码来标识线段的端点位于九个区域中的哪一个区域内；每个区域赋予一个四位编码—$C_tC_bC_rC_l$(上下右左)：①任何位赋值为 1，代表端点落在相应位置上，否则该位赋值为 0。例如，C_l 赋值为 1，表示线段端点位于窗口左侧；C_r 赋值为 1，表示线段端点位于窗口右侧；C_b 赋值为 1，表示线段端点位于窗口下面；C_t 赋值为 1，表示线段端点位于窗口上面。②每一个区域内的点都对应着一个四位二进制的区位码。例如，若端点位于裁剪窗口内，则区位码为 0000；若端点位于窗口的左下侧，则区位码为 0101。一旦所有的线段端点建立了编码，就可以快速判断哪条线段完全在裁剪窗口内，哪条线段完全在窗口外，哪条线段部分位于窗口内、部分位于窗口外。

1001	1000	1010
0001	0000 窗口	0010
0101	0100	0110

图 7-12　区域划分及编码

2. 判断直线段与窗口的关系

对照第三节分析的直线段和窗口关系的 4 种情况。对于第 1 种、第 2 种情况，可以通过判断一线段两端点位置直接决定是否接受或抛弃线段。而对于第 3 种、第 4 种情况，则需要进一步计算线段与裁剪窗口的交点，得到需要保留的那部分线段。判断及分析如下。

(1) 两端点均位于窗口内，线段完全可见。

由编码规则可知，位于窗口内的线段两端点编码均为 0000。两端点的编码逐位取逻辑“或”(or)，若结果为零，则该线段必为完全可见，应保留在窗口内。如图 7-11 中的 P_1P_2，即

0000 (P_1 可见)
or　　0000 (P_2 可见)
结果：　0000 (P_1P_2 可见)

(2) 两端点均位于窗口外且位于窗口同一侧，线段完全不可见。

当线段两端点均在窗口之外，且位于裁剪窗口的同一侧时，则两端点编码必有一位同时为 1。所以将线段两端点的编码逐位取逻辑“与(and)”，若结果非零，则该线段必为完全不可见，可立即抛弃。如图 7-11 中的 P_3P_4。

0001 (P_3 不可见)
and　　0001 (P_4 不可见)
结果：　0001 (P_3P_4 不可见)

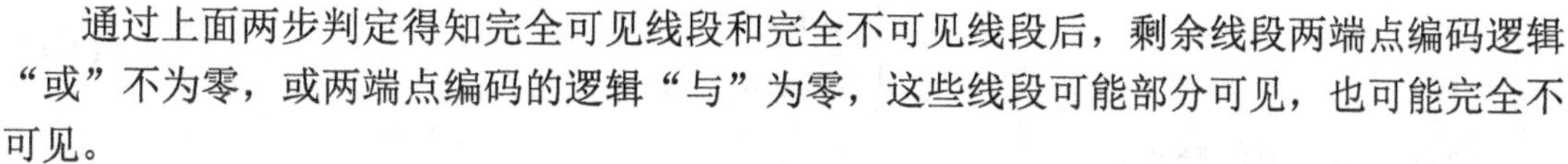

通过上面两步判定得知完全可见线段和完全不可见线段后，剩余线段两端点编码逻辑“或”不为零，或两端点编码的逻辑“与”为零，这些线段可能部分可见，也可能完全不可见。

(3) 两端点均位于窗口外且不位于窗口同一侧，线段可能完全不可见或者部分可见。

对于图 7-11 中的 P_7P_8 有：

	0100	(P_7不可见)			0100	(P_7不可见)
and	0010	(P_8不可见)		or	0010	(P_8不可见)
结果：	0000	(可见？)		结果：	0110	(可见？)

从图 7-11 的直观观察可知直线段 P_7P_8 部分可见，应该保留可见部分。

然而对于图 7-11 中的 P_9P_{10} 有：

	1000	(P_9不可见)			1000	(P_9不可见)
and	0010	(P_{10}不可见)		or	0010	(P_{10}不可见)
结果：	0000	(可见？)		结果：	1010	(可见？)

从图 7-12 的直观观察可知直线段 P_9P_{10} 完全不可见，应该完全抛弃。

(4) 一个端点位于窗口之内，另一个端点位于窗口之外，线段部分可见。

对于图 7-11 中的 P_5P_6 有。

	0001	(P_5不可见)			0001	(P_5不可见)
and	0000	(P_6可见)		or	0000	(P_6可见)
结果：	0000	(可见？)		结果：	0001	(可见？)

从图 7-11 的直观观察可知直线段 P_5P_6 部分可见，应该保留可见部分。

上述(3)(4)两种情况不能根据端点编码直接判断线段完全可见或完全不可见，需要对线段进行再分割，即找到与窗口边界的交点，根据交点位置，再对分割后的线段进行检查，或者接受，或者舍弃，重复这一过程，直到全部线段均被舍弃或被接受为止。线段与窗口边界求交次序的选择是任意的，但是无论哪种次序，对于有些线段的裁剪，可能不得不重复 4 次，以便计算与 4 条窗口边界的交点。

设线段两端点坐标分别为 $P_1(x_1,y_1)$和 $P_2(x_2,y_2)$，通过 $P_1(x_1,y_1)$和 $P_2(x_2,y_2)$两点的直线方程为：

$$y = m(x - x_1) + y_1 \tag{7-8}$$

或

$$x = \frac{1}{m}(y - y_1) + x_1 \tag{7-9}$$

其中，

$$m = \frac{y_2 - y_1}{x_2 - x_1} \tag{7-10}$$

利用两点式直线方程，线段与窗口四条边界的交点坐标，可分别确定如下：

同窗口左边界的交点：

$$\begin{cases} x = W_{xl} \\ y = m(W_{xl} - x_1) + y_1 \end{cases} \tag{7-11}$$

同窗口右边界的交点：

$$\begin{cases} x = W_{xr} \\ y = m(W_{xr} - x_1) + y_1 \end{cases} \tag{7-12}$$

同窗口上边界的交点：

$$\begin{cases} y = W_{yt} \\ x = \dfrac{1}{m}(W_{yt} - y_1) + x_1 \end{cases} \tag{7-13}$$

同窗口下边界的交点：

$$\begin{cases} y = W_{yb} \\ x = \dfrac{1}{m}(W_{yb} - y_1) + x_1 \end{cases} \tag{7-14}$$

通过上述求交计算可以得到 4 个交点，假定交点坐标统一用(x,y)表示，根据交点坐标值与窗口边界的关系，确定裁剪线段的可见性如下。

(1) 一个端点在窗口内，而另一个端点在窗口外，将得到一个有效交点，该交点满足 $W_{xl} \leqslant x \leqslant W_{xr}$，$W_{yb} \leqslant y \leqslant W_{yt}$，连接此有效交点与窗口内线段端点即为可见部分。

(2) 如果有两个交点满足 $W_{xl} \leqslant x \leqslant W_{xr}$，$W_{yb} \leqslant y \leqslant W_{yt}$，这两个交点均为有效交点，连接两点即为可见部分。

(3) 如果没有交点满足 $W_{xl} \leqslant x \leqslant W_{xr}$，$W_{yb} \leqslant y \leqslant W_{yt}$，则为窗口外的完全不可见线段，应该抛弃。

求交点计算过程中，需要考虑对某些特殊情形的处理。若直线的斜率 m 为无穷大，则直线平行于窗口的左边界和右边界，故仅需计算直线与上、下两边界的交点。同样，若直线斜率为零，则它平行于窗口的上、下两边界，这时仅需计算直线与左、右两边界的交点。

例题 1：如图 7-13 所示，矩形窗口左下角点为 $L(-1, -1)$，右上角点为 $R(1, 1)$，点 P_1，P_2，P_3 分别为$(-3/2, 1/6)$，$(1/2, 3/2)$和$(3/2, 3/4)$，应用编码裁剪算法对线段 P_1P_2，P_2P_3 进行裁剪。

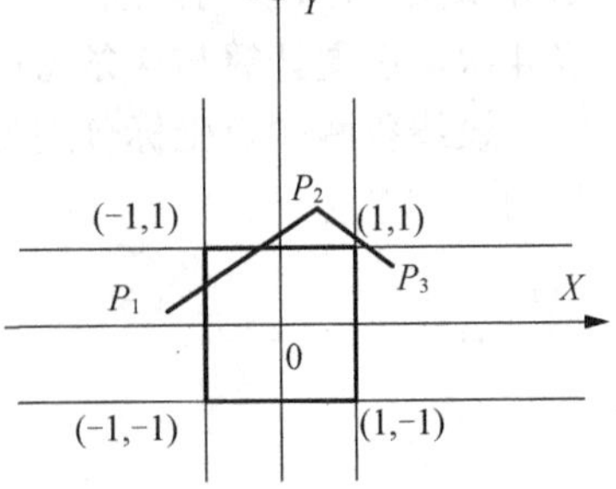

图 7-13　编码裁剪算法图例

解：

(1) 线段 P_1P_2 的端点区域编码分别为 P_1：0001，P_2：1000，计算

P_1:		0001
P_2:	or	1000
结果：		1001

P_1:		0001
P_2:	and	1000
结果：		0000

根据前述分析，线段 P_1P_2 为部分可见或完全不可见，属于待裁剪线段。

线段 P_1P_2 的斜率：$m=(y_2-y_1)/(x_2-x_1)=(3/2-1/6)/(1/2+3/2)=2/3$

则直线方程：$y=1/6+2/3\times(x+3/2)$

可求出直线段与窗口边界的交点分别为：

左边界交点：$x=-1$，$y=1/6+2/3\times(-1+3/2)=0.5$，$y\in[-1, 1]$，故为有效交点，交点(−1, 0.5)保留。

右边界交点：$x=1$，$y=1/6+2/3\times(1+3/2)=1.83> W_{yt}=1$，该交点不是有效交点，(1, 1.83)为虚交点，应舍弃。

上边界交点：$y=1$，$1=1/6+2/3\times(x+3/2)$，可得 $x=-0.25$，$x\in[-1, 1]$，故为有效交点，交点(−0.25, 1)应保留。

下边界交点：$y=-1$，$-1=1/6+2/3\times(x+3/2)$，可得 $x=-3.25< W_{xl}=-1$，该交点不是有效交点，(−3.25, −1)为虚交点，应舍弃。

因此，线段 P_1P_2 的可见部分为(−1, 0.5)到(−0.25, 1)，如图 7-14 所示。

(2)　线段 P_2P_3 的区域编码分别为 P_2：1000，P_3：0010，计算

P_3:	0010	P_3:	0010
P_2:	and　1000	P_2:	or　1000
结果：	0000	结果：	1010

根据前述分析，线段 P_3P_2 部分可见或完全不可见，属于待裁剪线段。

线段 P_2P_3 的斜率：$m=(y_3-y_2)/(x_3-x_2)=(3/4-3/2)/(3/2-1/2)= -3/4$

则直线方程：$y=3/2-3/4\times(x-1/2)$

可求出直线段与窗口边界的交点分别为：

左边界交点：$x=-1, y=2.63> W_{yt}=1$，(−1,2.63)为虚交点，应舍弃。

右边界交点：$x=1, y=1.13> W_{yt}=1$，(1,1.13)为虚交点，应舍弃。

上边界交点：$y=1, x=1.17> W_{xr}=1$，(1.17,1)为虚交点，应舍弃。

下边界交点：$y=-1, x=3.83> W_{xr}=1$，(3.83, −1)为虚交点，应舍弃。

因此，线段 P_2P_3 为完全不可见线段，如图 7-14 所示。

综上，窗口对线段 P_1P_2，P_2P_3 裁剪的最终结果如图 7-15 所示。

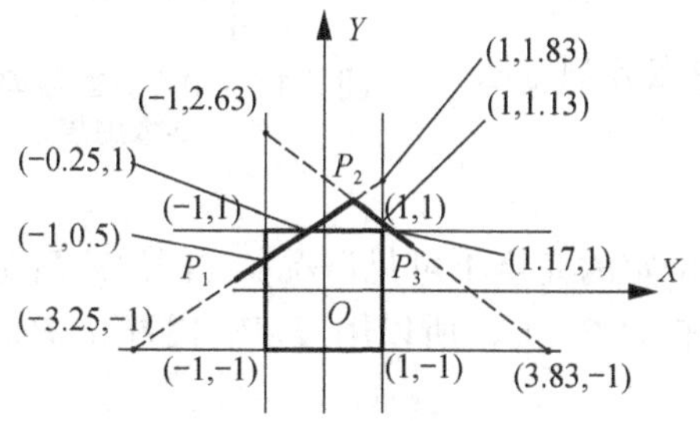

图 7-14　裁剪线段与边界的交点

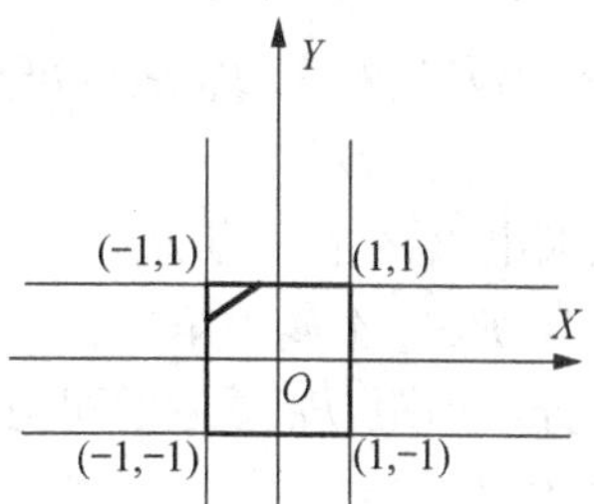

图 7-15　线段裁剪结果

在实现编码裁剪算法时，当判断出需要进行线段与窗口求交时，先求出线段与窗口某边的交点，在交点处把线段一分为二，其中必有一段在窗口外，可弃之，再对另一段重复上述处理。因此可以不必把线段与每条窗口边界依次求交，只要按顺序检测到端点的编码

不为 0，才把线段与对应的窗口边界求交。其算法流程如图 7-16 所示。

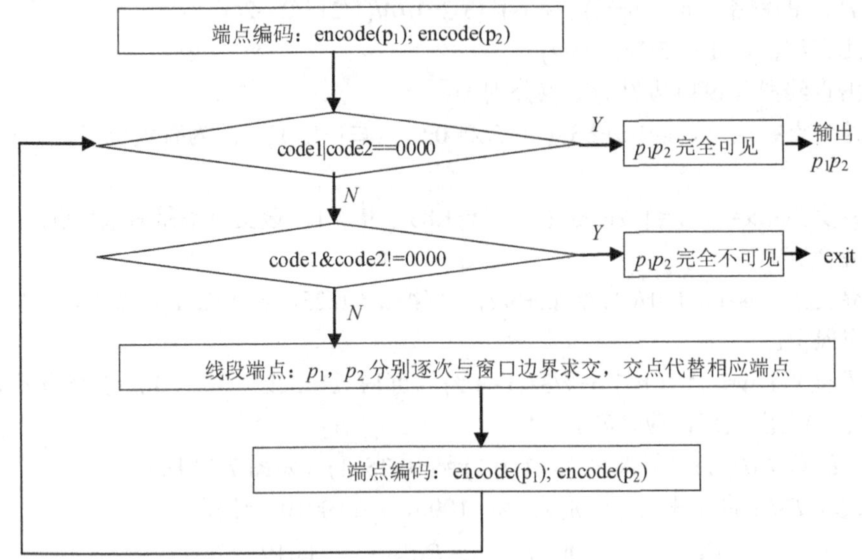

图 7-16　改进的编码裁剪算法流程

二、中点分割裁剪算法

中点分割裁剪算法的基本思想是，假设线段的两个端点分别为 P_0 和 P_1，从 P_0 点出发找出距离 P_0 最近的可见点，从 P_1 点出发找出距离 P_1 最近的可见点。这两个可见点的连线就是原线段 P_0P_1 的可见部分。

与 Cohen-Sutherland 算法一样首先对线段端点进行编码，并把线段与窗口的关系分为第三节描述的四种情况，对前两种情况，采用 Cohen-Sutherland 算法进行处理；对于第 3、4 种情况，用中点分割的方法求出线段与窗口的交点。如图 7-17 所示 A、B 分别为距 P_0、P_1 最近的可见点，P_m 为 P_0P_1 中点。

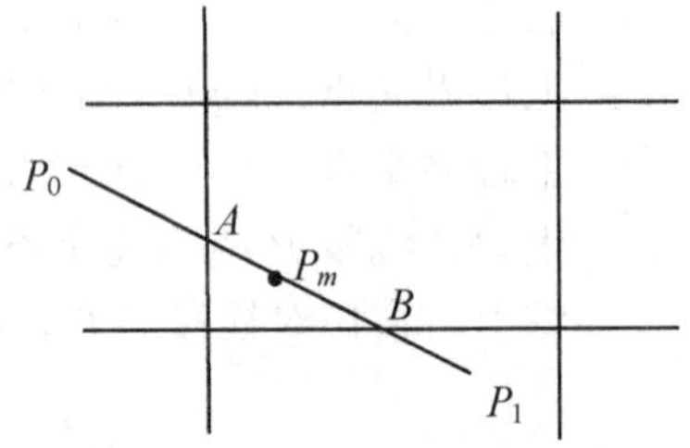

图 7-17　中点分割裁剪算法的基本思想

从 P_0 出发找距离 P_0 最近可见点采用中点分割方法如下：

首先求出 P_0P_1 的中点 P_m，

(1) 若 P_0P_m 不属于第二种情况(可直接确定的完全不可见情况)，并且 P_0P_1 在窗口中有可见部分，则距 P_0 最近的可见点一定落在 P_0P_m 上，所以用 P_0P_m 代替 P_0P_1；否则取 P_mP_1 代替 P_0P_1。

(2) 再对新的 P_0P_1 求中点 P_m。重复上述过程，直到 P_mP_1 长度小于给定的控制常数为止，此时 P_m 收敛于交点。

然后从 P_1 出发找距离 P_1 最近可见点采用上面类似方法。

对分辨率为 $2^N \times 2^N$ 的显示器，上述过程至少进行 N 次。主要过程只用到加法和除法运算的适合硬件实现，乘除法也可以用左、右移位来代替，这样可加快运算速度。

中点分割裁剪算法的流程如图 7-18 所示。

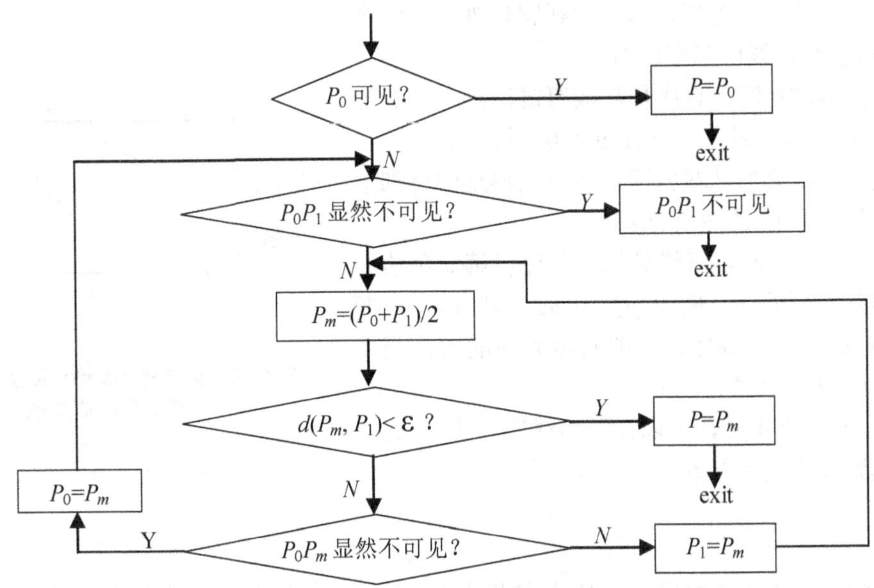

图 7-18 中点分割裁剪算法流程(求距离 P_0 最近的可见点)

三、参数化线段裁剪算法

20 世纪 80 年代初梁友栋和 Barsky 共同提出了梁友栋-Barsky 线段裁剪算法，通过线段的参数化表示实现快速裁剪，至今仍是计算机图形学中最经典的算法之一。

梁友栋-Barsky 算法是建立在直线的参数化方程基础之上，设线段两端点坐标分别为 $P_1(x_1, y_1)$和 $P_2(x_2, y_2)$，则其参数化直线方程可写成下列形式：

$$\begin{cases} x = x_1 + u(x_2 - x_1) = x_1 + u\Delta x \\ y = y_1 + u(y_2 - y_1) = y_1 + u\Delta y \end{cases} \tag{7-15}$$

其中，u 为直线参数，$0 \leqslant u \leqslant 1$。坐标$(x, y)$表示直线上两端点 P_1、P_2之间的任一点。当 $u=0$ 时，代表点 P_1，当 $u=1$ 时，代表点 P_2。线段的裁剪条件可以由下面的不等式表示：

$$W_{xl} \leqslant x_1 + u\Delta x \leqslant W_{xr} \tag{7-16}$$

$$W_{yb} \leqslant y_1 + u\Delta y \leqslant W_{yt} \tag{7-17}$$

不等式(7-16)、式(7-17)可以统一表示为：

$$up_k \leqslant q_k \quad k=1, 2, 3, 4$$

其中，参数 p,q 定义为：

$$p_1=-\Delta x, \quad q_1=x_1-W_{xl}$$

$$p_2=\Delta x, \quad q_2=W_{xr}-x_1$$

$$p_3=-\Delta y, \quad q_3=y_1-W_{yb}$$

$$p_4=\Delta y, \quad q_4=W_{yt}-y_1$$

下标 $k=1, 2, 3, 4$ 分别对应裁剪窗口的左、右、下、上四条边界线，如图 7-19 所示。

如果线段平行于裁剪窗口的某两边界线，则必有相应的 $p_k=0$；如果还满足 $q_k<0$，则线段的端点位于窗口外部，即线段在窗口外，应该舍弃；如果 $q_k\geqslant 0$，线段在窗口内。

(1) 当 $p_k<0$ 时，直线是从裁剪窗口第 k 条边界线的外部延伸到内部。例如当 $p_1<0$ 时，则 $\Delta x>0$，即 $x_2>x_1$，直线必然从裁剪窗口的左边界线的外部进入内部，如图 7-19 的线段 P_1P_2。

(2) 当 $p_k>0$ 时，直线是从裁剪窗口第 k 条边界线的内部延伸到外部。例如 $p_2>0$ 时，则 $\Delta x>0$，即 $x_2>x_1$，直线必然从裁剪窗口的右边界线的内部延伸至外部，如图 7-19 的线段 P_3P_4。

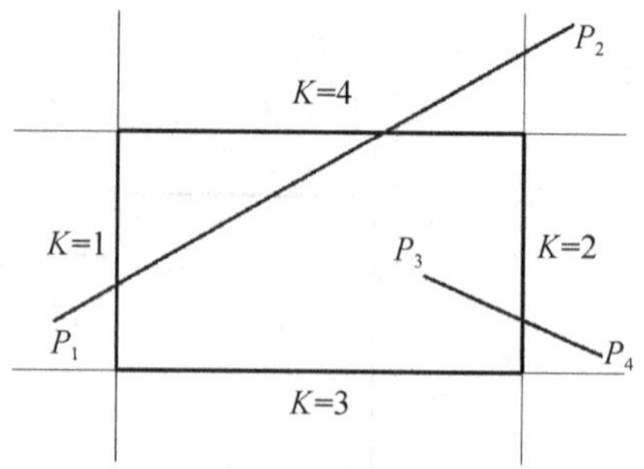

图 7-19　梁友栋-Barsky 算法的线段与裁剪窗口的关系

当 p_k 不等于零时，可以计算出线段与第 k 条裁剪窗口边界线的交点参数。

$$r_k=\frac{q_k}{p_k} \tag{7-18}$$

根据定义对于每条线段，p_k 中必有两个小于等于零，而另两个大于等于零。对于小于等于零的 p_k，直线同第 k 条裁剪窗口边界线是从外到内相遇的，此时如果线段同第 k 条裁剪窗口边界线有交点的话，是参数 u 从 0 变大时遇到的。因此，对于小于零的 p_k，计算出两个相应的 r_k 值，以 r_{k1}，r_{k2} 表示，取 0 和各个 r_k 值之中的最大值记为 u_1，即 $u_1=\max\{0, r_{k1}, r_{k2}\}$。与此相反，对于大于零的 p_k，计算出两个相应的 r_k 值，以 r_{k3}、r_{k4} 表示，取 1 和各个 r_k 值之中的最小值记为 u_2，即 $u_2=\min\{1, r_{k3}, r_{k4}\}$。两个参数 u_1 和 u_2 定义了在裁剪窗口内的线段部分。如果 $u_1>u_2$，则线段完全落在裁剪窗口之外，应被舍弃。否则被裁剪线段可见部分的端点由参数 u_1 和 u_2 计算出来。

所以比 Cohen-Sutherland 算法更有效，因为梁友栋-Barsky 算法需要计算的交点数目减少，一次计算就可以确定出线段的可见性及可见部分。这两种线段裁剪算法都可以扩展为三维线段裁剪算法。

例题与解答

例题 2：梁友栋-Barsky 线段裁剪算法实例。已知裁剪窗口的边界条件为：$W_{xl}=2$，$W_{xr}=4$，$W_{yb}=2$，$W_{yt}=4$，被裁剪线段的两端点为 $A(1, 2)$，$B(5, 3)$。要求应用梁友栋-Barsky 算法完成线段裁剪并给出结果。

解：

首先计算：$\Delta x=5-1=4$，$\Delta y=3-2=1$。

然后分别计算 p_k，q_k，r_k：

$$p_1=-\Delta x=-4,\ q_1=x_1-W_{xl}=1-2=-1,\ r_1=q_1/p_1=0.25;$$

$$p_2=\Delta x=4,\ q_2=W_{xr}-x_1=4-1=3,\ r_2=q_2/p_2=0.75;$$

$$p_3=-\Delta y=-1,\ q_3=y_1-W_{yb}=2-2=0,\ r_3=q_3/p_3=0;$$

$$p_4=\Delta y=1,\ q_4=W_{yt}-y_1=4-2=2,\ r_4=q_4/p_4=2;$$

由 p_1，p_3 小于 0，得 $u_1=\max\{0, r_1, r_3\}=\{0, 0.25, 0\}=0.25$。
由 p_2，p_4 大于 0，得 $u_2=\min\{1, r_2, r_4\}=\{1, 0.75, 2\}=0.75$。
因为 $u_1<u_2$，两交点由 u_1，u_2 决定，
当 $u_1=0.25$ 时，

$$x=x_1+\Delta x\times u_1=1+4\times0.25=2$$
$$y=y_1+\Delta y\times u_1=2+1\times0.25=2.25$$

当 $u_2=0.75$ 时，

$$x=x_1+\Delta x\times u_2=1+4\times0.75=4$$
$$y=y_1+\Delta y\times u_2=2+1\times0.75=2.75$$

因此，线段(2, 2.25)到线段(4, 2.75)是可见的。图 7-20(a)为窗口和待裁剪线段，图 7-20(b)为裁剪结果。

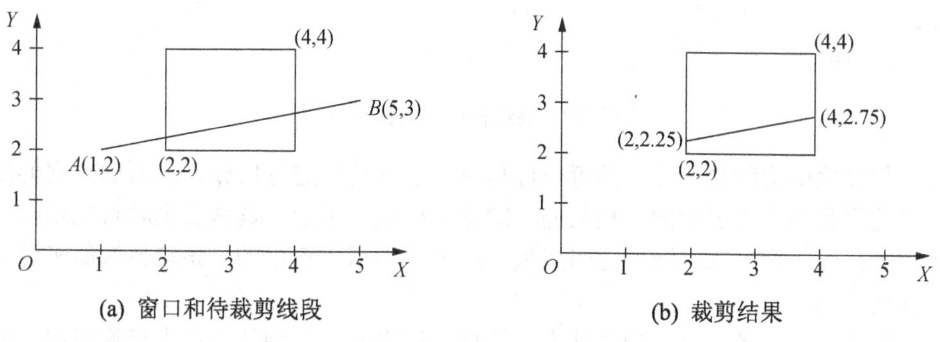

(a) 窗口和待裁剪线段　　(b) 裁剪结果

图 7-20　梁友栋-Barsky 线段裁剪算法实例

第五节　多边形裁剪

尽管多边形是由线段组成的，但却不能简单地将线段裁剪方法用于多边形裁剪。这是因为在线段裁剪中，是把一条线段的两个端点孤立地加以考虑的，而多边形是由一些有序的线段组成的，裁剪后的多边形应该保持原多边形各边的连接顺序。还有，一个完整的封闭多边形经裁剪后一般不再是封闭的，需要用裁剪窗口边界适当部分来形成一个或多个封闭区域。所以，多边形裁剪后的输出应该是定义裁剪后的多边形边界的顶点序列。图 7-21 所示是一个多边形裁剪的例子。图 7-21(a)是矩形裁剪窗口和需要裁剪的三角形，图 7-21(b)是不正确的非封闭裁剪结果，图 7-21(c)是正确的封闭裁剪结果。

多边形裁剪方法很多，逐边裁剪法和双边裁剪法是常用的多边形裁剪算法。

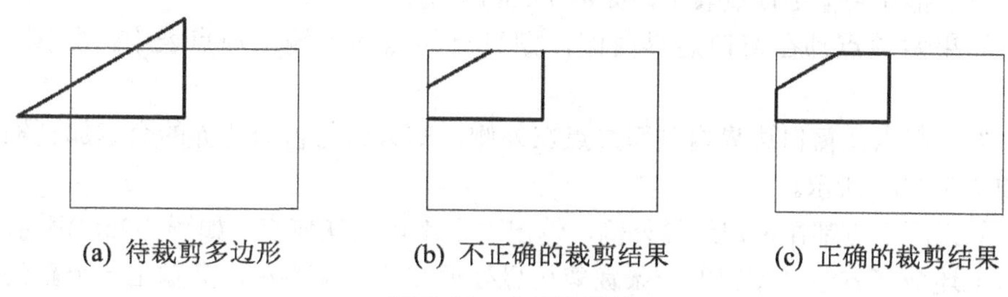
(a) 待裁剪多边形　　(b) 不正确的裁剪结果　　(c) 正确的裁剪结果

图 7-21　多边形裁剪

一、逐边裁剪法

逐边裁剪法是由 Sutherland 和 Hodgeman 提出来的，也称为 Sutherland-Hodgeman 多边形裁剪方法。对于矩形裁剪窗口的一条边界线，如果称窗口区域所在的一侧为内侧，另一侧为外侧，逐边裁剪法的具体步骤是：每次用裁剪窗口的一条边界对要裁剪的多边形进行裁剪，把落在此边界外侧的多边形部分去掉，只保留内侧部分，形成一个新的多边形，并把它作为下一次待裁剪的多边形。若依次用裁剪窗口的 4 条边界对要裁剪的原始多边形进行裁剪，则最后形成了裁剪出来的多边形。图 7-22 演示了这个裁剪过程。

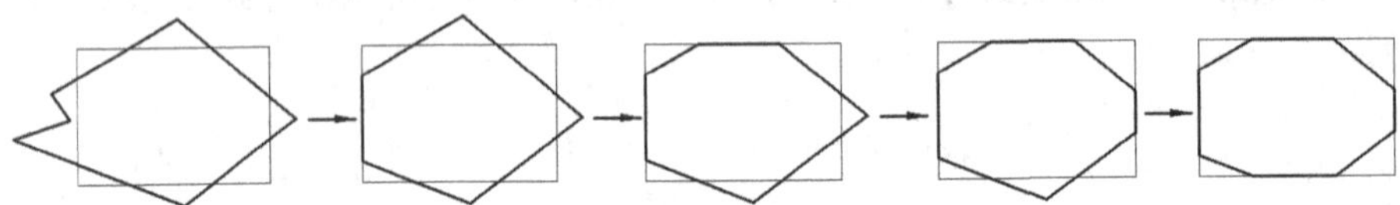

图 7-22　逐边裁剪法的裁剪过程

在裁剪过程中实际是多边形的每一边与窗口的一边界进行比较，从而确定它们的位置关系。多边形是用顶点表示的，相邻的一对顶点构成一条边。具体实现时首先把待裁剪多边形各顶点按照一定方向有次序地组成顶点序列，然后用窗口的一条边界裁剪多边形，产生新的顶点序列。

以下假定窗口四条边界以顺时针方向排列，边界右侧，则认为顶点在窗口内，如果顶点位于窗口边界左侧，则认为顶点在窗口处。当多边形顶点序列中一条边的起点和终点被一窗口边界裁剪时如图 7-23 所示，会遇到边与窗口的四种情况之一，分别做如下处理。

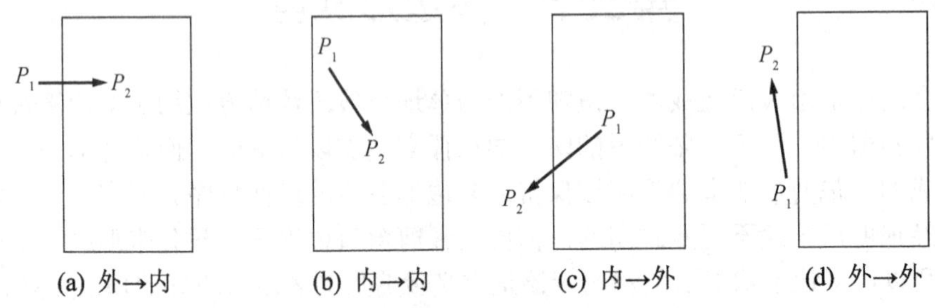

图 7-23　有向边与窗口边界的关系

(1) 如果起点在窗口边界外侧而终点在窗口边界内侧，则将多边形的该边与窗口边界的交点和终点都加到输出顶点表中，如图 7-23(a)所示。

(2) 如果两顶点都在窗口边界内侧，则只有终点加入输出顶点表中，如图 7-23(b)所示。

(3) 如果起点在窗口边界内侧而终点在外侧，则只将与窗口边界的交点加到输出顶点表中，如图 7-23(c)所示。

(4) 如果两个点都在窗口边界外侧，输出表中不增加任何点，如图 7-23(d)所示。

按照上述裁剪方法，窗口的一条裁剪边界处理完所有顶点后，其输出一个新的封闭多

边形顶点序列表，用于窗口的下一条边界继续裁剪。所有的窗口边界都裁剪完后，得到的是裁剪后的多边形顶点序列，它是封闭的。

要实现上述算法还涉及到判别点处于窗口边界内、外侧和求多边形的边和窗口边界的交点问题。

1. 判别点处于窗口边界内、外侧

在二维多边形裁剪中，用两矢量叉积的方法判别点处于窗口边界内、外侧比较简单。设在右手坐标系中，裁剪窗口位于 XY 平面上，平面的法线与 Z 轴方向相同。假定裁剪窗口各边取顺时针方向，记某一边界起点为 W_1，终点为 W_2。多边形的一顶点 P 与 W_1 和 W_2，可构成平面上的两矢量 $\overrightarrow{W_1W_2}$ 和 $\overrightarrow{W_1P}$，作两矢量的叉积，如图 7-24 所示，矢量叉积的结果只有 z 分量不为零。

$$\overrightarrow{W_1P}\otimes\overrightarrow{W_1W_2}=\overrightarrow{oi}+\overrightarrow{oj}+\begin{vmatrix}P_x-W_{1x} & P_y-W_{1y}\\ W_{2x}-W_{1x} & W_{2y}-W_{1y}\end{vmatrix}k \tag{7-19}$$

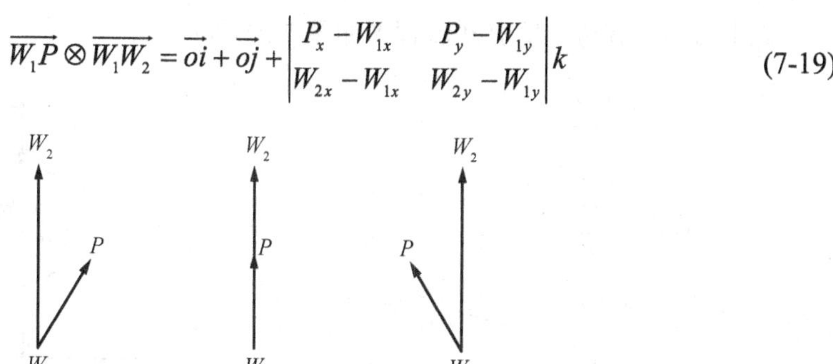

图 7-24　多边形与窗口边作矢量叉积

式(7-19)中的下标 x，y 分别表示相应点的 x，y 坐标分量。记：

$$C=\begin{vmatrix}P_x-W_{1x} & P_y-W_{1y}\\ W_{2x}-W_{1x} & W_{2y}-W_{1y}\end{vmatrix} \tag{7-20}$$

按照前述的规定，当点 P 位于窗口边界的右侧时为内侧，其矢量叉积同 Z 轴的正方向，此时 $C>0$，点 P 可见；当点 P 位于窗口边界的左侧时为外侧，其矢量叉积同 Z 轴方向相反，此时 $C<0$，点 P 不可见；当点 P 恰好位于窗口边界时作为可见，此时 C=0。因此利用多边形顶点和窗口边界端点的坐标值，通过式(7-20)计算 C 值可以判断出多边形顶点的可见性。

2. 多边形的边和窗口边界的交点

线段与窗口边界的交点可以使用直线的参数方程求取。线段的参数方程为：

$$\begin{cases}x=x_1+u(x_2-x_1)\\ y=y_1+u(y_2-y_1)\end{cases}\quad 0\leqslant u\leqslant 1 \tag{7-21}$$

记被裁剪线段的两个端点为 $P_1(x_1, y_1)$，$P_2(x_2, y_2)$，窗口边界线段的两端点为 $W_1(W_{1x}, W_{1y})$，$W_2(W_{2x}, W_{2y})$。并记两线段的参数分别为 u_1，u_2。如果两线段相交，则交点处的参数值可以由下面方程求出：

$$\begin{cases} x_1 + u_1(x_2 - x_1) = W_{1x} + u_2(W_{2x} - W_{1x}) \\ y_1 + u_1(y_2 - y_1) = W_{1y} + u_2(W_{2y} - W_{1y}) \end{cases} \tag{7-22}$$

解方程组可得：

$$u_2 = \frac{\begin{vmatrix} W_{1x} - x_1 & x_2 - x_1 \\ W_{1y} - y_1 & y_2 - y_1 \end{vmatrix}}{\begin{vmatrix} W_{1x} - W_{2x} & x_2 - x_1 \\ W_{1y} - W_{2y} & y_2 - y_1 \end{vmatrix}} \qquad u_1 = -\frac{\begin{vmatrix} W_{1x} - x_1 & W_{1x} - W_{2x} \\ W_{1y} - y_1 & W_{1y} - W_{2y} \end{vmatrix}}{\begin{vmatrix} W_{1x} - W_{2x} & x_2 - x_1 \\ W_{1y} - W_{2y} & y_2 - y_1 \end{vmatrix}}$$

当分母：$\begin{vmatrix} W_{1x} - W_{2x} & x_2 - x_1 \\ W_{1y} - W_{2y} & y_2 - y_1 \end{vmatrix} \neq 0$ 时，将 u_1 代入式(7-21)得到交点坐标。分母为 0 时两线段平行。

综上所述，逐边裁剪算法流程图如图 7-25 所示。

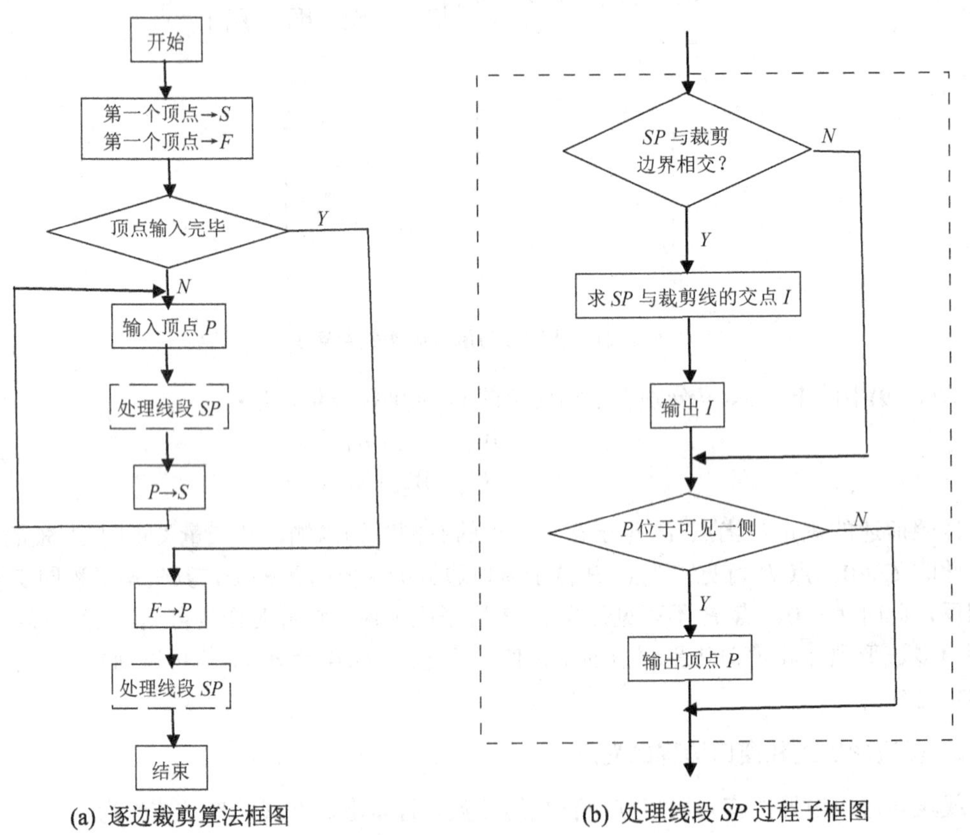

(a) 逐边裁剪算法框图　　(b) 处理线段 SP 过程子框图

图 7-25　逐边裁剪算法流程图

凸多边形可以用 Sutherland-Hodgeman 算法获得正确的裁剪结果，但是对凹多边形的裁剪如图 7-26(a)所示，可能出现图 7-26(b)所示的多余连线。这种情况在裁剪后的多边形有两个或者多个分离部分的时候出现。因为只有一个输出顶点表，所以表中最后一个顶点总是连着第一个顶点。双边裁剪法可以克服这一算法的不足。

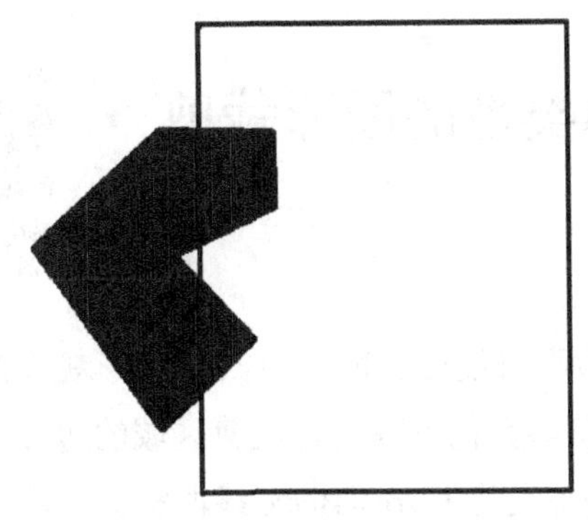

(a) 窗口与凹多边形

(b) 裁剪结果

图 7-26　采用逐边裁剪法对凹多边形裁剪结果

二、双边裁剪法

双边裁剪法是由 Weiler 和 Atherton 提出来的，因此也称作 Weiler—Atherton 裁剪算法。该算法是通过沿着多边形边的方向来处理顶点，或者通过沿着窗口的边界方向来处理顶点，从而避免产生多余的连线，因此为双边裁剪法。设被裁剪多边形和裁剪窗口都按顺时针确定排列方向，因此，沿多边形的一条边前进，其右边为多边形的内部。算法首先沿多边形的任一点出发，跟踪检测多边形的每一条线段，当线段与裁剪窗口边界相交时：

(1) 如果线段起点在窗口外部而终点在窗口内部，则求出交点，输出线段可见部分，继续沿多边形方向往下处理。

(2) 如果线段起点在窗口内部而终点在窗口外部，则求出交点，输出线段可见部分。从此交点开始，沿着窗口边界方向往前检测，找到一个多边形与窗口边界的新交点后，输出由前交点到此新交点之间窗口边界上的线段。

(3) 返回到前交点，再沿着多边形方向往下处理，直到处理完多边形的每一条边，回到起点为止。

图 7-27 模拟了双边裁剪算法的执行过程。

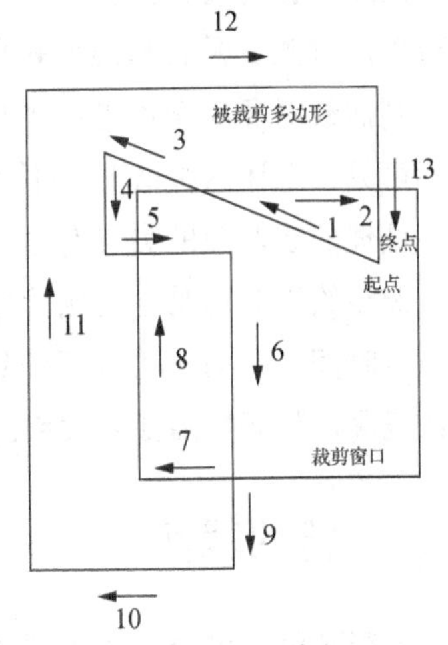

图 7-27　双边裁剪法裁剪过程示例

Weiler-Atherton 算法可适用于任何凸的或凹的多边形裁剪，不会产生多余连线。其特点是：

(1) 裁剪窗口可以是矩形、任意凸多边形、任意凹多边形。

(2) 可实现被裁剪多边形相对裁剪窗口的内裁或外裁，即保留窗口内的图形或保留窗口外的图形，因此在三维消隐中可以用来处理物体表面间的相互遮挡关系。

(3) 裁剪思想新颖，方法简洁，裁剪一次完成，与裁剪窗口的边数无关。

第六节　其他类型的图形裁剪

Liang-Barsky
裁剪算法.mp4

Liang-Barsky
裁剪算法实例解析.mp4

一、非矩形裁剪窗口的线段裁剪

在某些应用中，需要用任意形状的多边形对线段裁剪。对凸多边形裁剪窗口，可以修改梁友栋-Barsky 的参数化线段裁剪方法，使参数化方程适合裁剪区域的边界，按照裁剪多边形的坐标范围处理线段，这就成为另一种称之为 Cyrus-Beck 线段裁剪方法的算法。逐边裁剪法和双边裁剪法两种多边形裁剪方法都适应于任意凸多边形裁剪窗口。

圆或其他曲线边界也可以作为裁剪窗口，但使用的较少。用这些区域的裁剪算法速度更慢，因为它的求交计算涉及非线性曲线方程。加快速度的一个方法是可以首先使用曲线裁剪区域的外接矩形裁剪，完全落在外接矩形之外的裁剪对象被舍弃。如果是用圆作为窗口对线段裁剪，可以通过计算圆心到直线端点的距离来识别出内部线段。其他线段通过解联立方程来计算交点。

二、曲线的裁剪

曲线的裁剪过程涉及到非线性方程，需要更多的处理。圆或者其他曲线对象的外接矩形可以用来测试是否与矩形裁剪窗口有重叠，如果曲线对象的外接矩形完全落在裁剪窗口内，则曲线对象完全可见；如果曲线对象的外接矩形完全落在裁剪窗口外，则曲线对象完全不可见。上述两种情况都不满足时，一般需要解直线和曲线的联立方程求交点。

处理曲线对象的另一有效方法是将它们视为直线段，然后使用线段或多边形的裁剪算法。曲线绘制时通常也使用直线段逼近的方法，由于逼近时总是将线段取得很短，为了减少计算时间，裁剪时可以不计算交点，只要线段的端点中至少有一个在裁剪窗口外，就舍弃该线段，从而提高裁剪效率。

三、字符的裁剪

字符既可由单个的线段或笔画构成，也可以用点阵来表示。因裁剪精度要求不同，字符裁剪也常常采用不同的方法。图 7-28(a)按像素精确裁剪，是以窗口边界作为刚性的裁剪边界，字符“机”在窗口外的部分被裁剪掉，在窗口内的部分保留；图 7-28(b)是按字符裁剪，字符“机”跨越窗口边界，做裁剪掉处理；图 7-28(c)是按字符串裁剪，把左上方字符串“计算机图形学”作为一个整体对待，因其跨越窗口边界故做裁剪掉处理。

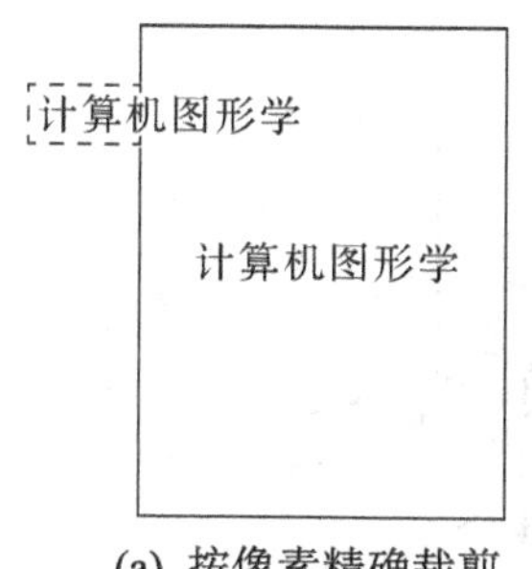

(a) 按像素精确裁剪

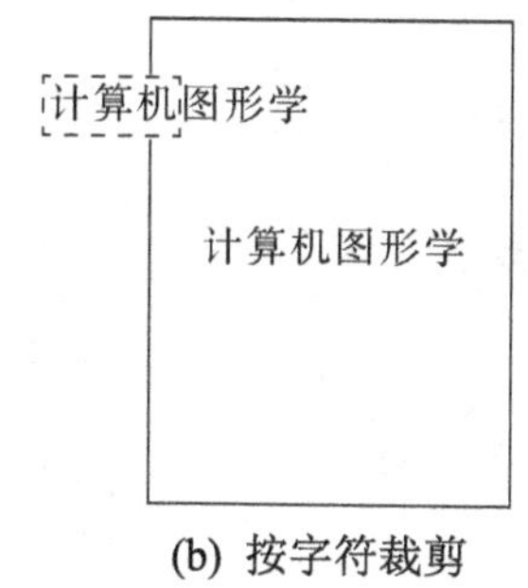

(b) 按字符裁剪

(c) 按字符串裁剪

图 7-28　三种不同的字符裁剪方式

第七节　三 维 裁 剪

一、三维裁剪空间

三维图形的显示需要投影到二维投影面上实现。但在投影之前应对三维图形进行裁剪，把图形中不关心的部分去掉，留下感兴趣的部分投影到投影面上显示出来。这就需要在世界坐标系中指定一个观察空间，将这个观察空间以外的图形裁剪掉，只对落在这个空间内的图形部分作投影变换并予以显示。

观察空间的确定取决于投影类型、投影平面和投影中心的位置。对于透视投影，观察空间是顶点在投影中心，其棱边穿过投影平面四个角点，没有底面的四棱锥，如图 7-29(a)所示。而对于平行投影，观察空间是一个四边平行于投影方向，两端没有底面的长形方管如图 7-29(b)所示。

在大多数场合希望观察空间是有限的。通常使用平行于投影平面的一截面将无限的观察空间截成有限的观察空间。截面的位置由从投影中心沿投影平面法向的距离 z=E 确定。对于透视投影，投影平面与截面之间的观察空间是一个正四棱台，如图 7-29(c)所示；对于平行投影，投影平面与截面之间的观察空间是一个正四棱柱，如图 7-29(d)所示；有限的观察空间又叫裁剪空间。裁剪空间具有六个边界平面，即左侧面、右侧面、上面、下面、前面和后面。这六个边界平面把整个三维空间分割成裁剪空间内部和裁剪空间外部两部分。把落在裁剪空间内的图形从整个空间的图形中分离出来，这就是三维裁剪所要做的工作。

假设投影平面为正方形，边长 $2f$，到坐标原点的距离是 d，参见图 7-29 所示，则平行投影观察空间正四棱柱的左、右、上、下、前、后六个边界平面的平面方程分别是：

$$\begin{cases} x = f \\ x = -f \\ y = f \\ y = -f \\ z = d \\ z = E \end{cases} \tag{7-23}$$

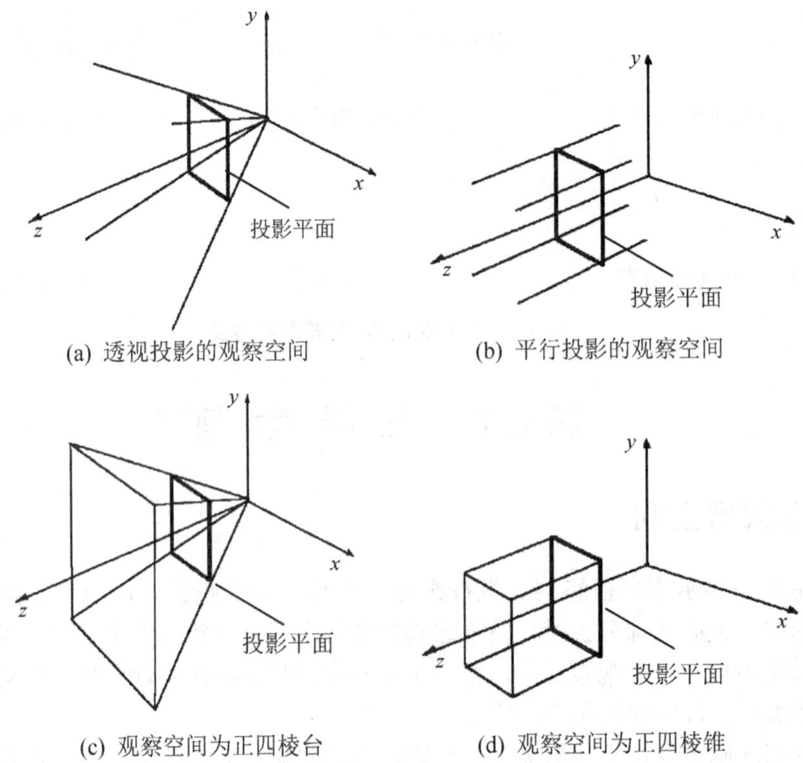

图 7-29　三维裁剪空间

对于透视投影，观察空间正四棱台的六个边界平面的平面方程分别是：

$$\begin{cases} x = \frac{f}{d} z \\ x = -\frac{f}{d} z \\ y = \frac{f}{d} z \\ y = -\frac{f}{d} z \\ z = d \\ z = E \end{cases} \tag{7-24}$$

三维裁剪方法很多，我们在二维图形裁剪中介绍的编码裁剪方法和参数化裁剪方法都可以推广应用到三维图形裁剪。本节重点介绍三维编码裁剪方法。

二、三维编码裁剪算法

对二维图形裁剪，使用 4 位二进制码来标示线段端点与裁剪窗口边界的位置关系。对三维图形裁剪，相对于裁剪空间的 6 个边界平面需要 6 位二进制码来标示位置关系。设最左边的位是第一位，线段的两端点为 $P_1(x_1, y_1, z_1)$和 $P_2(x_2, y_2, z_2)$。

(1) 对于透视投影可以定义其区域码中的二进制位为：

第一位为 1，表示端点在裁剪空间的上方，即 $y > fz/d$；

第二位为 1，表示端点在裁剪空间的下方，即 $y < -fz/d$；

第三位为 1，表示端点在裁剪空间的右方，即 $x>fz/d$；

第四位为 1，表示端点在裁剪空间的左方，即 $x<-fz/d$；

第五位为 1，表示端点在裁剪空间的后边，即 $z>E$；

第六位为 1，表示端点在裁剪空间的前边，即 $z<d$。

(2) 对于平行投影，定义其区域码中的二进制位为：

第一位为 1，表示端点在裁剪空间的上方，即 $y>f$；

第二位为 1，表示端点在裁剪空间的下方，即 $y<-f$；

第三位为 1，表示端点在裁剪空间的右方，即 $x>f$；

第四位为 1，表示端点在裁剪空间的左方，即 $x<-f$；

第五位为 1，表示端点在裁剪空间的后边，即 $z>E$；

第六位为 1，表示端点在裁剪空间的前边，即 $z<d$。

例如，编码 100010 表示端点在裁剪空间的上方及后方；编码 000000 表示端点在裁剪空间内部。如同在二维裁剪中所做的一样，对线段的两端点编码按位取逻辑“或”，若结果为零，则该线段完全可见，应保留。两端点的编码按位取逻辑“与”，若结果非零，则该线段完全不可见，可抛弃。

如果上述两种情况都不满足，则要计算线段与裁剪空间边界平面的交点来确定线段的可见性和可见部分。对任意一条三维线段，参数方程可写成：

$$\begin{cases} x = x_1 + u(x_2 - x_1) \\ y = y_1 + u(y_2 - y_1) \\ z = z_1 + u(z_2 - z_1) \end{cases} \quad 0 \leqslant u \leqslant 1 \tag{7-25}$$

裁剪空间六个边界平面方程的一般表达式为：

$$Ax+By+Cz+D=0 \tag{7-26}$$

为找出线段与裁剪空间边界平面之交点，把直线方程(7-25)代入平面方程(7-26)，求得：

$$u = -\frac{Ax_1 + By_1 + Cz_1 + D}{A(x_2 - x_1) + B(y_2 - y_1) + C(z_2 - z_1)} \tag{7-27}$$

式(7-27)中，若 $A(x_2-x_1)+B(y_2-y_1)+C(z_2-z_1)=0$，则说明线段在边界平面上或同边界平面平行；若 u 值不在[0,1]区间时，则说明交点在裁剪空间以外，所以是无效交点；若 u 值在[0, 1]区间范围内，将 u 代入方程(7-25)中便可得到交点坐标。

平行投影和透视投影裁剪空间 6 个边界平面的平面方程都是简单的平面方程，因而 u 的计算也简化了。例如，求线段与裁剪空间后面的交点，则：

$$u = -\frac{z_1 - E}{z_2 - z_1} \tag{7-28}$$

当 u 值在[0, 1]区间范围内时为有效交点，将 u 代入方程(7-25)中便可得到交点坐标。

$$\begin{cases} x = x_1 + (x_2 - x_1)\dfrac{E - z_1}{z_2 - z_1} \\ y = y_1 + (y_2 - y_1)\dfrac{E - z_1}{z_2 - z_1} \\ z = E \end{cases} \tag{7-29}$$

类似地可求得其他 5 个面与线段的有效交点。连接有效交点可得到落在裁剪空间内的有效线段。

本章知识结构图

本章的核心内容是图形裁剪，主要包括二维观察流程中的各种坐标系的定义和作用、窗口与视区变换、二维裁剪和三维裁剪的典型算法。图形裁剪的相关知识结构图如图 7-30 所示。

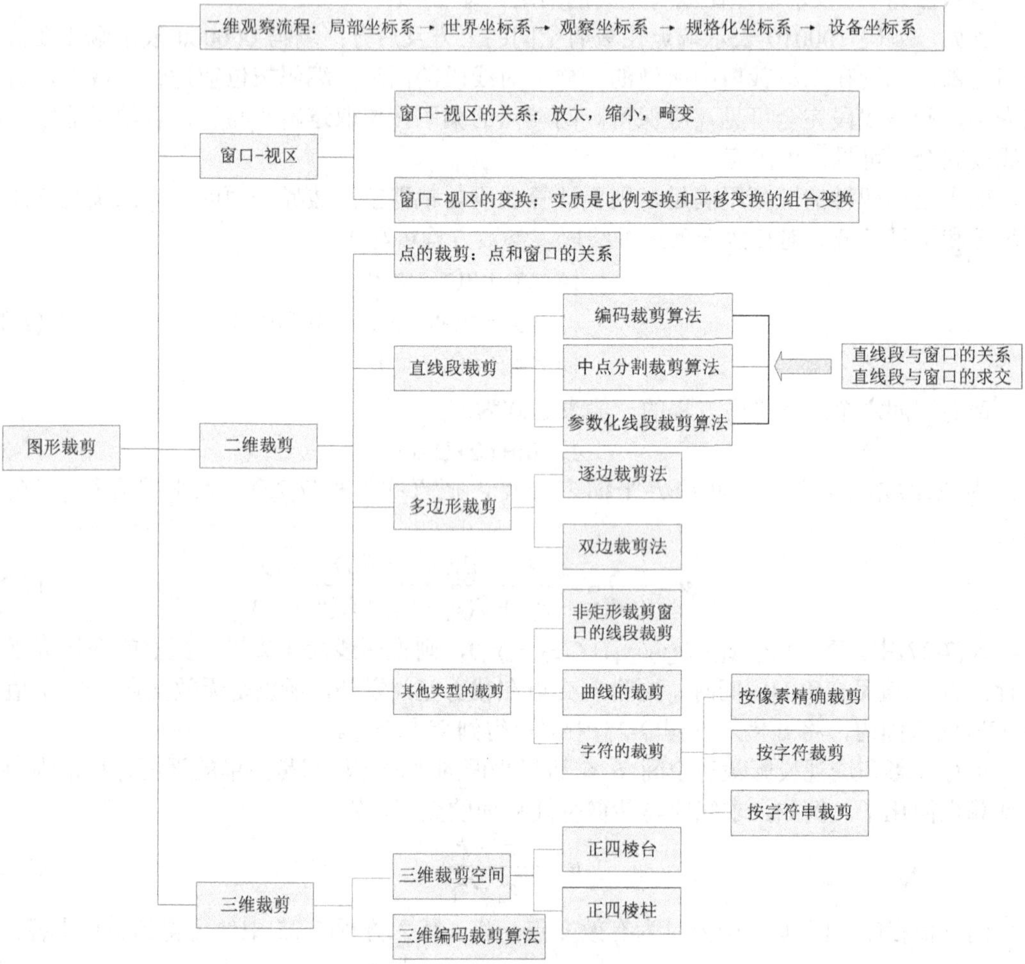

- 图形裁剪
  - 二维观察流程：局部坐标系 → 世界坐标系 → 观察坐标系 → 规格化坐标系 → 设备坐标系
  - 窗口-视区
    - 窗口-视区的关系：放大，缩小，畸变
    - 窗口-视区的变换：实质是比例变换和平移变换的组合变换
  - 二维裁剪
    - 点的裁剪：点和窗口的关系
    - 直线段裁剪（直线段与窗口的关系；直线段与窗口的求交）
      - 编码裁剪算法
      - 中点分割裁剪算法
      - 参数化线段裁剪算法
    - 多边形裁剪
      - 逐边裁剪法
      - 双边裁剪法
    - 其他类型的裁剪
      - 非矩形裁剪窗口的线段裁剪
      - 曲线的裁剪
      - 字符的裁剪
        - 按像素精确裁剪
        - 按字符裁剪
        - 按字符串裁剪
  - 三维裁剪
    - 三维裁剪空间
      - 正四棱台
      - 正四棱柱
    - 三维编码裁剪算法

图 7-30　图形裁剪知识结构图

本章小结

本章以图形裁剪为核心，内容包括二维观察流程、窗口–视区变换、二维裁剪和三维裁剪四个部分。

二维观察流程阐述了图形场景通过局部坐标系依次转换为世界坐标系、观察坐标系、规格化设备坐标系，最终转化到设备坐标系显示或绘图输出的过程。同时详细介绍了这些坐标系的定义和作用。

窗口–视区变换详述了窗口和视区的定义和作用。窗口定义要显示什么，视区定义在何处显示。窗口和视区的大小不同、长宽比不同，窗口–视区变换后图形会产生 1∶1、放大、缩小或畸变的效果。窗口–视区变换实质是比例变换和平移变换的组合变换。

二维裁剪包括点的裁剪、直线段裁剪、多边形裁剪和其他类型的裁剪。无论哪种类型裁剪，点与窗口的关系、直线段与窗口的关系、直线段与窗口边界的求交是裁剪算法的基础。直线段裁剪算法重点介绍了编码裁剪算法，中点分割裁剪算法和参数化线段裁剪算法。多边形裁剪算法重点介绍了逐边裁剪算法和双边裁剪算法。其他类型的裁剪算法涉及到非矩形裁剪窗口的线段裁剪、曲线裁剪和字符裁剪。

三维裁剪与二维裁剪不同的是二维裁剪窗口变成了三维裁剪空间，对应透视投影和平行投影分别采用正四棱台和正四棱柱作为三维裁剪空间，三维裁剪重点介绍了三维编码裁剪算法。二维剪裁方法大多可以用于三维裁剪。

复习思考题

1. 什么是窗口区？什么是视图区？什么是观察变换？

2. 假设在世界坐标系下窗口区的左下角坐标为(w_{xl}=10，w_{yb}=10)，右上角坐标为(w_{xr}=50，w_{yt}=50)。设备坐标系中视区的左下角坐标为(v_{xl}=10，v_{yb}=30)，右上角(v_{xr}=50，v_{yt}=90)。已知在窗口内有一点 P(20, 30)，要将 P 映射到视图区内的点 P'，求 P'在设备坐标系中的坐标。

3. 采用 Cohen-Sutherland 编码算法进行线段二维裁剪时，如何判断完全可见线段以及在窗口一侧的完全不可见线段？

4. 应用梁友栋–Barsky 算法实现线段裁剪。窗口左下角为 $L(-1, -1)$，右上角为 $R(1, 1)$，点 P_1, P_2, P_3 分别为(−1.5, 0.2)，(0.5, 1.5)和(1.5, 0.75)，求对线段 P_1P_2, P_2P_3 进行裁剪。

5. 应用 Cohen-Sutherland 编码法实现线段裁剪。窗口左下角为 $L(2, 2)$，右上角为 $R(4, 4)$，点 A、B 分别为(0, 2)，(5, 3)，求对线段 AB 进行裁剪。

6. 设 R 是左下角为 $L(-3, 1)$，右上角为 $R(2, 6)$的矩形窗口。请写出图 7-31 中线段端点的区域编码。应用 Cohen-Sutherland 算法裁剪图中的线段。

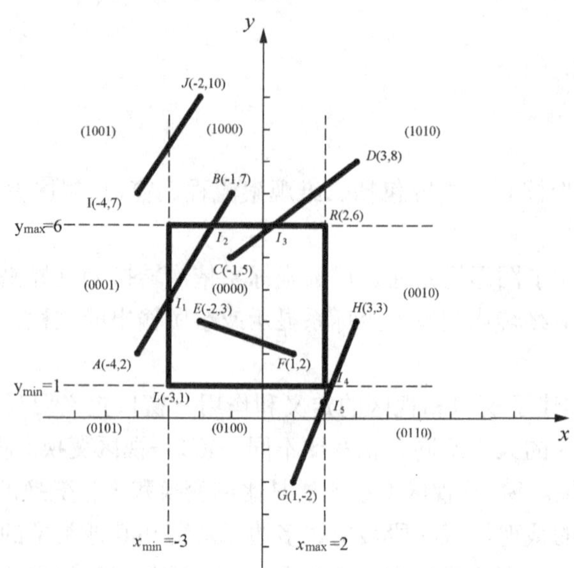

图 7-31　(第 6 题图)

7. 设 R 是左下角为 $L(1, 2)$，右上角为 $R(9, 8)$的矩形窗口，应用梁友栋-Barsky 算法裁剪图 7-32 中的线段。

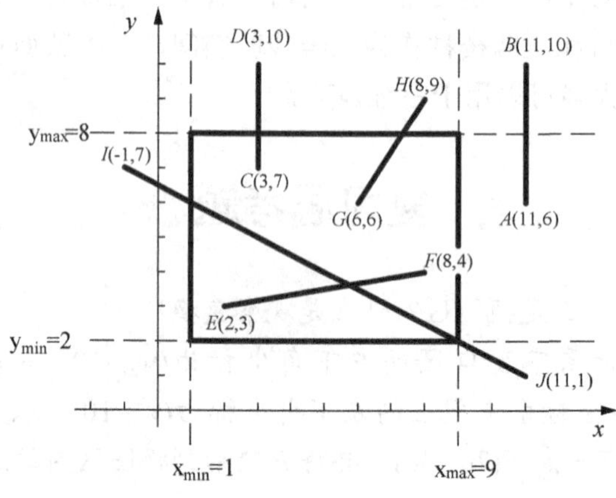

图 7-32　(第 7 题图)

第八章　三维几何造型

学习要点

(1) 三维几何造型中的基本元素：点、边、环、面、体、体素。

(2) 计算机表示形体的线框模型、表面模型和实体模型以及相应的数据结构。

(3) 三维形体造型的各种表示方法：构造实体几何表示法、扫描表示法、分解模型表示法、边界表示法和混合表示法。

核心概念

环表、面表、几何信息、拓扑信息、线框模型、表面模型、实体模型、实体构造表示法、扫描表示法、分解模型表示法、边界表示法、混合表示法、八叉树

引导案例

电风扇的设计与制造

在机械制造业中，利用计算机通过各种数控机床和设备自动完成产品的加工、装配、检测和包装等制造过程已经得到广泛的应用。图 8-1 为一电风扇图形，零件厚度为 0.5mm，材料为 ABS，年产 15 万件。需要对其进行注塑模具设计制造。通过塑件工艺分析可知，该塑件尺寸较小但叶片形状不规则，加工难度大，叶片部位成型较为困难。由于风扇零件具有较为复杂的曲面结构，普通的工艺流程从设计到制造面临着相当大的困难，为了达到零件图纸的要求无疑会在各个生产流程上增加技术工人的工作量，导致模具整个生产周期较长。实际生产中应如何解决这个问题呢？

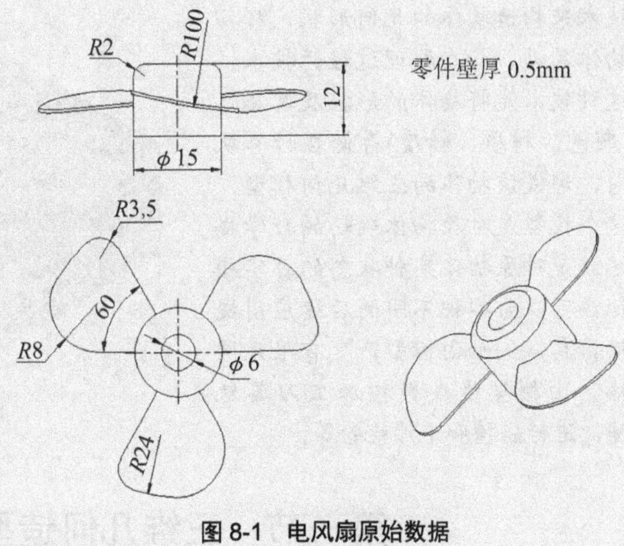

图 8-1　电风扇原始数据

案例导学

生产中解决电风扇注塑模的生产流程如图 8-2 所示。由该流程图可以看出，由于风扇零件具有较为复杂的曲面结构，普通的工艺流程从设计到制造面临着相当大的困难。而采用 CAD/CAM/CAE(计算机辅助设计/制造/工程)一体化技术，流程始终以塑料件的 3D 模型为中心，模具设计、CAE 模拟分析、模具 CNC 加工以及模具 CMM(三坐标)检测、塑料件 CMM 检测都完全基于这些塑料件 3D 模型的传递，从而消除了二维图纸传递几何信息的不准确性，使最终生产的塑料件和设计者的意图保持高度一致；还使得整个生产流程易于实现自动化生产，从而大幅度降低了技术工人的工作量，并能有效控制模具整个生产周期。图 8-3 是电风扇仿真模拟加工图形。由此可见，电风扇三维模型的建立是解决其加工制造的关键环节。

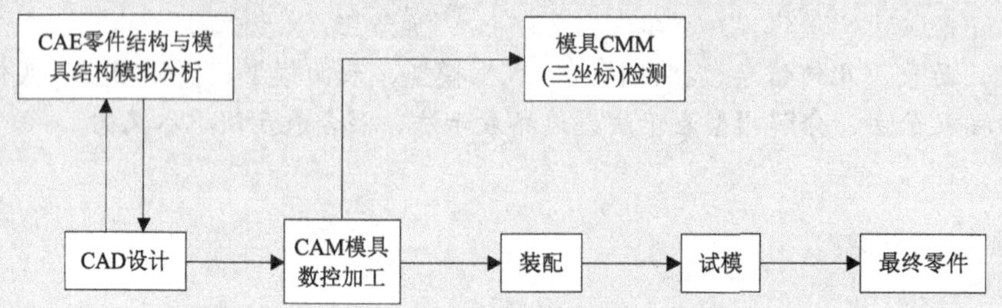

图 8-2　电风扇注塑模 CAD/CAM/CAE 一体化技术流程

几何造型技术又称为几何建模技术，是利用计算机以及图形处理技术来构造物体的几何形状，模拟物体的动、静态处理过程的技术。这种技术能将物体的形状及其属性(颜色、材质、精度)存储在计算机内，形成该物体的三维几何模型，这个模型是对原物体确切的数学描述或是对原物体某种状态的真实模拟，可以为各种不同的后续应用提供信息，例如由模型产生有限元网格，由模型生成数控加工刀具轨迹，进行碰撞和干涉检验等。

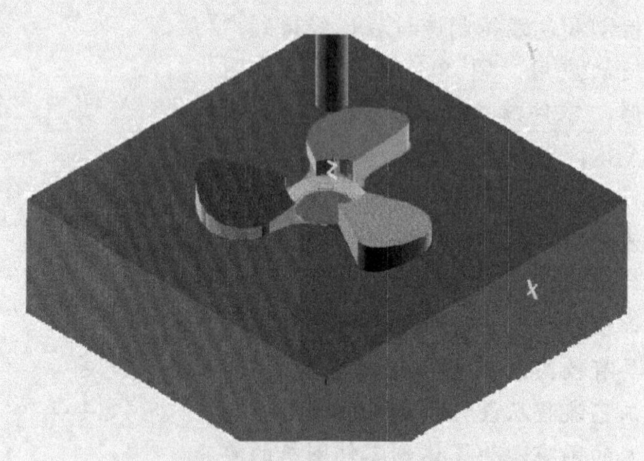

图 8-3　仿真模拟加工图形

第一节　三维几何造型中的元素

与空间任意形体有关的信息可以分为图形信息和非图形信息两类。图形信息代表着形体的结构和外观，它在图形处理过程中是不可缺少的成分。一般而言，形体的模型主要是

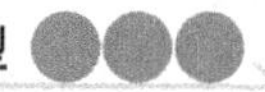

指包含图形信息所形成的模型，图形信息包括几何信息和拓扑信息。几何信息描述形体的位置和大小，拓扑信息描述形体各部分的数目及相互间的连接关系。形体往往由多个基本的部分(几何元素)通过相应的连接组合而成，再由多个简单几何形体组合形成较复杂的形体。形体本身的构造有一定的层次性，底层部分组合构成上一层部分，而上一层部分组合又可以构成更高一层的部分，以此类推可以形成多层结构。

简单几何形体由基本元素点、边、环、面、体等组成，这些基本元素的定义如下。

一、点

点是零维几何元素，分为端点、交点、切点和孤立点。形体定义中不允许存在孤立点。在自由曲线曲面中经常使用以下三种类型的点。

(1) 控制点：确定曲线和曲面的位置与形状，相应的曲线和曲面不一定经过的点。

(2) 型值点：确定曲线和曲面的位置与形状，相应的曲线和曲面一定经过的点。

(3) 插值点：为提高曲线和曲面的输出精度，在型值点之间插入的一系列点。

一维空间中的点用一元组$\{t\}$表示；二维空间中的点用二元组$\{x, y\}$或$\{x(t), y(t)\}$表示；三维空间中的点用三元组$\{x, y, z\}$或$\{x(t), y(t), z(t)\}$表示；n维空间中的点在齐次坐标系下用n+1维表示。点是几何造型中最基本的几何元素，自由曲线、曲面或其他形体均可用有序的点集表示，计算机存储、管理、输出形体的实质是对点集及其连接关系的处理。

二、边

边是一维几何元素，是两个邻面(正则形体)或多个邻面(非正则形体)的交界。直线边由端点(起点和终点)定界；曲线边由一些型值点或控制点表示，也可用显式、隐式方程表示。

三、环

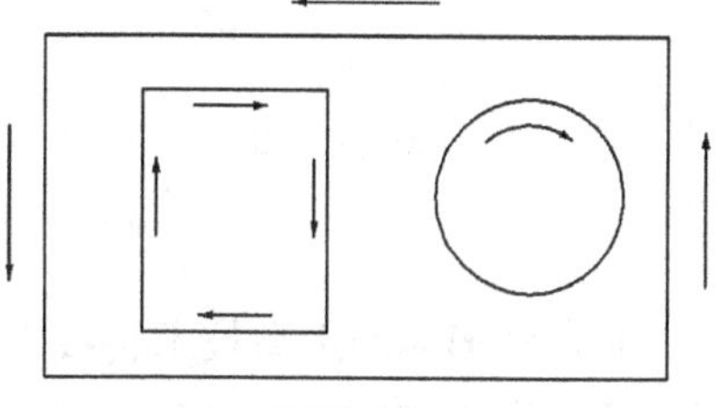
图 8-4　内环和外环

环是由序、向边(直线段或曲线段)组成的面的封闭边界。环中的边不能相交，相邻两条边共享一个端点。环有内外之分，确定面的最大外边界的环称为外环，其中的边按逆时针方向排序；而把确定面中内孔或凸台边界的环称为内环，其中的边按顺时针方向排序。如图 8-4 所示，基于这种规定，在面上沿一个环前进，其左侧总是面内，右侧总是面外。

四、面

面是二维几何元素，是形体表面的一部分，由一个外环和若干内环界定其范围。面可以无内环，但必须有且只有一个外环。面有方向性，一般用其外法线方向作为该面的正

向。若一个面的外法线方向向外，此面为正向面；反之，为反向面。区分面的方向在面面求交、交线分类、真实感图形显示等方面很重要。面的方向与环的关系可以通过右手定则确定，四指方向为面的外环方向，拇指方向为面的正方向。

五、体

体是由封闭表面围成的三维几何空间。也是欧氏空间 R^3 中非空、有界的封闭子集，边界是有限面的并集。为了保证几何造型的可靠性和可加工性，要求形体上任意一点的足够小的邻域在拓扑上应是一个等价的封闭圆，即围绕该点的形体邻域在二维空间中可构成一个单连通域，满足这个定义的形体称为正则形体(又称为流形形体)。如图 8-5 所示均为正则形体，而图 8-6 所示的几个图形悬边、悬面、维数不一致，均不满足正则形体的要求，称这类形体为非正则形体(非流形形体)。

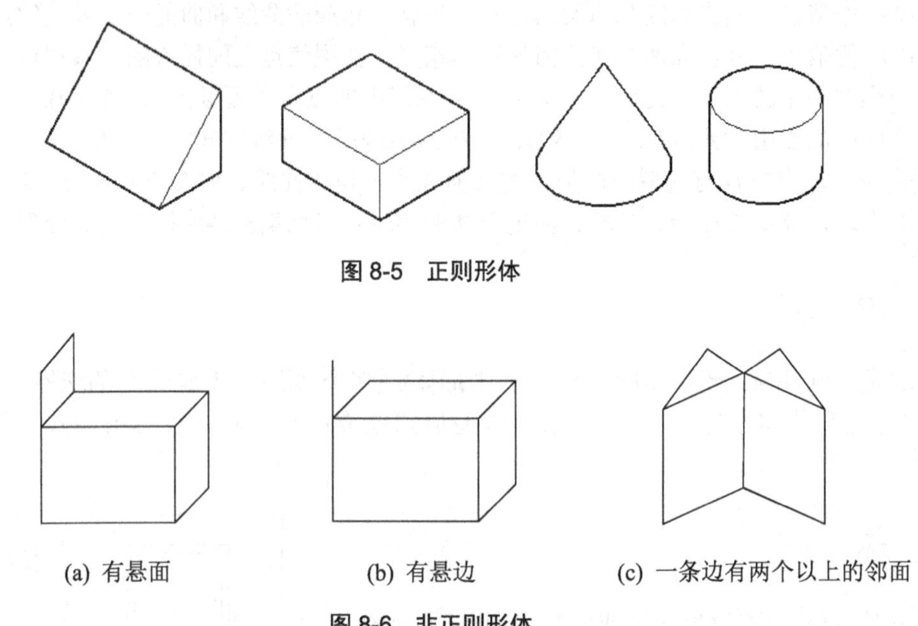

图 8-5　正则形体

(a) 有悬面　(b) 有悬边　(c) 一条边有两个以上的邻面

图 8-6　非正则形体

非正则形体的造型技术将线框、表面和实体模型统一起来，可以存取维数不一致的几何元素，并可对维数不一致的几何元素进行求交分类，从而扩大了几何造型的形体覆盖域。

基于点、边、面几何元素的正则形体和非正则形体的区别如表 8-1 所示。

表 8-1　正则形体和非正则形体的区别

几何元素	正则形体	非正则形体
面	是形体表面的一部分	可以是形体表面的一部分，也可以是形体内的一部分，也可以与形体相分离。
边	只有两个邻面	可以有多个邻面、一个邻面或没有邻面。
点	至少和三个面(或三条边)邻接	可以与多个面(或边)邻接，也可以是聚集体、聚集面、聚集边或孤立点。

六、体素

体素是指能用有限个尺寸参数定位和定形的体。体素通常指一些常见的可以组合成复杂形体的简单实体，如长方体、圆柱体、圆锥体、球体、棱柱体、圆环体等，也可以是一些扫描体或回转体。

第二节　形体的存储模型

从第一节几何元素定义中我们知道几何形体有两种重要信息：几何信息和拓扑信息。几何信息是指描述几何元素(如点、线、面等)空间位置和大小的信息，如点的空间坐标、线段的长度等。拓扑信息是指几何元素之间具有相互连接关系的信息。它只反映几何元素的结构关系，而不考虑它们各自的绝对位置，这种关系称为拓扑关系。几何元素之间一共有九种拓扑关系，即面—面相邻性、边—边相邻性、顶点—顶点相邻性、边—面相邻性、顶点—面相邻性、顶点—边相邻性、面—边包含性、面—顶点包含性、边—顶点包含性。

无论是形体的表示，还是新形体的生成都与其几何信息和拓扑信息有关。只有几何信息没有拓扑信息是不能构成图形的。这两方面的信息如何在计算机中存储和使用，达到既能节省计算机的空间资源和时间资源，又能有效地进行各种操作运算，一般是通过研究图形的数据结构来解决的。

计算机中表示形体通常用三种模型——线框模型、表面模型和实体模型。线框模型和表面模型保存的三维形体信息都不完整，实体模型能够完整地、无歧义地表示出三维形体。

一、线框模型

三维线框模型是在二维线框模型的基础上发展起来的。在 20 世纪 60 年代初期，用户通过逐点、逐线地构造二维线框模型，可以实现用计算机代替手工绘图。由于图形几何变换和投影变换理论的发展，在计算机内部的存储信息中加上第三维信息，采用投影变换方法，可以在显示器上显示出不同投影方向的立体图，从此三维绘图系统迅速发展起来。

线框模型采用顶点表和边表两个表的数据结构来表示三维物体，顶点表记录各顶点的坐标值，边表记录每条边所连接的两个顶点。由此可见，三维物体可以用它的全部顶点及边的集合来描述，线框一词由此而来。

图 8-7 和表 8-2、表 8-3 说明了线框模型在计算机内存储的数据结构。

线框模型的优点是可以产生任意视图，视图间能保持正确的投影关系，这为生成需要多视图的工程图纸带来了很大方便；还能生成任意视点或视向的透视图及轴测图；构造模型时操作简便；在 CPU 时间及存储方面开销低。

线框模型的缺点也很明显，因为所有棱线全都显示出来，物体的真实形状需要由人脑的解释才能理解，因此容易出现二义性；当形状复杂时，棱线过多，也会引起模糊理解；

缺少曲面轮廓线；由于在数据结构中缺少边与面、面与体之间关系的信息，因此不能构成实体，无法识别面与体，更谈不上区别体内与体外。因此从原理上讲，线框模型不能消除隐藏线；不能作任意剖切；不能计算物性；不能进行两个面的求交，无法生成数控加工刀具轨迹；不能自动划分有限元网格；不能检查物体间碰撞、干涉等。但目前有些系统从内部建立了边与面的拓扑关系，因此具有消隐功能。

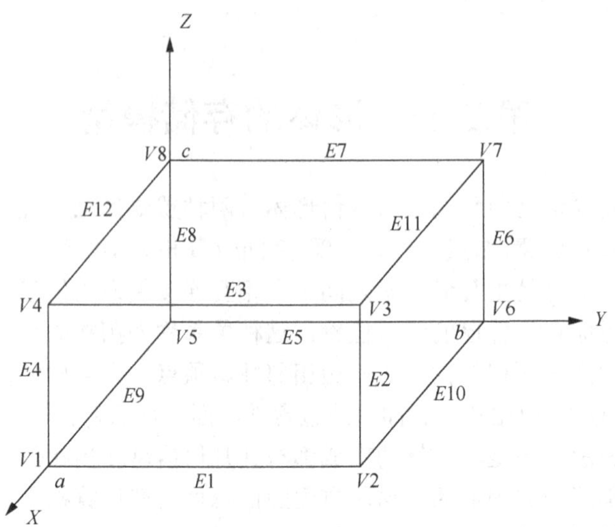

图 8-7　线框模型及数据

表 8-2　长方体的顶点表

顶点表	V1	V2	V3	V4	V5	V6	V7	V8
x 坐标	a	a	a	a	0	0	0	0
y 坐标	0	b	b	0	0	b	b	0
z 坐标	0	0	c	c	0	0	c	c

表 8-3　长方体的边表

边号	E1	E2	E3	E4	E5	E6	E7	E8	E9	E10	E11	E12
起点号	V1	V2	V3	V4	V5	V6	V7	V8	V1	V2	V3	V4
终点号	V2	V3	V4	V1	V6	V7	V8	V5	V5	V6	V7	V8

尽管线框模型有许多缺点，但由于它仍能满足许多设计与制造的要求，加之具有上面所说的优点，因此在实际工作中使用也很广泛。线框模型系统一般具有丰富的交互功能，用于构图的图素是大家所熟知的点、线、圆、圆弧、二次曲线、样条曲线、Bézier 曲线等。

二、表面模型

表面模型通常用于构造复杂的曲面物体，构形时常常利用线框功能，先构造一线框图，然后用扫描或旋转等手段变成曲面，也可以用系统提供的许多曲面图素来建立各种曲

面模型。

表面模型的数据结构原理如图 8-8 所示。与线框模型相比，顶点表和边表与表 8-2 和表 8-3 完全相同，表面模型多了一个面表如表 8-4 所示，记录了边、面间的拓扑关系，但仍旧缺乏面、体间的拓扑关系，无法区别面的哪一侧是体内，哪一侧是体外，依然不是实体模型。

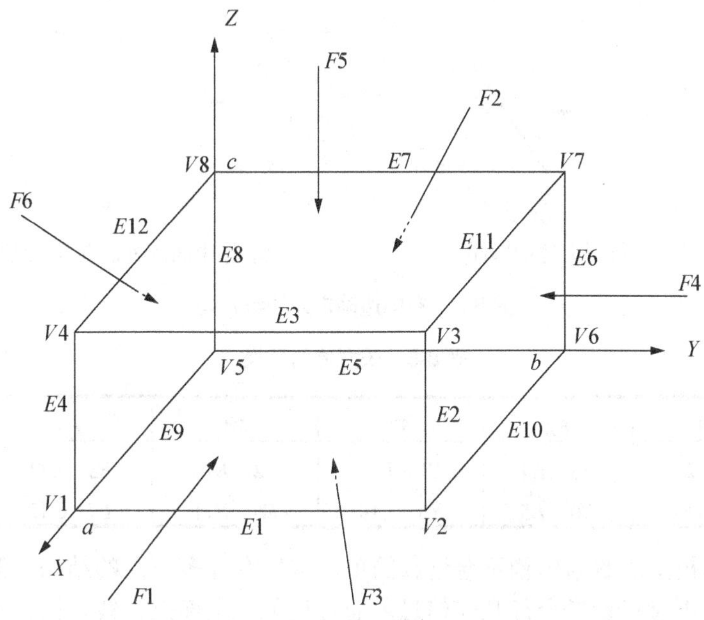

图 8-8　长方体的顶点、边和面

表 8-4　长方体的面表

面号	*F*1	*F*2	*F*3	*F*4	*F*5	*F*6
边号	*E*1　*E*2 *E*3　*E*4	*E*5　*E*6 *E*7　*E*8	*E*1　*E*10 *E*5　*E*9	*E*2　*E*11 *E*6　*E*10	*E*3　*E*12 *E*7　*E*11	*E*4　*E*9 *E*8　*E*12

表面模型的优点是能实现：消隐、着色、表面积计算、二曲面求交、数控刀具轨迹生成、有限元网格划分等功能。此外擅长于构造复杂的曲面物体，如模具、汽车、飞机等表面。它的缺点是有时会产生对物体二义性理解。

表面模型系统中常用的曲面图素有平面、直纹面、旋转面、柱状面、Bézier 曲面、B 样条曲面、coons 曲面和等距面。

需要指出的是，不仅表面模型中常常包括线框模型的构图图素，而且表面模型还时常与线框模型一起同时存在于同一个 CAD/CAM 系统中。

三、实体模型

实体模型与表面模型的不同之处在于确定了表面的哪一侧存在实体这个问题。常用办法是，用有向边的右手法则确定所在面的外法线的方向，即用右手沿着边的顺序方向握住，大拇指所指向的方向则为该面的外法线的方向。例如规定正向指向体外，如图 8-9(a)所示。将表 8-4 的面表改成表 8-5 的环表形式，就可确切地分清体内体外，形成实体模型了，如图 8-9 所示。

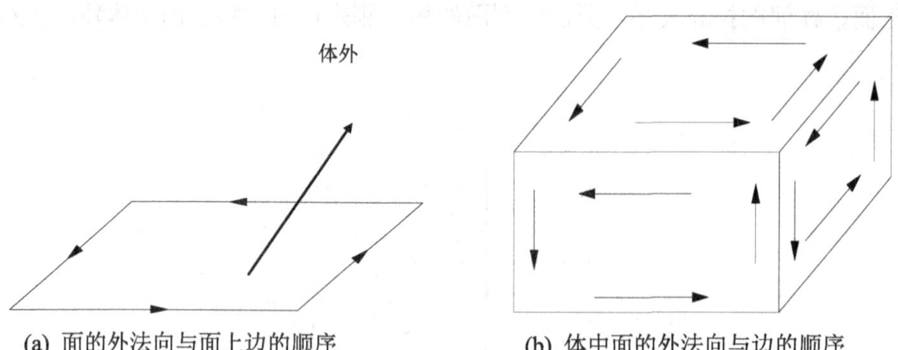

(a) 面的外法向与面上边的顺序　　(b) 体中面的外法向与边的顺序

图 8-9　有向边确定外法线方向

表 8-5　长方体的环表

面号	*F*1	*F*2	*F*3	*F*4	*F*5	*F*6
边号	*E*1　*E*2 *E*3　*E*4	*E*8　*E*7 *E*6　*E*5	*E*1　*E*9 *E*5　*E*10	*E*2　*E*10 *E*6　*E*11	*E*3　*E*11 *E*7　*E*12	*E*4　*E*12 *E*8　*E*9

实际的实体模型的数据结构不会这么简单，可能有许多不同的结构。但有一点是肯定的，即数据结构不仅记录了全部几何信息，而且记录了全部点、线、面、体的拓扑信息，这是实体模型与线框或表面模型的根本区别。

实体模型是设计与制造自动化及集成的基础。依靠计算机内完整的几何与拓扑信息，消隐、剖切、有限元网格划分，直到数控刀具轨迹生成都能顺利地实现，而且由于着色、光照及纹理处理等技术的运用使物体具有真实感的表现力，在 CAD/CAM、计算机艺术、广告、动画等领域有广泛的应用。

实体模型的构造方法常用机内存储的体素，经集合的交、并、差运算构成复杂形体。

第三节　三维形体的表示方法

线框模型、表面模型和实体模型是描述物体的常用模型。线框模型是最早用来表示物体的模型。线框模型的缺点很明显，如不能生成剖切图、消隐图、明暗色彩图，不能用于数控加工等，应用范围受到了很大限制。表面模型在线框模型的基础上，增加了物体中面的信息，用面的集合来表示物体，而用环来定义面的边界。表面模型扩大了线框模型的应用范围，能够满足面面求交、线面消隐、明暗色彩图、数控加工等需求。但无法计算和分析物体的整体性质，如物体的体积、重心等，也不能将这个物体作为一个整体去考察它与其他物体相互关联的性质，如是否相交等。实体模型能完整地表示物体的所有形状信息，可以无歧义地确定一个点是在物体外部、内部或表面上。这种模型能够进一步满足物性计算、有限元分析等应用的要求。下面主要介绍有关实体的造型技术。

一、构造实体几何表示法

构造实体几何(Constructive Solid Geometry，CSG)表示法的思想是，任何复杂的形体都可用简单形体(体素)，如圆柱、圆锥、球、棱柱等组合表示。通常用正则集合运算(构造正则形体的集合运算)实现这种组合，其中可配合执行有关的几何变换。

CSG 表示法可以看成一棵有序的二叉树，称为 CSG 树。其终端结点或是体素，或是形体变换参数；非终端结点或是正则集合运算，或是变换(平移和/或旋转)操作，这种运算或变换只对其紧接着的子结点(子形体)起作用。每棵子树(非变换叶子结点)表示其下两个结点组合及变换的结果，如图 8-10 所示。

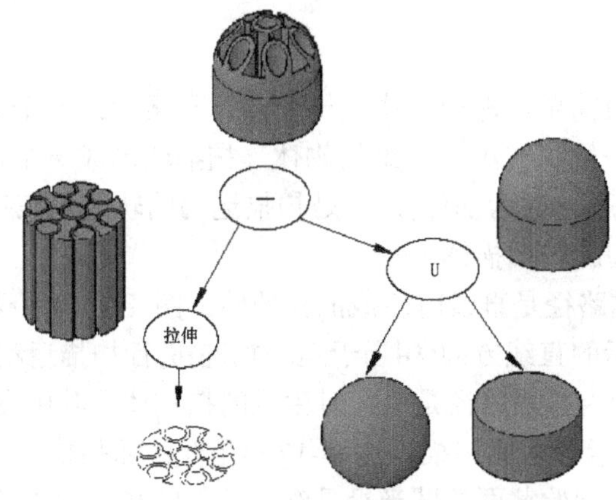

图 8-10　CSG 表示法造型实例

这里，正则集合运算是在传统点集的集合运算基础上附加一定的限制而定义的。传统的点集之间的并、交、差运算可能改变点集的正则性质，也就是说，两个正则点集的集合运算的结果可能产生一个非正则点集。但在实际生活中，两物体并、交、差运算的结果总是产生一个新的物体(或一空物体)。

为了反映这样一个事实，有必要对传统的点集的集合运算施加一定的限制。为此，对点集的正则集合运算作如下定义：

$$A \cup^* B = r(A \cup B)$$
$$A \cap^* B = r(A \cap B)$$
$$A -^* B = r(A - B)$$

其中，$\cup^*$、$\cap^*$、$-^*$分别称为正则并、正则交、正则差，而$\cup$、$\cap$、$-$则表示传统的点集并、交、差集合运算，r 表示点集正则化算子。

这种运算或变换只对其紧接着的子结点(子形体)起作用。每棵子树(非变换叶子结点)都代表一个集合，表示其下两个结点组合及变换的结果，它是用算子对体素进行运算后生成的。树根表示最终的结点，即整个形体。CSG 树可能是一颗不完全的二叉树，这取决于用户拼合该物体时所设计的步骤。

CSG 树是无二义性的，但不是唯一的，它的定义域取决于其所用体素以及所允许的几何变换和正则集合运算算子。若体素是正则集，则只要体素叶子是合法的，正则集的性质就保证了任何 CSG 树都是合法的正则集。

CSG 表示法的优点是：

(1) 数据结构比较简单，数据量小，内部数据的管理容易。

(2) CSG 表示可方便地转换成边界(Brep)表示。

(3) CSG 方法表示形体的形状比较容易修改。

CSG 表示法的缺点是：

(1) 产生和修改形体的操作种类有限，基于集合运算对形体的局部操作不易实现。

(2) 由于形体的边界几何元素(点、边、面)是隐含地表示在 CSG 中，故显示与绘制 CSG 表示的形体需要较长的时间。

二、扫描表示法

扫描表示法的原理很简单，即空间中的一个点、一条边或一个面沿某一条路径扫描时所形成的轨迹定义一个一维、二维或三维的物体。扫描法形成一个物体有两个要素：一是绘制扫描运动的物体(一般也称为基体)，二是扫描运动的轨迹。在三维形体的表示中，应用最多的是平移扫描体和旋转扫描体。

图 8-11 所示为扫描路径是直线时生成的拉伸体。图 8-11(a)中基面是一个二维的带圆角的矩形，沿着箭头所示的直线方向(相当于运动轨迹)进行扫描运动，形成图 8-11(b)所示的拉伸体。图 8-12 所示为扫描路径是曲线时生成的扫描体。其中图 8-12(a)表示扫描路径为螺旋线，图 8-12(b)表示等截面扫描，图 8-12(c)是变截面扫描，变截面扫描还需要给出截面的变化规律，本例中起始截面的圆半径是终止截面圆半径的 2 倍。图 8-13 所示是回转体生成实例。图 8-13(a)所示为一个封闭的“3”字形基面，绕回转轴旋转 270° 形成的回转体如图 8-13(b)所示。

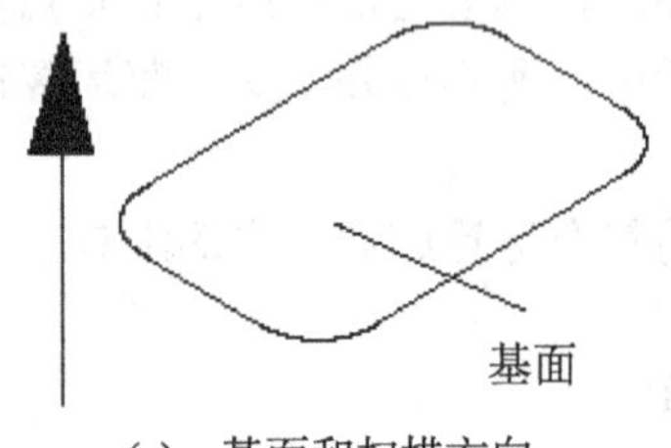

(a) 基面和扫描方向

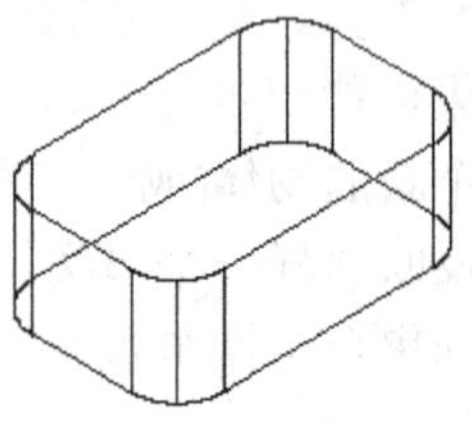

(b) 拉伸体

图 8-11　扫描路径为直线的拉伸体

(a) 扫描路径和基面

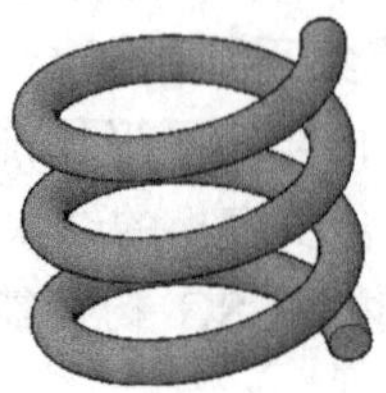

(b) 等截面扫描

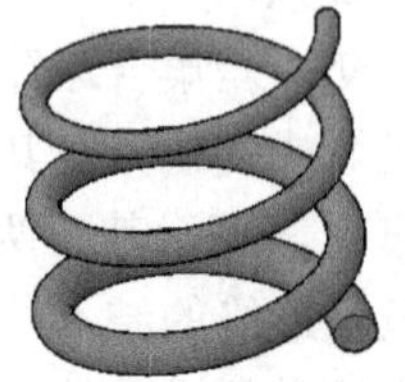

(c) 变截面扫描

图 8-12　扫描路径为曲线的扫描体

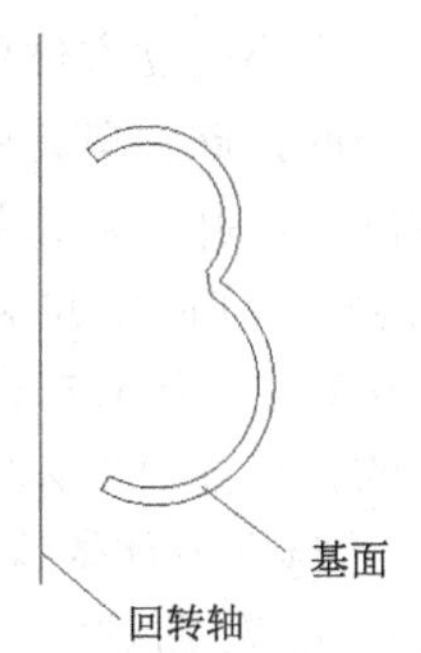

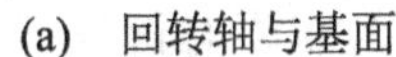

(a) 回转轴与基面

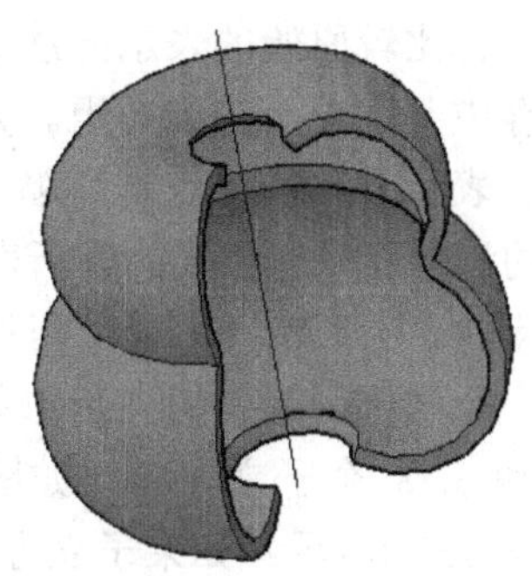

(b) 回转体

图 8-13 回转体生成实例

在以边界表示法为基础的几何造型系统中，通常将平移扫描和旋转扫描方法作为输入形体的手段，只要在屏幕上设计出一个二维图形，调用系统提供的扫描命令立即就能生成三维实体，因此成为形体输入的强有力的手段。扫描表示中的二维集合一般具有边界线组合而成的特点，对经过传统训练的绘图人员来说，相当于提供给他们一个方便的接口，使他们能在屏幕上得心应手地进行设计。

在扫描表示法中，由于三维空间的实体和曲面可分别由二维平面及曲线通过平移扫描或旋转扫描来实现，因此只需定义二维平面曲线即可，较易于实现。这两类扫描表示中，只要二维集合无二义性，实体就不会有二义性。

扫描表示法的优点是容易构建，适合作为图形输入手段。缺点是绘制需要前期处理图形，不能直接获取形体的边界信息，且表示形体的覆盖域有限。

三、分解模型表示法

分解模型表示法是将形体按某种规则分解为小的、更易于描述的部分，每一小部分又可分为更小的部分，这种分解过程直至每一小部分都能够直接描述为止。分解表示的一种特殊形式是每一个小的部分都是一种固定形状(例如立方体)的单元，形体被分解成这些分布在空间网格位置上的具有邻接关系的固定形状单元的集合，单元的大小决定了单元分解形式的精度。图 8-14 所示的形体是将空间分割为许多细小均匀的立方体网格，以物体所占空间包含的小立方体单元的三维体阵列形式来描述物体的模型。

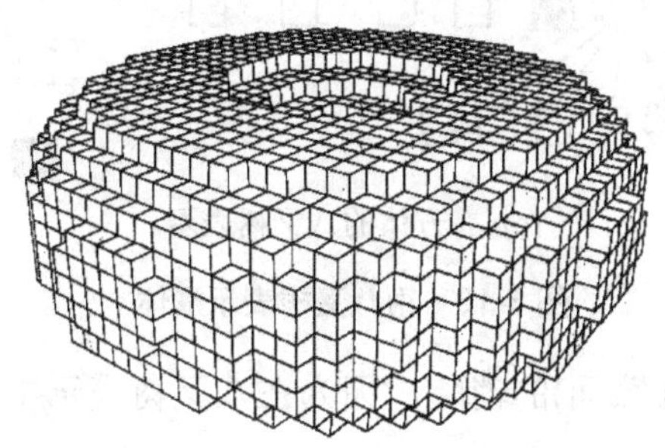

图 8-14 分解模型表示法实例

分解表示中一种比较原始的表示方法是将形体空间细分为小的立方体单元，与此相对应，在计算机内存中开辟一个三维数组。凡是形体占有的空间，储存单元中记为 1；其余空间记为 0。这种表示方法的优点是简单，容易实现形体的交、并、差计算，但占用的存储量太大，物体的边界面没有显式的解析表达式，不便于运算，实际中并未采用。

根据基本单元的不同形状，常采用四叉树、八叉树和多叉树等表示方法，图 8-15 是八叉树表示形体的一个实例。八叉树表示形体的过程是这样的，首先对形体定义一个外接立方体，再把它分解成 8 个子立方体，如图 8-15(a)所示，并将立方体依次编号为 0、1、2、…、7，如图 8-15(b)所示。如果子立方体单元已经一致，即为满(该立方体充满形体)或为空(没有形体在其中)，则该子立方体可停止分解；否则，需要对该立方体做进一步分解，再分为 8 个子立方体。在八叉树中，非叶结点的每个结点都有 8 个分支，如图 8-15(c)所示。

八叉树表示法具有非常明显的优点，主要是：

(1) 形体表示的数据结构简单。

(2) 简化了形体的集合运算。对形体执行交、并、差运算时，只需要同时遍历参加集合运算的两形体相应的八叉树，无须进行复杂的求交运算。

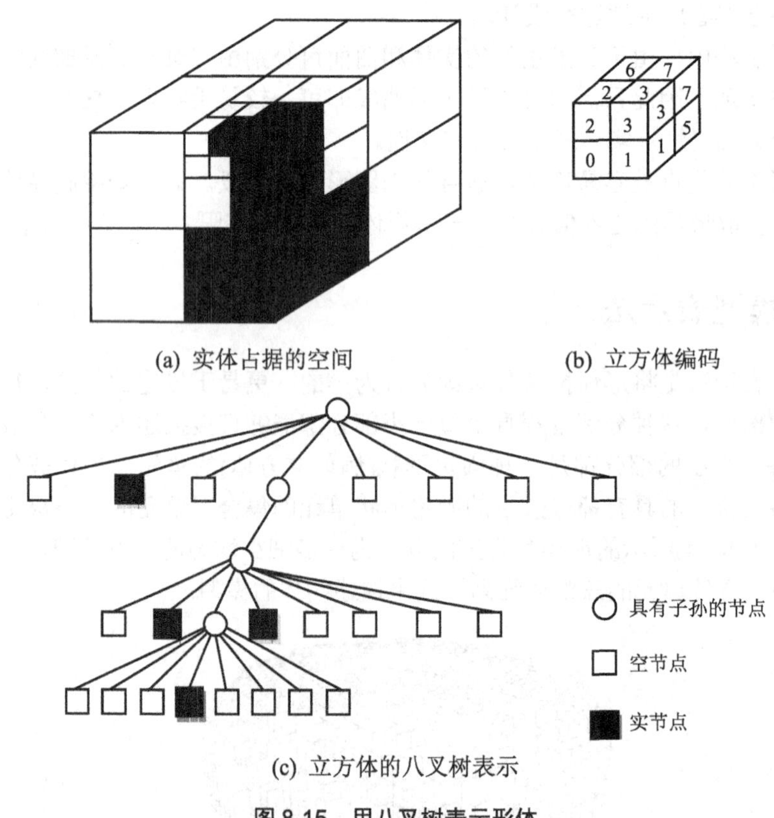

(a) 实体占据的空间　　(b) 立方体编码

(c) 立方体的八叉树表示

图 8-15　用八叉树表示形体

(3) 简化了隐藏线(或隐藏面)的消除，因为在八叉树表示中，形体上各元素已按空间位置排成了一定的顺序。

(4) 分析算法适合于并行处理。

八叉树表示法的缺点也是明显的，主要是占用存储多，只能近似表示形体，以及不易获取形体的边界信息等。

四、边界表示法

边界表示(Boundary Representation)也称为 BR 表示或 Brep 表示，它是几何造型中比较成熟、无二义的表示法。它的基本思想是，一个实体可以通过它的面集合来表示，而实体的边界通常由面的并集来表示。每个面由它所在的曲面的定义加上其边界来表示，面的边界是边的并集。边是由点来表示的，点通过三个坐标值来定义。边界表示的一个重要特点是在该表示法中，描述形体的信息包括几何信息和拓扑信息两个方面。拓扑信息描述形体上的顶点、边、面的连接关系，形成物体边界表示的“骨架”；形体的几何信息犹如附着在“骨架”上的肌肉，例如形体的某个表面位于某一个曲面上，定义这一曲面方程的数据就是几何信息，此外，边的形状、顶点在三维空间中的位置(点的坐标)等都是几何信息，一般来说，几何信息描述形体的大小、尺寸、位置、形状等。

边界表示法强调实体外表的细节，详细记录了构成形体的所有几何信息和拓扑信息，将面、边、顶点的信息分层记录，建立层与层之间的联系。图 8-16 给出了一个边界表示法的实例。在边界表示法中，按照体-面-环-边-点的层次，详细记录了构成形体的所有几何元素的几何信息及其相互连接的拓扑关系。在进行各种运算和操作中，可以直接取得这些信息。

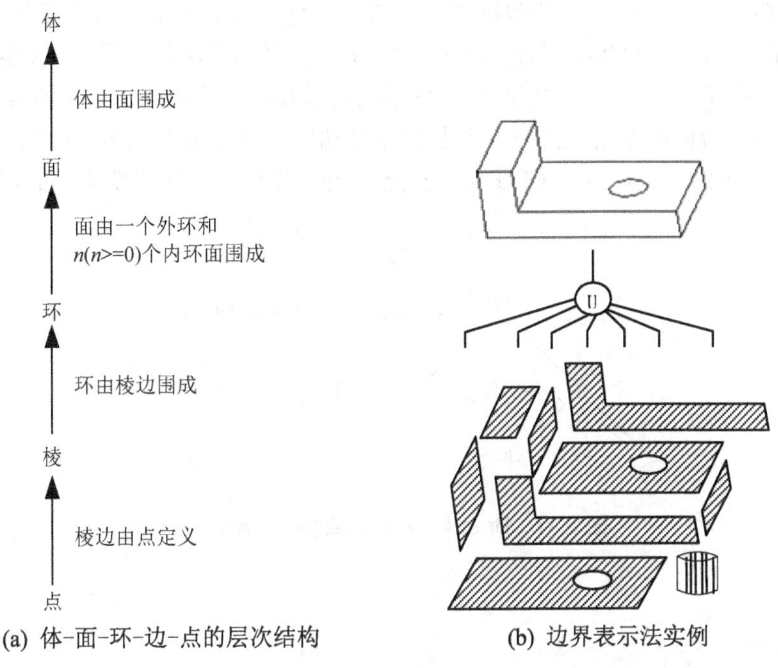

(a) 体-面-环-边-点的层次结构　　(b) 边界表示法实例

图 8-16　边界表示法

Brep 表示法的优点是：

(1) 形体的点、边、面等几何元素是显式表示的，使得绘制 Brep 表示形体的速度较快，而且比较容易确定几何元素间的连接关系。

(2) 容易支持对物体的各种局部操作，例如进行倒角，我们不必修改形体的整体数据结构，而只需提取被倒角的边和它相邻两面的有关信息，然后施加倒角运算就可以了。

(3) 便于在数据结构上附加各种非几何信息，如精度、表面粗糙度等。

Brep 表示法的缺点是：

(1) 数据结构复杂，需要大量的存储空间，维护内部数据结构的程序比较复杂。

(2) Brep 表示不一定对应一个有效形体，通常运用欧拉操作来保证 Brep 表示形体的有效性、正则性等。

由于 Brep 表示覆盖域大，原则上能表示所有的形体，而且易于支持形体的特征表示等，其已成为当前 CAD/CAM 系统的主要表示方法。

五、混合模型表示法

混合模型表示法即 GSG 表示法与 Brep 表示法的混合。三维形体的 Brep 表示法强调的是形体的外表细节，详细记录了形体的所有几何和拓扑信息，具有显示速度快等优点，缺点在于不能记录产生模型的过程。CSG 表示法具有记录产生实体过程，便于交、并、差运算等优点，缺点在于对物体的记录不详细。

从中可以看出，CSG 表示法的缺点正是 Brep 表示法的优点，而 Brep 表示法的缺点也是 CSG 表示法的优点，如果将它们混合在一起发挥各自的优点克服缺点，就是混合模型的思想。混合模型可由多种不同的数据结构组成，以便于相互补充和应用于不同的目的。目前应用最多的是 Brep 与 CSG 混合，如图 8-17 所示。基本方法是在原有的 CSG 树的非终端结点上扩充一级 Brep 的边界数据结构，该结构可以存储一些中间结果。通常情况下终端结点已经是 Brep 结构就不用再扩充，但若在非终端结点有体素布尔运算的结果，在 CSG 树则没有 Brep 表示的方式，故在 CSG 树中扩充 Brep，以便提供构成新实体的边界信息。

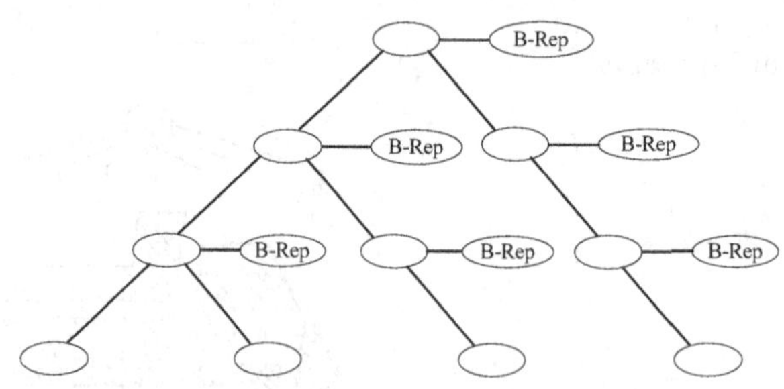

图 8-17　Brep 与 CSG 混合模型表示法

本章知识结构图

本章的知识内容围绕三维几何造型技术展开。三维几何造型包括几何造型中的基本元素，形体的存储模型和三维形体的表示方法，各部分之间的内在联系如图 8-18 所示。

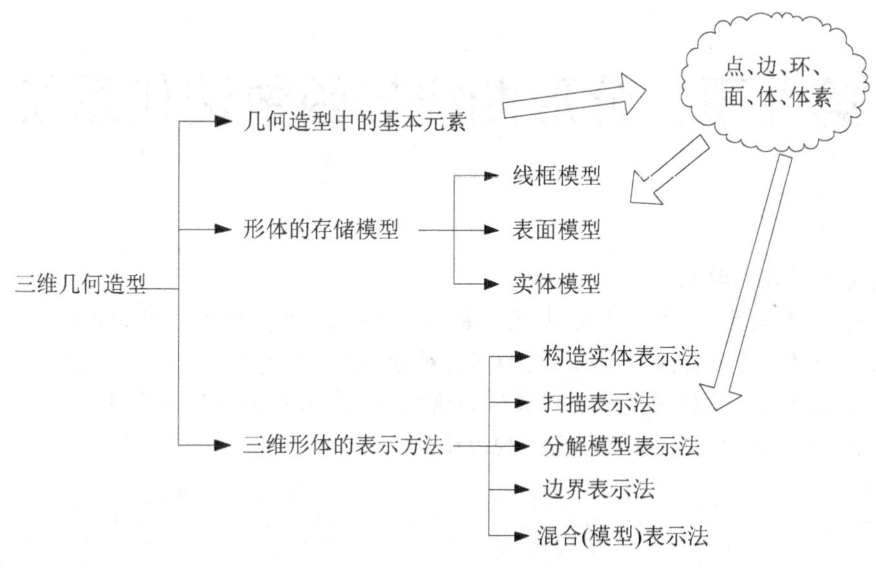

图 8-18　三维几何造型知识结构图

本章介绍了点、边、环、面、体、体素等三维几何造型中的基本元素，描述了计算机表示形体的线框模型、表面模型和实体模型以及相应的数据结构，详细分析了三维形体造型的各种表示方法，包括构造实体几何表示法、扫描表示法、分解模型表示法、边界表示法和混合模型表示法，综合使用这些方法可以构造复杂的现实世界中的三维物体。

复习思考题

1. 三维几何造型中的基本几何元素有哪些？
2. 计算机表示形体的线框模型、表面模型和实体模型各自的特点是什么？
3. 三维物体有哪些表示方法，各有什么优点和缺点？
4. 试用 CSG 表示法构造一个三维物体，并画出构造的二叉树。

第九章　分形曲线与函数迭代系统

分形曲线的实际应用.mp4

学习要点

(1) 分形的几何特征。

(2) 分形曲线生成的算法与实现：Koch 曲线、雪花曲线、Peano-Hilbert 曲线、Sierpinski 三角形、Sierpinski 地毯。递归深度对分形图形的影响。

(3) 函数迭代系统的确定性迭代算法和随机迭代算法及典型实例设计。

(4) IFS 码获取方法，植物形态的构图设计。

核心概念

分形相似维数、迭代、递归深度、自相似、函数迭代系统、IFS 码、仿射变换、拼贴

引导案例

自然界中的分形

分形的概念是由美籍法国数学家 Benoit Mandelbrot 于 20 世纪 70 年代提出的，1986 年他曾经给分形下过这样一个定义：组成部分与整体以某种方式相似的形。也就是说，分形一般具有自相似性。大自然中到处隐藏着分形的奥秘：罗马花椰菜(图 9-1)以一种特定的指数式螺旋结构生长，而且所有部位都是相似体，这与分形几何中不规则碎片所包含的简单数学原理相似。植物叶脉的纹理如图 9-2 所示；树木枝干的分叉结构如图 9-3 所示；黑夜中闪电的痕迹如图 9-4 所示；鹦鹉螺的精致外壳如图 9-5 所示；错落起伏的张掖地貌如图 9-6 所示；美丽的冰晶如图 9-7 所示，这些自然景物都体现了分形的特征。这些是欧氏几何无法描述的景象，用分形几何却很容易构造出相应的模型并获得其模拟的几何性质。Mandelbrot 认为分形是自然界的几何学。换句话说，分形几何是描述大自然的语言。那么分形几何是如何描述千万变化的大自然的呢？

图 9-1　罗马花椰菜的自相似结构

图 9-2　植物的叶脉

图 9-3　树木枝干的分叉

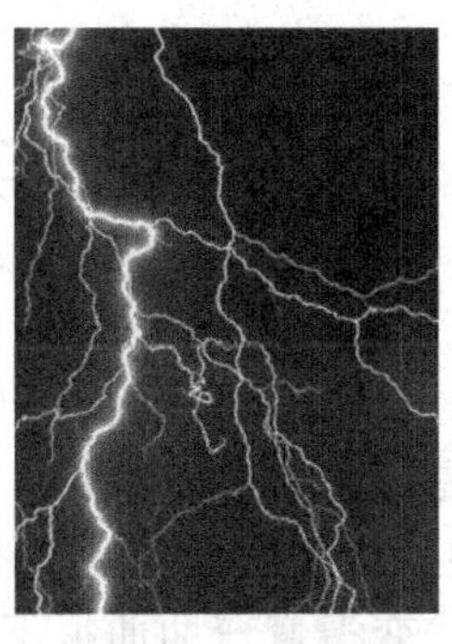

图 9-4　闪电

图 9-5　鹦鹉螺的壳

图 9-6　错落起伏的地貌

图 9-7　美丽的冰晶

案例导学

分形在英文中为 fractal，是由 Benoit Mandelbrot 创造出来的。该词源于拉丁文形容词 fractus，对应的拉丁文动词是 frangere，是“破碎，产生无规则碎片”的意思。此外，它与英文的 fraction(碎片、分数)及 fragment(碎片)具有相同的词根。在 20 世纪 70 年代中期以前，Mandelbrot 一直使用英文 fractional 一词来表示他的分形思想。因此，取拉丁文之头，撷英文之尾合成的 fractal，本义是不规则的、破碎的、分数的。Mandelbrot 想用此词来描述自然界中传统欧氏几何学所不能描述的一大类复杂无规则的几何对象，例如，蜿蜒曲折的海岸线，起伏不定的山脉，粗糙不堪的断面，变幻无常的浮云，九曲回肠的河流，纵横交错的血管，眼花缭乱的繁星等。它们的特点是极不规则或极不光滑，直观而粗略地说，这些对象都是分形。然而，自然界中许多不规则的形态背后又都有规则，都可以用分形的方法建立模型并在计算机上构造出以假乱真的景象来。由于自然界中普遍存在某种程度的自相似性，使得我们有可能从局部认识整体、从有限认识无限、瞬间认识永恒。传统的计算机图形学以欧氏几何学为数学基础，构造规则的几何图形。分形几何学主要是利用迭代和递归等技术实现具有自仿射或自相似结构的分形构造。分形理论的发展离不开计算机图形学的支持，一个分形构造的表达不借助计算机的帮助是很难实现的。分形几何学与计算机图形学相结合的主要任务是以分形几何学为数学基础，构造非规则的几何元素，从而实现分形对象的可视化以及对自然景物的逼真模拟。

传统计算机图形学回顾，规则物体与不规则物体表达.mp4

什么是分形几何(分形几何定义).mp4

第一节　分形的提出与分形维数

一、分形的萌芽

1967 年，美国《科学》杂志提出这样一个问题：“英国海岸线有多长？”初看这个问题极其简单，但是要明确回答却很不容易。因为海岸线是陆地与海洋的交界线，由于海水的冲击和陆地自身的运动，海岸线变得弯弯曲曲很不规则，形成了大大小小的海湾、海峡。Mandelbrot 对这个问题进行深入思考和分析，作出了令人惊奇的回答。他的答案是“海岸线长度可以认为是不确定的。”他给出的分析是：如果从高空飞行的飞机往下测量，测得的海岸线长度为 x_1；再从低空飞行的飞机测得的海岸线长度为 x_2，x_3，…，飞机越飞越低，测量的精度越来越高，测量值显然有以下关系：

$$x_1 < x_2 < x_3 < \cdots < x_n < \cdots$$

如果让一个小虫沿海岸爬行，那么它所经过的曲折更多，如果用分子、原子来测量，显然测得的 x_n 是天文数字。这说明当对研究对象的观察越贴近越仔细，发现的细节就越多。但是在不同高度观察到的海岸线的曲折和复杂程度又十分相近。也就是说，海岸线具有自相似性。Mandelbrot 用简单的 Koch 曲线来模拟英国海岸线比用折线段来逼近海岸线要精确得多。这一独特分析震惊了学术界。

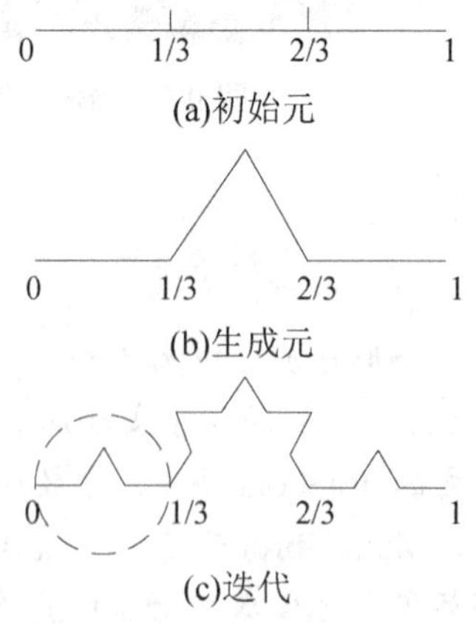

图 9-8　Koch 曲线

Koch 曲线的构造方法是，先定义一个源多边形，称为初始元，例如一个直线段如图 9-8(a)所示的单位直线段；再定义一个生成多边形，称为生成元如图 9-8(b)所示。Koch 曲线的生成元是将初始元均分为三段，中间的 1/3 段向外折起。通过几何结构的迭代，生成元的各段中间的 1/3 段均向外折起，如图 9-8(c)所示。这样无限地进行下去，得到的极限曲线就是一条“处处连续处处不可微的曲线”。下面分析这条极限曲线的长度，设初始元长度为 1，每次迭代的结果如表 9-1 所示。

表 9-1　Koch 曲线的长度

尺度	段数	长度
1/3	4	4/3
$1/3^2$	4^2	$(4/3)^2$
$1/3^3$	4^3	$(4/3)^3$
...	...	...

当 $n\to\infty$ 时，长度$(4/3)^n\to\infty$，是一个不确定值，这就是对“英国海岸线有多长？”的精辟回答。对这一问题的研究也成为 Mandelbrot 思想的转折点，他认为欧氏测度无法反映

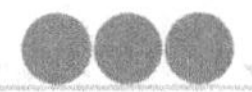

不规则形状的本质。分形概念就从这里开始形成。

在欧氏几何里，对于不同的被测对象，可选用不同的测量工具。人们不会用卡尺测量人的身高，也不会用天平去称大象的体重，这说明人的身高和大象的重量都是有确定标度的(标度是计量单位的定标)。而分形则不能，由于自相似性，当变化尺子的标度时，例如从高空或低空测量海岸线，人们看到的是相同或相似的图形，这类对象是没有确定标度的。反过来说，在标度变化下是不变的。从这个角度看，分形的本质是标度变化下的不变性，分形维数可以反映这种不变性。

二、分形维数

在欧氏几何中，点是 0 维，线是 1 维，平面是 2 维，立体是 3 维。好像维数一定是整数，其实不然。

图 9-9(a)是边长为 1 的正方形，当边长变为原来的 1/2 时，原正方形中包含 4 个小正方形，如图 9-9(b)所示，而 $4=2^2$；图 9-9(c)是边长为 1 的立方体，当边长变为原来的 1/2 时，原立方体中包含 8 个小立方体，如图 9-9(d)所示，而 $8=2^3$。

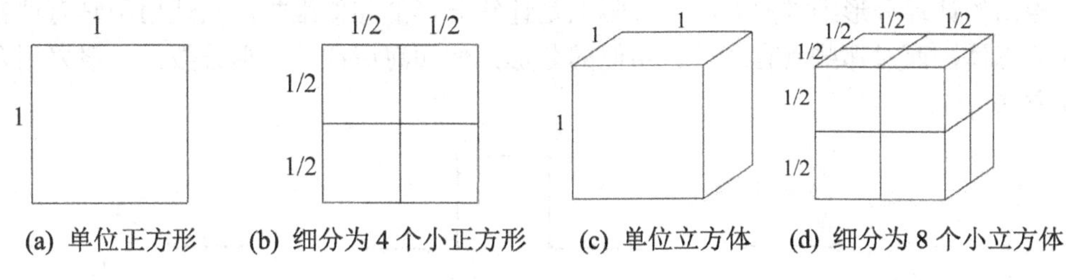

(a) 单位正方形　(b) 细分为 4 个小正方形　(c) 单位立方体　(d) 细分为 8 个小立方体

图 9-9　相似维数的示例

我们发现，表达式 $4=2^2$ 和 $8=2^3$ 的“2”上面的幂恰好是相应的正方形和立方体的维数。如果将上面的关系式写成通式，则有：

$$N=k^D \tag{9-1}$$

其中，k 为边长缩小的倍数，N 为边长缩小 k 倍后新形体的个数，则 D 为形体所具有的维数。对式(9-1)的两边同时取对数可得，

$$\lg N=D\lg k$$

由此得到，

$$D=\lg N/\lg k \tag{9-2}$$

从式(9-2)可见，维数 D 未必一定是整数。所以说，分数维是存在的。

如何解释分数维的含义呢？一条线段，如果我们用 0 维的点来测量它(数学中的测量可以看成是一种覆盖，即用测量尺子去覆盖被测对象)，得到的结果是无穷大，因为线段中包含无穷多个点。如果用 2 维的单位小平面来测量此线段，得到的结果将是 0，因为线段中不包含平面。那么，用什么样的尺子测量它才能得到一个确定大小的有限值呢？只有用 1 维的单位线段来测量他才能得到有限值。

于是，可以得到一个结论：

若测量尺子的维数小于被测对象的维数时，其测量结果是无穷大；若测量尺子的维数

大于被测对象的维数时，其测量结果为 0；只有测量尺子的维数与被测对象的维数相等时，其结果才是有限值，并且这个维数一定在上述两个维数之间。

那么，用什么样的尺子来测量 Koch 曲线才会得到有限值呢？用 1 维的线来测量它，其结果是无穷大，因为当 Koch 曲线迭代到无穷多次时，Koch 曲线将是无限长；若用 2 维的小平面来测量它，其结果是 0，因为 Koch 曲线中没有平面。因此我们分析 Koch 曲线自身的维数是一个分数。其实，分形图形的维数一般都是分数。但是也有例外，Peano 曲线的维数就是 2。

根据 Koch 曲线的生成规则参见图 9-8 所示，单位直线段被分解为原来的 1/3 后，得到 4 条小线段。将其带入式(9-2)中，式中的 k 在这里等于 3，式中的 N 在这里等于 4，则

$$D=\lg4/\lg3\approx1.26186$$

如果初始元为单位直线段，生成元分别如图 9-10(a)~(f)所示图形，则它们的分形维数分别为：

(a)$D=\lg2/\lg3\approx0.63$；(b)$D=\lg5/\lg3\approx1.46$；(c)$D=\lg5/\lg4\approx1.16$；

(d)$D=\lg7/\lg4\approx1.40$；(e)$D=\lg6/\lg4\approx1.29$；(f)$D=\lg8/\lg4=1.5$。

当然，分数维的计算还有很多方法，不同的方法适用于测量不同类型的分形图形。上面给出的计算分形维数的方法，实际上是计算分形的相似维数，只适用于具有严格自相似的分形体，而对那些具有统计自相似的分形，例如海岸线的分形维数，一般采用盒维数计算方法。

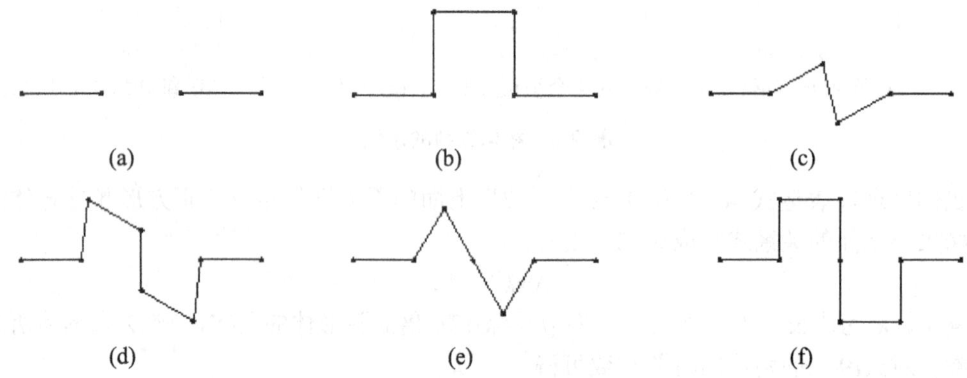

图 9-10　几种典型分形曲线的生成元

三、分形的几何特征

分形几何的特征.mp4

分形作为几何对象首先是破碎的、不规则的，但不是所有破碎的、不规则的形状都是分形。K. Falconer 认为分形图形具有如下特征：

(1)　分形具有精细的结构，即在任意小的尺度下仍有复杂的细节。

(2)　分形结构非常不规则以至它的整体和局部都不能用传统的几何语言来描述。

(3)　分形通常具有某种自相似的形式，自相似多半是近似的或统计意义下的。

(4)　一般地，分形的“分形维数”大于它的“拓扑维数”。

(5)　在大多数令人感兴趣的情形下，分形是以非常简单的递归方法产生的。

四、分形图形与欧氏图形的区别

分形图形与普通的欧氏图形有着明显的区别，主要表现在以下 4 个方面。

(1) 欧氏图形是规则的，而分形图形是不规则的，也就是说，欧氏图形一般是光滑或逐渐光滑的，而分形图形往往在任何区间内都不具有光滑性。

(2) 欧氏图形层次是有限的，而分形图形从数学角度上讲，层次是无限的。

(3) 欧氏图形一般不会从局部得到整体的信息，因为它们不强调局部与整体的关系，而分形图形强调这种关系。所以，分形图形往往可以从“局部”推演出“整体”。

(4) 欧氏图形越复杂，其背后的规则也必定越复杂，而对于分形图形，虽然看上去十分复杂，但其背后的规则却可能相当简单。

分形图形与欧氏图形是完全不同的两种图形。分形图形必须先找出分形对象“不规则”的规则，才能利用计算机图形学技术绘制出变化多端的图形。

第二节　典型分形曲线的递归算法

分形的几何构建及典型分形曲线的算

一、Koch 曲线的递归算法及雪花的生成

本章第一节中描述了 Koch 曲线的构造思想，设定初始元长度为 L(相当于单位长的倍数)，生成元的初始角度为 θ，角度以逆时针方向为正。Koch 曲线在 1/3 处向外折起，因此 θ 是累积的，数值不断变化。图 9-11(a)示出了线元生成过程中 θ 的变化情况。m 为 Koch 曲线生成元的等分数。Koch 曲线算法思想的实质是递归，其算法步骤为：

(1) 确定 Koch 曲线的起点；

(2) 给出递归深度 n；

(3) 计算生成元递归 n 次后的最小线元长度 $d=L/m^n$；

(4) 执行递归程序，对生成元的部分进行递归，并绘出曲线。

其中，每一段的线元参见图 9-11(b)，其终点与起点坐标关系由下式确定：

$$\begin{cases} x_n = x_{n-1} + d\cos\theta \\ y_n = y_{n-1} + d\sin\theta \end{cases} \tag{9-3}$$

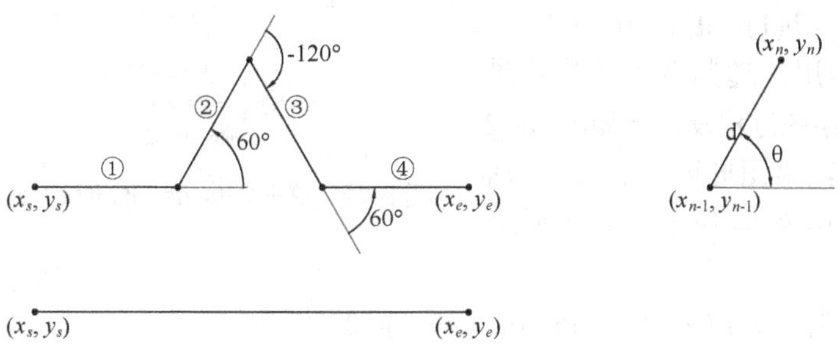

(a) 生成元与初始元　　(b) 单一线元的几何数据

图 9-11　Koch 曲线生成示意图

Koch 曲线递归调用子程序(C 代码)如下：

```
//以下为全局变量，是在递归调用子程序之外定义的：
// int th=0; 线元的当前角度，此变量代表 θ，设定初始角度为 0°；
// double  x, y; 线元的当前坐标值;
// double d; 线元的当前长度，d=L/m^n;
Void Koch(int n)   // n 为递归深度
{
    if(n= =0) {
    x + = d * cos ( th * 3.14159/180 ) ;
    y + = d * sin ( th * 3.14159/180 ) ;
    line to ( x, y ); //从上一点到当前点绘制一直线段
    return;  }
  Koch(n-1); //绘制线元①，参见图 9-11(a)。
  th + = 60;
  Koch(n-1); //绘制线元②，参见图 9-11(a)。
  th - = 120;
  Koch(n-1); //绘制线元③，参见图 9-11(a)。
  th + = 60;
  Koch(n-1); //绘制线元④，参见图 9-11(a)。
}
```

上述程序中注释的线元①②③④代表直线段，或者本身也是下一级 Koch 曲线，这与递归深度 n 的取值有关。

设定初始角度 $\theta=0°$，初始位置 $x=x_s=0$，$y=y_s=0$，当迭代深度 n 设置为不同数值时，程序的执行过程如下：

(1) 当 $n=0$ 时，$d=L/m^0=$L，$th=0$，$x=0$，$y=0$。

执行函数 Koch(0)，if 语句成立，直接计算 $x=0+d=L$，$y=0$。然后从(0,0)到$(L,0)$绘制一直线段，并退出子程序。如图 9-14 所示当 $n=0$ 时的直线段，实际上相当于初始元。

(2) 当 $n=1$ 时，$d=L/m^1=L/3$(三等分 Koch 曲线)，$th=0$，$x=0$，$y=0$。

执行函数 Koch(1)，if 语句不成立，开始进行递归调用，递归调用的执行过程、数据变换、绘图过程及结果如图 9-12 所示。由此可见结果图形相当于 Koch 曲线的生成元，如图 9-14 所示当 $n=1$ 时的结果图形。

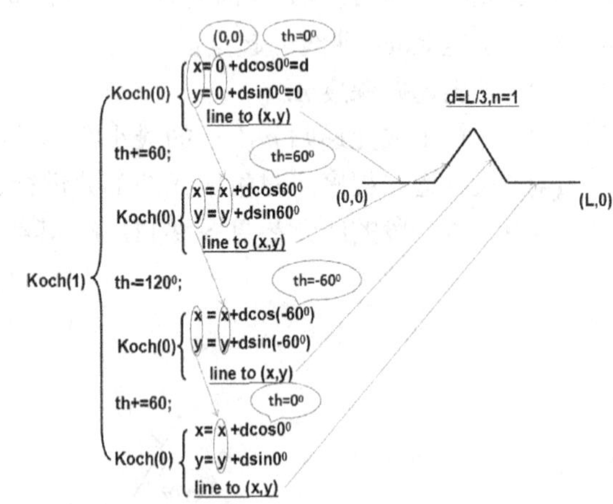

图 9-12　递归深度 n=1 时 Koch 曲线执行过程及结果

(3) 当 $n=2$ 时，$d=L/m^2=L/9$，$th=0$，$x=0$，$y=0$。

执行函数 Koch(2)，if 语句不成立，开始进行递归调用。递归调用的执行过程、数据变换、绘图过程及结果如图 9-13 所示，图 9-14 中示出了 $n=2$ 时的结果图形。

由此可见，当 n=1 时，线元长度 d=L/3，生成 4 段线元；当 n=2 时，线元长度 d=L/9，生成 16 段线元。图 9-14 展示出 n=0,1,2,3,4 不同数值时，Koch 曲线越来越精细的结构。

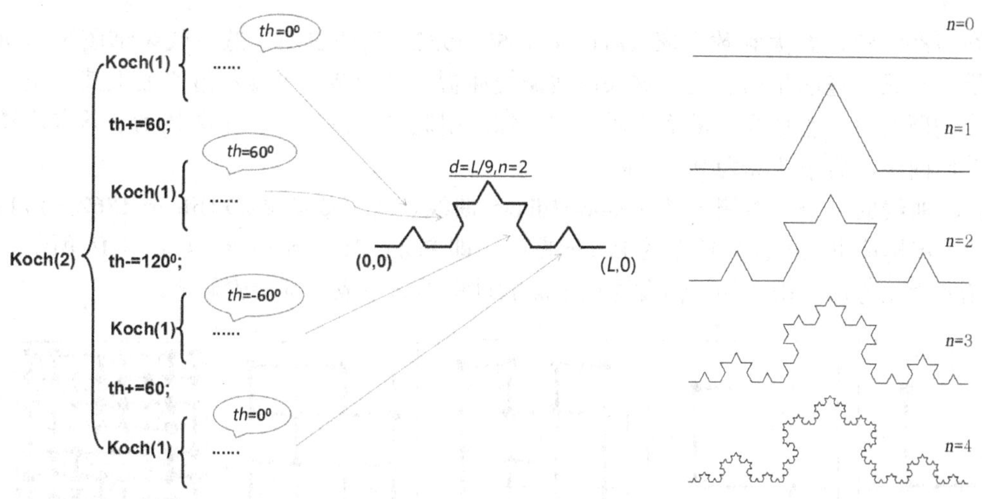

图 9-13　递归深度 n=2 时 Koch 曲线执行过程及结果　　图 9-14　不同递归深度生成的 Koch 曲线

Koch 曲线的初始元是直线段，但最终的结果是一个参差不齐的曲线，很像雪花的边缘。如果将 3 条这样的曲线围在一起，便会得到雪花图形。所不同的是，初始元不是一条直线段，而是一个等边三角形。利用上面介绍的 Koch 曲线的递归算法，在程序设计中调用 3 次 Koch 递归过程，以实现三角形 3 条边各自的 Koch 曲线递归生成。请读者注意调用递归过程之前的起始点和初始角度的取值。

雪花曲线的部分程序代码如下：

```
Void Snowflake(int n)//n为递归深度
{......
  x=0;y=0;th=60;
  Koch(n); //左上部分曲线
  x=L;y=0;th=120;
  Koch(n);//右上部分曲线
  x=L;y=0;th=180;
  Koch(n);//底部曲线
}
```

图 9-15 给出了迭代次数 n 分别为 0，1，2，3 的雪花曲线的生成结果。

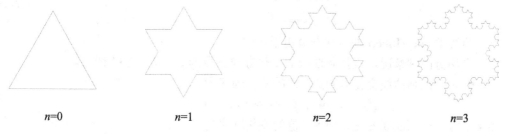

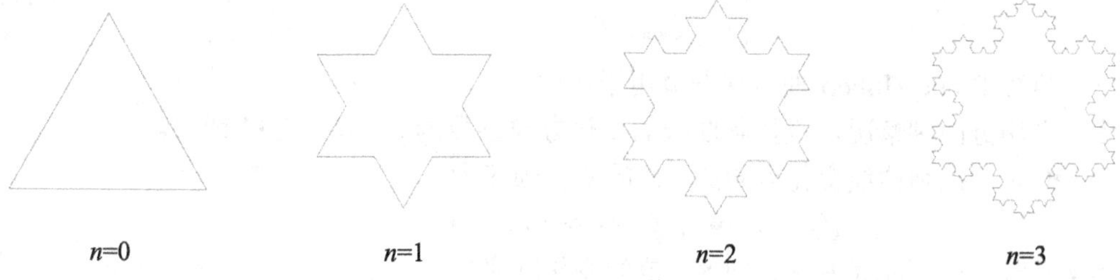

图 9-15　雪花曲线

二、Peano_Hilbert 曲线

早在 1890 年，意大利数学家 G.Peano(1858~1932 年)通过对一些古代装饰图案的研究，构造了一条奇怪的平面曲线。这条曲线蜿蜒曲折一气呵成，并能经过平面上某一正方形区域内的所有点，曾使当时的数学界大吃一惊，引起了广泛注意，不久找到了具有这样性质的其他曲线，后来统称为 Peano 曲线。

Peano 曲线的一个典型例子是 Peano-Hilbert 曲线。德国数学家 D.Hilbert(1862～1943 年)在 1891 年构造出来的比较简单的 Peano 曲线，即 Peano-Hilbert 曲线，如图 9-16 所示。它的初始元为正方形，由初始元出发通过下面的过程不断生成，其步骤如下。

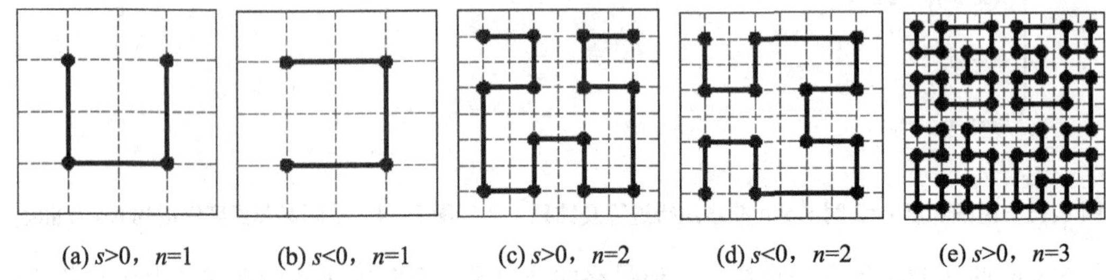

(a) s>0，n=1　(b) s<0，n=1　(c) s>0，n=2　(d) s<0，n=2　(e) s>0，n=3

图 9-16　Peano-Hilbert 曲线的递归过程

首先，将正方形四等分，求出各个小正方形的中心，并将它们连接起来，得到如图 9-16(a)、图 9-16 (b)所示的折线。控制曲线变化方向的参数 s>0 时，折线的连线顺序如图 9-16(a)所示，否则折线的连线顺序如图 9-16 (b)所示。

其次，将各个小正方形再细分为 4 个相同的小正方形，并连接各个小正方形的中心，也将会发展成两种，如图 9-16(c)、9-16(d)所示。以此类推，进行递归。

Peano-Hilbert 曲线的实现步骤如下：

(1) 设置递归深度 n。

(2) 确定曲线的范围，即 Xmin，Ymin，Xmax，Ymax，确立最初的正方形(矩形)。

(3) 对初始正方形四等分，并对其边长 2^n 等分，此时网格间隔为(参见图 9-17)：

$$\begin{cases} d_x = (x_{\max} - x_{\min})/(2\times 2^n) \\ d_y = (y_{\max} - y_{\min})/(2\times 2^n) \end{cases} \tag{9-4}$$

(4) 计算曲线的起点坐标为：

$$\begin{cases} x = x_{\min} + d_x \\ y = y_{\min} + d_y \end{cases} \tag{9-5}$$

(5) 执行 Peano-Hilbert 曲线递归调用子程序。

递归调用分两种情况。设控制曲线的变化方向参数为 s，取值为+1 或−1。

当 s>0 时，控制曲线变化方向的 s 值的变化顺序为：

−1① ⟶ 1② ⟶ 1③ ⟶ −1④

当 s<0 时，控制曲线变化方向的 s 值的变化顺序为：

1① ⟶ −1④ ⟶ −1③ ⟶ 1②

其中，-1①表示①区的 s 值为-1；1②表示② 区的 s=1；1③表示③区的 s=1；-1④表示④区的 s=-1。分区①②③④的情况如图 9-17 所示。

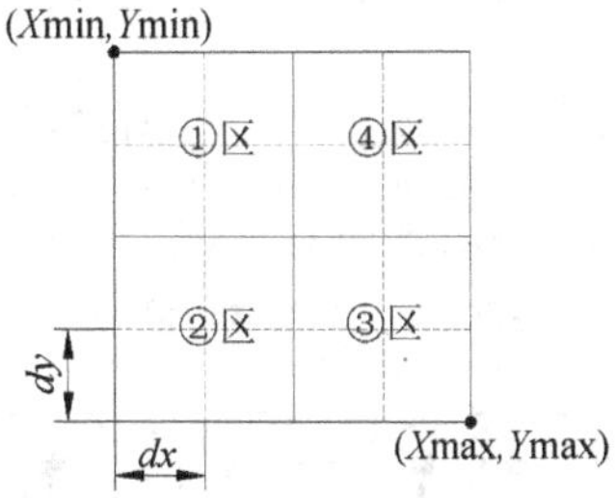

图 9-17　网格间隔计算与分区

Peano-Hilbert 曲线的主要程序代码如下：

```
Void  Peano_Hilbert( int n, int s, double x1,
double y1,double x2, double y2)
{
   if ( n = = 1)  {
      dx = x2 - x1;
      dy = y2 - y1;
      lineto( x1+dx/4, y1+dy/4);
      lineto( x1+(2-s)*dx/4, y1+(2+s)*dy/4);
      lineto( x1+3*dx/4, y1+3*dy/4);
      lineto( x1+(2+s)*dx/4), y1+(2-s)*dy/4);
      return;
              }
   if ( s>0 )  {
      Peano_Hilbert( n-1, -1, x1, y1, (x1+x2)/2, (y1+y2)/2 );//①区
      Peano_Hilbert( n-1, 1, x1, (y1+y2)/2, (x1+x2)/2, y2 );//②区
      Peano_Hilbert( n-1, 1, (x1+x2)/2, (y1+y2)/2, x2, y2 );//③区
      Peano_Hilbert( n-1, -1, x2, (y1+y2)/2, (x1+x2)/2, y1 );//④区
             }
   else{......              }
}
```

当迭代次数为 n=2，曲线变化控制变量 s=1 时，执行 Peano-Hilbert 代码的过程及执行结果，如图 9-18 所示。

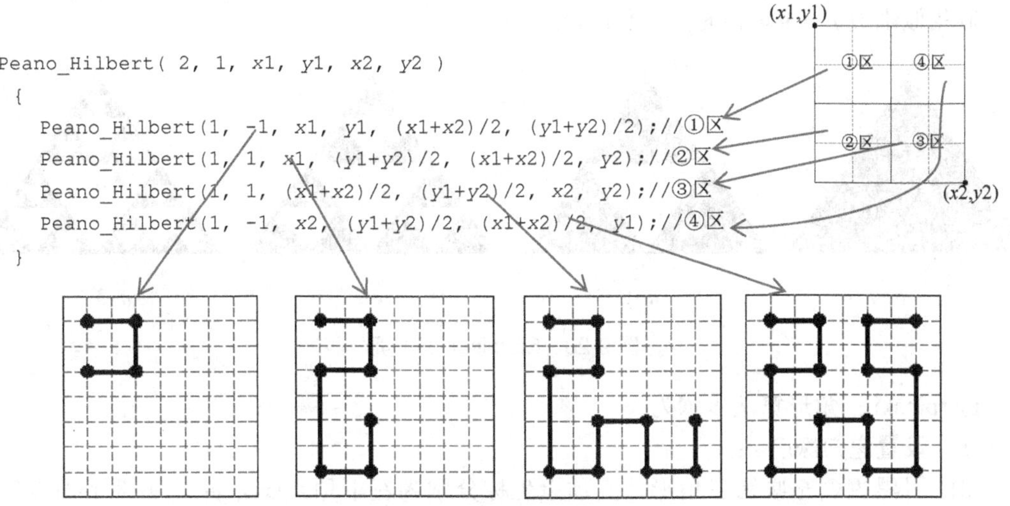
Peano_Hilbert(2, 1, x1, y1, x2, y2)
{
Peano_Hilbert(1, -1, x1, y1, (x1+x2)/2, (y1+y2)/2);//①区
Peano_Hilbert(1, 1, x1, (y1+y2)/2, (x1+x2)/2, y2);//②区
Peano_Hilbert(1, 1, (x1+x2)/2, (y1+y2)/2, x2, y2);//③区
Peano_Hilbert(1, -1, x2, (y1+y2)/2, (x1+x2)/2, y1);//④区
}
(x1,y1)
①区
④区
②区
③区
(x2,y2)

图 9-18　Peano-Hilbert 的执行结果(n=2，s=1)

当迭代次数为 n=2，曲线变化控制变量 S=-1 时，执行 Peano-Hilbert 代码的过程及执行结果，如图 9-19 所示。

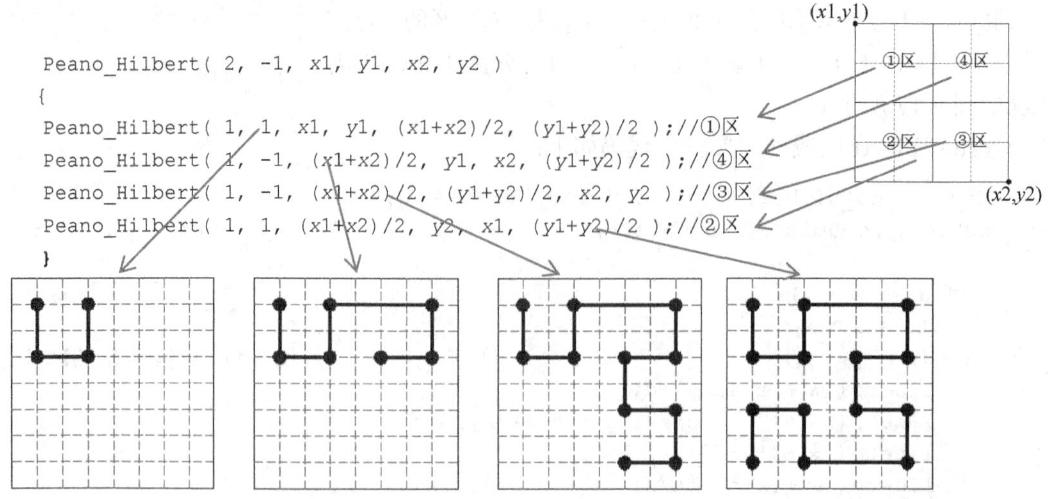
(x1,y1)
①区 ④区
②区 ③区
(x2,y2)
Peano_Hilbert(2, -1, x1, y1, x2, y2)
{
Peano_Hilbert(1, 1, x1, y1, (x1+x2)/2, (y1+y2)/2);//①区
Peano_Hilbert(1, -1, (x1+x2)/2, y1, x2, (y1+y2)/2);//④区
Peano_Hilbert(1, -1, (x1+x2)/2, (y1+y2)/2, x2, y2);//③区
Peano_Hilbert(1, 1, (x1+x2)/2, y2, x1, (y1+y2)/2);//②区
}

图 9-19 Peano-Hilbert 的执行结果(n=2，s=−1)

请读者注意比较迭代次数相同，曲线变化控制变量 s 分别为+1 和−1 时对迭代结果的影响，如图 9-16 所示。

三、Sierpinski 三角形与 Sierpinski 地毯

1915 年，波兰数学家 W.Sierpinski(1882—1969 年)给出了一个从平面上的二维图形出发做曲线的有趣例子。其初始图形是一个等边三角形面，构造过程是：首先将等边三角形面四等分，得到 4 个小等边三角形面，去掉中间一个，将剩下的 3 个小等边三角形面分别进行四等分，再分别去掉中间的一个。重复这个过程直至无穷，可以得到如图 9-20 所示图形。其相似维数 $D = \log 3 / \log 2 \approx 1.5849$。

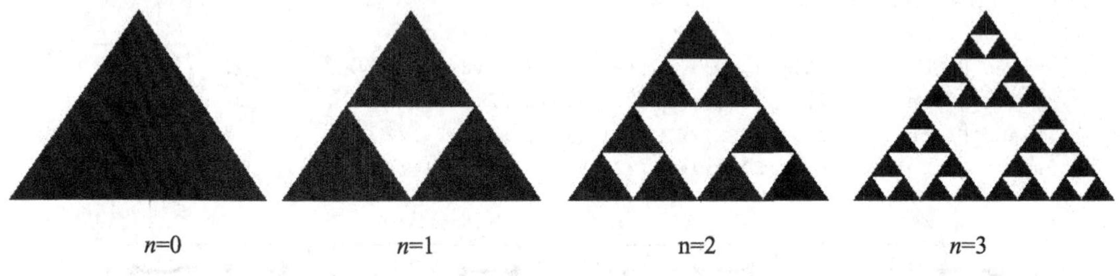
n=0
n=1
n=2
n=3

图 9-20 Sierpinski 三角形

Sierpinski 三角形算法步骤为：

(1) 设置递归深度 n；

(2) 用黑色填充原始三角形，其顶点坐标分别为左下顶点(x_1，y_1)，中部上顶点(x_2，y_2)，右下顶点(x_3，y_3)；

(3) 调用 Sierpinski 递归子程序，递归程序中舍弃的三角形用白色填充。

Sierpinski 递归子程序代码为：

```
Void Sierpinski(int n, double x1, double y1,double x2, double y2, double
x3,double y3)
{
   if (n = = 0)   return;
   tri[0] = (x1+x2)/2;
   tri[1] = (y1+y2)/2;
   tri[2] = (x2+x3)/2;
   tri[3] = (y2+y3)/2;
   tri[4] = (x1+x3)/2;
   tri[5] = (y1+y3)/2;
   Setfillstyle( 1, white ); //设置填充色为白色
   Fillpoly(3, tri ); //被舍弃的三角形填充白色
   Sierpinski( n-1, x1, y1, (x1+x2)/2, (y1+y2)/2, (x1+x3)/2, (y1+y3)/2 );
//左下角子三角形
   Sierpinski( n-1, (x1+x2)/2, (y1+y2)/2, x2, y2, (x2+x3)/2, (y2+y3)/2 );
//中部子三角形
   Sierpinski( n-1, (x1+x3)/2, (y1+y3)/2, (x2+x3)/2, (y2+y3)/2, x3, y3 );
//右下角子三角形
}
```

执行递归调用 Sierpinski 之前，先用黑色填充一个初始三角形，各边顶点分别为(x_1, y_1)，(x_2, y_2)，(x_3, y_3)。递归调用深度 n 对应 0，1，2，3 时的 Sierpinski 三角形如图 9-20 所示。

Sierpinski 三角形的初始图形是三角形，如果将初始图形改成正方形，便可以构造 Sierpinski 地毯的图形。它的生成规则是：首先在平面上构造一个正方形，将正方形的每边三等分，并连接相应的等分点，从而将原来的正方形分成等面积的 9 个小正方形，舍弃中间的一个小正方形，再将剩下的 8 个小正方形按照同样的方法分割与舍弃，如此不断重复这一过程直至无穷，最终得到的即为 Sierpinski 地毯，如图 9-21 所示。其相似维数 $D = \log 8/\log 3 \approx 1.8928$。

请读者参照 Sierpinski 三角形递归程序代码，编写 Sierpinski 地毯程序代码，调试并绘制 Sierpinski 地毯图形。图 9-21 给出了递归调用深度 n 对应 0，1，2，3 时的 Sierpinski 地毯图形。

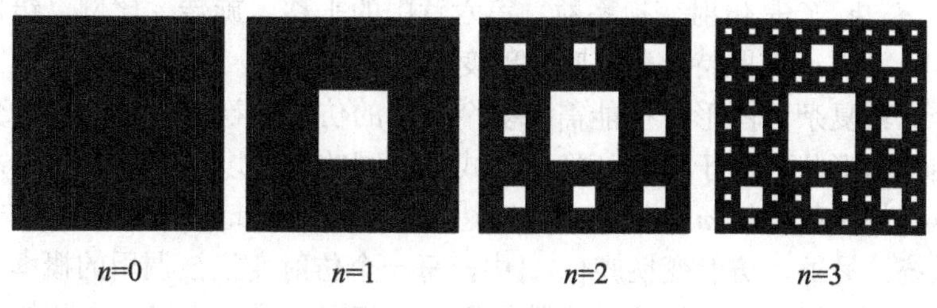

n=0　　n=1　　n=2　　n=3

图 9-21　Sierpinski 地毯

第三节　迭代函数系统

迭代函数系统(Iterated Function System，IFS)是分形理论的重要分支，也是分形图形图

像处理中最具有生命力并能广阔应用的领域之一，这一工作最早可以追溯到 Hutchinson 于 1981 年对自相似集的研究。美国科学家佐治亚理工学院的 M.F.Barsley 于 1985 年发展了这一分形构型系统，并命名为迭代函数系统(IFS)，后来又由 Stephen Demko 等人将其公式化，并引入到图像合成领域中。

IFS 将待生成的图像看成是由许多与整体相似(自相似)或经过一定变换与整体相似(自仿射)小块拼贴而成。自相似通过相似变换实现，自仿射通过仿射变换实现。

一、仿射变换与 IFS 码

相似变换是在各个方向上变换比例相同，仿射变换是在不同的方向上变换的比例可以不同。图 9-22(a)是原始图形，图 9-22(b)是其相似变换结果，图 9-22(c)和(d)是图 9-22(a)的仿射变换结果。从直觉上看，相似变换可放大或缩小甚至旋转，但不变形；而仿射变换可能会变形。实际上，相似变换是仿射变换的特例。

(a) 原始图形　　(b) 相似变换　　(c) 仿射变换之一　　(d) 仿射变换之二

图 9-22　相似变换与仿射变换比较

1. 仿射变换的数学表达

仿射变换的数学表达式为：

$$\omega:\begin{cases} x' = ax + by + e \\ y' = cx + dy + f \end{cases} \tag{9-6}$$

其中，ω 代表仿射变换，x 和 y 是变换前图形的坐标值，x'和 y'是变换后图形的坐标值。a，b，c，d，e，f 是仿射变换系数。第六章中的平移、旋转、比例、错切、对称变换均是当 a，b，c，d，e，f 取特定数值时仿射变换的特例。

对于一个比较复杂的图形，可能需要多个不同的仿射变换来实现，仿射变换族$\{\omega_n\}$控制着图形的结构和形状。由于仿射变换的形式是相同的，所以不同的形状取决于仿射变换的系数。式(9-6)的仿射变换 ω 是由函数式表达的，反复不断地应用这些函数式就构成了一个迭代函数系统。另外，仿射变换族$\{\omega_n\}$中，每一个仿射变换被调用的概率不一定是相同的，也就是说，落入图形各部分中的点数量不一定相同，需要引进一个新的量，即仿射变换 ω 被调用的概率 P。因此，6 个仿射变换系数(a, b, c, d, e, f)和一个概率(P)组成了 IFS 算法最关键的部分——IFS 码，记为$\{\omega_j, P_j | j = 1, 2, \ldots, N\}$。

一般而言，ω 的概率 P 取决于仿射变换子图的面积，即子图面积越大，落入该子图的点数就越多，此子图所对应的仿射变换系数被选中的概率就越大，也就是此子图对应的概率值越大。

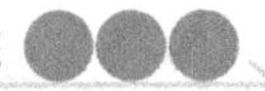

必须是收缩的仿射变换才可以用于迭代函数系统，即：任何点集内的点之间的距离经过仿射变换后要缩小。

2. 仿射变换的几何特征

仿射变换具有下列几何特征。

(1)　仿射变换的逆变换，仍然是仿射变换。

(2)　仿射变换是线性变换，直线段仿射变换后仍为直线段，并且保持线段上点的定比关系不变。

(3)　两条平行直线经仿射变换后，仍然保持平行性。

(4)　任意平面图形经仿射变换后，其面积将发生变化，为变换前的$(ad-bc)$倍。只有当$ad-bc=1$时，面积在仿射变换前后才保持不变。

二、IFS 迭代算法

由$\{\omega_j , P_j| j = 1, 2, \ldots, N \}$表示的 IFS 码中，根据概率$P_j$是等概率还是随机概率，将 IFS 迭代算法分为确定性迭代算法和随机迭代算法两类。

确定性迭代算法占存储空间大，任何情况下都能产生清晰完整的图形，可以对细节精确控制。随机迭代算法不占用很大的存储空间，但是需要很大的迭代次数才能生成清晰完整的图形。

1. 确定性迭代算法

对于 IFS(ψ,P)，P 是等概率的。$\psi=\{\omega_j|1\leqslant j\leqslant N$，$N$ 为正整数$\}$。设初始图形 A_0，逐次生成集合序列$\{A_n\}$，则有

$$A_{n+1}=\bigcup_{j=1}^{N}\omega_j(A_n) \tag{9-7}$$

迭代过程与集合生成的迭代过程如图 9-23 所示。首先从初始图形 A_0 出发，经过$\{\omega_j|1\leqslant j\leqslant N$，$N$ 为正整数$\}$变换，按式(9-7)规则生成 A_1。然后 A_1 进行同样的变换，这个过程反复进行，逐次生成 A_2，A_3，……，直至生成最后的分形图形 A_{n+1}。

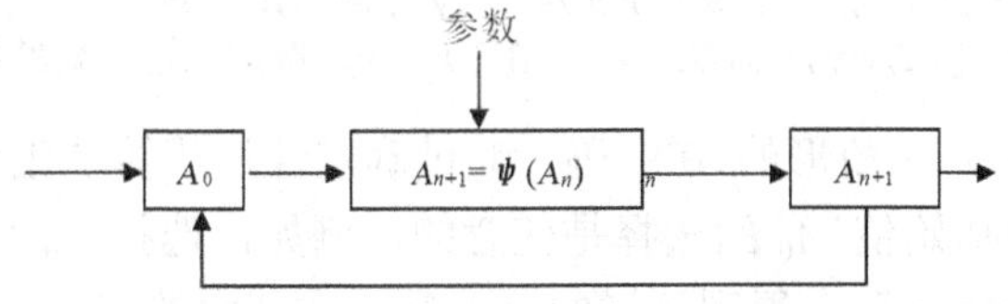

图 9-23　IFS 确定性迭代算法示意图

IFS 确定性迭代算法步骤及主要程序代码如下。

(1)　参数设置：

设置二个数组 $t[N][N]$，$s[N][N]$，其中 N 为行、列的像素点数，用于设定屏幕上的一个正方形绘图区域；

指定迭代次数 itn，给出变换个数 tn；

从数据文件中读出仿射变换系数，存放在数组 $a[i]$，$b[i]$，$c[i]$，$d[i]$，$e[i]$，$f[i]$，i=0，1，2，…，$tn-1$. (或直接将仿射变换系数赋值给各数组)；

建立绘制环境(背景色，视窗大小，颜色，起点等)。

(2) 将两个数组 $t[N][N]$, $s[N][N]$初始化为 0。

(3) 生成初始图形集合 A_0(图 9-24 所示的正方形)。

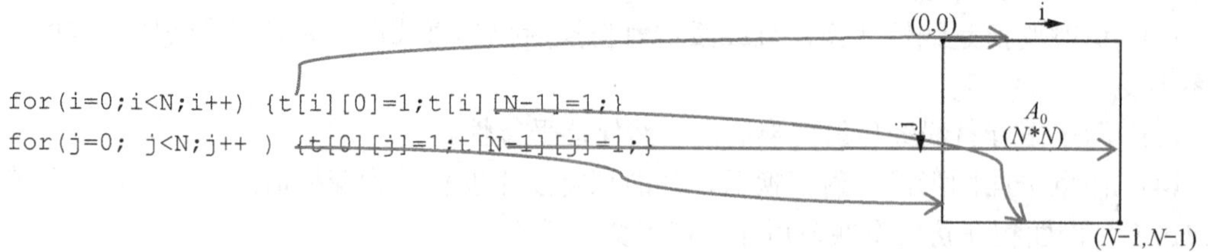
(0,0)
i
for(i=0;i<N;i++) {t[i][0]=1;t[i][N-1]=1;}
for(j=0; j<N;j++) {t[0][j]=1;t[N-1][j]=1;}
j
A0
(N*N)
(N-1,N-1)

图 9-24 初始图形 A_0

(4) 从 A_0 出发进行迭代，迭代 itn 次。

```
for( n = 0; n < itn; n++ )
     for( i = 0; i < N; i++ )
        for( j = 0; j < N; j++ ) {
            if ( t[i][j] = = 1 )
               for( k = 0; k < tn; k++ ) {
                   x = (a[k]*i + b[k]*j + e[k]);
                   y = (c[k]*i + d[k]*j + f[k]);
                   s[x][y] = 1;
                   }
     t[i][j]=s[i][j];
     s[i][j]=0;
```

(5) 绘制。

```
for(i = 0; i < N; i++)
    for(j = 0; j < N; j++) {
      if (s[i][j] = 1){
        dx= x0+sx*i;//(x0,y0)为初始点的坐标
        dy= y0+sy*j;//sx, sy 分别为 x, y 方向的比例因子
        putpixel(dx,dy,color)}}//在(dx,dy)像素位置绘制颜色为 color 的点。
```

表 9-2 是 Sierpinski 三角形的 IFS 码，通过确定性迭代算法生成的图形如图 9-25 所示。确定性迭代算法中初始值 A_0 的选择是任意的，例如，选择 A_0 为正方形或三角形，用确定性迭代算法进行迭代运算会得到同样的分形集，本例中的初始图形 A_0 为正方形。

表 9-2 Sierpinski 三角形的 IFS 码

ω_i	a	b	c	d	e	f	P
1	0.5	0.0	0.0	0.5	0.0	0.0	0.333
2	0.5	0.0	0.0	0.5	0.5	0.0	0.333
3	0.5	0.0	0.0	0.5	0.5	0.5	0.334

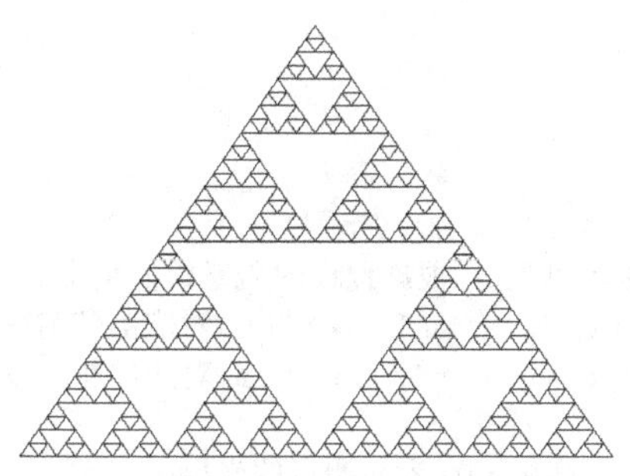

图 9-25 利用 IFS 确定性迭代算法生成的 Sierpinski 三角形

2. 随机迭代算法

随机迭代算法是针对带概率的 IFS$\{X|\omega_1,\omega_2, \ldots \omega_N;\ p_1,\ p_2,\ \ldots,\ p_N\}$设计的。其中，$\sum_{i=1}^{N} p_i = 1$。随机迭代算法的初始点为$(x_0,y_0)$，X 为每迭代一次生成的新坐标点，则有 $X_n \in \{\omega_1(X_{n-1}),\ \omega_2(X_{n-1}), \ldots ,\omega_N(X_{n-1})\}$，即在每一次迭代中，采用哪一个仿射变换是由概率 p_i 决定。随机迭代算法的迭代次数很大，一般来说要万次以上。

随机迭代算法与确定性迭代算法的主要不同是递归迭代时概率值决定仿射变换的选取。随机算法的迭代过程和点集形成示意图如图 9-26 所示。由初始点 $X_0(x_0,y_0)$替代初始图形 A_0，每次迭代只有一个仿射变换作用到前一个生成点上。仿射变换每次取$\{\omega_1,\omega_2, \ldots, \omega_N\}$之一，由概率取值决定。当迭代次数足够大，最终生成的图形是一个分形图形。以图 9-27 所示包括三个仿射变换 ω_1，ω_2，ω_3，分别对应概率 p_1=0.2，p_2=0.5，p_3=0.3 为例加以说明概率的作用。取{0,1}范围内的随机数 r_n，当 $0 \leqslant r_n \leqslant p_1$，即 $0 \leqslant r_n \leqslant 0.2$ 时，仿射变换取 ω_1；当 $p_1 < r_n \leqslant p_1+p_2$，即 $0.2 < r_n \leqslant 0.7$ 时，仿射变换取 ω_2；当 $p_1+p_2 < r_n \leqslant 1$，即 $0.7 < r_n \leqslant 1$ 时，仿射变换取 ω_3。

$f \in \{\omega 1,\omega 2,\ldots,\omega N\}$

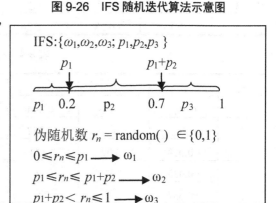

X_n → $X_{n+1}=f(X_n)$ → X_{n+1}

图 9-26 IFS 随机迭代算法示意图

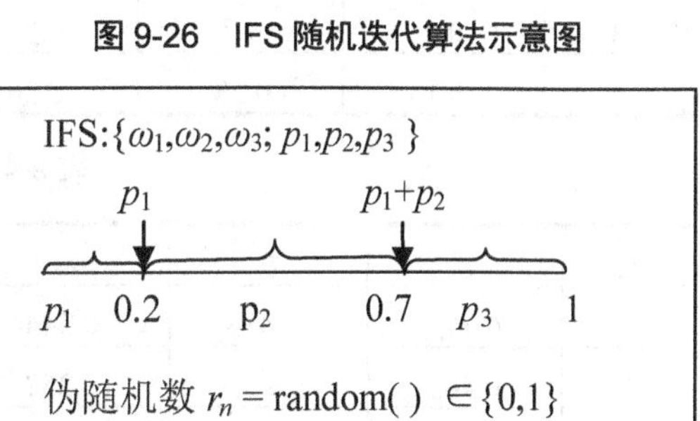

图 9-27 由概率决定仿射变换选取

IFS 随机迭代算法步骤及主要程序代码如下：

(1) 设置参数。

迭代数 itn，变换个数 tn；

从数据文件中读出仿射变换系数，存放在数组 $a[i]$，$b[i]$，$c[i]$，$d[i]$，$e[i]$，$f[i]$，$p[i]$，i=0，1，2，⋯ t_{n-1} (或直接将仿射变换系数赋值给各数组)；

设置初始点 $x = 0$，$y = 0$。

(2) 迭代绘制。

```
for( n=0; n<itn; n++ ) {
```

```
rn =random( );
total =p[0];
k =0;
while(total<rn) {
k++ ;
total+=p[k]; }//由随机数 rn 根据预设的概率数值决定 ω 的下标
Newx = a[k]*x + b[k]*y + e[k];//与 ωk 对应的仿射变换作用到当前点横坐标
Newy = c[k]*x + d[k]*y + f[k];//与 ωk 对应的仿射变换作用到当前点纵坐标
X =Newx; Y =Newy;
dx = sx* X + x0 ;//(x0,y0)为初始点的坐标
dy = sy* Y + y0);//sx，sy 分别为 x，y 方向的比例因子
if (n > const){ //const 为设置的常量，目的是舍去前 10－15 个计算结果。
putpixel(dx,dy,color)}}//在(dx,dy)像素位置绘制颜色为 color 的点。
              }
```

当参数 $itn = 10000$，$tn = 4$，$x0 = 200$，$y0 = 100$，$sx = 30$，$sy = 30$ 时，如果 IFS 码取值如表 9-3 所给数据，采用随机迭代算法生成的蕨类植物如图 9-28 所示。如果 IFS 码取表 9-4 所给数据，采用随机迭代算法生成的树如图 9-29 所示。

表 9-3　蕨类植物的 IFS 码

ω_i	a	b	c	d	e	f	p
1	0.0	0.0	0.0	0.16	0.0	0.0	0.01
2	0.85	0.04	−0.04	0.85	0.0	1.6	0.85
3	0.2	−0.26	0.23	0.22	0.0	1.6	0.07
4	−0.15	0.28	0.26	0.24	0.0	0.44	0.07

表 9-4　树的 IFS 码

ω_i	a	b	c	d	e	f	p
1	0.195	−0.488	−0.344	0.443	0.4431	0.2452	0.25
2	0.462	0.414	−0.252	0.361	0.2511	0.5692	0.25
3	−0.058	−0.07	0.453	−0.111	0.5976	0.0969	0.25
4	−0.035	0.07	−0.469	−0.022	0.4884	0.5069	0.2
5	−0.637	0.0	0.0	0.501	0.8562	0.2513	0.05

图 9-28　IFS 蕨类植物

图 9-29　IFS 树

三、IFS 植物构形

1. 拼贴与 IFS 码的确定

前面讨论了由 IFS 码产生图形的方法，如图 9-28、图 9-29 所示的 IFS 蕨类植物和 IFS 树。下面讨论其反向问题，即如何从一个图形出发，获取其 IFS 码。

设定目标图形为 B，B 可以是数字化图像或近似多边形。用 B 的有限个仿射变换子图去覆盖它，这里的仿射变换子图，是 B 的小复制品，包含了缩小、旋转、平移、仿射、畸变等。覆盖过程要求尽可能地精确，即与原图轮廓尽可能重合，各子图之间的重叠是允许的，但应尽可能少，覆盖过程称为“拼贴”。拼贴结束后，一个确定的 IFS 码就生成了。

确定这些 IFS 码一般有两种办法，一种是交互式确定法，另一种是求解方程组计算法。交互式确定法是通过引入仿射变换 $\omega_i(Z)=A_iZ+E_i$ 产生若干子图，然后对目标进行拼贴的过程。如图 9-30 所示的枫叶，如果用 5 个子图拼贴其目标图形，有如下对应的仿射变换：

$$\omega_1:\begin{cases}x' = 0.6x + b_1 y + e_1\\ y' = c_1 x + 0.6y + f_1\end{cases}\quad \omega_2:\begin{cases}x' = 0.6x + b_2 y + e_2\\ y' = c_2 x + 0.6y + f_2\end{cases}\quad \omega_3:\begin{cases}x' = 0.5x + b_3 y + e_3\\ y' = c_3 x + 0.5y + f_3\end{cases}$$

$$\omega_4:\begin{cases}x' = 0.4x + b_4 y + e_4\\ y' = c_4 x + 0.4y + f_4\end{cases}\quad \omega_5:\begin{cases}x' = 0.2x + b_5 y + e_5\\ y' = c_5 x + 0.2y + f_5\end{cases}$$

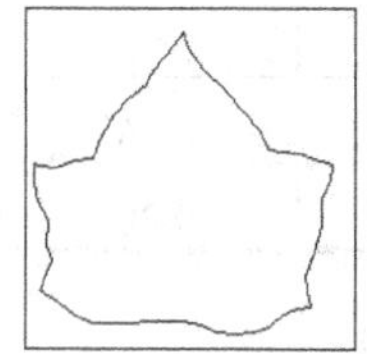
(a) 目标图形

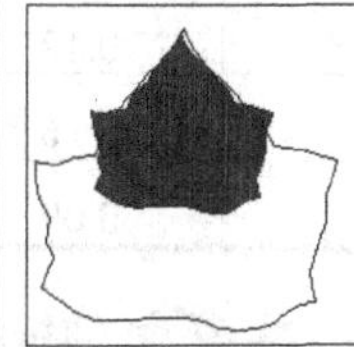
(b) ω_1 子图形

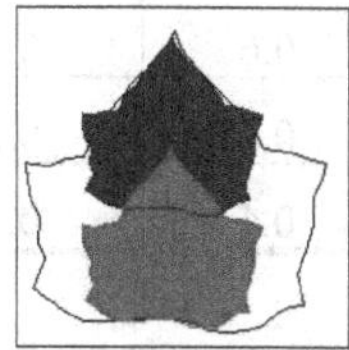
(c) ω_1,ω_2 子图形

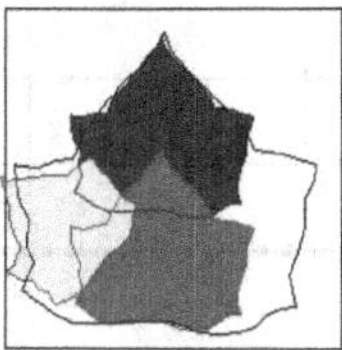
(d) ω_1～ω_3 子图形

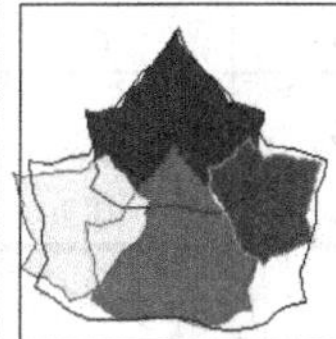
(e) ω_1～ω_4 子图形

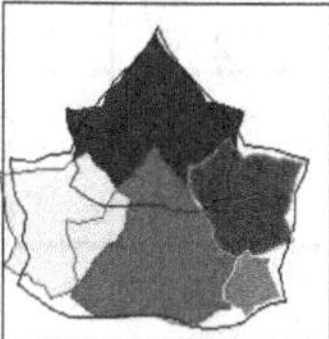
(f) ω_1~ω_5 子图形

图 9-30　枫叶的拼贴过程

此时 5 个子图分别是目标图形的 0.6，0.6，0.5，0.4，0.2 倍的缩小的复制品。然后按顺序交互式地在屏幕上调节每一个子图的仿射变换参数 b_i，c_i，e_i 和 f_i，使得平移、旋转后基本覆盖目标图形。子图与子图之间可以有重叠，应使重叠尽可能小，从而可以得到该图的 IFS 码。

求解方程组计算法是采用三点对应求解线性方程组的方法来求出仿射变换系数 a，b，c，d，e 和 f。如图 9-31 所示，为求取仿射变换 ω_3，在目标图形和子图上分别取对应三点，设目标图形上的三点为(x_1,y_1)，(x_2,y_2)，(x_3,y_3)，子图形上对应的三点为(x'_1,y'_1)，(x'_2,y'_2)，(x'_3,y'_3)。根据仿射变换公式(9-6)得到：

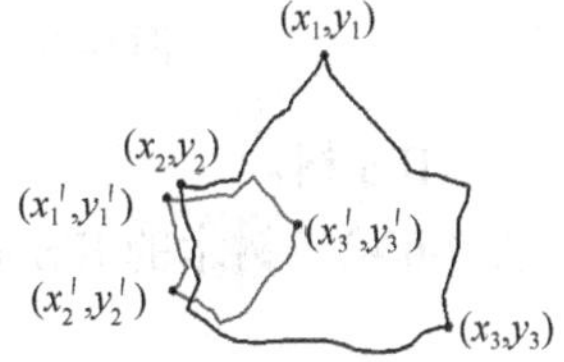

图 9-31　子枫叶与目标枫叶的三点对应

$$\begin{cases}x_1' = ax_1 + by_1 + e\\ x_2' = ax_2 + by_2 + e\\ x_3' = ax_3 + by_3 + e\end{cases}\tag{9-8}$$

$$\begin{cases} y_1' = cx_1 + dy_1 + f \\ y_2' = cx_2 + dy_2 + f \\ y_3' = cx_3 + dy_3 + f \end{cases} \tag{9-9}$$

通过求解上述线性方程组(9-8)，可得到 a，b，e 的值；求解线性方程组(9-9)，可得到 c，d，f 的值，从而获得 ω_3 的值。用类似的方法可以求出 ω_1，ω_2，ω_4，ω_5 的数值，假定 ω_1，ω_2，ω_3，ω_4，ω_5 为等概率出现，则可以获得枫叶完整的 IFS 码。

2. IFS 植物形态模拟

下面给出几个通过 IFS 码得到植物形态的实例，以体现 IFS 强大的构图能力。

(1) 枫叶。

枫叶按图 9-32(a)的方式拼贴，由 4 个等概率的仿射变换组成，得到的 IFS 码数据见表 9-5 所示，其中 ω_1 控制枫叶上部形态；ω_2 控制枫叶中部形态；ω_3 控制枫叶的右部形态；ω_4 控制枫叶的左部形态，按此 IFS 码迭代可以获得图 9-32(b)所示的枫叶。图 9-33 所示是由 5 个仿射变换构造的 IFS 枫叶拼贴示意图，请读者自己设计实现其图形绘制。

表 9-5　枫叶的 IFS 码

ω_i	a	b	c	d	e	f	p
1	0.6	0	0	0.6	0.18	0.36	0.25
2	0.6	0	0	0.6	0.18	0.12	0.25
3	0.4	0.3	−0.3	0.4	0.27	0.36	0.25
4	0.4	−0.3	0.3	0.4	0.27	0.09	0.25

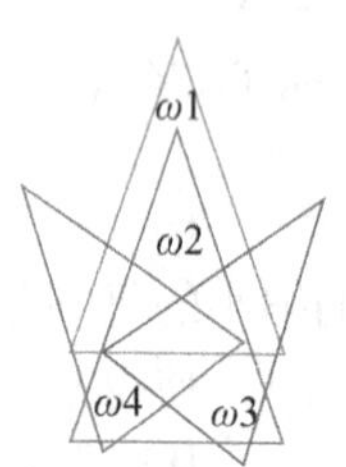

(a) 拼贴示意图

(b) 拼贴法生成枫叶

图 9-32　拼贴法生成枫叶

图 9-33　IFS 树

(2) IFS 树。

表 9-6 给出树木的 IFS 码，按此 IFS 码迭代可以生成图 9-33 所示的树。

表 9-6 树木的 IFS 码

ω_i	a	b	c	d	e	f	p
1	0.05	0	0	0.6	0	0	0.1
2	0.05	0	0	−0.5	0	1.0	0.1
3	0.46	0.32	−0.386	0.383	0	0.6	0.2
4	0.47	−0.154	0.171	0.423	0	1.0	0.2
5	0.43	0.275	−0.26	0.476	0	1.0	0.2
6	0.421	−0.357	0.354	0.307	0	0.7	0.2

本章知识结构图

分形的自相似性和自仿射性是研究分形几何的基础。递归与迭代是分形图形生成的主要方法之一。迭代函数系统的算法可以构造自然界中的很多景物，尤其擅长描述植物形状。本章各部分知识点之间的关系如图 9-34 所示。

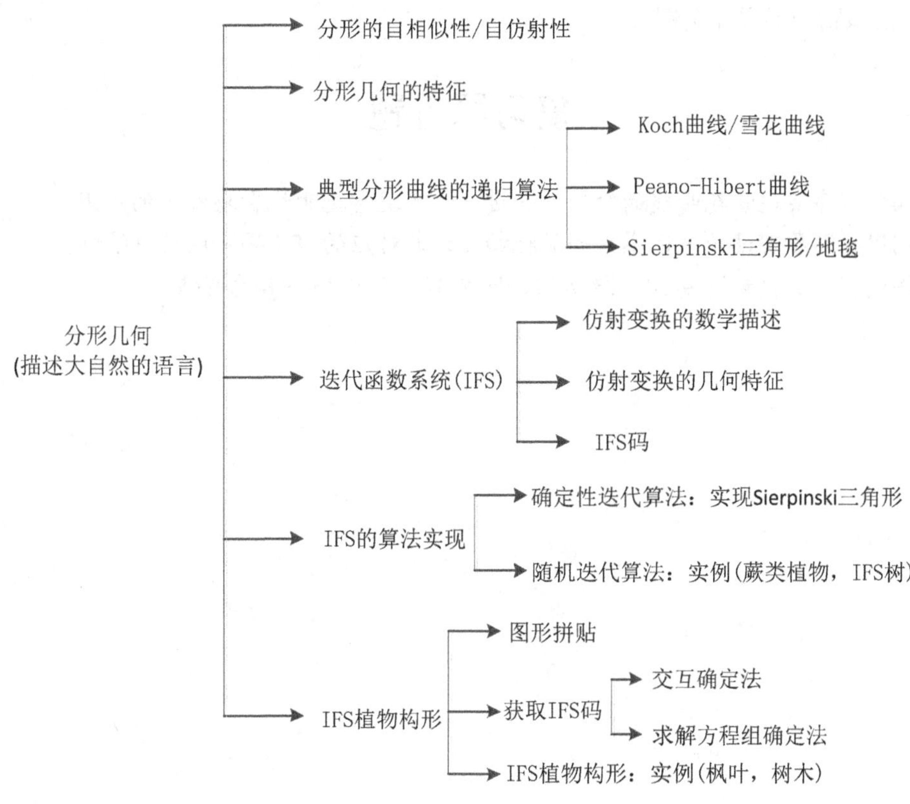

图 9-34 分形几何的知识结构

本章小结

分形几何擅长描述大自然中极不光滑、极不规则的图形。多数情况下分形图形的维数不是整数而是分数，分形维数大于它的拓扑维数。分形相似维数的计算主要应用于具有严格自相似的分形体。分形具有非常精细的结构，在任意小的尺度下仍有复杂的细节。分形图形以非常简单的递归方式产生。Koch 曲线以及由 Koch 曲线派生的雪花曲线，Peano-Hilbert 曲线，Sierpinski 三角形和地毯等都是典型的分形曲线。

迭代函数系统(IFS)是分形理论的重要分支，在数字图像处理中具有广泛应用。构成 IFS 系统的核心是 IFS 码，它由一组仿射变换和与之对应的概率构成。由$\{\omega_j , P_j| j = 1, 2, \ldots, N \}$表示的 IFS 码中，根据概率 P_j 是等概率还是随机概率，IFS 迭代算法分为确定性迭代算法和随机迭代算法两类。本章给出了 IFS 迭代算法实现的实例 Sierpinski 三角形，蕨类植物和 IFS 树的生成。

利用 IFS 系统对植物进行构形也是本章研究的又一个内容。通过图形拼贴，利用交互确定法或求解方程组确定法构造 IFS 码，可以实现对植物的构形设计。本章给出了枫叶和不同树木的植物构形设计实例。

复习思考题

1. 编制程序实现雪花曲线的绘制，并进一步实现雪花曲线在场景中的应用。
2. 利用拼贴原理设计自己感兴趣的植物，计算对应的 IFS 码完成植物绘制。
3. 编制程序实现如图 9-28、图 9-29、图 9-32、图 9-33 的图形绘制。

第十章　计算机图形学专题设计

通过前面章节的学习和实践，计算机图形学的基本知识和实例应用至此已接近尾声。本章给出三个专题案例设计：鱼群的卡通图形设计；自由曲面与 IFS 结合的景物设计；小型交互式绘图软件设计。三个专题设计综合运用了计算机图形学的各种算法，结合程序设计技术实现，目的是为指导读者进一步驾驭专业的图形软件奠定理论和实践基础。

第一节　鱼群的卡通图形设计

卡通图形常常在动画中使用，作为连续渐变的静态图像或者图形序列，沿时间轴顺次更换显示，从而产生运动效果。卡通图形的构形大都比较夸张，如人物以大头、大眼、大手、大脚为特征。卡通图形设计可以借鉴简笔画的绘制方法，即用简单的线条表达对象的外形特征，删掉细节，突出主要特征，把复杂的形象简单化。外形设计完成后进行着色处理，完成色彩艳丽，富有美感的画面，可附加文字说明，也可不附文字说明。这些画面对童真的孩子们有非常强烈的吸引力。

卡通图形要求夸张与变形，线条流畅，常常作为动画中的关键帧。卡通图形可以通过综合应用计算机图形学中直线、圆弧、自由曲线、自由曲面、区域填充、几何变换等设计技术实现。

图 10-1(a)表示拟人化的熊猫卡通图形，该图的构造利用了多边形、圆、椭圆等基本构型，配合不同颜色的区域填充完成；图 10-1(b)表示青蛙卡通图形，该图的构造利用了圆、椭圆等基本图形，配合不同颜色的区域填充；图 10-1(c)绘出一个浮在水面上的鸭子形象，外围的多边形是控制多边形，由其控制通过三次 B 样条曲线生成外形流畅的可爱的小鸭子(粗实线部分)。

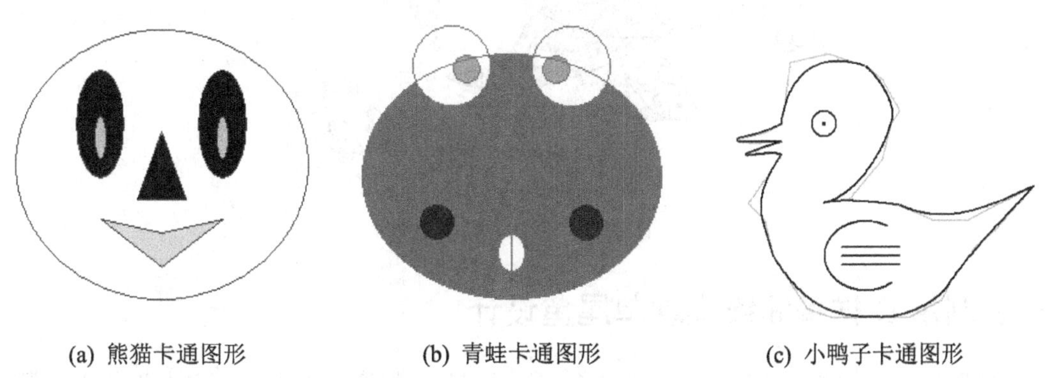

(a) 熊猫卡通图形　　(b) 青蛙卡通图形　　(c) 小鸭子卡通图形

图 10-1　动物的卡通图形设计实例

图 10-2(a)表现的是沐浴着阳光的花朵，①花蕊由填充黄色的圆构成。②花瓣由自由曲线构造，花瓣之间的连接是满足几何连续性条件的。③叶子由自由曲线构成，并填充绿

色；图 10-2(b)人物头部卡通图形构造稍微繁琐，通过细致构造几何参数，综合运用各种直线和曲线生成；图 10-2(c)要表达的主题是“我与赛车”；在这个画面里有赛车手和小汽车，还有小汽车发出的光线，描绘了一个赛车比赛的画面，这个画面综合使用了直线、圆、椭圆、自由曲线和区域填充的方法实现。

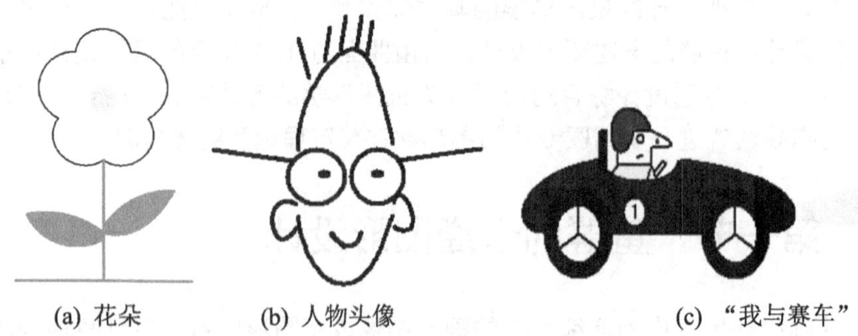

(a) 花朵　　(b) 人物头像　　(c) “我与赛车”

图 10-2　植物和人物卡通图形设计实例

以上几个典型卡通图形设计实例都是通过程序完成的，读者也可以编程设计一下，这样能够设计出表现力更丰富的画面。本节以鱼群的设计为例说明卡通图形的设计过程。

图 10-3 所示展现的鱼群共有 7 条鱼，中间一条大鱼，6 条小鱼大小、位置、朝向、形态各不相同，围绕在大鱼的周围自由欢快地游动。这个鱼群的设计可以分为三个部分，单尾鱼设计、鱼群设计和着色处理。

图 10-3　自由游动的鱼群

一、利用 B 样条曲线实现单尾鱼设计

以图 10-3 中的中间大鱼为研究对象，分析其外形特征可以看出，它由鱼身(为方便构形鱼身包括头部和尾鳍，以下简称鱼身)、背鳍、腹鳍、胸鳍、鳃盖和鱼眼 6 个部分构成。除了鱼眼可以用圆形表达，其他各部分结构均流畅光滑，表现为流线形，不适合用直线和圆(圆弧)构造。本书第五章介绍了大量的曲线曲面造型技术，本实例采用三次 B 样条曲线

造型方法设计鱼身、背鳍、腹鳍、胸鳍、鳃盖这 5 部分结构。三次 B 样条曲线最大的优势是在不同曲线段连接处一阶导数，二阶导数连续，可以实现曲线段之间的自然光滑连接，非常适宜描述鱼的流畅外形。

参照第五章第五节的例题，先构造描述鱼身、背鳍、腹鳍、胸鳍、鳃盖这 5 部分结构的控制多边形，其几何数据如表 10-1 所示，其上给出了各部分结构的坐标数据，由这些数据绘制的控制多边形如图 10-4(a)所示。

表 10-1　单尾鱼的控制多边形几何数据

鱼身(含鱼头，尾鳍)						背鳍			腹鳍		
序号	*x*	*y*	序号	*x*	*y*	序号	*x*	*y*	序号	*x*	*y*
1	46	157	19	582	127	1	192	257	1	263	18
2	55	173	20	443	19	2	287	394	2	420	-65
3	76	178	21	248	1	3	448	476	3	568	-78
4	230	294	22	102	86	4	534	478	4	644	-55
5	367	310	23	109	94	5	530	460	5	642	-45
6	523	261	24	157	97	6	506	441	6	601	-48
7	576	203	25	153	102	7	481	375	7	544	-28
8	608	198	26	52	137	8	496	262	8	499	23
9	633	216	27	46	157				9	500	68
10	652	317	胸鳍			鳃盖				鱼眼中心	
11	646	350	序号	x	y	序号	x	y	序号	x	y
12	656	356	1	199	264	1	314	158	1	226	145
13	740	205	2	286	228	2	428	202	半径：21		
14	695	37	3	332	153	3	473	168			
15	656	0	4	280	35	4	440	80			
16	654	12	5	230	24	5	370	87			
17	657	86	6	230	24	6	311	120			
18	617	131	7	230	24						

根据三次 B 样条曲线的算法，图 10-4(b)绘制了由控制多边形控制下生成的蓝色鱼身曲线，图 10-4 中的(c)、(d)、(e)、(f)分别绘制了背鳍、腹鳍、鳃盖、胸鳍的光滑曲线。图 10-4(g)表示去除控制多边形后单尾鱼的完整流线形外形。

值得注意的是，一般情况下 B 样条曲线的控制多边形的起始点和终止点都不在曲线上，三次 B 样条曲线的起点只与其前三个控制点有关，终点只与其后三个控制点有关，若想让控制多边形的起始点和终止点位于 B 样条曲线上，需要三个连续的相同控制点位于起点或终点时，这样才能保证 B 样条曲线通过这些起点或终点。本实例的程序设计中，构成整条鱼的 5 部分结构的起始点和终止点均复制两份，构成三个相同的连续数据点，如表 10-1 中胸鳍的序号 6 和序号 7 数据(黄色底色表示)与序号 5 的数据构成三个连续的相同数据点。此外，鱼的外形可以通过调整表 10-1 中的几何数据改变，如果数据没有直接写到程序里而是存储在数据文件里，则不需要修改程序代码便可以获得由改变的几何数据生成的外形各异的鱼。

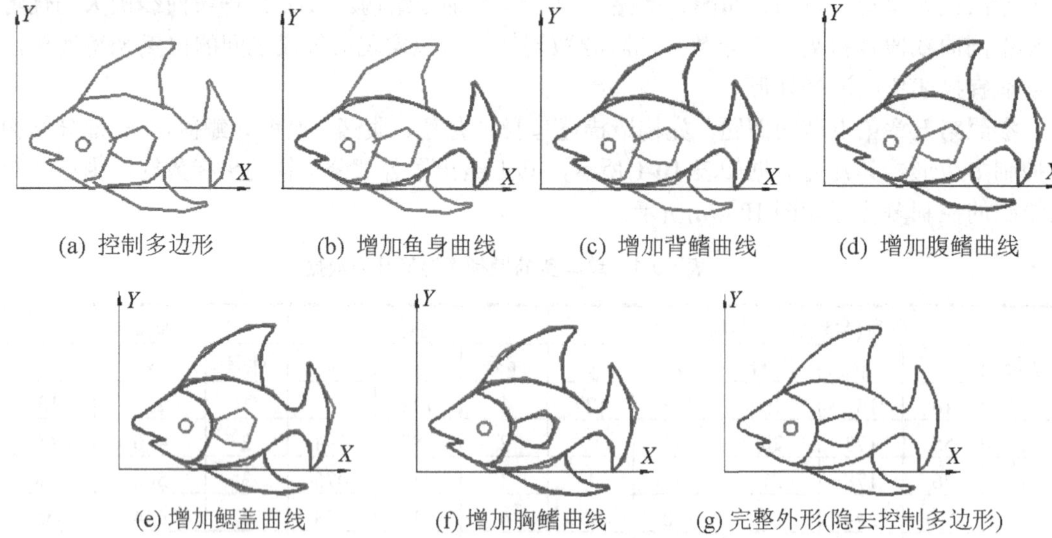

(a) 控制多边形　(b) 增加鱼身曲线　(c) 增加背鳍曲线　(d) 增加腹鳍曲线

(e) 增加鳃盖曲线　(f) 增加胸鳍曲线　(g) 完整外形(隐去控制多边形)

图 10-4　单尾鱼的生成过程

二、利用图形变换实现鱼群设计

图 10-3 共展示了 7 条鱼，除了中间的大鱼，其他每一条鱼都可以用上面的方法设计生成。第六章中我们学习了图形变换的技术，在计算机绘图应用中，经常要进行从一个几何图形到另一个几何图形的变换。例如，将图形向某一方向平移一段距离，将图形旋转一定的角度，或将图形放大或缩小等，利用图形变换可以高效地绘制重复图形或者进行几何构图设计，甚至还可以把静态图形变为动态图形，从而实现景物画面的动态显示。本例中我们综合运用比例变换、平移变换、旋转变换等各种变换施加到单尾鱼原始图形上，生成 6 条大小、位置、朝向、形态各异的小鱼。其中，大小变化由比例变换控制，位置变化由平移变换控制，朝向变换由旋转变换控制，而形态变换是通过这些变换进行综合作用来实现的。

为了减少各种变换的计算量，我们把这些几何变换施加到单尾鱼的控制多边形上，由变换后的控制多边形运用三次 B 样条曲线算法生成对应的小鱼。表 10-2 是生成 6 条小鱼的几何变换参数，变换后的控制多边形如图 10-5 所示。表 10-2 中鱼的编号与图 10-5 中鱼的编号是对应的。设 I 为 3×3 单位矩阵，每条鱼施加了不同的变换参数，对应的变换矩阵以编号为序计算如下。

表 10-2　生成鱼群的几何变换

鱼编号	几何变换参数				
	比例变换		平移变换		旋转变换(度)
	Sx	*Sy*	*Tx*	*Ty*	*θ*
(1)	0.1	0.1	0	0	0
(2)	0.3	0.3	703	−183	0
(3)	0.2	0.2	145	−206	20

续表

鱼编号	几何变换参数				
	比例变换		平移变换		旋转变换(度)
	Sx	*Sy*	*Tx*	*Ty*	θ
(4)	0.15	0.15	94	372	0
(5)	0.15	0.15	94	372	25
(6)	0.2	0.4	852	160	0

图 10-5　鱼群(控制多边形)的设计

编号(1)：进行比例变换，x、y 方向的比例因子均为 0.1，无平移变换，无旋转变换。变换矩阵分别为：

$$T_{\text{比例}}=\begin{bmatrix}0.1 & 0 & 0\\ 0 & 0.1 & 0\\ 0 & 0 & 1\end{bmatrix}，T_{\text{平移}}=\text{I}，T_{\text{旋转}}=\text{I}。$$

所以，$T_{\text{总变换}}=T_{\text{比例}}\times T_{\text{平移}}\times T_{\text{旋转}}=\begin{bmatrix}0.1 & 0 & 0\\ 0 & 0.1 & 0\\ 0 & 0 & 1\end{bmatrix}$。

编号(2)：先进行比例变换，x、y 方向的比例因子均为 0.3；然后进行平移变换，x、y 方向平移量分别为 703，−183。无旋转变换。变换矩阵分别为：

$$T_{\text{比例}}=\begin{bmatrix}0.3 & 0 & 0\\ 0 & 0.3 & 0\\ 0 & 0 & 1\end{bmatrix}，T_{\text{平移}}=\begin{bmatrix}1 & 0 & 0\\ 0 & 1 & 0\\ 703 & -183 & 1\end{bmatrix}，T_{\text{旋转}}=\text{I}。$$

所以，$T_{\text{总变换}}=T_{\text{比例}}\times T_{\text{平移}}\times T_{\text{旋转}}=\begin{bmatrix}0.3 & 0 & 0\\ 0 & 0.3 & 0\\ 703 & -183 & 1\end{bmatrix}$。

编号(3)：先进行比例变换，x、y 方向的比例因子均为 0.2；然后进行平移变换，x、y 方向平移量分别为 145，−206。最后进行旋转变换，绕坐标原点逆时针旋转 20°。变换矩阵分别为：

$$T_{比例}=\begin{bmatrix}0.2 & 0 & 0\\ 0 & 0.2 & 0\\ 0 & 0 & 1\end{bmatrix}，T_{平移}=\begin{bmatrix}1 & 0 & 0\\ 0 & 1 & 0\\ 145 & -206 & 1\end{bmatrix}，T_{旋转}=\begin{bmatrix}\cos 20° & \sin 20° & 0\\ -\sin 20° & \cos 20° & 0\\ 0 & 0 & 1\end{bmatrix}。$$

所以，$T_{总变换}=T_{比例}\times T_{平移}\times T_{旋转}=\begin{bmatrix}0.188 & 0.068 & 0\\ -0.068 & 0.188 & 0\\ 206.34 & -144.34 & 1\end{bmatrix}$。

变换后不仅大小变为原图的 0.2 倍，位置也发生了改变，鱼的朝向也由朝向正左方变成朝向左下方。

编号(4)：先进行比例变换，x、y 方向的比例因子均为 0.15；然后进行平移变换，x、y 方向平移量分别为 94，372。无旋转变换。变换矩阵分别为：

$$T_{比例}=\begin{bmatrix}0.15 & 0 & 0\\ 0 & 0.15 & 0\\ 0 & 0 & 1\end{bmatrix}，T_{平移}=\begin{bmatrix}1 & 0 & 0\\ 0 & 1 & 0\\ 94 & 372 & 1\end{bmatrix}，T_{旋转}=\mathrm{I}。$$

所以，$T_{总变换}=T_{比例}\times T_{平移}\times T_{旋转}=\begin{bmatrix}0.15 & 0 & 0\\ 0 & 0.15 & 0\\ 94 & 372 & 1\end{bmatrix}$。

变换后的图形是原始图形相对于坐标原点缩小至原图形的 0.15 倍。x、y 方向分别平移了 94，372。与编号(2)的鱼比较，由于比例因子不同，平移量不同，鱼(4)的尺寸更小，位置也不同。

编号(5)：比例变换和平移变换与编号(4)的鱼相同。增加旋转变换，绕坐标原点逆时针旋转 25°。变换矩阵分别为：

$$T_{比例}=\begin{bmatrix}0.15 & 0 & 0\\ 0 & 0.15 & 0\\ 0 & 0 & 1\end{bmatrix}，T_{平移}=\begin{bmatrix}1 & 0 & 0\\ 0 & 1 & 0\\ 94 & 372 & 1\end{bmatrix}，T_{旋转}=\begin{bmatrix}\cos 25° & \sin 25° & 0\\ -\sin 25° & \cos 25° & 0\\ 0 & 0 & 1\end{bmatrix}。$$

所以，$T_{总变换}=T_{比例}\times T_{平移}\times T_{旋转}=\begin{bmatrix}0.136 & 0.063 & 0\\ -0.063 & 0.136 & 0\\ -72.192 & 376.794 & 1\end{bmatrix}$。

变换后得到编号(5)的鱼。与编号(4)的鱼比较，鱼(5)在鱼(4)的位置上绕坐标原点逆时针旋转 25°，大小不变，位置和朝向均发生了变换。

编号(6)：先进行比例变换，x 方向的比例因子为 0.2，y 方向的比例因子为 0.4；然后进行平移变换，x、y 方向平移量分别为 852，160。无旋转变换。变换矩阵分别为：

$$T_{比例}=\begin{bmatrix}0.2 & 0 & 0\\ 0 & 0.4 & 0\\ 0 & 0 & 1\end{bmatrix}，T_{平移}=\begin{bmatrix}1 & 0 & 0\\ 0 & 1 & 0\\ 852 & 160 & 1\end{bmatrix}，T_{旋转}=\mathrm{I}。$$

所以，$T_{总变换}=T_{比例}\times T_{平移}\times T_{旋转}=\begin{bmatrix}0.2 & 0 & 0\\ 0 & 0.4 & 0\\ 852 & 160 & 1\end{bmatrix}$。

该变换施加到原始图形后鱼的大小总体缩小，由于 y 方向的比例因子是 x 方向的 2 倍，从结果图形表现上看鱼变“胖”了。

图 10-6 是对图 10-5 中的 7 条鱼控制多边形(包括大鱼)进行 B 样条拟合后得到的结果，可以形象地模拟自由游动的鱼群。

图 10-6　具有流畅外形的鱼群

三、利用区域填充的着色处理

卡通图形中的着色一般以独立的封闭区域着色同一颜色为常见。我们采用区域填充方法处理着色。本实例中采用区域填充中的种子填充算法。种子点的位置选择如图 10-7 所示，填充颜色可以由设计者自行选择。图 10-3 是对所有 7 条鱼着色处理后的结果，不同鱼的相同部位采用同一种颜色着色，代表由同一种类鱼构成的鱼群。

以上详细介绍了一个鱼群的整体设计过程。读者可以通过修改单尾鱼的控制多边形数据来设计不同种类鱼的形态。通过几何变换和种子填充方法构造独具特色的鱼群。如图 10-8 所示的一些实例，读者可以尝试进行设计和练习。

图 10-7　区域填充的卡通鱼

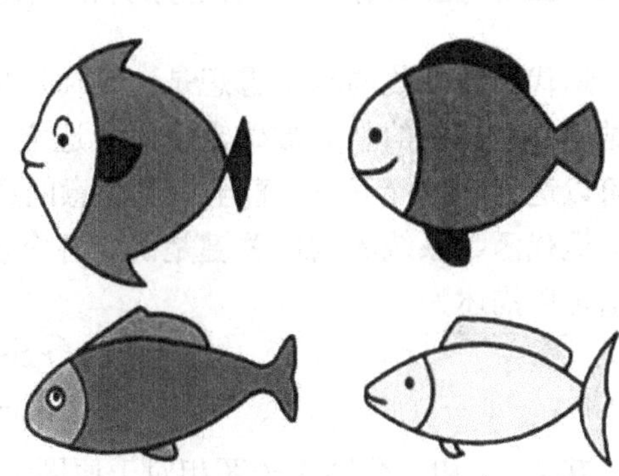

图 10-8　不同种类的卡通鱼

第二节　自由曲面与 IFS 结合的景物设计

随着计算机图形学的发展，自然界中存在的各种景物的模拟已成为计算机图形学的重要研究内容。传统的几何学擅长绘制一些形状规则的几何对象，难以有效地描绘和表达大自然中千姿百态的自然景物。迭代函数系统(IFS)在一大类非规则物体的建模问题中具有很大的优势，特别是对自然景物的计算机模拟生成方面更具优势，如：植物、丛林、山脉等。

常用的自由曲面包括 Coons 曲面，Bézier 曲面，B 样条曲面等，为了模拟山坡、丘陵等地形、地貌，需要给出许多特征点，构造特征网格。B 样条曲面的控制网格的顶点数量不受限制，能够构造相对复杂的曲面，具有较好的局部控制性质。采用双三次 B 样条曲面构造山坡，多个 B 样条曲面片的连接不需要考虑连接条件，当第一个曲面片被计算后，可以直接计算第二个曲面片，能够保证各曲面片之间的光滑连接(具有一阶和二阶连续性)。利用 B 样条曲面的性质，控制山峰、低谷以及不同区域的光滑连接，可以形成高低有序、错落有致、变化平缓的连续山脉的局部地形构造。

本节提供的专题设计是结合双三次 B 样条曲面造型技术和 IFS 系统理论实现山坡上布满果树的自然场景设计，结果如图 10-9 所示。

图 10-9　种植果树的山坡

一、二维图形的迭代函数系统(IFS)的建立

迭代函数系统的基本思想是：几何对象的全貌与局部，在仿射变换意义下，具有自相似结构。当植物的整体被确定以后，选定若干仿射变换，将整体变换到局部，并且这一过程可以迭代地进行下去，直至得到满意的造型。

迭代函数系统的构造关键是确定各个仿射变换的系数。对二维图形的迭代函数系统的构造可以描述为:

$$w_i\begin{pmatrix} x \\ y \end{pmatrix}=\begin{pmatrix} r\cos\theta & -q\sin\psi \\ r\sin\theta & q\cos\psi \end{pmatrix}\begin{pmatrix} x \\ y \end{pmatrix}+\begin{pmatrix} e \\ f \end{pmatrix}$$

其中，r 和 q 分别为子图相对于原图 x 方向和 y 方向的压缩比例因子，θ 和 ψ 分别为子图相对于原图 x 轴和 y 轴方向的旋转角度，e 和 f 分别为子图 x 方向和 y 方向的平移量。

二、图形变换与三维树木生成

植物的生长有其内在的机理特征，以三维树木为例，一根主干生长出三个或多个侧支，每个侧支又生长出三个或更多个小侧支，符合分形几何的特征，因此植物的生长形态也可以用分形递归算法模拟。首先根据不同的植物形态设定生成元(生长模型)；如图 10-10(a)

所示为一个分叉树的生成元。

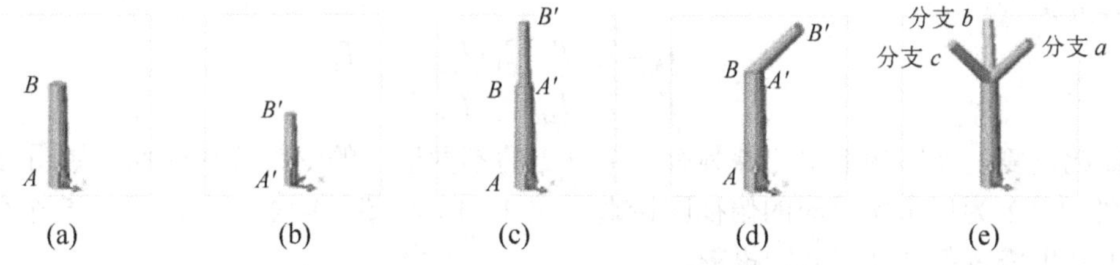

图 10-10　三维分形树木的一个分支的生成过程

为逼真表现三维的树木，设定初始元为树干，如图 10-10(a)所示。由初始元经过比例、平移和旋转变换生成分支 a，如图 10-10(e)所示。变换矩阵如下。

(1)　比例变换(比例系数 s=0.6)，由初始元 AB 经过比例变换 TS 生成一级分支 $A'B'$，变换结果见图 10-10(b)。

$$T_S=\begin{bmatrix} s & 0 & 0 & 0 \\ 0 & s & 0 & 0 \\ 0 & 0 & s & 0 \\ 0 & 0 & 0 & 1 \end{bmatrix}$$

(2)　平移变换(沿 z 轴方向平移 L 个单位)，将 $A'B'$经过平移变换 TM 平移到 B 点，变换结果见图 10-10(c)。

$$T_M=\begin{bmatrix} 1 & 0 & 0 & 0 \\ 0 & 1 & 0 & 0 \\ 0 & 0 & 1 & 0 \\ 0 & 0 & L & 1 \end{bmatrix}$$

(3)　旋转变换(在当前位置绕 y 轴旋转 θ_1，θ_1=45°)，经过旋转变换将 $A'B'$旋转，变换结果见图 10-10(d)，矩阵 $\boldsymbol{T}_1$ 为将点 B 平移到坐标原点(0, 0, 0)，矩阵 $\boldsymbol{T}_{R_1}$ 为绕坐标原点的旋转 θ_1，矩阵 $\boldsymbol{T}_2$ 为将坐标原点反向平移回到点 B。三者的复合变换实现在当前位置(点 B)绕 y 轴的旋转。

$$T_1=\begin{bmatrix} 1 & 0 & 0 & 0 \\ 0 & 1 & 0 & 0 \\ 0 & 0 & -L & 0 \\ 0 & 0 & -l & 1 \end{bmatrix},\quad T_{R1}=\begin{bmatrix} \cos\theta_1 & 0 & -\sin\theta_1 & 0 \\ 0 & 1 & 0 & 0 \\ \sin\theta_1 & 0 & \cos\theta_1 & 0 \\ 0 & 0 & 0 & 1 \end{bmatrix},\quad T_2=\begin{bmatrix} 1 & 0 & 0 & 0 \\ 0 & 1 & 0 & 0 \\ 0 & 0 & 1 & 0 \\ 0 & 0 & L & 1 \end{bmatrix}$$

所以，分支 a 的复合变换矩阵为：

$$T_a=T_s\cdot T_M\cdot T_1\cdot T_{R1}\cdot T_2$$

生成的分支 a 如图 10-10(e)所示。

(4)　旋转变换(在当前位置绕 z 轴旋转 θ_2(分支 b)，θ_3(分支 c)，θ_2=120°，θ_3=−120°)

$$T_{R2}\begin{bmatrix} \cos\theta_2 & \sin\theta_2 & 0 & 0 \\ -\sin\theta_2 & \cos\theta_2 & 0 & 0 \\ 0 & 0 & 1 & 0 \\ 0 & 0 & 0 & 1 \end{bmatrix},\quad T_{R3}=\begin{bmatrix} \cos\theta_3 & \sin\theta_3 & 0 & 0 \\ -\sin\theta_3 & \cos\theta_3 & 0 & 0 \\ 0 & 0 & 1 & 0 \\ 0 & 0 & 0 & 1 \end{bmatrix}$$

同理，由初始元经过相应变换生成分支 b、c，如图 10-10(e)所示。分支 b、c 的复合变换矩阵分别为：

$$T_b = T_s \cdot T_M \cdot T_1 \cdot T_{R1} \cdot T_{R2} \cdot T_2$$
$$T_c = T_s \cdot T_M \cdot T_1 \cdot T_{R1} \cdot T_{R3} \cdot T_2$$

如此反复，能够构造出一棵具有三个分支的不同层次的三维分形树木，如图 10-11 所示；图 10-12 为树木所对应的俯视图投影；图 10-13 和图 10-14 分别为具有 5 个分支的分形树木的生成过程及其俯视图投影。

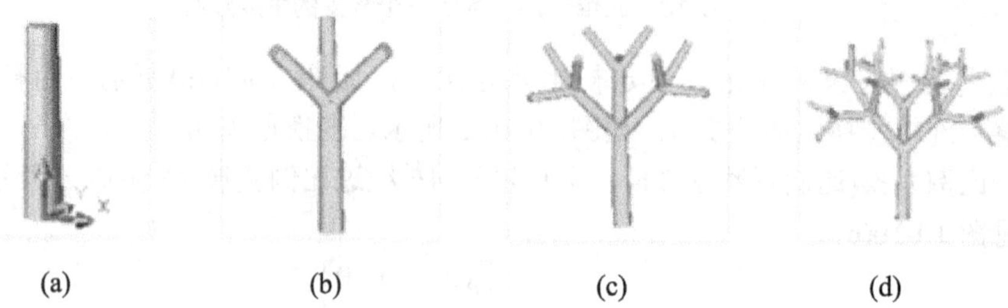

(a) (b) (c) (d)

图 10-11　三个分支分形树木的生成过程(递归次数分别为 1、2、3、4)

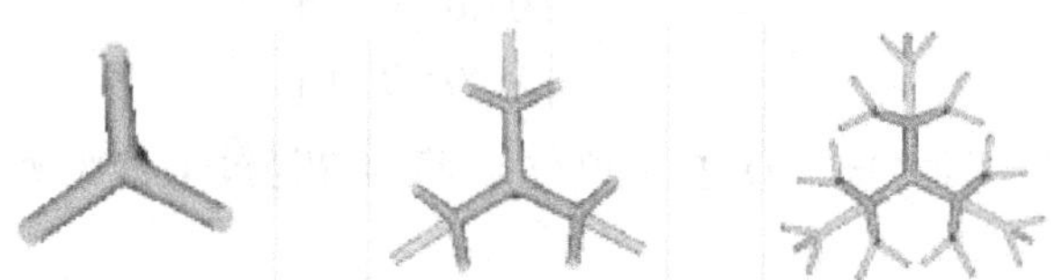

图 10-12　三个分支分形树木的生成过程的俯视图

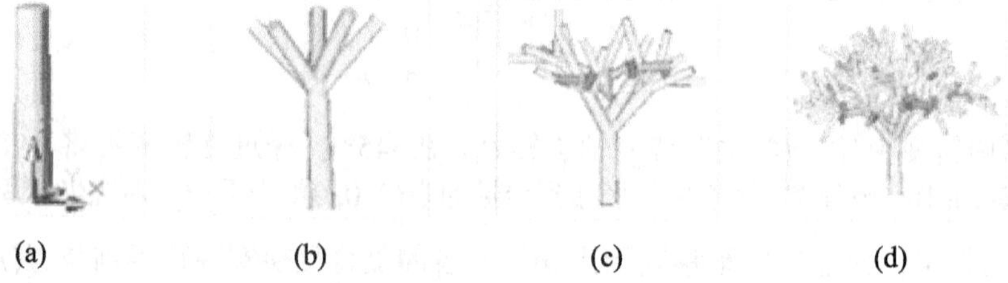

(a) (b) (c) (d)

图 10-13　五个分支分形树木的生成过程(递归次数分别为 1、2、3、4)

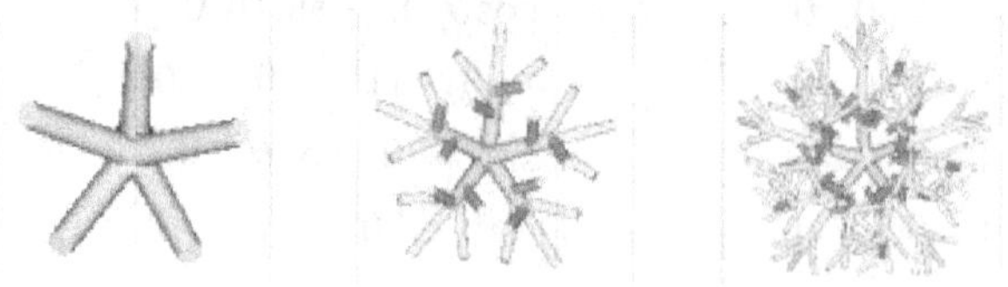

图 10-14　五个分支分形树木的生成过程的俯视图

三、果树造型设计

上述方法生成的三维树木还没有表现出缀满果实的效果。为了描述植物的果实必须建立其几何模型。构造具有果实的植物需采取以下步骤完成：

(1) 采用 B 样条曲线构造出果实的外型轮廓，应用旋转变换形成实体，由此构造出果

实的主体部分；

(2) 采用圆形和B样条曲线相结合，使圆沿着B样条曲线进行拉伸，构造出果实的柄部；

(3) 对所构造的两部分实体进行颜色设置，将主体果实部分置为红色，柄部置为棕色；

(4) 对所有实体进行渲染操作，模拟出与真实果实相似的效果，如图10-15所示；

(5) 确定植物果实生长的位置。应用随机数，在树木分支的交点处随机生成果实，如图10-16所示为一棵缀满果实的果树模拟效果。

图 10-15 果实的构造

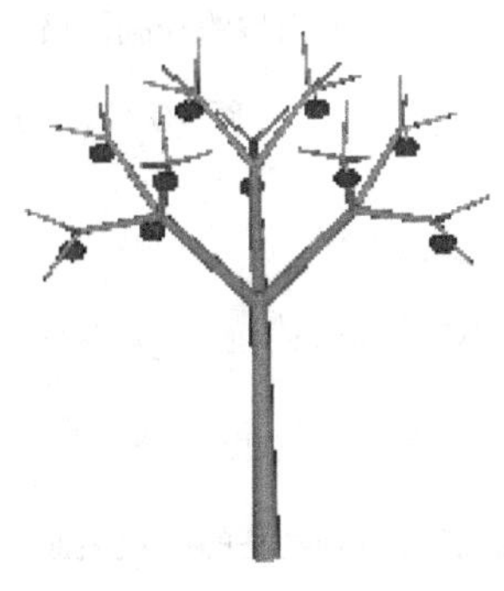

图 10-16 单棵果树模拟效果

四、自由曲面与山坡模拟

利用双三次B样条曲面片的生成技术，对所要构造的山坡或丘陵进行草图设计，选定控制网格，如图10-17(a)所示(b)表示由控制网格生成的曲面。表10-3是B样条曲面片的9×9=81个控制点的坐标(表中仅列出36个控制点坐标)，且对曲面进行渲染后的效果更加形象、逼真。如图10-18(a)为隐去控制网格的山坡模拟，(b)为经过渲染后的山坡效果图。

表 10-3 B样条曲面片的9×9个控制点的坐标

序号	(x, y, z)	序号	(x, y, z)	序号	(x, y, z)	序号	(x, y, z)
1	(0.0,0.0,0.0)	10	(15.0, 50.0, 0.0)	19	(20.0,60.0,0.0)	28	(30.0,120,0.0)
2	(25.0, −15.0, 0.0)	11	(25.0, 35.0, 10.0)	20	(35.0,55.0,0.0)	29	(35.0,130,0.0)
3	(75.0, −25.0, 0.0)	12	(70.0, 45.0,0.0)	21	(75.0,65.0,30.0)	30	(90.0,145,10.0)
4	(100.0, −20.0, 0.0)	13	(110.0, 50.0,80.0)	22	(100.0,70.0,0.0)	31	(105.0,150,0.0)
5	(120.0, −15.0, 0.0)	14	(105.0, 65.0, 0.0)	23	(135.0,85.0,0.0)	32	(125.0,155,0.0)
6	(185.0, −25.0, 0.0)	15	(190.0, 55.0, 20.0)	24	(195.0,75,150.0)	33	(195.0,145,0.0)
7	(210.0, 0.0, 0.0)	16	(210.0, 65.0,0.0)	25	(210.0,70,10.0)	34	(210.0,140,0.0)
8	(280.0, −15.0, 0.0)	17	(280.0, 55.0,0.0)	26	(270.0,75.0,0.0)	35	(280,130,10.0)
9	(310.0, −20.0,0.0)	18	(310.0, 60.0,0.0)	27	(335.0,80.0,0.0)	36	(360.0,450,0.0)
	......		......		......		......

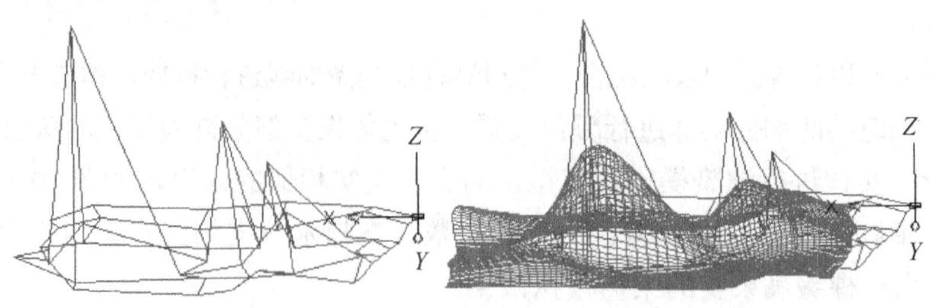

(a) 山坡的控制网格　　(b) 由控制网格生成的山坡曲面

图 10-17　由 9×9 个控制点构造的山脉控制网格

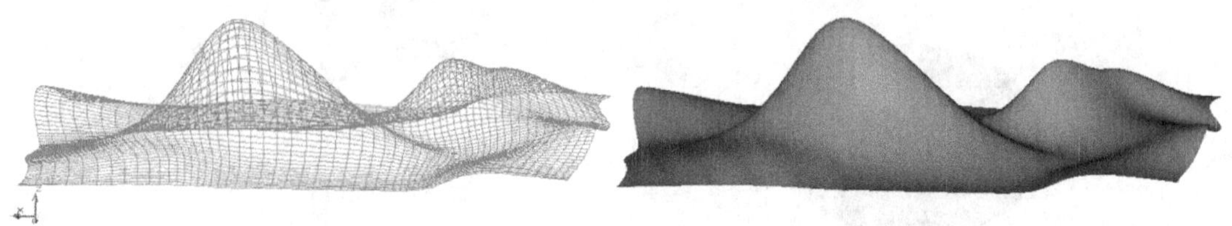

(a) 隐去控制网格的山坡曲面　　(b) 渲染后的山坡曲面

图 10-18　山坡的线框图及其渲染后的效果

本实例应用 B 样条曲面绘制山坡，利用反复的图形变换构造树木，综合模拟山坡上种植果树的效果。在 B 样条曲面构造的山坡上，随机选取网格点，以网格点为起点；随机生成具有果实的树木；随机确定生成果树的比例，设定比例范围，使其产生近大远小的效果；随机确定果树的生成数目；最终的模拟效果如图 10-9 所示。

第三节　一个小型交互式绘图软件设计

一、微机交互绘图软件包的典范——AutoCAD

图 10-19 是 AutoCAD2010 的操作界面，它由下拉菜单、工具栏、绘图窗口、十字光标、坐标系图标、命令提示行、状态行、滚动条和布局标签等组成。AutoCAD 具有广泛的适应性，它可以在各种操作系统支持的微型计算机和工作站上运行，并支持分辨率由 320×200 像素到 2048×1024 像素的各种图形显示设备 40 多种，以及数字化仪和鼠标 30 多种，绘图仪和打印机数十种，这为 AutoCAD 的普及创造了条件。

在 AutoCAD 绘图环境中，可以通过下拉菜单、图标菜单或命令行命令交互使用直线、圆、圆弧、多边形、椭圆、多义线、剖面线等命令绘制二维/三维图形。AutoCAD 还提供了完善的图形交互编辑修改功能，如删除、拷贝、镜像、阵列、旋转、剪切、倒角等，可以高效快速完成图形生成。本节将结合程序设计技术和计算机图形学理论，在 VC++环境中通过编程模拟 AutoCAD 用户界面的部分功能，设计一款小型交互式绘图软件。

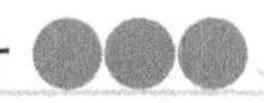

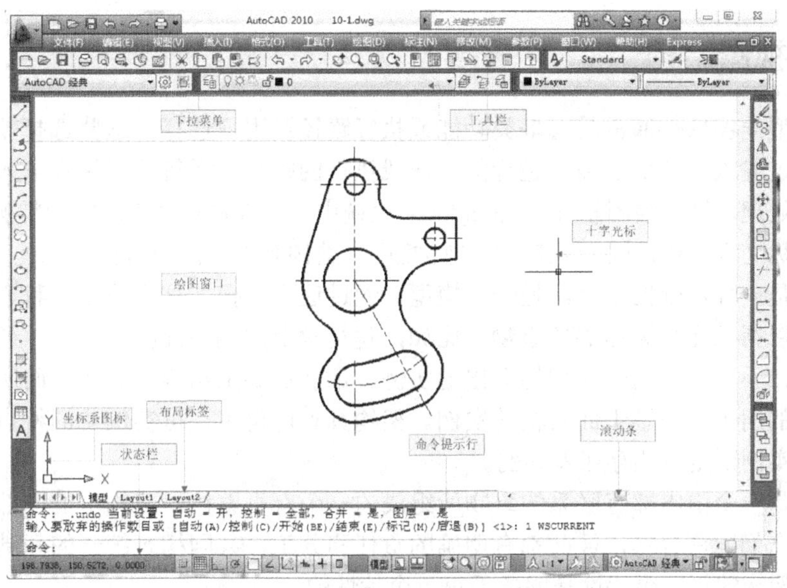

图 10-19　AutoCAD2010 的操作界面

二、绘图软件设计原则

绘图软件输出图形一般有两种方式：程序式绘图和交互式绘图。依靠程序的运行自动输出图形的画图方式称为程序式绘图。在这种绘图模式下，程序与图形有固定的联系，要想改变输出的图形，必须修改程序。这是程序式绘图的缺陷所在，因为利用计算机辅助设计绘图时，往往需要对绘图有较多的人工干预，显然程序式绘图很难提供人工干预环境。因此实际的绘图都采用交互式的，交互式绘图是通过输入设备(如键盘、鼠标、数字化仪等)与计算机实时通信，计算机要对于输入信息做出判断确定是否执行。若能执行，则转去执行相应绘图、编辑等工作，若不能执行则给出信息反馈或提供帮助，如此循环直至完成工作。

进行交互式绘图，需要具备图形交互功能的硬件和软件，硬件通常指的是图形输入设备，在绘图软件的支持下利用它们输入图形信息。绘图软件应遵从一定的原则进行设计，这些原则主要表现在以下几个方面。

(1) 功能强：绘图软件应具有二维图形绘制、编辑、查询、输入、输出和三维实体造型等功能，以满足绘制各种图形的需要；

(2) 反馈速度快：优化算法，减少等待计算机响应命令的时间，提高软件的执行速度；

(3) 容错性好：对于用户输入的错误命令及误操作，系统能妥善处理，避免死机；

(4) 界面友好：友好的操作界面方便用户执行各种操作；

(5) 兼容性强：软件不依赖于具体的设备，在不同的计算机及外设下均能正常运行；

(6) 可开发性：提供方便的二次开发功能，具有开放的结构，用户可以根据需要扩充软件功能。

三 文档/视图结构

一个大型绘图软件通常具有多类功能或执行路径供用户选择，这些选择项显示在屏幕上，用户通过输入设备确定需要进行的工作或执行的路径，系统分析用户输入后作出响应并进行分支处理。这种绘图软件在 Windows 系统中，可以通过 MFC“文档/视图”架构实现。之所以称之为架构，因为 MFC“文档/视图”结构有以下两个特性。

(1) 它是一种基础性平台，是一个模型。通过这个平台、这个模型，我们在上面进一步修饰，可以得到无穷无尽的新事物。比如，建筑学上的钢筋混凝土结构。架构只是一种基础性平台，不同于用这个架构构造出的实例。钢筋混凝土结构是架构，而用钢筋混凝土结构建造出的房子则是基于此架构的实例。架构具有可再生、可实例化的特点，基于该架构所构造的实例则是彼此存在差异的。

(2) 它是一个由内部有联系的事物所组成的一个有机整体。架构中的内部成员不是彼此松散的，它们紧密合作，彼此都有明确的责任和分工，共同构筑统一的基础性平台、统一的模型。架构的第二个特性是服务于第一个特性的。

理解了 MFC“文档/视图”结构是架构的特性，我们就需要学习这个结构，并学会在这个结构上建造房子，即编写基于“文档/视图”结构的程序。

“文档/视图”结构是 MFC 类库主要特征之一，它采用面向对象的设计手法，将数据与存储相分离。理解这个架构内部的工作机理(文档模板、文档、视图和框架窗口四个类是如何联系为一个有机整体的)，并在造房子时加以灵活应用(重载相关的类)。文档是数据的载体，负责数据的储存、管理和维护；视图是一个子窗口，负责显示文档中的数据。

文档与视图之间采用“观察者”设计模式。在文档对象(CDocument)中保存了一个列表(m_viewList)，当文档中的数据改变时，它将通知所有关联的视图更新数据。同理，视图对象(CView)中也保存了一个文档对象(m_pDocument)，当用户通过视图修改了数据，它可以通知文档对象保存数据。

为了显示视图，MFC 定义了一个框架类 CFrameWnd。CFrameWnd 可以作为视图的所有的视图都显示在其中。此外，在框架类中还提供了菜单、工具栏、状态栏等界面元素在 MFC 中，为了管理和维护文档、视图、框架之间的关系，定义了一个文档模板 CDocTemplate，并从该类派生了两个子类 CSingleDocTemplate 和 CMultidocTemplate。实际上文档、视图、框架的创建，都是通过 CDocTemplate 或其派生类实现的。当应用程序的文档模板为 CSingleDocTemplate 时，表示应用程序为单文档应用程序；如果应用程序的文档模板为 CMultidocTemplate，表示应用程序是多文档应用程序。单文档应用程序与多文档应用程序的区别是：单文档应用程序一次只能打开一个框架窗口，同一时刻只能存在一个文档实例；多文档应用程序一次可以打开多个框架窗口，每个框架窗口都可以包含一个文档实例。

MFC 提供了类向导帮助用户创建文档视图应用程序。创建单文档应用程序具体步骤详见第三章第三节内容。

四、小型交互式绘图软件的设计与实现

以下给出一个小型交互绘图软件的设计实例，软件运行后屏幕显示如图 10-20 所示的用户界面。该软件有绘图和编辑功能，绘图功能包括绘制直线、圆和曲线(两种常用曲线 Bézier 曲线和 B 样条曲线)；编辑功能包括设置，可以设置画直线和圆采用的算法，可以交互的进行曲线修改，还有清屏和退出功能。该软件通过处理菜单项命令消息和鼠标的 Windows 消息，实现交互式绘图。曲线绘制能够进行方便的交互，直线和圆的绘制除了传统的两点法还具有橡皮筋功能。橡皮筋功能在绘图中非常重要，它决定线段(圆)与其他图形的关系，利用橡皮筋功能，操作者可随时判断将要绘制的线段(圆)是否合适。该软件程序是基于“文档/视图”结构建立的单文档应用程序，建立方法详见第三章第一节。简便起见，没有建立工具栏和状态栏。除了设置对话框如图 10-21 对应一个对话框类之外没有建立新类，所有的菜单响应函数都在视图类中添加。应用程序定义了 17 个菜单响应函数，菜单的设计方法详见第三章第四节，表 10-4 给出各项菜单 ID 及对应的消息响应函数列表。由于需要利用鼠标进行交互，所以添加了三个重要的鼠标消息处理函数 OnLButtonDown、OnMouseMove、OnLButtonUp，鼠标消息处理函数的添加参照第三章第三节鼠标编程，其中 OnLButtonDown 对应 MK_LBUTTON 消息，是最为常用的鼠标消息处理函数，除了单独实现点击功能，还常与其他消息处理函数配合使用实现较为高级的功能，例如与 OnMouseMove 消息处理函数一起使用可实现橡皮筋功能，与 OnLButtonUp 配合使用实现修改功能。OnMouseMove 消息处理函数中的异或绘图模式是实现橡皮筋功能的核心，OnLButtonUp 消息处理函数是实现当前曲线控制点增、删、改的重要函数。该软件的核心算法函数包括直线绘制 DDA 算法的 DDALINE 函数、Bresenham 算法的 BRESENHAMLINE 函数；圆绘制的 Bresenham 算法的 BRESENHAMCIRCLE 函数、参数法的 PARMCIRCLE 函数和代数法的 ALGECIRCLE 函数；三次 Bezier 曲线绘制的 BEZIER3 函数和 B 样条曲线绘制的 BSPLINE 函数。

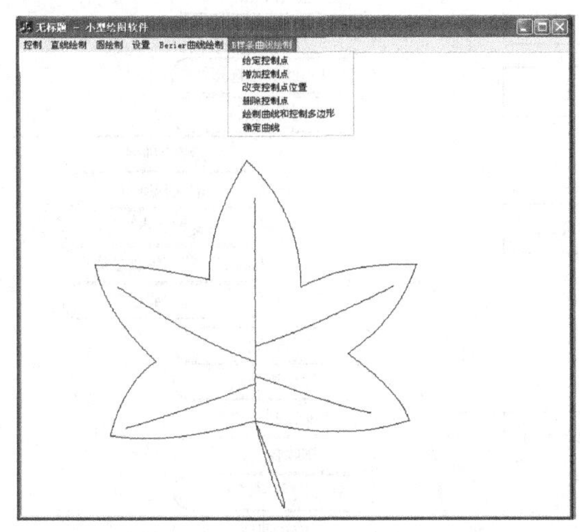

图 10-20　小型交互绘图软件实例界面

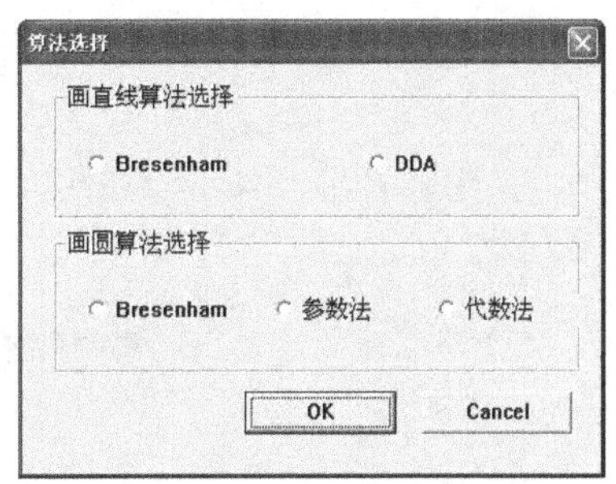

图 10-21　算法选择设置对话框

表 10-4 菜单项和 ID 以及对应的 CMyView 视图类中的消息映射函数

菜单	菜单项	ID 值	消息响应函数(COMMAND)
控制	清绘图窗口	ID_APP_Clear	OnClearGraph()
	退出(&X)	ID_APP_EXIT	
直线绘制	给定两点	ID_Line	OnLine()
	橡皮筋线	ID_LineElastic	OnLineElastic()
圆绘制	给定圆心和圆周点	ID_Circle	OnCircle()
	橡皮筋圆	ID_CircleElastic	OnCircleElastic()
设置		ID_PARASET	OnParaset()
Bezier 曲线绘制	给定控制点	ID_Bezier1	OnBezier1()
	增加控制点	ID_Bezier2	OnBezier2()
	改变控制点位置	ID_Bezier3	OnBezier3()
	绘制曲线和控制多边形	ID_Bezier4	OnBezier4()
	确定曲线	ID_Bezier5	OnBezier5()
B 样条曲线绘制	给定控制点	ID_BSpline1	OnBSpline1()
	增加控制点	ID_BSpline2	OnBSpline2()
	改变控制点位置	ID_BSpline3	OnBSpline3()
	删除控制点	ID_BSpline4	OnBSpline4()
	绘制曲线和控制多边形	ID_BSpline5	OnBSpline5()
	确定曲线	ID_BSpline6	OnBSpline6()

本节给出的小型交互式绘图软件的实例设计的功能结构图如图 10-22 所示。以下给出对应的主体程序 CMyView.h 和 CMyView.cpp：

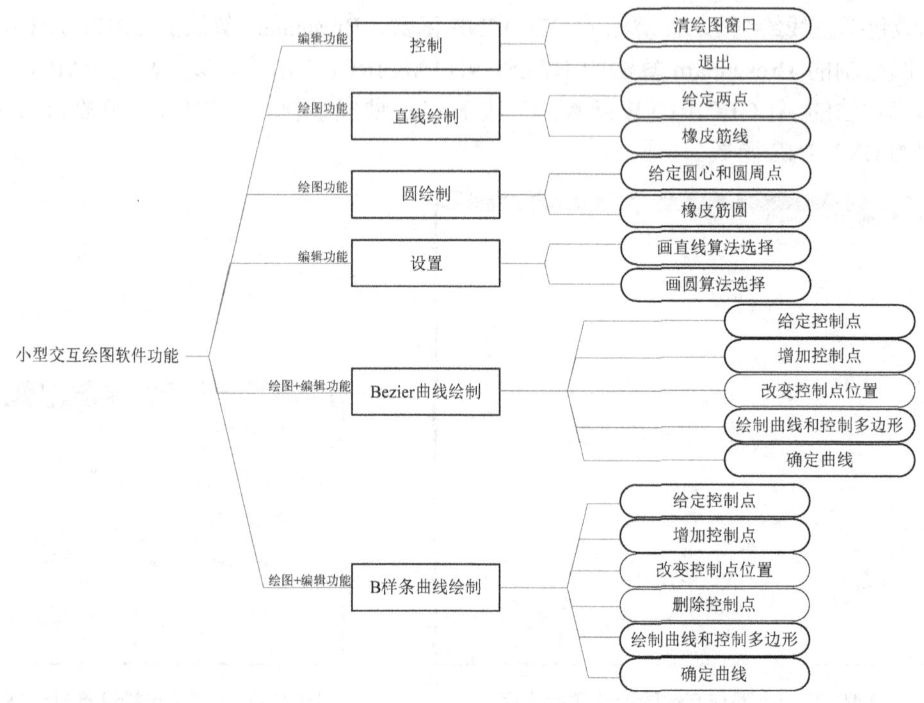

图 10-22 交互式绘图软件实例设计的功能结构

```
//图形基础绘制示例 View.h: interface of the CMyView class
//////////////////////////////////////////////////////////////////////////////
#if  !defined(AFX_VIEW_H__FD4DE740_1197_4700_AEB2_A01A1F178B97__INCLUDED_)
#define AFX_VIEW_H__FD4DE740_1197_4700_AEB2_A01A1F178B97__INCLUDED_
#if _MSC_VER > 1000
#pragma once
#endif // _MSC_VER > 1000
#define PIE 3.14159265358979323846
class CMyView : public CView
{
protected: // create from serialization only
    CMyView();
    DECLARE_DYNCREATE(CMyView)
// Attributes
public:
    CMyDoc* GetDocument();
    void InitData();//数据初始化
   void InitMenuData();//菜单初始化
    void DDALINE(CDC *pDC, CPoint startp, CPoint endp);//DDA 绘制直线算法
    void BRESENHAMLINE(CDC *pDC, CPoint startp, CPoint endp);//BRESENHAM
绘制直线算法
    void DrawCircle(CDC *pDC, CPoint cenp, CPoint ardp);//圆绘制
    void DrawCircles(CDC *pDC);//一组圆绘制
    void DrawLine(CDC *pDC, CPoint startp, CPoint endp);//直线绘制
    void DrawLines(CDC *pDC);//一组直线绘制
    int ComputeRadius(CPoint cenp, CPoint ardp);//计算半径
    void BRESENHAMCIRCLE(CDC *pDC, CPoint cenp, int radius);//BRESENHAM
绘制圆算法
    void PARMCIRCLE(CDC *pDC, CPoint cenp, int radius);//参数法绘制圆算法
    void ALGECIRCLE(CDC *pDC, CPoint cenp, int radius);//代数法绘制圆算法
    void BEZIER3(CDC *pDC, int n, int steps);//绘制 Bezier3 曲线算法
    void BSPLINE(CDC *pDC, int n, int steps);//绘制 B 样条曲线算法
    void DrawControlPolygon(CDC *pDC);//绘制曲线控制多边形
    void DrawBezier(CDC *pDC);//绘制 Bezier3 曲线
    void DrawBSpline(CDC *pDC);//绘制 B 样条曲线
    void DrawBeziersBefore(CDC *pDC);//绘制已经确认的 Bezier3 曲线
    void DrawBSplineBefore(CDC *pDC);//绘制已经确认的 B 样条曲线
private:
    CPoint m_pntStart,m_pntEnd;//当前直线的起点和终点或圆的圆心和圆周点
    int m_iFirst;//记录当前是否鼠标第一次点击
    CPoint pntLine[128][2];//记录所有直线的起点和终点
    int m_NumLinePnts;//记录直线条数
    CPoint pntCircle[128][2];//记录所有圆的圆心和对应圆周点
    int m_NumCirclePnts;//记录圆的个数
    int m_iControlPntNum;//当前曲线控制点数
    int m_iTemp;
    int m_iindex;//当前曲线当增加、改变或删除时，控制点改变的编号
    int m_iarry[128][2];//当前曲线控制点数组
    CPoint m_pntarryBeziersAll[1024];//所有 Bezier 曲线控制点数组
    CPoint m_pntarryBSplinesAll[1024];//所有 BSpine 曲线控制点数组
```

```
    int m_iarryBezier[128];//记录 Bezier 每条曲线控制点数
    int m_iNumBezier;//记录 Bezier 总条数
    int m_iarryBSpline[128];//记录 B 样条每条曲线控制点数
    int m_iNumBSpline;//记录 B 样条总条数
    bool bChange;//记录当前曲线控制点是否修改
    bool bBezierSave;//确认后的曲线已保存，只能修改当前曲线
    bool bBSplineSave;//确认后的曲线已保存，只能修改当前曲线
    bool bLine_flag;//是否画直线标志
    bool bCircle_flag;//是否画圆标志
    bool bCurve_flag;//是否画曲线标志
    int iCircle_Type;//画圆方法类型 0:Bresenham  1:参数法 2:代数方法
    int iLine_Type;//画直线方法类型 0:Bresenham  1:DDA
    bool bElastic_flag;//是否画橡皮筋线标志
    //Bezier 曲线绘制菜单选中控制标志
   bool Bezier_flag1;  //给定曲线控制点
   bool Bezier_flag2;  //增加曲线控制点
    bool Bezier_flag3;  //改变控制点
   bool Bezier_flag4;  //绘制曲线和多边形
   bool Bezier_flag5;  //确定绘制曲线
   //B 样条曲线绘制菜单选中控制标志
   bool BS_flag1;  //给定曲线控制点
   bool BS_flag2;  //增加曲线控制点
    bool BS_flag3;  //改变控制点
   bool BS_flag4;  //删除改变控制点
   bool BS_flag5;  //绘制曲线和多边形
   bool BS_flag6;  //确定绘制曲线
......
```

该绘图软件是一个示例程序，为实现一个小型交互绘图软件提供一个样例，很多地方可以进一步改进和扩展。例如为了方便学习，保存数据应用的是最简单的多维数组形式，一次性申请内存，造成内存浪费，并且在极端情况下，容易出现内存溢出，可以尝试用 CList 或 CArray 数据按需申请来进行改进。为了演示方便，本软件曲线交互都需要单击菜单选项才能激活，而很多绘图软件会灵活使用鼠标的各种消息处理函数，例如单击鼠标左键来给定和增加曲线控制点，用鼠标右键修改控制点位置，用左键双击删除控制点等。再有，软件的交互只对当前曲线有效，而不能修改直线和圆，也不能修改之前曲线，这些功能需要增加数据结构和逻辑控制才能实现。而且，软件只显示默认尺寸的黑色画笔绘制的图形，而没有提供更详细的画笔选择功能，可以后续添加控件完成功能提升。上面提到的这些问题，读者可以尝试在现有的源代码基础上加以扩充和改进。

本章小结

本章提供了三个计算机图形学专题设计的综合实例的详细设计。每一个实例设计均需要综合应用多个章节的内容才能实现。

第一个专题设计是鱼群的卡通图设计。设计中不仅运用了直线段和圆等基本几何元素

生成技术，鱼的构型设计还广泛使用了三次 B 样条曲线。而鱼群生成大量使用了二维几何变换如比例变换、平移变换、旋转变换以及它们的组合变换。设计中还充分利用了区域填充的种子填充算法，最终实现了色彩艳丽，画面生动的鱼群设计。

第二个专题设计是自由曲面与 IFS 结合的景物设计。首先利用函数迭代系统(IFS)设计了三维树木。IFS 的建立充分使用了三维几何变换如三维比例变换、三维平移变换、三维旋转变换以及它们的组合变换，然后通过回转面造型技术生成带有果实的果树，最后采用双三次 B 样条曲面设计山坡，通过随机选取网格点，随机生成果树，随机确定生成果树的比例，随机确定果树的生成数目等参数完成具有一定复杂度的自然景物设计。

第三个专题设计是模拟优秀的微机交互绘图软件包 AutoCAD 的功能，给出一个小型交互式绘图软件的开发，软件的功能涵盖本书大部分核心内容。首先，简要介绍了绘图软件的设计原则和“文档/视图”架构；然后结合第三章“VC++6.0 图形编程基础”中学习的鼠标编程和菜单编程内容，融合各个章节的算法设计，展示了实现一个小型交互式绘图软件的过程及代码。该软件可交互绘制直线、圆、Bézier 曲线和 B 样条曲线，并具有曲线交互修改功能。

复习思考题

1. 综合运用计算机图形学的相关算法，设计图 11-8 所示的卡通鱼，进而构图鱼群。

2. 综合运用分形几何、曲线曲面造型、图形变换等技术设计具有一定复杂度的自然场景。

3. 改进本章的小型交互绘图软件，要求当前直线可编辑，当前圆可编辑或用户可自定义线的颜色。

参 考 文 献

1. [美]项志刚. 计算机图形学(英文版)[M]. 北京：清华大学版社，2008.
2. [美] Peter Shirley. 计算机图形学[M]. 北京：人民邮电出版社，2007.
3. Benoit B.Mandelbrot. 大自然的分形几何学[M]. 陈守吉，凌复华，译. 上海：上海远东出版社，1998.
4. Donald Hearn，M. Pauline Baker. Computer Graphics C Version(影印版)[M]. 北京：清华大学版社，2015.
5. Foley Van Dam. Computer Graphics Principles and Practice(影印版)[M]. 北京：机械工业出版社，2002.
6. James D. Foley, Introduction to Computer Graphics(影印版)[M]. 北京：机械工业出版社，2004.
7. Kenneth Falconer. 分形几何数学基础及其应用(第 2 版)[M]. 曾文曲，译. 北京：人民邮电出版社，2007.
8. 陈永强，张聪. 多媒体技术基础与实验教程[M]. 北京：机械工业出版社，2014.
9. 程学珍，曹茂永，徐小平. 基于分形的自然景物描述方法比较研究. 计算机工程与设计，2008，2：389-391.
10. 韩云萍，张燕，郭来德. 基于自由曲面与迭代函数系统结合的景物模拟. 石油化工高等学校学报，2007，2：80-83.
11. 何满喜，丁春梅，丁胜，杨艳，张书陶. 高等数学(上、下册)[M]. 北京：科学出版社，2012
12. 何援军. 计算机图形学[M]. 3 版. 北京：机械工业出版社，2016.
13. 黄静. 计算机图形学及其实践教程[M]. 北京：机械工业出版社，2015.
14. 李春雨. 计算机图形学及实用编程技术[M]. 北京：北京航空航天大学出版社，2009.
15. 潘云鹤. 计算机图形学—原理、方法及应用[M]. 北京：高等教育出版社，2004.
16. 孙家广，杨长贵. 计算机图形学[M]. 北京：清华大学出版社，1999.
17. 孙正兴，计算机图形学教程[M]. 北京：机械工业出版社，2006.
18. 徐长青，许志闻，郭晓新等. 计算机图形学(第 2 版)[M]. 北京：机械工业出版社，2010.
19. 杨钦，徐永安，翟红英. 计算机图形学[M]. 北京：清华大学出版社，2005.
20. 张景春. AutoCAD 2012 中文版基础教程[M]. 北京：中国青年出版社，2011.
21. 朱心雄等. 自由曲线曲面造型技术[M]. 北京：科学出版社，1999.
22. 自由曲线曲面造型技术知识链接.

PPT.zip

大纲纲要.docx

计算机图形学书后习题及答案.doc